21世纪高等学校规划教材 | 计算机科学与技术

数据库原理与应用
——SQL Server 2008

王立平　杨章伟　主编
马文科　副主编

清华大学出版社
北京

内容简介

SQL是关系数据库的标准化语言，是目前数据库中最常用的语言。本书全面介绍了关系数据库的基础知识和SQL的相关内容。全书包括对关系数据库基础理论的介绍以及SQL中数据查询、数据定义、数据控制及其安全、数据完整性控制、并发控制和事务处理、SQL编程等内容的详细讲解。同时，本书对当前关系数据库主流的SQL Server和Oracle使用的SQL做了对比讲解，使读者在掌握标准SQL的同时对这两款数据库软件有一定的了解。

本书适合大中专院校的师生和对数据库技术感兴趣的自学者用于学习数据库相关知识，尤其适合有一定基础的数据库管理人员和开发人员作为参考和查阅资料。

图书在版编目(CIP)数据

数据库原理与应用：SQL Server 2008/王立平等主编. —北京：清华大学出版社，2015
21世纪高等学校规划教材·计算机科学与技术
ISBN 978-7-302-42049-1

Ⅰ. ①数…　Ⅱ. ①王…　Ⅲ. ①关系数据库系统—高等学校—教材　Ⅳ. ①TP311.138

中国版本图书馆CIP数据核字(2015)第263432号

责任编辑：付弘宇　李　晔
封面设计：傅瑞学
责任校对：梁　毅
责任印制：沈　露

出版发行：清华大学出版社
网　　址：http://www.tup.com.cn，http://www.wqbook.com
地　　址：北京清华大学学研大厦A座　　**邮　　编**：100084
社 总 机：010-62770175　　**邮　　购**：010-62786544
投稿与读者服务：010-62776969，c-service@tup.tsinghua.edu.cn
质 量 反 馈：010-62772015，zhiliang@tup.tsinghua.edu.cn
课 件 下 载：http://www.tup.com.cn，010-62795954
印 装 者：北京国马印刷厂
经　　销：全国新华书店
开　　本：185mm×260mm　　**印　　张**：25　　**字　　数**：618千字
版　　次：2015年12月第1版　　**印　　次**：2015年12月第1次印刷
印　　数：1～2000
定　　价：44.50元

产品编号：063600-01

出版说明

随着我国改革开放的进一步深化，高等教育也得到了快速发展，各地高校紧密结合地方经济建设发展需要，科学运用市场调节机制，加大了使用信息科学等现代科学技术提升、改造传统学科专业的投入力度，通过教育改革合理调整和配置了教育资源，优化了传统学科专业，积极为地方经济建设输送人才，为我国经济社会的快速、健康和可持续发展以及高等教育自身的改革发展做出了巨大贡献。但是，高等教育质量还需要进一步提高以适应经济社会发展的需要，不少高校的专业设置和结构不尽合理，教师队伍整体素质亟待提高，人才培养模式、教学内容和方法需要进一步转变，学生的实践能力和创新精神亟待加强。

教育部一直十分重视高等教育质量工作。2007 年 1 月，教育部下发了《关于实施高等学校本科教学质量与教学改革工程的意见》，计划实施"高等学校本科教学质量与教学改革工程"（简称"质量工程"），通过专业结构调整、课程教材建设、实践教学改革、教学团队建设等多项内容，进一步深化高等学校教学改革，提高人才培养的能力和水平，更好地满足经济社会发展对高素质人才的需要。在贯彻和落实教育部"质量工程"的过程中，各地高校发挥师资力量强、办学经验丰富、教学资源充裕等优势，对其特色专业及特色课程（群）加以规划、整理和总结，更新教学内容、改革课程体系，建设了一大批内容新、体系新、方法新、手段新的特色课程。在此基础上，经教育部相关教学指导委员会专家的指导和建议，清华大学出版社在多个领域精选各高校的特色课程，分别规划出版系列教材，以配合"质量工程"的实施，满足各高校教学质量和教学改革的需要。

为了深入贯彻落实教育部《关于加强高等学校本科教学工作，提高教学质量的若干意见》精神，紧密配合教育部已经启动的"高等学校教学质量与教学改革工程精品课程建设工作"，在有关专家、教授的倡议和有关部门的大力支持下，我们组织并成立了"清华大学出版社教材编审委员会"（以下简称"编委会"），旨在配合教育部制定精品课程教材的出版规划，讨论并实施精品课程教材的编写与出版工作。"编委会"成员皆来自全国各类高等学校教学与科研第一线的骨干教师，其中许多教师为各校相关院、系主管教学的院长或系主任。

按照教育部的要求，"编委会"一致认为，精品课程的建设工作从开始就要坚持高标准、严要求，处于一个比较高的起点上。精品课程教材应该能够反映各高校教学改革与课程建设的需要，要有特色风格、有创新性（新体系、新内容、新手段、新思路，教材的内容体系有较高的科学创新、技术创新和理念创新的含量）、先进性（对原有的学科体系有实质性的改革和发展，顺应并符合 21 世纪教学发展的规律，代表并引领课程发展的趋势和方向）、示范性（教材所体现的课程体系具有较广泛的辐射性和示范性）和一定的前瞻性。教材由个人申报或各校推荐（通过所在高校的"编委会"成员推荐），经"编委会"认真评审，最后由清华大学出版社审定出版。

目前,针对计算机类和电子信息类相关专业成立了两个“编委会”,即“清华大学出版社计算机教材编审委员会”和“清华大学出版社电子信息教材编审委员会”。推出的特色精品教材包括:

(1) 21世纪高等学校规划教材·计算机应用——高等学校各类专业,特别是非计算机专业的计算机应用类教材。

(2) 21世纪高等学校规划教材·计算机科学与技术——高等学校计算机相关专业的教材。

(3) 21世纪高等学校规划教材·电子信息——高等学校电子信息相关专业的教材。

(4) 21世纪高等学校规划教材·软件工程——高等学校软件工程相关专业的教材。

(5) 21世纪高等学校规划教材·信息管理与信息系统。

(6) 21世纪高等学校规划教材·财经管理与应用。

(7) 21世纪高等学校规划教材·电子商务。

(8) 21世纪高等学校规划教材·物联网。

清华大学出版社经过三十多年的努力,在教材尤其是计算机和电子信息类专业教材出版方面树立了权威品牌,为我国的高等教育事业做出了重要贡献。清华版教材形成了技术准确、内容严谨的独特风格,这种风格将延续并反映在特色精品教材的建设中。

清华大学出版社教材编审委员会
联系人:魏江江
E-mail:weijj@tup.tsinghua.edu.cn

前言

数据库一直是计算机技术中的一个重要发展方向,关系数据库已经成为数据库系统的主流,目前广泛使用的数据库软件都是基于关系模型的。SQL(Structured Query Language,结构化查询语言)是关系数据库中最常用的语言,也是ANSI/OSI定义的用于关系数据库的标准化语言。

本书从关系数据库的基础开始,逐一介绍了SQL相关的基础知识,并结合目前的主流数据库软件,详细讲解了使用SQL管理数据库的实现。

本书的特点

1. 内容全面、结构清晰

本书全面介绍了SQL的相关知识,从关系数据库基础引入SQL,根据SQL的语句要素,介绍了SQL基础、数据查询、数据定义、数据控制、数据安全、事务控制以及高级SQL应用等内容。

2. 对比讲解,理解深刻

在涉及不同数据库软件使用的SQL差异时,本书给出了对于当前主流的数据库软件(SQL Server和Oracle)使用的SQL的对比讲解,使得读者在学习SQL标准语言的同时能够具体地熟悉这两款数据库软件。

3. 案例精讲,深入剖析

为了使读者更好地理解SQL复杂语句中的相关参数作用,本书使用了非常多的示例来讲解这些参数的作用。在对每一个示例进行分析后给出了具体的实现语句,并给出返回结果和深入分析,使读者能够更快地理解。

适合的读者

- 高校及大中专院校师生
- 数据库管理员DBA
- 数据库培训人员
- 对数据库感兴趣的自学者

编　者

2015年2月

目 录

第1章 SQL基础入门

本章将介绍SQL的基础知识。SQL(Structured Query Language,结构化查询语言)是一种非过程的语言,也是数据库的标准语言。由于其使用的广泛性,SQL已成为数据库领域中的一个主流语言。本章将SQL的发展、特点作简要介绍,同时,将重点讲解目前使用较多的数据库管理系统及其使用的SQL标准。

1.1 SQL概述

SQL诞生于IBM公司在加利福尼亚San Jose的试验室中。20世纪70年代,SQL由这里开发出来,最初它被称为结构化查询语言(Structured Query Language),并简称为Sequel。

起初,SQL是为IBM公司的DB2系列数据管理系统RDBMS(Relational Database Management System)——关系型数据库管理系统而开发的。在今天,读者仍可以买到在不同平台下运行的该系统。事实上,是SQL造就了RDBMS。

SQL是一种非过程语言(非过程性语言即指与具体过程无关的语言),与第三代过程语言如C和COBOL产生于同一时代。例如,SQL描述了如何对数据进行检索、插入、删除,但它并不说明如何进行这样的操作。这种特性将RDBMS从DBMS中区别开来。RDBMS提供了一整套的针对数据库的语言,而且对于大多数的RDBMS来说,这一整套的数据语言就是SQL。

简单来说,SQL就是对数据和处理操作语言,是一些过程的集合。目前,有两个标准化组织(美国国家标准协会ANSI和国际标准组织ISO)正致力于SQL在工业领域的标准化应用工作。本书使用的标准为ANSI-92,尽管该标准要求所有的数据库设计者应遵守这一标准,然而,所有的数据库系统所用的SQL均与ANSI-92存在一定的差异。此外,大多数数据库系统对SQL进行了有针对性的扩展,使其成为过程型语言。

SQL语言主要特点:

1. 非过程化

SQL是一个非过程化的语言,它一次处理一个记录,对数据提供自动导航。SQL允许用户在高层的数据结构上工作,而不对单个记录进行操作,可操作记录集,所有SQL语句接受集合作为输入,返回集合作为输出。SQL的集合特性允许一条SQL语句的结果作为另一条 SQL 语句的输入。SQL 不要求用户指定对数据的存放方法，这种特性使用户更易集中精力于要得到的结果；所有 SQL 语句使用查询优化器，它是 RDBMS 的一部分，由它决定对指定数据存取的最快速度的手段，查询优化器知道存在什么索引，在哪儿使用索引合适，而用户则从不需要知道表是否有索引、有什么类型的索引。

2. 一体化

SQL 可用于所有用户的 DB 活动模型，包括系统管理员、数据库管理员、应用程序员、决策支持系统人员及许多其他类型的终端用户。基本的 SQL 命令只需很少时间就能学会，最高级的命令在几天内便可掌握。SQL 为许多任务提供了命令，其中包括：查询数据；在表中插入、修改和删除记录；建立、修改和删除数据对象；控制对数据和数据对象的存取；保证数据库一致性和完整性等。以前的数据库管理系统为上述各类操作提供单独的语言，而 SQL 则将全部任务统一在一种语言中。

3. 公共性

由于所有主要的关系数据库管理系统都支持 SQL 语言，用户可将使用 SQL 的技能从一个 RDBMS(关系数据库管理系统)转到另一个，所有用 SQL 编写的程序都是可以移植的。因此，SQL 是所有关系数据库的公共语言。

4. 三级模式结构

SQL 语言支持关系数据库的三级模式结构。关系子模式对应的是 SQL 中的视图 View，关系模式对应的是 SQL 中的基本表 Table，存储模式对应的是 Datafile，如图 1.1 所示。

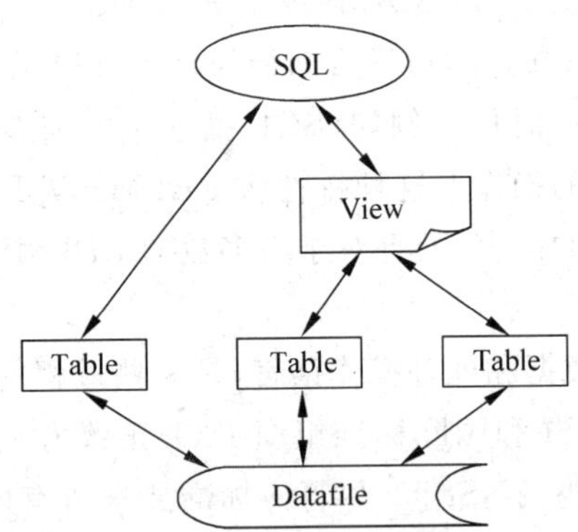

图 1.1 SQL 的三级模式

SQL 成为国际标准，对数据库以外的领域也产生了很大影响，有不少软件产品将 SQL 语言的数据查询功能与图形功能、软件工程工具、软件开发工具、人工智能程序结合起来。SQL 已成为数据库领域中一个主流语言。因此，有人把确立 SQL 为关系数据库语言标准及其后的发展称为是一场革命。

目前，各公司都在自己的 DBMS 上实现了对 SQL 语言的支持，但在语言的功能上都根据实际需要进行了扩充或简化。特别是，都增加了对过程化语句的支持功能。使用比较广泛的是 Oracle 所支持的 PL/SQL 和 SQL Server 支持的是 T-SQL。SQL Server 2008 对 T-SQL 语言进行了进一步增强，主要包括 ALTER DATABASE 兼容级别设置、复合运算符、CONVERT 函数、日期和时间功能、GROUPING SETS、MERGE 语句、SQL 依赖关系报告、表值参数和 T-SQL 行构造函数。

1.2　Oracle

Oracle 是首先推出的基于 SQL 标准的关系数据库产品，可在 100 多种硬件平台上运行（包括微机、工作站、小型机、中型机和大型机），支持多种操作系统。是目前最流行的客户/服务器（Client/Server）体系结构的数据库之一。

1.2.1　Oracle 的组成及特点

Oracle 关系数据库管理系统中集成了过程数据库选项（Procedural Database Option）和并行服务器选项（Parallel Server Option），它释放了关系型系统的真正潜力。Oracle 的协同开发环境提供了新一代集成的软件生命周期开发环境，可用于实现高生产率、大型事务处理及客户/服务器结构的应用系统。协同开发环境具有可移植性，支持多种数据来源、多种图形用户界面及多媒体、多语言、CASE 等协同应用系统。总的来说，Oracle 系统由以 RDBMS（关系数据库管理系统）为核心的一批软件产品构成，其组成如图 1.2 所示。

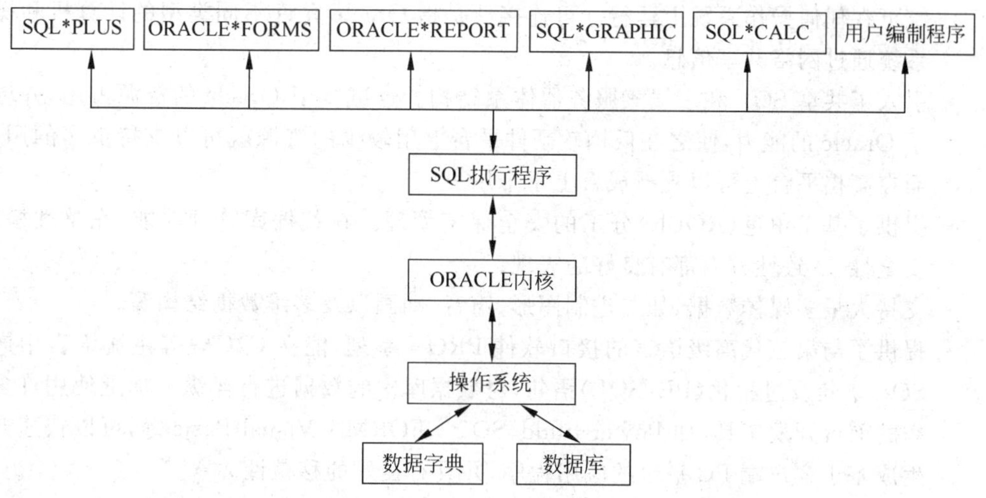

图 1.2　Oracle 的组成

由图 1.2 可看出，Oracle 最底层是数据字典和数据库，而用户使用 Oracle 数据库或通过应用程序调用 Oracle 数据库都必须通过程序接口（即 SQL 的执行程序）、Oracle 内核以及操作系统来进行。

Oracle 之所以应用如此广泛，在于用户的 Oracle 应用可方便地从一种计算机配置移至另一种计算机配置上。Oracle 的分布式结构可将数据和应用驻留在多台计算机上，而相互间的通信是透明的。另外，Oracle 还具有以下突出特点：

- 支持大数据库、多用户的高性能的事务处理。Oracle 支持最大数据库，其大小可到几百千兆，可充分利用硬件设备。支持大量用户同时在同一数据上执行各种数据应用，并使数据争用最小，保证数据一致性。系统维护具有高的性能，Oracle 每天可连续 24 小时工作，正常的系统操作（后备或个别计算机系统故障）不会中断数据库的使用。可控制数据库数据的可用性，可在数据库级或在子数据库级上控制。
- Oracle 遵循数据存取语言、操作系统、用户接口和网络通信协议的工业标准，因此，它是一个开放的系统。
- 实施安全性控制和完整性控制。Oracle 为限制各监控数据存取提供系统可靠的安全性。Oracle 实施数据完整性，为可接受的数据指定标准。
- 支持分布式数据库和分布处理。Oracle 为了充分利用计算机系统和网络，允许将处理分为数据库服务器和客户应用程序，所有共享的数据管理由数据库管理系统的计算机处理，而运行数据库应用的工作站集中于解释和显示数据。通过网络连接的计算机环境，Oracle 将存放在多台计算机上的数据组合成一个逻辑数据库，可被全部网络用户存取。分布式系统像集中式数据库一样具有透明性和数据一致性。Oracle 提供的分布式数据库功能，可通过网络较方便地读写远端数据库里的数据，并有对称复制的技术。
- 具有可移植性、可兼容性和可连接性。由于 Oracle 软件可在许多不同的操作系统上运行，以致 Oracle 上所开发的应用可移植到任何操作系统，只需很少修改或不需修改。Oracle 软件同工业标准相兼容，包括许多工业标准的操作系统，所开发应用系统可在任何操作系统上运行。可连接性是指 Oracle 允许不同类型的计算机和操作系统通过网络共享信息。
- 引入了共享 SQL 和多线索服务器体系结构。这减少了 Oracle 的资源占用，并增强了 Oracle 的能力，使之在低档软硬件平台上用较少的资源就可以支持更多的用户，而在高档平台上可以支持成百上千个用户。
- 提供了基于角色（ROLE）分工的安全保密管理。在数据库管理功能、完整性检查、安全性、一致性方面都有良好的表现。
- 支持大量多媒体数据，如二进制图形、声音、动画以及多维数据结构等。
- 提供了与第三代高级语言的接口软件 PRO * 系列，能在 C、C++ 等主流语言中嵌入 SQL 语句及过程化（PL/SQL）语句，对数据库中的数据进行操纵。加上使用许多优秀的前台开发工具，如 Power Build、SQL * FORMS、Visual Basic 等，可以快速开发生成基于客户端 PC 平台的应用程序，并具有良好的移植性。

1.2.2 Oracle 的体系结构

Oracle 数据库系统为具有管理 Oracle 数据库功能的计算机系统，其体系结构主要包括 Oracle 的物理存储结构和逻辑结构。在介绍其结构前，先就给出 Oracle 中实例的概念。

每一个运行的 Oracle 数据库与一个 Oracle 实例（INSTANCE）相联系。一个 Oracle 实例为存取和控制一数据库的软件机制。每一次在数据库服务器上启动一个数据库时，称为系统全局区（System Global Area，SGA）的一个内存区被分配，有一个或多个 Oracle 进程被启动。该 SGA 和 Oracle 进程的结合称为一个 Oracle 数据库实例。一个实例的 SGA 和进程为管理数据库数据、为该数据库一个或多个用户服务而工作。SGA 的作用如图 1.3 所示。

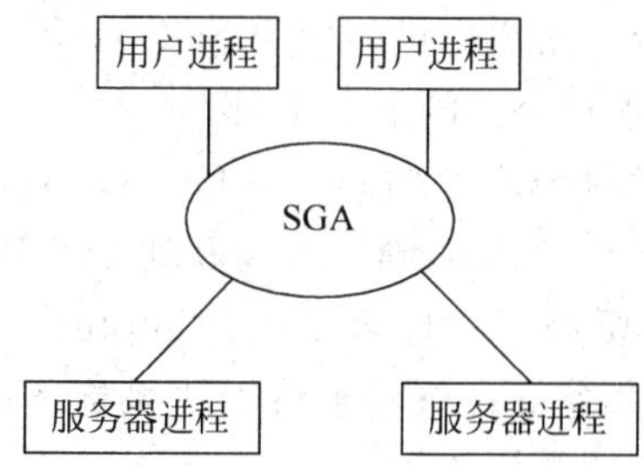

图 1.3　系统全局区 SGA 的作用

Oracle 的物理结构是指 Oracle 数据库在物理上是存储于硬盘的各种文件。这些文件是活动的、可扩充的，随着数据的添加和应用程序的增大而变化。物理数据库结构(physical database structure)是由构成数据库的操作系统文件所决定的。每一个 Oracle 数据库是由三种类型的文件组成的：数据文件、日志文件和控制文件。数据库的文件为数据库信息提供真正的物理存储。Oracle 的物理存储结构如图 1.4 所示。

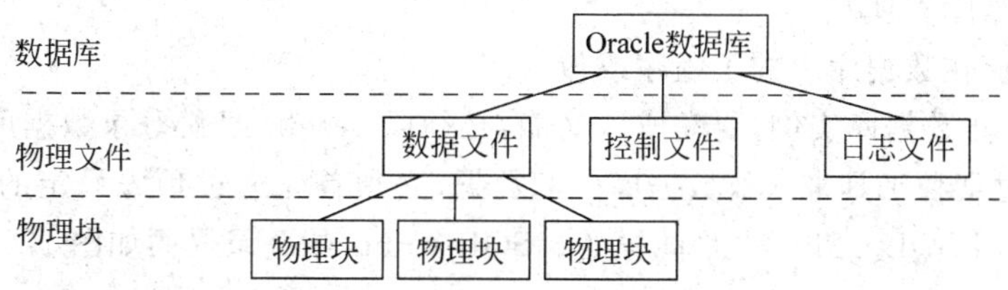

图 1.4　Oracle 的物理存储结构

Oracle 的逻辑结构是指 Oracle 数据库在逻辑上的结构，由许多表空间构成。主要分为系统表空间和非系统表空间。非系统表空间内存储着各项应用的数据、索引、程序等相关信息。在准备使用一个较大的 Oracle 应用系统时，应该创建其独占的表空间，同时定义物理文件的存放路径和所占硬盘的大小。Oracle 的逻辑结构如图 1.5 所示。

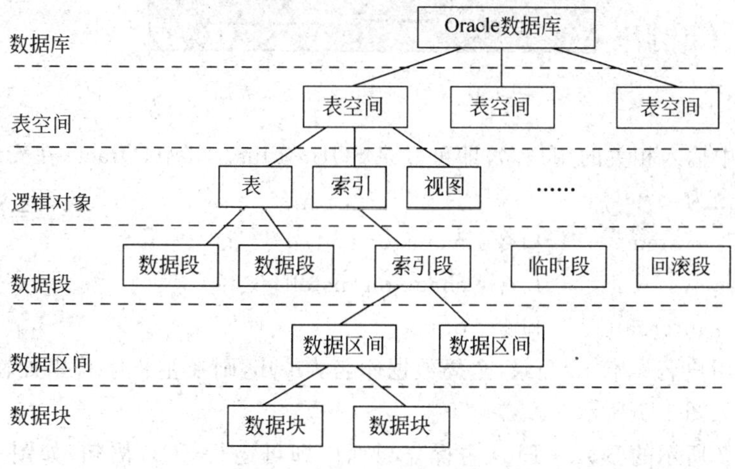

图 1.5　Oracle 的逻辑结构

1.2.3 SQL * Plus 简介

SQL * Plus 是 Oracle 系统为用户提供的使用 SQL 和 PL/SQL 进行创建和管理使用数据库对象，并与 Oracle 服务器进行交互的前端工具。

在 Oracle 菜单组中可以找到 SQL * Plus。在 Oracle_Base\Oracle_Home\bin 目录中，如 D:\oracle\product\10.2.0\db_1\bin，同样可以看到 SQLPlus.exe 和 SQLPlusw.exe 两个可执行文件。这两个文件主要用于本地数据库。sqlplus.exe 是基于命令行的数据库交互工具；sqlplusw.exe 是基于命令行式与基于编辑式风格于一体的编辑运行环境，其对应于菜单中的 SQL * Plus。

SQL * Plus 工具主要用来做数据查询和数据处理。利用 SQL * Plus 可将 SQL 和 Oracle 专有的 PL/SQL 结合起来进行数据查询和处理。SQL * Plus 工具具备以下功能：

- 插入、修改、删除、查询，以及执行 SQL、PL/SQL 块。
- 查询结果的格式化、运算处理、保存、打印以及输出 Web 格式。
- 显示任何一个表的字段定义，并与终端用户交互。
- 连接数据库，定义变量。
- 完成数据库管理。
- 运行存储在数据库中的子程序或包。
- 启动/停止数据库实例，要完成该功能，必须以 sysdba 身份登录数据库。

如果要通过某种工具来获取数据库中的数据，必须首先通过预先设定的账户和口令来登录数据库，使用 SQL * Plus 也是同样的。SQL * Plus 的登录界面如图 1.6 所示。

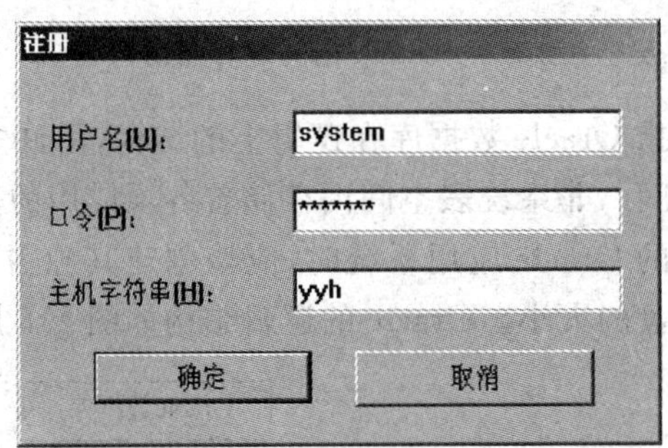

图 1.6　SQL * Plus 的登录界面

在图 1.6 中输入相关的用户名，即可登录 SQL * Plus。其中，Oracle 在安装时默认的重要用户名及口令为：

- 用户名：system　　口令：manager
- 用户名：sys　　口令：chage-on-install
- 用户名：internal　　口令：oracle

此处使用用户名 system 登录，全局数据库名为 yyh，则在主机字符串处输入 yyh，则登录成功后出现如图 1.7 所示。

在如图 1.7 所示的 SQL * Plus 主操作界面中即可运行 SQL 语句，如图 1.7 中即将执行的：create users user1 语句是一个创建用户的语句。一般来说，在 SQL * Plus 中可以处

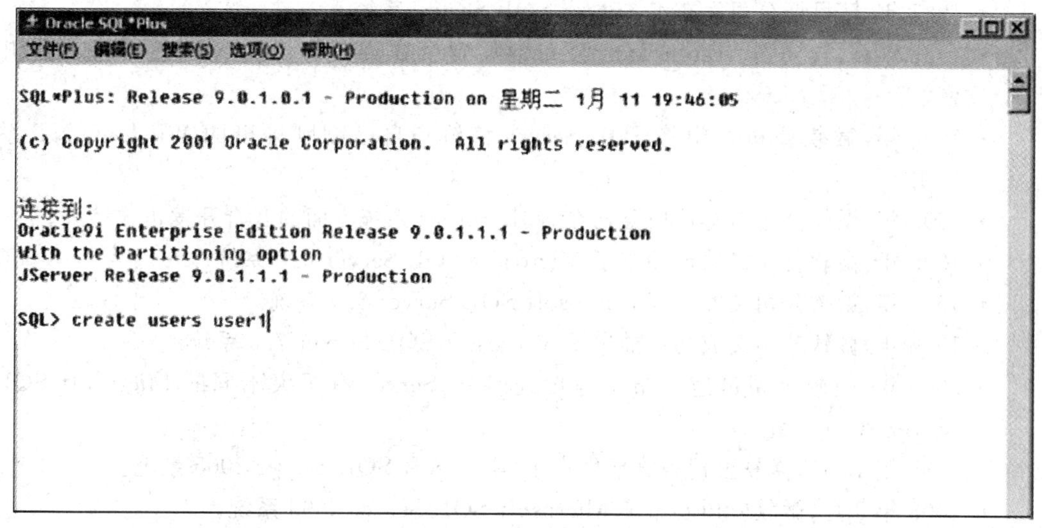

图 1.7　SQL * Plus 的主界面

理三种类型的命令：SQL 语句、PL/SQL 块和 SQL * Plus 命令，这三者之间有一些区别，如下所示：

- SQL 语句是以数据库为操作对象的语言，主要包括数据定义语言 DDL、数据操纵语言 DML 和数据控制语言 DCL。当输入 SQL 语句后，SQL * Plus 将其保存在内部缓冲区中。当 SQL 命令输入完毕时，有三种方法可以结束 SQL 命令：在命令行的末尾输入分号(；)并按回车；在单独一行上用斜杠(/)；或用空行表示。
- PL/SQL 块同样是以数据库中的数据为操作对象。但由于 SQL 不具备过程控制功能，所以，为了能够与其他语言一样具备面向过程的处理功能，在 SQL 中加入了诸如循环、选择等面向过程的处理功能，由此形成了 PL/SQL。所有 PL/SQL 语句的解释均由 PL/SQL 引擎来完成。使用 PL/SQL 块可编写过程、触发器和包等数据库永久对象。
- SQL * Plus 命令主要用来格式化查询结果、设置选择、编辑及存储 SQL 命令、以设置查询结果的显示格式，并且可以设置环境选项。

其中，PL/SQL 是由 Oracle 对 ANSI SQL 进行扩展后形成的，鉴于其使用的广泛性，在后续章节中将重点介绍。

1.3　SQL Server

SQL Server 的第一个版本是由微软公司和 Sysbase 公司在 1988 年合作开发的，后来微软公司开始为 Windows NT 平台开发新的 SQL Server 版本。从 1992 年到 1998 年，微软公司相继开发了 SQL Server 的 Windows NT 平台版本、SQL Server 的 Windows NT 3.1 平台 SQL Server 4.2 版本、SQL Server 6.0 版本、SQL Server 6.5 版本和 SQL Server 7.0 版本。这些版本都在早期版本的基础上做了相应的改进。渐渐地成为数据库管理方面的主流产品之一。下面简要介绍 SQL Server 的发展史。

- 1987年，赛贝斯公司发布了Sybase SQL Server系统。
- 1988年，微软公司、Aston-Tate公司参加到了赛贝斯公司的SQL Server系统开发中。
- 1990年，微软公司希望将SQL Server移植到自己刚刚推出的Windows NT系统中。
- 1993年，微软公司与赛贝斯公司在SQL Server系统方面的联合开发正式结束。
- 1995年，微软公司成功地发布了Microsoft SQL Server 6.0系统。
- 1996年，微软公司又发布了Microsoft SQL Server 6.5系统。
- 1998年，微软公司又成功地推出了Microsoft SQL Server 7.0系统。
- 2000年，微软公司迅速发布了与传统SQL Server有重大不同的Microsoft SQL Server 2000系统。
- 2005年12月，微软公司艰难地发布了Microsoft SQL Server 2005系统。
- 2008年8月，微软公司发布了Microsoft SQL Server 2008系统。

2008年8月，微软公司发布了Microsoft SQL Server 2008系统，其代码名称是Katmai。该系统在安全性、可用性、易管理性、可扩展性、商业智能等方面有了更多的改进和提高，对企业的数据存储和应用需求提供了更强大的支持和便利。

1.3.1 SQL Server的结构

从不同的应用和功能角度出发，SQL Server具有不同的系统结构分类。具体可以划分为以下几种：

- 客户机/服务器体系结构——主要应用于客户端可视化操作、服务器端功能配置以及客户端和服务器端的通信。客户机/服务器系统比文件服务器系统能提供更高的性能，因为客户机和服务器将应用的处理要求分开，同时又共同实现其处理要求(即分布式应用处理)。服务器为多个客户机管理数据库，而客户机发送请求并分析从服务器接收的数据。在一个客户机/服务器应用中，数据库服务器是智能化的，它只封锁和返回一个客户机请求的那些行，保证了并发性，网络上的信息传输减到最少，因而可以改善系统的性能。
- 数据库体系结构——又划分为数据库逻辑结构和数据库物理结构。数据库逻辑结构主要应用于面向用户的数据组织和管理，如数据库的表、视图、约束、用户权限等；数据库物理结构主要应用于面向计算机的数据组织和管理，如数据文件、表和视图的数据组织方式、磁盘空间的利用和回收、文本和图形数据的有效存储等。
- 关系数据库引擎体系结构——主要应用于服务器端的高级优化，如查询服务器(Query Processor)的查询过程、线程和任务的处理、数据在内存的组织和管理等。

SQL Server对大多数用户而言，首先是一个功能强大的具有客户机/服务器体系结构的关系数据库管理系统。其采用客户机/服务器体系结构，把工作负载划分成在服务器计算机上运行的任务和在客户计算机上运行的任务。即中央服务器用来存放数据库，该服务器可以被多台客户机访问，数据库应用的处理过程分布在客户机和服务器上，其结构如图1.8所示。

客户程序负责业务逻辑和给用户显示数据。客户程序通常运行于一台或多台客户机

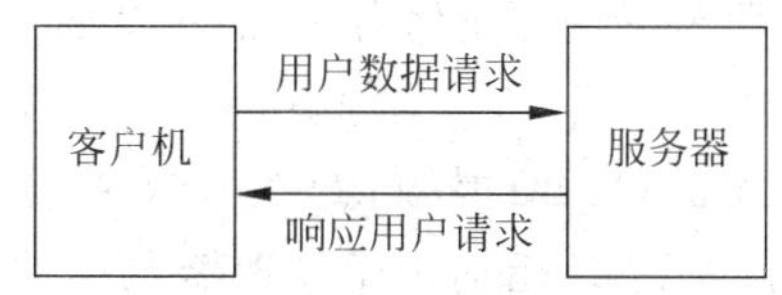

图 1.8　客户机/服务器体系结构

上，但也可以运行于安装有 SQL Server 的服务器计算机上。

现在的软件往往采用客户程序/服务程序体系结构。系统运行时，由一个进程(客户程序)发出请求，另一个进程(服务程序)去执行。从系统配置上，服务程序通常安装在功能强大的服务器上，而客户程序就放在相对简单的 PC(客户机)上。

SQL Server 管理数据库和在多个请求之间分配可用的服务器资源，如内存、网络带宽和磁盘操作。数据库系统采用客户机/服务器结构的好处在于：数据集中存储在服务器上，而不是分开存储在各个客户机上，使所有用户都可以访问到相同的数据；业务逻辑和安全规则可以在服务器上定义一次，而后被所有的客户使用；关系数据库仅返回应用程序所需要的数据，这样减少网络流量；节省硬件开销，因为数据都存储在服务器上，不需要在客户机上存储数据，所以客户机硬件不需要具备存储和处理大量数据的能力，同样，服务器不需要具备数据表示的功能。因为数据集中存储在服务器上，所以备份和恢复起来很容易。

由于客户机/服务器计算方式是一种两层结构的体系，随着技术的进步以及需求的改变，更多的层次划分出来。目前，在 Internet 应用体系结构中，事务的处理被划分为三层，即浏览器—Internet 服务器—数据库服务器，其结构如图 1.9 所示。

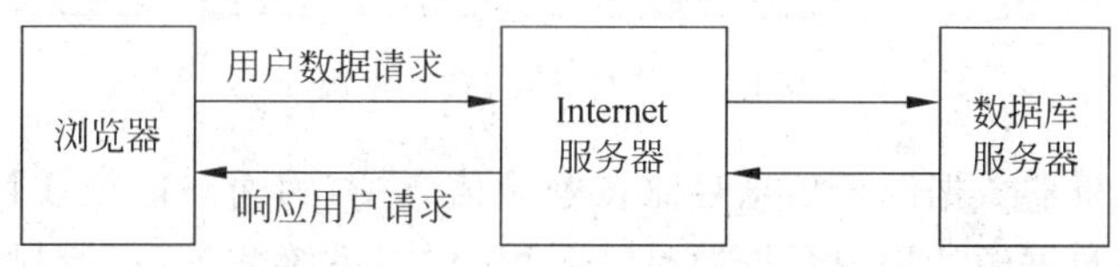

图 1.9　三层体系结构

在这种体系结构中，业务的表达通过简单的浏览器来实现。用户通过浏览器提交表单，把信息传递给 Internet 服务器，Internet 服务器根据用户的请求，分析出要求数据库服务器进行的查询，交给数据库服务器去执行，数据库服务器把查询的结果反馈给 Internet 服务器，再由 Internet 服务器用标准的 HTML 语言反馈给浏览器。目前许多软件使用该结构来实现，使用该结构最大的好处是对客户端的要求降到最低，减少了客户端的拥有和使用成本，具有更大的灵活性。但是它也增加了潜在的复杂性，对小型应用程序而言，开发速度可能比较慢。

1.3.2　数据库访问接口

ODBC(Open Database Connectivity，开放式数据库连接)是由微软公司发布的开放式数据库连接技术标准，是数据库访问的标准接口。通过 ODBC 提供的底层数据库驱动，高端用户可以用统一的程序接口访问不同的数据库系统。

ODBC 提供了一种应用程序访问关系数据库的方法，应用程序通过 ODBC 定义的接口与驱动程序管理器通信，驱动程序管理器选择相应的驱动程序与指定的数据库进行通信。

只要系统中有相应的 ODBC 驱动程序，任何程序都可以通过 ODBC 操纵驱动程序的数据库。

在使用 ODBC 前，需要先配置 ODBC 数据源。ODBC 数据源是整个 ODBC 设计的一个重要组成部分，该部分含有允许 ODBC 驱动程序管理器及驱动程序链接到指定信息库的信息。每个 ODBC 数据源都被指定一个名字，即 DSN(Data Source Name)，DSN 有两种类型：机器数据源和文件数据源。在 Windows 中的管理工具中，可打开“ODBC 数据源管理器”对话框，如图 1.10 所示。

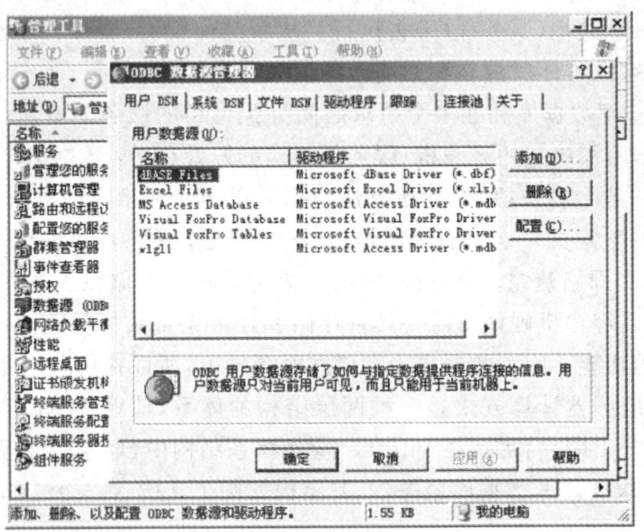

图 1.10　配置 ODBC 数据源

在图 1.10 中，机器数据源把信息存储在登录信息中，因而只能被该计算机访问。包括系统数据源和用户数据源。用户数据源是针对用户的，系统数据源针对所有用户。文件数据源把信息存储在后缀名为.dsn 的文件中，如果文件放在网络共享的驱动器中，就可以被所有用户访问。在“驱动程序”属性页中选择 SQL Server 的驱动程序即可，如图 1.11 所示。

图 1.11　选择驱动程序

在图 1.11 中单击"完成"按钮后，即完成了配置步骤，用户即可使用数据库访问标准化接口 ODBC 访问 SQL Server 数据库中的数据。

1.3.3 查询分析器

查询分析器是 SQL Server 提供的一个具有执行 SQL 脚本、分析查询性能和调试存储过程等功能的图形化管理工具，其使用前需先登录，如图 1.12 所示即为其登录界面。

图 1.12 查询分析器登录界面

在图 1.12 中，用户需选择登录的 SQL Server 服务器，选择登录方式，再输入正确的登录名和密码，可进入查询分析器的主操作界面，如图 1.13 所示。

SQL Server 的查询分析器是一种特别用于交互式执行 T-SQL 语句和脚本的工具。若要使用 SQL 查询分析器，用户必须了解 T-SQL，后面会具体介绍。在 SQL 查询分析器中，用户可在全文窗口中输入 T-SQL 语句，执行语句并在结果窗口中查看结果。用户也可以打开包含 T-SQL 语句的文本文件，执行语句并在结果窗口中查看结果。

SQL 查询分析器还提供工具以确定 Microsoft SQL Server 是如何解释并处理 T-SQL 语句的。用户可以使用查询分析器进行如下的个性操作：

- 显示语句所生成的执行计划的图形表示。
- 启动索引优化向导确定可为基础表定义哪些索引，以优化语句的性能。
- 显示有关语句性能的统计信息。

总的来说，SQL 查询分析器的具体功能如下：

- 创建查询和其他 SQL 脚本，并针对 SQL Server 数据库执行它们。
- 由预定义脚本快速创建常用数据库对象。
- 快速复制现有数据库对象。
- 在参数未知的情况下执行存储过程。
- 调试存储过程。
- 分析查询性能问题。
- 在数据库内定位对象(对象搜索功能)，或查看和使用对象。

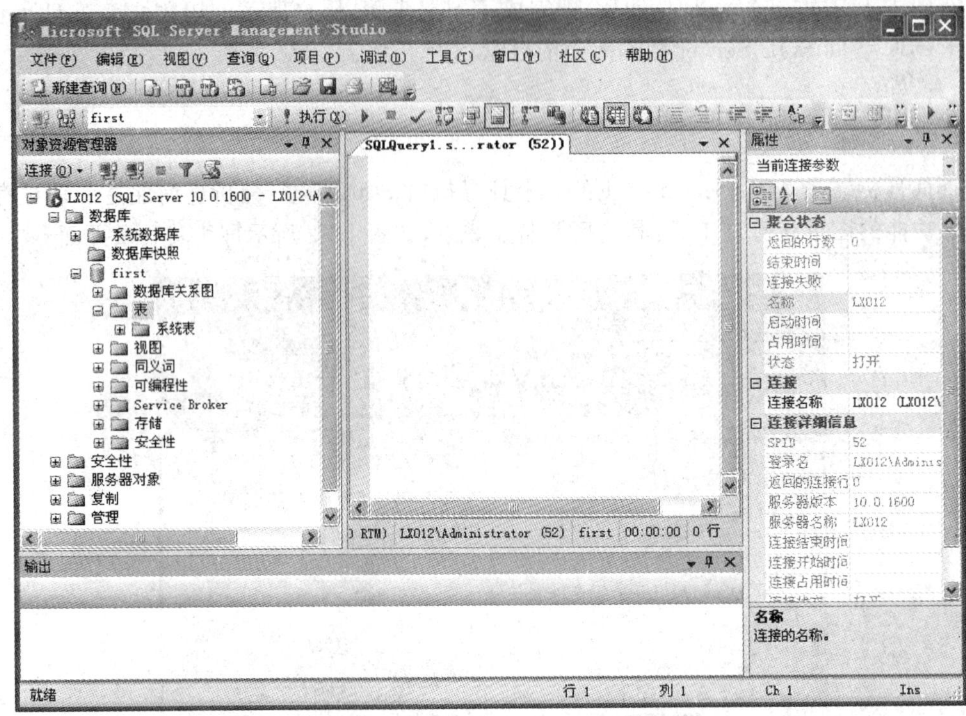

图 1.13　查询分析器主界面

- 快速插入、更新或删除表中的行。
- 为常用查询创建键盘快捷方式。
- 向“工具”菜单添加常用命令。

在开发环境中，或者在系统维护时，查询分析器是使用最频繁的工具之一，有时甚至比企业管理器更实用。

1.4 PL/SQL

PL/SQL 是 Oracle 的程序设计语言，用于存储过程，它为数据库程序增加了许多可能的功能。PL/SQL 补充了标准的关系数据库语言 SQL，提供了各种过程化特性，包括循环、IF…THEN 语句、高级数据结构以及丰富的事务控制，这些都紧密地集成到 Oracle 数据库服务器中。

1.4.1 PL/SQL 简介

PL/SQL 是一项 Oracle 的技术，其可以让 SQL 像过程型语言一样工作。简单来说，PL/SQL 是 Oracle 的过程型语言，其由标准的 SQL 语句和一系列可以让用户在不同的情况下对 SQL 语句的执行进行控制的命令组成，其运作机制如图 1.14 所示。

在图 1.14 中，PL/SQL 机可执行过程性语句，而将 SQL 语句发送到 Oracle 服务器上的 SQL 语句执行器。在 Oracle 预编译程序或 OCI 程序中可嵌入无名的 PL/SQL 块，如果

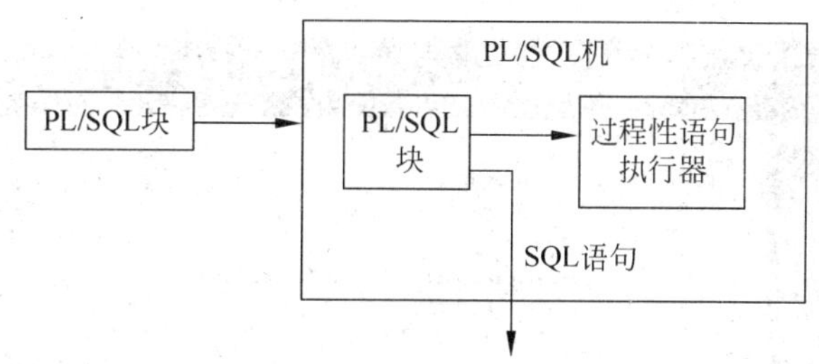

图 1.14 PL/SQL 运作机制

Oracle 具有 PROCEDURAL 选项,有名的 PL/SQL 块(子程序)可单独编译,永久地存储在数据库中,准备执行。

此外,PL/SQL 可以在运行时捕获错误,而诸如 LOOP 和 IF THEN ELSE 等语句让 PL/SQL 具有了第三代编程语言的能力。同时,PL/SQL 也可以以交互方式写出。

总的来说,PL/SQL 主要有如下优点:

- PL/SQL 是一种高性能的基于事务处理的语言,能运行在任何 Oracle 环境中,支持所有数据处理命令。通过使用 PL/SQL 程序单元处理 SQL 的数据定义和数据控制元素。
- PL/SQL 支持所有 SQL 数据类型和所有 SQL 函数,同时支持所有 Oracle 对象类型。
- PL/SQL 块可以被命名和存储在 Oracle 服务器中,同时也能被其他的 PL/SQL 程序或 SQL 命令调用,任何客户/服务器工具都能访问 PL/SQL 程序,具有很好的可重用性。
- 可以使用 Oracle 数据工具管理存储在服务器中的 PL/SQL 程序的安全性。可以授权或撤销数据库其他用户访问 PL/SQL 程序的能力。
- PL/SQL 代码可以使用任何 ASCII 文本编辑器编写,所以对任何 Oracle 能够运行的操作系统都是非常便利的。
- 对于 SQL,Oracle 必须在同一时间处理每一条 SQL 语句,在网络环境下这就意味作每一个独立的调用都必须被 Oracle 服务器处理,这就占用大量的服务器时间,同时导致网络拥挤。而 PL/SQL 是以整个语句块发给服务器,这就降低了网络拥挤。

需要注意的是,PL/SQL 程序块只能在 SQL * Plus、SQLPlus Worksheet 等工具支持下以解释型方式执行,不能编译成可执行文件而离支撑环境执行。如图 1.15 所示即为在 Oracle 的 SQL * Plus Worksheet 环境下执行 PL/SQL 程序块。

1.4.2 PL/SQL 的程序结构

PL/SQL 是一种块结构的语言,组成 PL/SQL 程序的单元是逻辑块,一个 PL/SQL 程序包含了一个或多个逻辑块,每个块都可以划分为 3 个部分。与其他语言相同,变量在使用之前必须声明,PL/SQL 提供了独立的专门用于处理异常的部分。从上图中可以看出,一个完整的 PL/SQL 程序块的结构可以分为如下的 3 个部分。

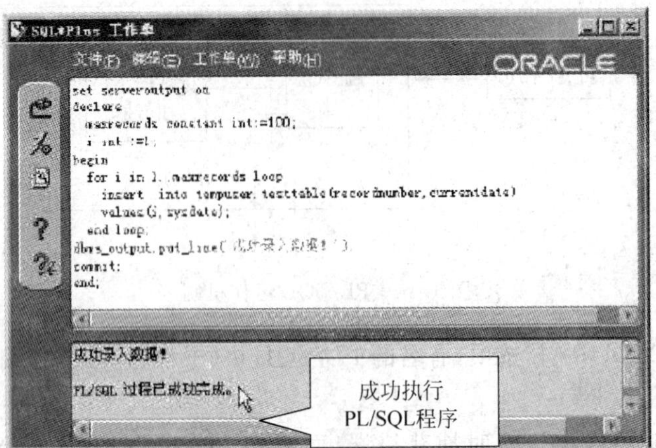

图 1.15 SQL * Plus Worksheet 环境下执行 PL/SQL 程序块

1. 定义部分

定义部分以关键字 Declare 为标识，在该部分中定义程序中要使用的常量、变量、游标和例外处理名称，PL/SQL 程序中使用的所有定义必须在该部分集中定义，而在高级语言里变量可以在程序执行过程中定义。

2. 执行部分

执行部分以 begin 为开始标识，以 end 为结束标识。该部分是每个 PL/SQL 程序所必备的，包含了对数据库的操作语句和各种流程控制语句。

3. 异常处理部分

该部分包含在执行部分里面，以 exception 为标识，对程序执行中产生的异常情况进行处理。

一个完整的 PL/SQL 程序块的语法结构如下所示：

```
[DECLARE]
--- declaration statements
BEGIN
--- executable statements
[EXCEPTION]
--- exception statements
END
```

PL/SQL 块中的每一条语句都必须以分号结束，SQL 语句可以使多行的，但分号表示该语句的结束。一行中可以有多条 SQL 语句，它们之间以分号分隔。每一个 PL/SQL 块由 BEGIN 或 DECLARE 开始，以 END 结束。注释由“--”标示。PL/SQL 程序块的总体结构如图 1.16 所示。

```
Declare
    定义语句段
Begin
    执行语句段
Exception
    异常处理语句段
End
```

图 1.16 PL/SQL 程序块总体结构

1.4.3 PL/SQL 的定义

PL/SQL 程序块可被独立编译并存储在数据库中,任何与数据库相连接的应用程序都可以访问这些存储的 PL/SQL 程序块。Oracle 提供了四种类型的可存储程序。

1. 函数

函数是命名了的、存储在数据库中的 PL/SQL 程序块。函数接受零个或多个输入参数,有一个返回值,返回值的数据类型在创建函数时定义。定义函数的语法如下:

```
FUNCTION name [{parameter[,parameter,...]}] RETURN datatypes IS
[local declarations]
BEGIN
execute statements
[EXCEPTION
exception handlers]
END [name]
```

2. 过程

存储过程是一个 PL/SQL 程序块,接受零个或多个参数作为输入或输出,或既作输入又作输出。与函数不同,存储过程没有返回值,存储过程不能由 SQL 语句直接使用,只能通过 EXECUT 命令或 PL/SQL 程序块内部调用,定义存储过程的语法如下:

```
PROCEDURE name [(parameter[,parameter,...])] IS
[local declarations]
BEGIN
execute statements
[EXCEPTION
exception handlers ]
END [name]
```

3. 包

包其实就是被组合在一起的相关对象的集合,当包中任何函数或存储过程被调用,包就被加载入内存中，包中的任何函数或存储过程的子程序访问速度将大大加快。包由两个部分组成：规范和包主体，规范描述变量、常量、游标和子程序，包体完全定义子程序和游标。

4. 触发器

触发器与一个表或数据库事件联系在一起，当一个触发器事件发生时，定义在表上的触发器被触发。

此外，PL/SQL 的定义部分还需对变量和常量进行声明，以供在执行部分对其进行引用。下面对其声明语法作简单介绍。

5. 变量

变量一般都在 PL/SQL 块的声明部分声明，PL/SQL 是一种强壮的类型语言，也即在引用变量前必须首先声明，要在执行或异常处理部分使用变量，那么变量必须首先在声明部分进行声明。声明变量的语法如下：

```
Variable_name [CONSTANT] databyte [NOT NULL][: = |DEFAULT expression]
```

注意：可以在声明变量的同时给变量强制性的加上 NOT NULL 约束条件，此时变量在初始化时必须赋值。如图 1.17 所示即为声明一个变量 age，并为其赋值。

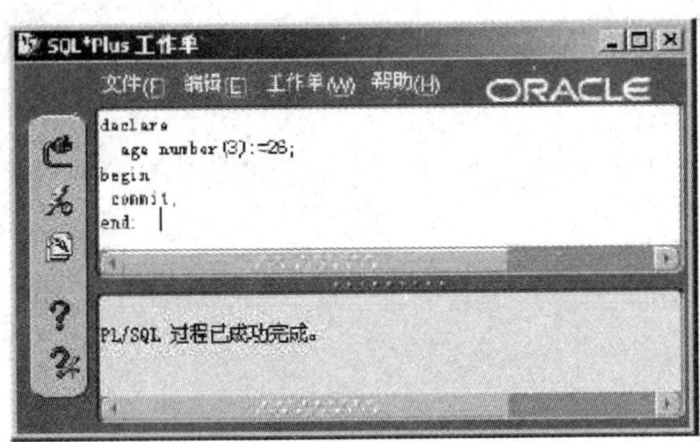

图 1.17　声明变量

6. 常量

常量与变量相似，但常量的值在程序内部不能改变，常量的值在定义时赋予，其声明方式与变量相似，但必须包括关键字 CONSTANT。常量和变量都可被定义为 SQL 和用户定义的数据类型。例如，下列语句定义了一个名为 ZERO_VALUE、数据类型是 NUMBER、值为 0 的常量。

```
ZERO_VALUE CONSTANT NUMBER: = 0;
```

在定义变量和常量的同时，不可避免地会使用到数据类型，而 PL/SQL 支持的数据类型与标准的 ANSI SQL 有些不同，ANSI SQL 的数据类型后面还会介绍，此处给出 PL/

SQL 支持的数据类型，如表 1-1 所示。

表 1-1 PL/SQL 数据类型

		数据类型	子类型
纯量类型	数值	BINARY_INTEGER	NATURAL，POSITIVE
		NUMBER	DEC，DECIMAL，DOUBLE PRECISION，PLOAT，INTEGER，INT，NUMERIC，REAL，SMALLINT
	字符	CHAR	CHARACTER，STRING
		VARCHAR2	VARCHAR
		LONG	
		LONG RAW	
		RAW	
		RAWID	
	逻辑	BOOLEAN	
	日期	DATE	
组合类型	记录	RECORD	
	表	TABLE	

上述 6 个部分都是写在 PL/SQL 程序块的定义部分，用于定义相关变量、常量及存储过程等，下面将要介绍的是执行部分的控制语句。

1.4.4 PL/SQL 的条件结构

控制结构写在 PL/SQL 程序块的执行部分，执行部分主要包括 SQL 语句和控制结构。SQL 语句将在以后作详细讲解，此处先就控制结构作简要介绍。控制结构是用于控制 PL/SQL 程序块流程的代码行，PL/SQL 支持条件控制和循环控制结构。

PL/SQL 的条件控制结构包含三种形式。

1. IF…THEN 结构

IF…THEN 条件控制结构用于单条件的判断，其语法为：

```
IF condition THEN
Statements 1;
Statements 2;
 ⋮
END IF
```

在上述语法表示中，IF 语句判断条件 condition 是否为 TRUE，如果是，则执行 THEN 后面的语句，如果 condition 为 False 或 NULL，则跳过 THEN 到 END IF 之间的语句，执行 END IF 后面的语句。执行流程如图 1.18 所示。

2. IF…THEN…ELSE 结构

IF…THEN…ELSE 条件控制结构用于双条件的判断，其语法为：

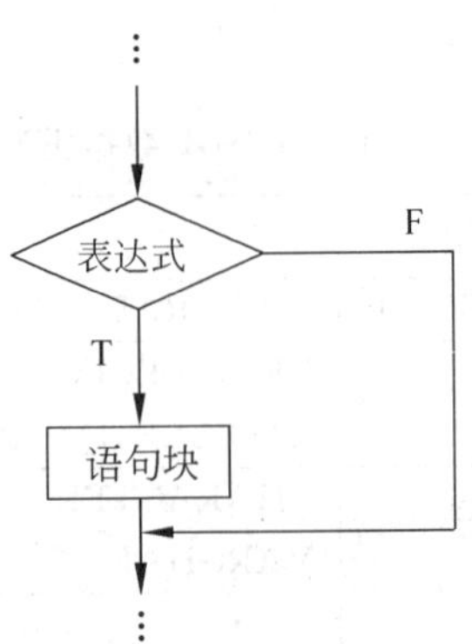

图 1.18 IF…THEN 结构执行流程

```
IF condition THEN
Statements 1;
Statements 2;
⋮
ELSE
Statements 1;
Statements 2;
⋮
END IF
```

该结构中，如果条件 condition 为 TRUE，则执行 THEN 到 ELSE 之间的语句，否则执行 ELSE 到 END IF 之间的语句。该结构的执行流程如图 1.19 所示。

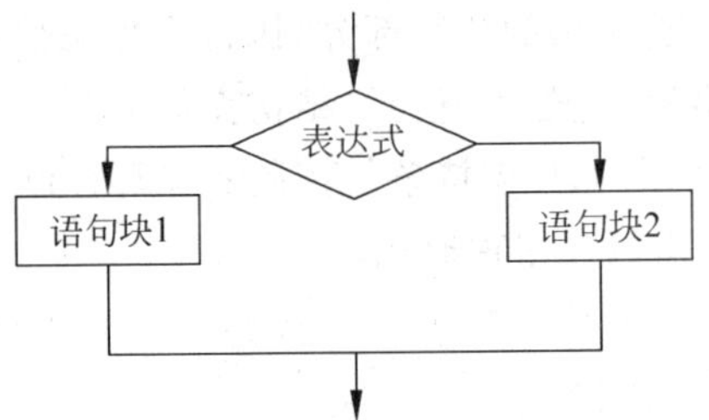

图 1.19 IF…THEN…ELSE 结构执行流程

3. IF…THEN…ELSIF 结构

IF…THEN…ELSIF 条件控制结构用于多条件的判断，其语法为：

```
IF condition1 THEN
statement1;
ELSIF condition2 THEN
statement2;
ELSIF condition3 THEN
statement3;
ELSE
statement4;
END IF;
statement5;
```

在该结构中，如果条件 condition1 为 TRUE，则执行语句 statement1，然后执行语句 statement5，否则判断条件 condition2 是否为 TRUE；若为 TRUE，则执行语句 statement2，然后执行 statement5，对于条件 condition3 也是相同的，如果 condition1、condition2、condition3 都不成立，那么将执行语句 statement4，然后执行 statement5。该结构的执行流程如图 1.20 所示。

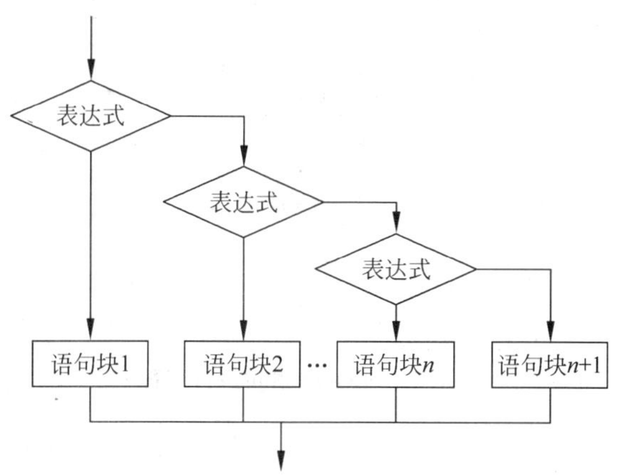

图 1.20 IF…THEN…ELSIF 结构执行流程

1.4.5 PL/SQL 的循环结构

除了条件控制结构外，循环控制结构也是 PL/SQL 中非常重要的一种结构。LOOP 语句是 PL/SQL 中循环控制的基本形式，LOOP 和 END LOOP 之间的语句将无限次地执行。没有任何条件的简单 LOOP 语句的语法如下：

```
LOOP
statements;
END LOOP
```

显然，LOOP 和 END LOOP 之间的语句无限次的执行显然是不行的，那么在使用 LOOP 语句时必须使用 EXIT 语句，强制循环结束。例如，下列程序块计算变量 Y 的值：

```
X = 100;
LOOP
  X: = X + 10;
  IF X > 1000 THEN
    EXIT;
  END IF
END LOOP;
Y: = X;
```

此时 Y 的值是 1010。上面采用的是简单的无条件的 LOOP 语句，结束循环则采用的是 IF 条件控制语句。其执行流程如图 1.21 所示。

事实上，PL/SQL 的循环控制中，LOOP 语句也可以实现条件结束循环，LOOP 语句的

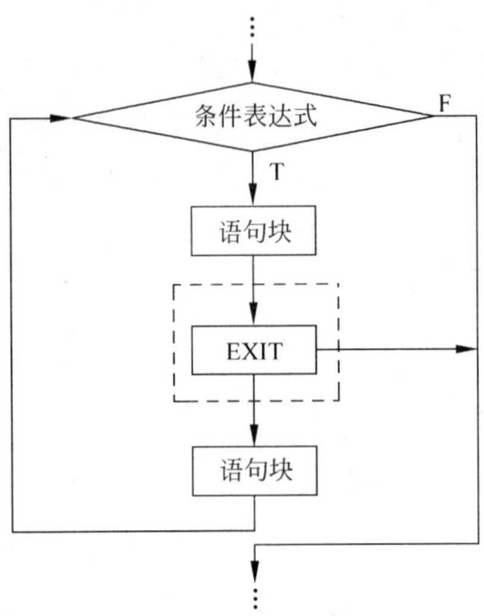

图 1.21 LOOP 语句执行流程

变化形式有以下三种。

1. EXIT WHEN 语句

使用 EXIT WHEN 语句结束循环，当条件为 TRUE 时，则结束循环，上述计算 Y 的值的代码使用 EXIT WHEN 语句改写过后如下，其结果不变。

```
X: = 100;
LOOP
  X: = X + 10;
  EXIT WHEN X > 1000;
  X: = X + 10;
END LOOP;
Y: = X;
```

2. WHILE…LOOP 语句

WHILE…LOOP 语句有一个条件与循环相联系，如果条件为 TRUE，则执行循环体内的语句；如果结果为 FALSE，则结束循环。使用 WHILE…LOOP 语句改写上述程序如下：

```
X: = 100;
WHILE X < = 1000 LOOP
X: = X + 10;
END LOOP;
Y = X;
```

3. FOR…LOOP 语句

FOR…LOOP 语句的循环次数是固定的，其语法如下：

```
FOR counter IN [REVERSE] start_range…end_range LOOP
statements;
END LOOP;
```

在上述语法表示中，counter是一个隐式声明的变量，其初始值是start_range，第二个值是start_range+1，直到end_range，如果start_range等于end _range，那么循环将执行一次。其执行流程如图1.22所示。

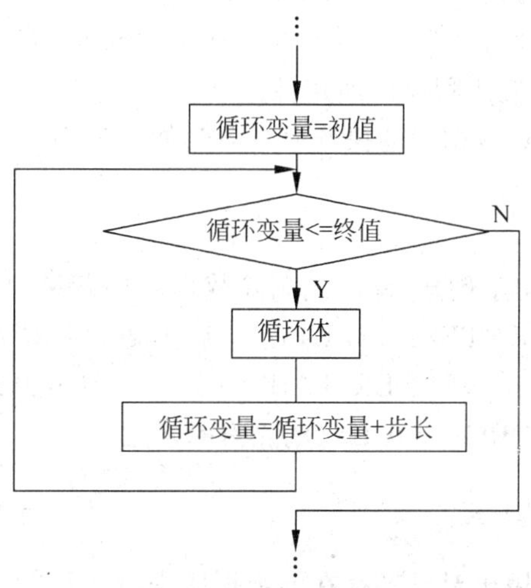

图1.22 FOR…LOOP执行流程

如果使用了REVERSE关键字，那么范围将是一个降序。如果要退出FOR…LOOP循环可以使用EXIT语句，将上述计算程序使用FOR…LOOP语句改写如下：

```
X: = 100;
FOR v_counter in 1…10 loop
x: = x + 10;
end loop
y: = x;
```

该节介绍的内容是PL/SQL的基本语法和基本控制结构，运行环境在Oracle 9i下。此处只是对PL/SQL作一个简单介绍，有兴趣的读者可参阅相关资料。

1.5 T-SQL

Transact-SQL(简称T-SQL)是Microsoft公司设计开发的一种结构化查询语言。其在关系数据库管理系统(Rational Database Management System，RDBMS)中实现数据的检索、操纵和添加功能，该语言在SQL Server中得到了实现。

1.5.1 T-SQL概述

ANSI(American National Standards Institute，美国国家标准协会)制定了结构化查询

语言(SQL)标准,而 T-SQL 是 Microsoft 公司对此标准的一个实现。T-SQL 是 SQL 的增强版本,与许多 ANSI SQL 标准兼容,在 Microsoft 发布的数据库管理系统 SQL Server 系列中,T-SQL 代码已成为其核心。与 SQL Server 通信的所有应用程序都通过向服务器发送 T-SQL 语句来进行通信,而与应用程序的用户界面无关。

Microsoft SQL Server 所提供的工具使客户端能通过多种方法访问服务器上的数据,这些工具的核心部分即是 T-SQL(事务 SQL)代码。作为 ANSI SQL 的扩展版本,T-SQL 提供了许多附加的功能和函数。利用 T-SQL,用户可以创建数据库设备、数据库和其他数据对象、从数据库中提取数据、修改数据,也可以动态地改变 SQL Server 中的设置。因此,使用 T-SQL 大大地提高了应用程序的实用性。

与 SQL 相似,T-SQL 对数据库的操作命令分为如下三类。

1. 数据定义语言(DDL)

数据定义语言(DDL)用于创建、修改或删除数据库中各种对象,包括表、视图、索引等。其包含的命令主要有 CREATE TABLE(创建基本表)、CREATE VIEW(创建视图)、CREATE INDEX(创建索引)、ALTER TABLE(修改表结构)、DROP TABLE(删除表)、DROP VIEW(删除视图)、DROP INDEX(删除索引)等。

2. 数据操纵语言(DML)

数据操纵语言(DML)用于对已经存在的数据库进行元组的查询、插入、删除、修改等操作。其中检索语句不改变数据库中数据。其主要命令为:SELECT 及其相关子句(检索)、INSERT(插入)、UPDATE(更新)、DELETE(删除)。

3. 数据控制语言(DCL)

数据控制语言(DCL)用来授予或收回访问数据库的某种特权、控制数据操纵事务的发生时间及效果、对数据库进行监视等。其包括的主要命令为:GRANT(授权)、REVOKE(撤销授权)、COMMIT、(执行事务)和 ROLLBACK(事务回滚)。

作为一种数据检索与集合操纵语言,T-SQL 是很优秀的。同时,T-SQL 是作为一种程序设计语言而设计的,而不仅仅是作为数据查询和操作语言。当然,T-SQL 作为编程语言还有诸多不足,这是不可否认的事实。当 T-SQL 程序员想把 T-SQL 当成程序设计语言来用时,会不可避免地与以往那些编写高效处理与执行的代码的经验发生冲突。这是因为最适合 T-SQL 的是操作数据集而不是程序设计。

1.5.2 T-SQL 的组成

T-SQL 作为一种过程型语言,其除了与数据库建立连接、处理数据外,还具有过程型语言的元素组成:变量、数据类型、运算符、流程控制语句、注释等。下面简单介绍 T-SQL 支持的几种过程语言元素。

1. 注释

注释是程序代码中不执行的文本字符串(也称为注解)。在 SQL Server 中,可以使用两种类型的注释字符：一种是ANSI标准的注释符“--”，其用于单行注释；另一种是与C语言相同的程序注释符号，即“/＊ ＊/”。

2. 变量

变量是一种语言中必不可少的组成部分。T-SQL语言中有两种形式的变量。一种是用户自己定义的局部变量，局部变量是一个能够拥有特定数据类型的对象，其作用范围仅限制在程序内部。局部变量可以作为计数器来计算循环执行的次数，或是控制循环执行的次数。另外，利用局部变量还可以保存数据值，以供控制流语句测试以及保存由存储过程返回的数据值等，局部变量被引用时要在其名称前加上标志“@”，而且必须先用DECLARE命令定义后才可以使用。另外一种是系统提供的全局变量，全局变量是SQL Server系统内部使用的变量，其作用范围并不仅仅局限于某一程序，而是任何程序均可以随时调用。全局变量通常存储一些SQL Server的配置设定值和统计数据。用户可以在程序中用全局变量来测试系统的设定值或者是T-SQL命令执行后的状态值。

3. 运算符

运算符是一些符号，其能够用来执行算术运算、字符串连接、赋值以及在字段、常量和变量之间进行比较。在SQL Server中，运算符主要有以下六大类：算术运算符、赋值运算符、位运算符、比较运算符、逻辑运算符以及字符串运算符。

此外，流程控制语句也是T-SQL重要的组成部分之一，T-SQL程序块都离不开流程控制，下面介绍T-SQL的流程控制。

1.6 T-SQL的流程控制

由于T-SQL使用的广泛性，本书的SQL实例均出自SQL Server 2008的查询分析器。因此，读者应掌握T-SQL的基础知识。T-SQL的流程控制命令与常见的程序设计语言类似，主要有条件、循环、等待等几种控制命令。

1.6.1 IF…ELSE

IF…ELSE语句是条件控制语句，其语法如下：

```
IF <条件表达式>
<命令行或程序块>
[ELSE[条件表达式]
<命令行或程序块>]
```

其中＜条件表达式＞可以是各种表达式的组合，但表达式的值必须是逻辑值“真”或“假”。ELSE子句是可选的，最简单的IF语句没有ELSE子句部分。IF…ELSE用来判断当某一条件成立时执行某段程序，条件不成立时执行另一段程序。如果不使用程序块，IF或ELSE只能执行一条命令。IF…ELSE可以进行嵌套。下列程序段比较变量x、y、z的大小，并将结果打印出来。

```
Declare @x int, @y int, @z int
Select @x = 1,@y = 2,@z = 3
If @x >@y
Print 'x > y' -- 打印字符串'x > y'
Else if @y >@z
Print 'y > z'
Else print 'z > y'
```

将上述程序代码写入到 SQL Server 的查询分析器中，其运行结果如图 1.23 所示。

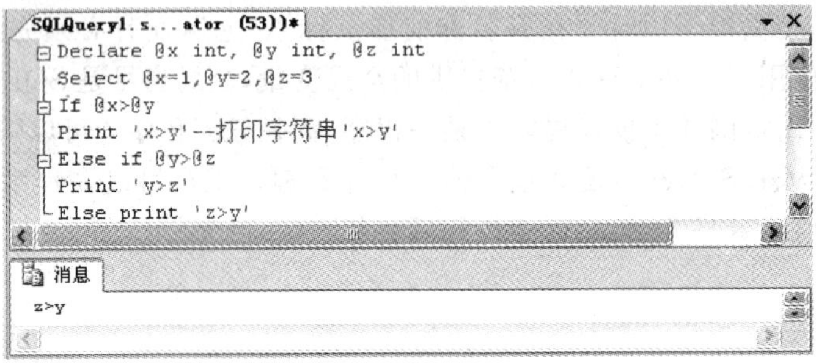

图 1.23 IF…ELSE 语句

1.6.2 BEGIN…END

BEGIN…END 用来设定一个程序块，将在 BEGIN…END 内的所有程序视为一个单元执行。BEGIN…END 经常在条件语句，如 IF…ELSE 中使用。在 BEGIN…END 中可嵌套另外的 BEGIN…END 来定义另一程序块。其语法如下：

```
BEGIN
<命令行或程序块>
END
```

1.6.3 CASE

CASE 命令可以嵌套到 SQL 命令中，是多条件的分支语句，在 T-SQL 中，CASE 命令有两种语句格式：

```
CASE < input_expression >
WHEN < when_expression > THEN < result_expression >
  ⋮
WHEN < when_expression > THEN < result_expression >
[ELSE < else_result_expression >]
END
```

上述格式称为简单 CASE 函数，其功能为将某个表达式与一组简单表达式进行比较以确定结果。在上述格式中，其执行步骤如下：

(1) 计算 input_expression 的值。

(2) 按指定顺序对每个 WHEN 子句的 input_expression＝when_expression 进行计算，返回 input_expression ＝ when_expression 的第一个计算结果为 TRUE 的 result_expression。

(3) 如果 input_expression＝when_expression 计算结果不为 TRUE，则在指定 ELSE 子句的情况下将返回 else_result_expression；若没有指定 ELSE 子句，则返回 NULL 值。其执行流程如图 1.24 所示。

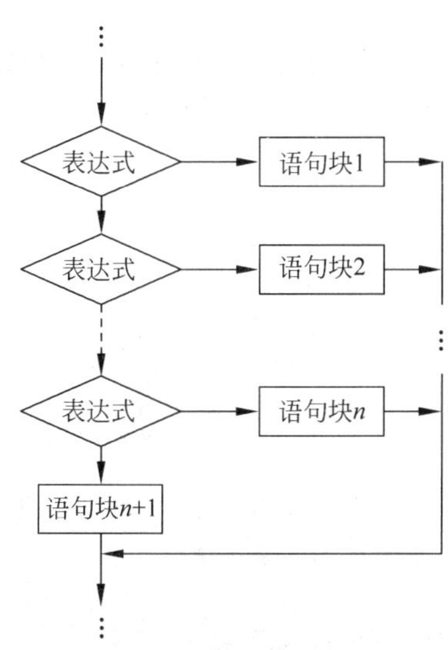

图 1.24 简单 CASE 函数执行流程

另一种语句格式为使用 CASE 搜索函数计算一组布尔表达式以确定结果，在 SELECT 语句中，CASE 搜索函数允许根据比较值在结果集内对值进行替换。其语句格式如下：

```
CASE
WHEN <条件表达式> THEN <运算式>
WHEN <条件表达式> THEN <运算式>
[ELSE <运算式>]
END
```

例如，下列程序为调整员工工资，工作级别为“1”的上调 8%，工作级别为“2”的上调 7%，工作级别为“3”的上调 6%，其他上调 5%。程序代码如下：

```
use pangu
update employee
set e_wage =
case
when job_level = '1' then e_wage * 1.08
when job_level = '2' then e_wage * 1.07
```

```
when job_level = '3' then e_wage * 1.06
else e_wage * 1.05
end
```

注意：执行 CASE 子句时，只运行第一个匹配的子名。

1.6.4 WHILE…CONTINUE…BREAK

WHILE 命令在设定的条件成立时会重复执行命令行或程序块。CONTINUE 命令可以让程序跳过 CONTINUE 命令之后的语句，回到 WHILE 循环的第一行命令。BREAK 命令则让程序完全跳出循环，结束 WHILE 命令的执行。其语法如下：

```
WHILE <条件表达式>
BEGIN
<命令行或程序块>
[BREAK]
[CONTINUE]
[命令行或程序块]
END
```

例如，下列程序段循环输出几个值。该程序中除了使用 WHILE…CONTINUE…BREAK 语句外，还使用了定义变量的 declare 命令。

```
declare @x int, @y int, @c int
select @x = 1, @y=1
while @x < 3
begin
print @x --打印变量 x 的值
while @y < 3
begin
select @c = 100 * @x + @y
print @c --打印变量 c 的值
select @y = @y + 1
end
select @x = @x + 1
select @y = 1
end
```

上述代码给变量 x 和 y 赋值后进入循环，首先输出的是 x 的初值，接下来输出变量 c 的值。其中 x、y 分别可以取值 1、2。程序执行结果如图 1.25 所示。

1.6.5 WAITFOR

WAITFOR 命令用来暂时停止程序执行，直到所设定的等待时间已过或所设定的时间已到才继续向下执行。其语法如下：

```
WAITFOR {DELAY <'时间'> | TIME <'时间'>| ERROREXIT | PROCESSEXIT | MIRROREXIT}
```

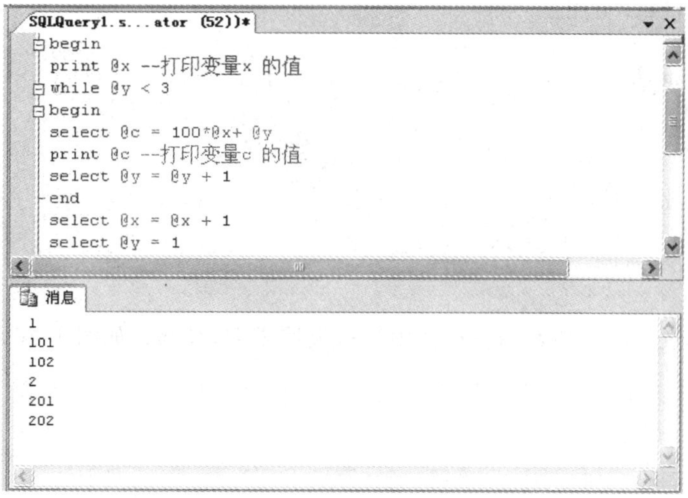

```
SQLQuery1.s...ator (52))*
begin
print @x --打印变量x 的值
while @y < 3
begin
select @c = 100*@x+ @y
print @c --打印变量c 的值
select @y = @y + 1
end
select @x = @x + 1
select @y = 1
```

```
消息
1
101
102
2
201
202
```

图 1.25　WHILE…CONTINUE…BREAK 语句应用

其中,'时间'必须为 DATETIME 类型的数据,如'11:15:27',但不能包括日期。各关键字含义如下:

- DELAY 用来设定等待的时间最多可达 24 小时;
- TIME 用来设定等待结束的时间点;
- ERROREXIT 直到处理非正常中断;
- PROCESSEXIT 直到处理正常或非正常中断;
- MIRROREXIT 直到镜像设备失败。

例如,等待 1 小时 2 分零 3 秒后才执行 SELECT 语句,其程序如下:

```
waitfor delay '01:02:03'
select * from employee
```

而如果是需要等到晚上 11 点零 8 分后才执行 SELECT 语句,则使用的关键字是 TIME,而不是 DELAY 关键字,程序如下:

```
waitfor time '23:08:00'
select * from employee
```

1.6.6　GOTO

GOTO 命令用来改变程序执行的流程,使程序跳到标有标识符的指定的程序行再继续往下执行。作为跳转目标的标识符可为数字与字符的组合,但必须以":"结尾,如'12:'或'a_1:'。在 GOTO 命令行,标识符后不必跟":"。其语法如下:

```
GOTO 标识符
```

例如,下列程序实现分行打印字符'1'、'2'、'3'、'4'、'5'。程序中使用了标识符 Label,而在循环中使用 GOTO 引用。

```
declare @x int
select @x = 1
label:
print @x
select @x = @x + 1
while @x < 6
goto label
```

在 SQL Server 2008 的查询分析器中运行上述查询，其结果如图 1.26 所示。

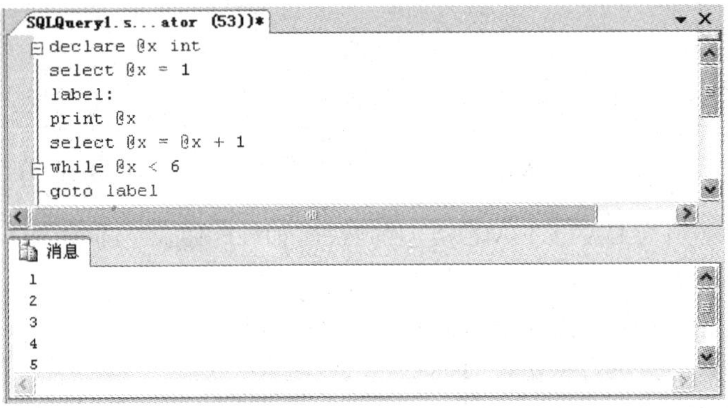

图 1.26　GOTO 语句应用

1.6.7　RETURN

RETURN 命令用于结束当前程序的执行，返回到上一个调用它的程序或其他程序。在括号内可指定一个返回值。其语法如下：

```
RETURN [整数值]
```

例如，下列程序比较变量 x，y 的大小，使用了 IF…ELSE 语句，如果 x>y，则返回值为 1；否则为 2。程序代码如下：

```
declare @x int @y int
select @x = 1 @y = 2
if x>y
return 1
else
return 2
```

注意：如果用户定义了返回值，则返回用户定义的值。如果没有指定返回值，SQL Server 系统会根据程序执行的结果返回一个内定值，具体值如表 1.2 所示。如果运行过程产生了多个错误，SQL Server 系统将返回绝对值最大的数值，RETURN 语句不能返回 NULL 值。

表 1.2 系统返回内定值

返 回 值	含 义
0	程序执行成功
−1	找不到对象
−2	数据类型错误
−3	死锁
−4	违反权限原则
−5	语法错误
−6	用户造成的一般错误
−7	资源错误，如磁盘空间不足
−8	非致命的内部错误
−9	已达到的系统的极限
−10、−11	致命的内部不一致错误
−12	表或指针破坏
−13	数据库破坏
−14	硬件错误

1.7 小结

本章就 SQL 做了概要介绍，首先简要介绍了其发展历程和特点，重点讲解了当前两种著名的关系数据库管理系统 Oracle 和 SQL Server 的结构和组成。Oracle 的 SQL * PLUS 和 SQL Server 的查询分析器都可以执行 SQL 语句，但其标准稍有不同。SQL Server 支持 T-SQL，由于本书以后章节的实例使用的环境是 SQL Server，因此，该章重点讲解了 T-SQL 的组成及其流程控制语句。

第2章 SQL语言语法

第1章主要介绍了SQL的两种标准：Oracle支持的PL/SQL和Microsoft支持的T-SQL，主要介绍了这两种标准的流程控制，也即其作为过程型语言的特性。从本章开始将介绍SQL作为数据处理语言的强大功能，本章是SQL的基础内容，主要介绍ANSI SQL的标准数据类型、表达式、运算符及其之间的运算。

2.1 字符串类型

任何语言都有自己的数据类型，SQL也一样。SQL的数据类型决定了一个字段的内容在数据库中会被如何处理、存储和显示。ANSI SQL定义了标准的数据类型，目的是给数据库制造商建立自己的数据类型提供蓝图。因此，各数据库制造商各自支持的数据类型也有所区别。例如，ANSI SQL的标准中存在Time数据类型，而Oracle和SQL Server都不支持该数据类型。然而，诸如PL/SQL和T-SQL等都是在ANSI SQL标准上发展起来的。因此，接下来要介绍的是数据类型SQL的基本数据类型，主要包括三类：

- 字符串型数据类型。
- 数值型数据类型。
- 日期时间型数据类型。

本节将详细介绍字符串数据类型，其主要包含CHAR、VARCHAR、BIT、VARBIT等几种。

2.1.1 CHAR和VARCHAR

字符串类型是一种常见的数据类型定义，字符串数据类型中可以存储包含字母、数字以及名字代码等内容。字符和位是两种主要的字符串型数据类型，其中，字符的定义包含CHAR和VARCHAR两类，其主要区别为前者为固定长度，后者为变长。

- 定义定长字符串数据类型格式如下：

```
char(n)
```

其中，n为固定长度。例如，定义一个长度为10的定长字符串，定义格式为char(10)。定义后，不论其中是否存储了10个字符，取出的数据长度都是10。

- 定义变长字符串数据类型格式如下：

```
varchar(n)
```

其中,n 为长度。例如,定义一个长度为 10 的字符串,格式为 char(10)即可。由于定义的是可变长的字符串,其数据长度取决于实际存储的字符数,但不能超过 10。

VARCHAR 型 CHAR 型数据的这个差别是细微的,但是非常重要。它们都是用来存储字符串长度小于 255 的字符,这是其相同的地方,其主要区别在于:

- VARCHAR 型数据存储的是变长的字符串,而 CHAR 型数据存储的是定长的字符串。例如,向一个长度为 40 个字符的 VARCHAR 型字段中输入数据 Microsoft,从该字段中取出此数据时,取出的数据长度为 9 个字符——字符串 Microsoft 的长度。而如果将该字符串输入到一个长度为 40 个字符的 CHAR 型字段中,那么当取出数据时,所取出的数据长度将是 40 个字符:字符串 Microsoft 的长度加上 31 个空格。因此,在具体使用中,读者会发现使用 VARCHAR 型字段要比 CHAR 型字段方便得多。使用 VARCHAR 型字段时,读者不需要为除掉数据中多余的空格而操心。
- VARCHAR 型字段比 CHAR 型字段占用更少的内存和硬盘空间。当数据库很大时,这种内存和磁盘空间的节省会变得非常重要。

例如,下列语句实现在数据库中创建一个表,用户需定义每列的名字以及要输入到这些列中的内容的数据类型。

```
CREATE TABLE Products
(prod_id INT(16)AUTO_INCREMENT, prod_color VARCHAR(20),
prod_descr VARCHAR(255), prod_size DECIMAL(8,2),
UNIQUE ('prod_id'));
```

在以上的语句中,定义行 prod_color VARCHAR(20)发出指令要创建一个列,名字是 prod_color,数据类型是 VARCHAR,长度为 20。VARCHAR 数据类型的描述符所含的信息将它区别为字符串数据类型,其长度是可变的。

2.1.2 BIT 和 VARBIT

BIT 和 VARBIT 都是位类型,这两者间的区别为:前者是固定长度,而后者为变长。其使用环境与 CHAR 和 VARCHAR 是类似的。

- BIT 的使用方法如下:

```
BIT(n)
```

该类型包含了带有长度的位字符(1 和 0),长度为 n。例如,如果使用 BIT(2)进行定义,那么样本值将为“01”。有的数据库会在串的开头插入空位,其余的则会填充它们以符合固定长度的要求。

- VARBIT 的使用方法如下:

```
VARBIT(n)
```

其中的 n 为最大长度，但该数据所记录的长度为值的实际长度。

在 SQL 中，对于 BIT 数据类型，用户可以将 BIT 数据类型的字段与相同类型的允许不同长度的其他字段比较，或者和 VARBIT 数据类型比较。有些数据库允许 BITS 和 CHARACTER 或者 INTEGER 类型比较。对于 VARBIT 数据类型，数据库允许和它的 BIT VARYING 数据字段比较，或者和 BIT 的数据字段比较。

值得注意的是：位字符是字符串，不是整数。

然而，SQL 的这两种标准数据类型并不能满足现实的需求。许多数据库生产商通过建立这些基础的数据类型来创建更多的数据类型。例如，T-SQL 将字符串数据类型扩展包含了 TEXT、SMALL TEXT 以及包含字符串的其他数据类型。

下列语句代码创建一个表 TEST，该表中使用到了 T-SQL 支持的 TEXT 数据类型，也使用了 BIT 数据类型。

```
CREATE TABLE TEST
(SNO CHAR(10),SNAME VARCHAR(20),
SGENTLE TEXT,SAGE INT,
SFLAG BIT)
```

将该程序段放在 SQL Server 2008 的查询分析器环境中执行，其执行结果如图 2.1 所示。

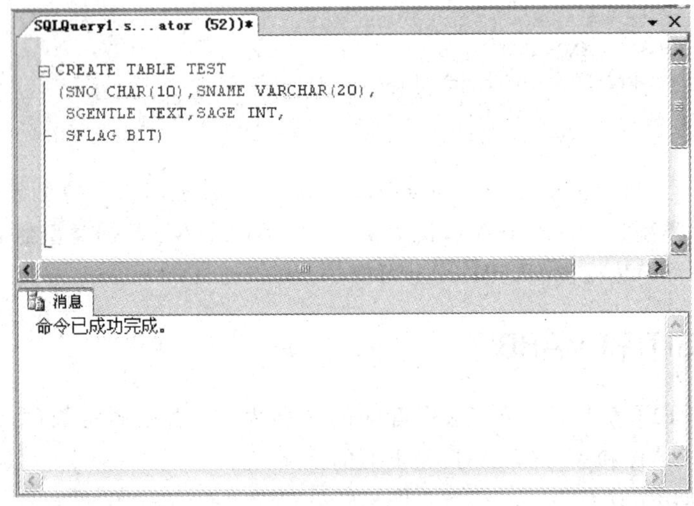

图 2.1 使用数据类型

2.2 数值型类型

在 SQL 的四种基本数据类型中，数值型的种类最多，约束也最多。在不同数据库实现方法之间交换数据时，数值型的精度也最容易降低。例如，Oracle 和 SQL 服务器之间的实现分歧（同样的数据类型长度不同）导致它们之间的数据传递过程会截短数字、改变它们的数值。

与数值有关的类型统称为数值类型。所有的数值都有精度，精度指的是有效数字位数。有的数值还有标度值(Scale Value)，其用来指示小数点右边的最小有效数字位数。例如，数字 1234.56 的精度为 6，标度值为 2，可以定义为 NUMERIC(6,2)。

每一个数据库实现方法都有关于如何近似数值或者截短数值的规则。除了提供获取数值长度和其他数值处理所需的属性外，SQL 提供了内建函数，如加、减、乘、除等。所有的数值类型之间都可以互相比较、互相赋值。尽管实现方法不同，但是有一个共同点，即其结果一般都保留最大精度。下面介绍 SQL 标准定义的基本数值类型。

2.2.1 NUMERIC

NUMERIC 型数据用于存储带有小数的数值，且其所能表示的数值范围较大。一个 NUMERIC 型字段可以存储 -10^{38} ～ 10^{38} 范围内的数。同时，NUMERIC 型数据还可以表示有小数部分的数值。因此，为了能对字段所存放的数据有更多的控制，读者可以使用 NUMERIC 型数据来同时表示一个数的整数部分和小数部分。例如，读者可以在 NUMERIC 型字段中存储小数 3.14。

当定义一个 NUMERIC 型字段时，需要同时指定整数部分的大小和小数部分的大小。定义格式如下：

```
NUMERIC(p,s)
```

其中，参数 p 表示精度，参数 s 表示标度值，即小数点右边的位数。当 d 为 0 时则表示整数。例如，MUNERIC(8,0)表示的是小数位数为 0，即整数。

一个 NUMERIC 型数据的整数部分最大只能有 28 位，小数部分的位数必须小于或等于整数部分的位数，小数部分可以是零。NUMERIC 是一种精确数值类型，即它是数字的值的文字表示。或者说，NUMERIC 数据类型可以对该数字进行取舍或者截取以符合指定精度，标度值由预定义的规则确定。为了符合标度值指定的小数数字位数，舍去多余的小数部分，舍入过程采用十进制。数字的总长度等于精度，如果标度值大于 0(有小数部分)，则长度加 1。小数部分的位数要符合标度值。

2.2.2 DECIMAL

数值型数据类型 DECIMAL 同样也是一种精确数值类型，采用十进制，数字的总长度等于精度，如果标度值大于 0(有小数部分)，则长度加 1，小数部分的位数不得小于标度值，小数位数的上限由数据库提供商设定。其用法如下：

```
DECIMAL(p,s)
```

其中，参数含义如下所示：

- 参数 p 表示精度，即最多可以存储的十进制数字的总位数，包括小数点左边和右边的位数。该精度必须是从 1 到最大精度 38 之间的值。默认精度为 18。
- 参数 s 表示标度值，即小数位数，或者说小数点右边可以存储的十进制数字的最大位数。小数位数必须是从 0 到 p 之间的值。仅在指定精度后才可以指定小数位数。

默认的小数位数为 0；因此，$0\leqslant s\leqslant p$。最大存储大小基于精度而变化。

由此可看出，DECIMAL 定义的数据是有固定精度和小数位数的。当使用最大精度时，有效值从$(-10^{38}+1)\sim(10^{38}-1)$。NUMERIC 在功能上等价于 DECIMAL 数据类型。

2.2.3 INTEGER 和 SMALLINT

INTEGER 和 SMALLINT 两种数值型数据类型都用于存储精准的整数数据。其区别在于数据长度不一样。

INTEGER 是一种精确数值类型，其使用二进制或者十进制，这基于表示该数值的二进制位(bit)的个数，其用法如下：

```
INTEGER(p)
```

其中，参数 p 表示精度，INTEGER 数据中的标度值恒为 0，也表示其只能表示整数型数据。其最大精度、最小精度和默认精度都由数据库提供者确定。例如，T-SQL 中的 INT 数据长度为 32 位，因此，其数据取值范围是从－2 147 483 647～2 147 483 647 的整数。

SMALLINT 也是一种精确数值类型，其位数取舍方法与 INTEGER（二进制或者十进制）相同，标度值也恒为 0，其用法如下：

```
SMALLINT(p)
```

SMALLINT 数据的最大精度等于或者小于 INTEGER 的最大精度，在 T-SQL 中，SMALLINT 型数据长度为 16 位，其数据取值范围是－32 768～32 768。

通常，为了节省空间，应该尽可能地使用最小的整型数据。一个 SMALLINT 型数据只占用 2 个字节，一个 INTEGER 型数据占用 4 个字节。这看起来似乎差别不大，但是在比较大的数据表中，字节数的增长是很快的。另一方面，一旦用户创建一个字段，要修改它是很困难的。因此，为安全起见，在设计数据库的初期，用户应该预测一下，一个字段所需要存储的数值最大有可能是多大，然后选择适当的数据类型。

2.2.4 FLOAT、REAL 和 DOUBLE PRECISION

FLOAT、REAL 和 DOUBLE PRECISION 这三种数据都是近似数值类型。其各自的用法及注意事项如下所示：

- FLOAT 是一种近似数值类型，即对一个指定的数值用指数形式表示出来，如 1.23e－45，该数值类型的取舍和截短方法大多由数据库提供商定义。其用法如下：

```
FLOAT(p)
```

其中，参数 p 为精度，精度表示使用的最小位数，最大精度由数据库提供者设定。当取舍时，使用二进制精度。

- REAL 是一种近似数值类型，其使用二进制精度，最大精度由数据库提供商设定，默认精度必须小于 DOUBLE PRECISION 的默认精度。其用法如下：

```
REAL
```

- DOUBLE PRECISION 是一种近似数值类型，其使用二进制精度，最大精度由数据库提供商设定，默认精度必须大于 PRECISION 的默认精度。其用法如下：

```
DOUBLE PRECISION
```

其中，数据类型 REAL 和 DOUBLE PRECISION 即精度和双精度都是不准确的、变精度的数据类型。实际上，这些类型是 IEEE 标准 754 二进制浮点数算术（分别对应单和双精度）的一般实现，外加下层处理器，操作系统和编译器对它的支持。

不准确意味着一些数值不能准确地转换成内部格式并且是以近似的形式存储的，因此存储然后把数据再打印出来可能显示一些缺失。处理这些错误以及这些错误是如何在计算中传播的属于数学和计算机科学的一个完整的分支，这里不会进一步讨论，此节的讨论仅限于如下几点：

- 如果要求准确的计算（例如计算货币金额），应使用 Numeric 类型。
- 如果想用这些类型做任何重要的复杂计算，尤其是那些你对范围情况（无穷、下溢）严重依赖的事情，那应该仔细评估具体的实现。
- 拿两个浮点数值进行相等性比较可能像，也可能不像想象的那样运转。
- 通常，REAL 类型的范围是－1E＋37～＋1E＋37，精度至少 6 位小数。DOUBLE PRECISION 类型通常有－1E＋308～＋1E＋308 的范围，精度是至少 15 位数字。太大或者太小的数值都会导致错误。如果输入数据太高，可能发错误。如果输入太接近零的数字，无法与零值的表现形式相区分就会产生下溢错。

2.3 日期时间型类型

DATATIME 和 INTERVAL 是两种与时间有关的数据类型，其作用体现在以下几个方面：创建或者更改记录库中的某条记录、当某个时间发生时运行记录，或者计算某个 DATATIME 变量建立后所经历过的时间。

用于表示时间或者日期的数据类型都属于日期时间型 DATATIME 类型。每一种 DATATIME 数据类型都有它自己的用于获取值的长度和它所保存信息的手段，如天、月、分钟、秒、秒的小数等。

事实上，DATATIME 的实现形式随着定义它的标准不同而拥有不同的长度和格式；然而，各个公司定义的类型都内在地符合下述规则。例如，时标（TIMESTAMP）的某个实现可能没有分隔符，随着细节的规范不同，长度和格式也发生变化，在某些场合以空格做间隔符。

ANSI SQL 定义的日期时间型数据类型包括 DATA、TIME 和 TIMESTAMP 三类。

2.3.1 DATA

DATA 数据类型只用于存储日期，其用法如下：

```
DATA
```

需要注意的是，DATA 类型允许没有参数，如精度。DATA 的字段包括年、月和日，其长度为十个字符：YYYY-MM-DD(Y 表示年、M 表示月、D 表示日)。同时，它允许的数字必须符合公历的规范。

DATA 类型只允许与其他 DATA 类型字段相比较。

2.3.2 TIME

TIME 数据类型用于存储时间，其用法如下：

```
TIME(p)
```

其中，参数 p 为精度，精度可选择。该类型包含了小时、分和秒，格式为 hh:mm:ss(h 表示小时、m 表示分、s 表示秒)。如果不需要秒的小数部分，那么 TIME 的长度为 8 个字符。否则就是 8 位长度再加上精度：hh:mm:ss.p。如果没有指定精度，精度默认为 0。

时间以世界标准时间(Universal Coordinated Time，UTC)为准，即 00:00:00 表示格林威治的午夜，服务器的时区隐含的。

TIME 数据类型只能与其他 TIME 类型数据进行比较。除了 TIME 类型本身外，SQL 还提供了带参数的 TIME 类型：TIME WITH TIME ZONE。其用法如下：

```
TIME (p) WITH TIME ZONE
```

TIME WITH TIME ZONE 类型的数值要符合 TIME 数据类型，TIMEZONE 部分表示相对 UTC 的时差：00:00:00＋hh:mm，其范围为－12:59～13:00。精度表示秒的小数部分。

带有 TIMEZONE 的 TIME 长度为 14 个字符加上精度，再加上一个分隔符。其中可以与带有 TIMEZONE 的 TIME 类型数据进行比较。

2.3.3 TIMESTAMP

TIMESTAMP 数据类型的用法如下：

```
TIMESTAMP(p)
```

该类型包含了年、月、日、时、分、秒，格式为：YYYY-MM-DD hh:mm:ss，还可以包括秒的小数部分，这由定义的精度 p 决定。该日期部分需符合公历标准，时间部分为 UTC 格式。默认为当地时区。时标的长度为 19 个字符，加上精度，再加上精度分隔符。

然而，许多系统偏离上述定义的长度，如 UNIX 风格时标格式为：YYYY-MM-DD hh:mm:ss.p。如果没有定义精度，默认值为 6。同样，时标只可以与其他 TIMESTAMP 类型的值相比较。类似于 TIME 数据类型，TIMESTAMP 类型也提供了 TIMESTAMP WITH TIME ZONE 类型，其用法如下：

```
TIMESTAMP(p)WITH TIME ZONE
```

同样的,针对上述格式,时标部分符合上述 TIMESTAWP 的规则,精度 p 代表秒的小数部分,时区部分的要求和 TIME WITH TIME ZONE 一样,即时区符合 UTC 规范,范围在－12:59～＋13:00 之间。总长度为 25 个字符,加上精度,加上一个精度分隔符: YYYY-MM-DD hh:mm:ss. p。它只能与其他 TIMESTAMP WITH TIME ZONE 类型的数据进行比较。

2.3.4 INTERVAL

INTERVAL 数据类型用于表示时间尺度。例如,用户可以用操作符去计算两个日期间天数并加以保存。各个公司在处理 INTERVAL 数据类型上有很大的不同——有些公司提供不同的度量单位,如年或者分钟,而有些公司则根本就不支持 INTERVAL 类型。ANSI SQL 提供标准的 INTERVAL 数据类型,其用法如下:

```
INTERVAL(限定语)
```

INTERVAL 有两种类型:

- “年份一月份”,即保存年份和月份(YYYY-MM);
- “天一时间”(DD HH:MM:SS),用来保存天数、小时、分钟和秒。

参数限定语指的是在某些数据库中 INTERVAL 前导精度(Lead Precision),即根据其值来指示 INTERVAL 采用“年份一月份”还是“天一时间”方式。

INTERVAL 类型的值可正可负。当与其他 INTERVAL 类型变量相比较时,结果保持最大精度,如有必要则补零。INTERVAL 全部由整数组成,除了含有小数的秒之外。

“年份一月份”类型的 INTERVAL 变量只能与其他的“年份一月份”的 INTERVAL 变量进行比较。“天一时间”类型也与此类似。

当处理日期时间时,时区保持不变——尽管有些数据库为了比较而将其中的一个时区转换为另一个。存在一些操作关键字,如 OVERLAPS 和 EXTRACT,其用于操作和比较日期时间类型数据。然而,不同的数据库在这些操作关键字用法和支持方式上有着很大的不同。

- OVERLAPS 用于计算时间交叠的跨度,其操作对象可以是两个 datetime 也可以是一个 datetime 和一个 INTERVAL。
- EXTRACT 用于提取 DATATIME 或者 INTERVAL 类型数据的某个部分,如在 DATA 类型数据中提取月份。

2.3.5 常用数据类型应用

前面概要介绍了 ANSI SQL 标准的基本数据类型的定义及其用法,下面就其中常用的数据类型以表格的形式列出,供读者参考,如表 2.1 所示。

表 2.1 常用数据类型

数据类型	用法举例	详细说明
Char	Char(8)	包含了一个固定长度的字符串,其值常常是字符串长度
Varchar	Varchar(128)	包含了一个长度不大于指定值的长度可变的字符串
Integer	Int(32)	一个不大于指定值的整数
Decimal	Decimal(12,2)	一个总位数和小数点后位数不大于指定值的小数,可与 Numeric 通用
Binary	Binary	用于存储二进制对象,在数据库中一般不可分解和显示
Bit	Bit	用来指示真或假

2.4 表达式

一个 SQL 表达式是一个字符串,构成了一个 SQL 语句的全部或部分。表达式的定义非常简单,可以包括各种类型的数据,如数字、字符以及逻辑型等,还可以是函数,经过计算后返回一个值。例如,在下列子句中,sname 就是一个表达式,其可以返回 sname 列中的数据。

```
SELECT sname FROM test1
```

假设 test1 表中有预先输入的数据,如表 2.2 所示。

表 2.2 test1 表原始数据

Sno	Sname	Sgentle	Sage	Sflag
990001	张三	男	20	1
990002	陈林	女	19	1
990003	吴忠	男	21	0
990004	王冰	女	20	1

在 SQL Server 2008 的查询分析器中执行上述查询语句后,返回结果如图 2.2 所示。

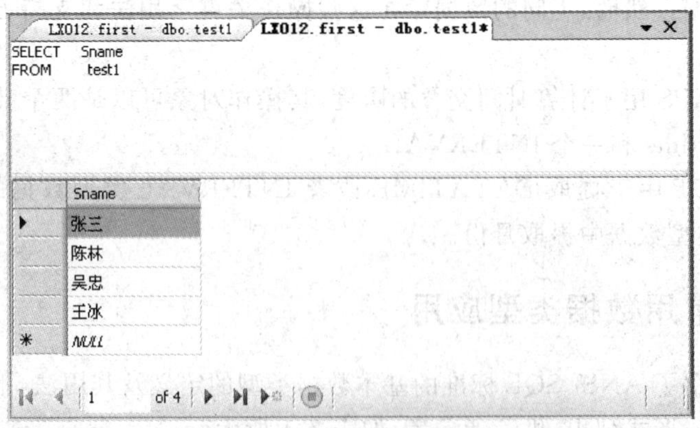

图 2.2 返回列表达式结果

此外，表达式还可以是包括在语句中的计算或函数，或者用于向数据库查询特定数据集合，基于 SQL 表达式可按字段进行排序、分组和选择等操作。

例如，下列语句返回将 test1 表中的所有学生的年龄加 1 的结果。

```
SELECT Sno, Sname, Sgentle, Sage + 1 AS Expr1 FROM test1
```

上述语句中的 Sage+1 就是一个算术表达式，该表达式将表 test1 中的 Sage 字段的所有元组值均实现加 1 操作。语句执行结果如图 2.3 所示。

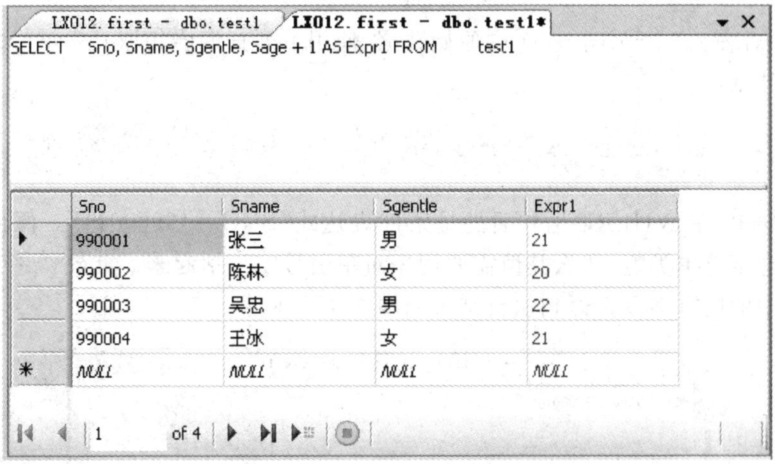

图 2.3　返回算术表达式结果

将表达式与算术运算符结合在一起，即为算术表达式。同样，字符串表达式是表达式与字符串运算符结合在一起，逻辑表达式是表达式与逻辑运算符结合在一起。SQL 表达式为达到不同的目的有多种格式，包括字符串格式、用户定义函数和数学计算等。

2.5　运算符

条件语句是 SQL 语句中 WHERE 子句后的语句，用于限制 SQL 语句操作的对象。一般来说，条件语句由表达式和运算符构成。其中，运算符分为比较运算符、算术运算符、逻辑运算符、位运算符和连接运算符等。

2.5.1　比较运算符

比较运算符是 SQL 中常见的一类运算符，WHERE 子句后的大部分条件语句是由表达式和比较运算符组成，其格式如下：

```
<表达式>比较运算符<表达式>
```

SQL 中常见的比较运算符如表 2.3 所示。

表 2.3 比较运算符

运算符	说明	应用举例
=	等于	Sno='990001'
<>	不等于	Sname<>'张三'
>	大于	a>b
<	小于	a<b
>=	大于等于	a>=b
<=	小于等于	a<=b

例如,针对表 2.2 所示的 test1 的原始数据,使用下列查询语句取其中学号为 990001 的学生的所有信息:

```
SELECT * FROM test1 WHERE (SNO = '990001')
```

上述语句中,在 WHERE 语句后的是条件表达式"SNO='990001'"。值得注意的是,如果字段值是字符串类型,那么其值需要用一对单引号"''"括起来。此外,语句中的"*"号表示取该表中的所有字段。语句执行结果如图 2.4 所示。

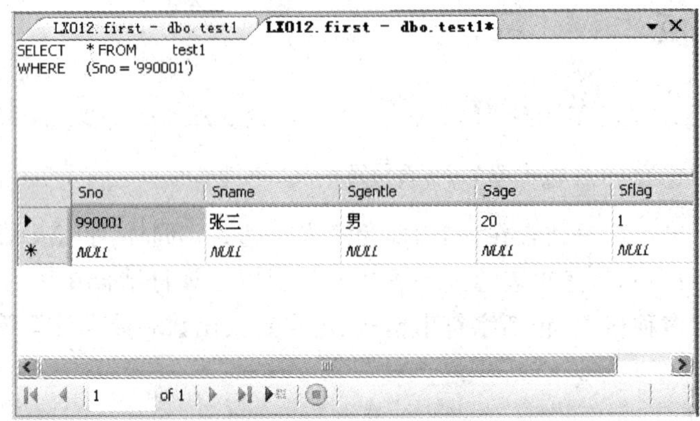

图 2.4 条件表达式应用

在比较运算符中,除了上述常见的运算符外,SQL 还提供几种特殊的比较运算符:IS NULL、LIKE 等。

2.5.2 算术运算符

SQL 支持的算术运算符有 5 种:加、减、乘、除和取模。其中,前 4 个位标准的算术运算,而取模运算返回一个除法结果中商的余数部分。例如,下列两个算术表达式的取模结果分别是 1 和 0,取模运算符为%。

```
5 % 2 = 1
6 % 2 = 0
```

SQL 的算术运算符及其应用详见表 2.4。

表 2.4　算术运算符

运　算　符	说　　明	应 用 举 例
+	加	Sage+1
−	减	Sage−1
*	乘	5 * 4=20
/	除	8/4=2
%	取模	5%4=1

注意：在表 2.4 中，对于有小数的数据不能应用取模运算，如实数。或者说，诸如 5%2.5 的算术表达式是错误的。

算术表达式具体在 SQL 中的应用为对输出的字段进行运算，并将结果显示出来。例如，下列语句输出表 test1 所有元组，同时将其中的 SAGE 字段均加 1 输出。其中，test1 表数据如表 2.2 所示。

```
SELECT SNO,SNAME,SGENTLE,SAGE + 1,SFLAG FROM test1
```

在 SQL Server 2008 的查询分析器中执行该语句，其结果如图 2.5 所示。

Sno	Sname	Sgentle	Expr1	Sflag
990001	张三	男	21	1
990002	陈林	女	20	1
990003	吴忠	男	22	0
990004	王冰	女	21	1

图 2.5　加法运算符应用

由图 2.5 可以看出，输出的数据并不全是原数据表中的数据，其中的 SAGE 字段下所有数据都加了 1 后输出。而输出的字段名不是原字段名 SAGE，而是默认的 Expr1。为了解决这个问题，通常都在进行了运算的字段后加一个别名，参见如下语句：

```
SELECT SNO,SNAME,SGENTLE,SAGE + 1 as Sage1,SFLAG FROM test1
```

在 SQL Server 2008 的查询分析器中执行该语句，其结果如图 2.6 所示。

Sno	Sname	Sgentle	Sage1	Sflag
990001	张三	男	21	1
990002	陈林	女	20	1
990003	吴忠	男	22	0
990004	王冰	女	21	1

图 2.6　使用别名

其余几种算术运算符如减、乘、除、取模等，其在 SQL 中的使用都类似，尤其需要注意的是别名的使用。

2.5.3　逻辑运算符

逻辑运算符用于 SQL 中的 WHERE 子句中，与表达式组成逻辑表达式，将两个或多个条件组合在一起。SQL 支持的逻辑运算符有 AND、OR 和 NOT 三种，其中，NOT 运算为单目运算符。其名称及应用如表 2.5 所示。

表 2.5 逻辑运算符

运 算 符	说 明	运 算
AND	与	TRUE AND TRUE=TRUE TRUE AND FALSE=FALSE FALSE AND TRUE=FALSE FALSE AND FALSE=FALSE
OR	或	TRUE OR TRUE=TRUE TRUE OR FALSE=TRUE FALSE OR TRUE=TRUE FALSE OR FALSE=FALSE
NOT	非	NOT TRUE=FALSE NOT FALSE=TRUE

由表 2.5 可以看出，两个条件进行 AND(与)运算，只有两个条件都为真的情况下，结果才为真；而两个条件进行 OR(或)运算，只要两个条件中有一个条件真，则结果就为真；NOT(非)运算为单目运算。

逻辑运算符在 SQL 语句中主要用于条件的组合。例如，在如表 2.2 所示的数据表中，要取出年龄为性别为“男”并且年龄为 20 的所有学生信息，SQL 语句如下：

```
SELECT * FROM test1 WHERE SGENTLE LIKE '男' AND SAGE = 20
```

在 SQL Server 2008 的查询分析器中执行该语句，其结果如图 2.7 所示。

	Sno	Sname	Sgentle	Sage	Sflag
▶	990001	张三	男	20	1

图 2.7 AND 运算符应用

在上述语句中，使用的逻辑运算符是 AND，因此，返回的结果为同时满足这两个条件的元组。如果使用的是 OR 运算符，即将上述 SQL 语句改写如下：

```
SELECT * FROM test1 WHERE SGENTLE LIKE '男' OR SAGE = 20
```

则返回只要满足两个条件中的其中一个的所有元组，即取出 test1 表中性别为“男”的所有元组，再取出 test1 表中年龄为 20 的所有元组，将其组合在一起，返回结果如图 2.8 所示。

	Sno	Sname	Sgentle	Sage	Sflag
▶	990001	张三	男	20	1
	990003	吴忠	男	21	0
	990004	王冰	女	20	1
*	NULL	NULL	NULL	NULL	NULL

图 2.8 OR 运算符应用

而 NOT 运算为单目运算，其操作数只能为一个，结果为操作数的逆。由此可见，逻辑运算符通常放在 SQL 的 WHERE 子句中。

2.5.4　通配符

读者应该能够注意到：在 2.5.3 节的查询 SQL 语句中，使用到了 LIKE 关键字，如下所示：

```
SELECT * FROM test1 WHERE SGENTLE LIKE '男' AND SAGE = 20
```

在 SQL 中，字符串数据类型之间的比较通常使用 LIKE 关键字，而 LIKE 通常与通配符一起使用，可大大提高其使用效率。通配符是指字符串数据类型中可用于替代其他任意字符的字符。在 SQL 中，常用的通配符有："_"、"%"、"[]"和"[^]"四种，其作用和说明如下：

- _——与任意单字符匹配。
- %——与包含一个或多个字符的字符串匹配。
- [ ]——与特定范围(例如，[a-f])或特定集(例如，[abcdef])中的任意单字符匹配。
- [^]——与特定范围(例如，[^a-f])或特定集(例如，[^abcdef])之外的任意单字符匹配。

例如，在表 2-2 所示的 test1 表中取出所有姓"张"的学生信息。此处就可使用通配符"%"，其 SQL 语句如下所示：

```
SELECT Sno, Sname, Sgentle, Sage, Sflag
FROM test1
WHERE (Same LIKE '张%')
```

由于此处不能确定姓张的同学的名字是一个字还是两个字，所有不能使用通配符"_"，因为"_"只能对一个字符进行匹配。上述语句执行如图 2.9 所示。

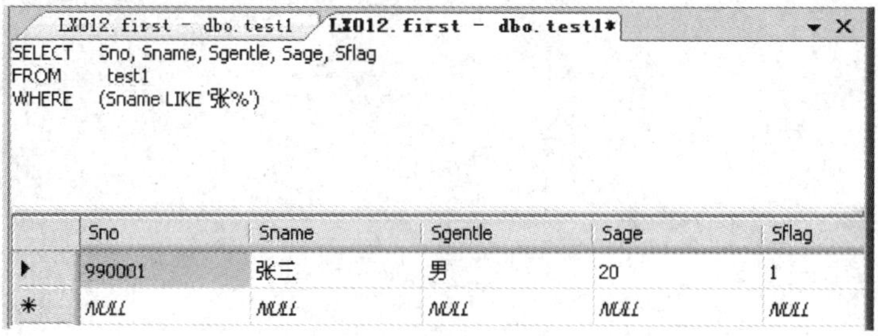

```
LX012.first - dbo.test1    LX012.first - dbo.test1*
SELECT   Sno, Sname, Sgentle, Sage, Sflag
FROM     test1
WHERE    (Sname LIKE '张%')
```

	Sno	Sname	Sgentle	Sage	Sflag
▶	990001	张三	男	20	1
*	NULL	NULL	NULL	NULL	NULL

图 2.9　通配符应用

事实上，在 SQL 中，使用最频繁的通配符是"%"和"_"这两个。其中，前者可代替后者的使用，但是，在确定需匹配的字符为一个的情况下，应选择用"_"，因为通配符"_"的执行效率要高于通配符"%"。

2.6 小结

本章主要就 SQL 的基础理论进行了介绍，包括 ANSI SQL 支持的数据类型、SQL 的各种表达式和运算符等。需要注意的是，本章介绍的内容都是遵循 ANSI SQL 92 标准的，在具体的数据库提供商支持的数据库中，其支持的数据类型可能稍有不同。例如在 Oracle 和 Microsoft 的 SQL Server 系列中，都在 ANSI SQL 92 标准上进行了相应的扩展，但是本章中介绍的数据类型及运算符，在上述数据库中都是被支持的。

第3章 查询语句

本章介绍 SQL 的具体语句及其应用。简单来说,SQL 包括数据定义语言(Data Definition Language,DDL)、数据操纵语言(Data manipulation Language,DML)和数据控制语言 DCL 三个方面的功能。其中,DDL 包括对数据库结构及表结构的定义和修改,DML 包括对数据的查询、更新、删除等功能,DCL 主要是对数据权限的控制功能。

由于在具体应用中,数据库的查询操作是使用最频繁的,因此 SQL 的数据查询语句功能非常强大,掌握 SQL 首先必须先掌握其查询语句的使用。本章及后续章节将详细介绍 SQL 查询语句的应用,本章着重介绍查询语句的简单使用,通过对 SQL 中的查询语句 SELECT 的结构和执行过程的讲解,对查询的基本结构做一个具体的介绍。简单查询是指对关系的简单投影操作,即对二维表的列查询,或只包含简单查询条件的查询。

3.1 SELECT 语句

SELECT 语句是 SQL 提供的唯一一个标准查询语句,对数据库的数据查询基本上都是使用该语句。SELECT 语句提供了非常丰富的查询功能,具体都体现在其参数中,本节将重点介绍 SELECT 的语句结构和执行过程。

3.1.1 SELECT 语句结构

在数据库中,数据查询是通过 SELECT 语句来完成的。SELECT 语句可以从数据库中按用户要求检索数据,并将查询结果以表格的形式返回。

SELECT 语句的完整语法结构非常复杂,要理解其中每一个子句是一个非常冗长、枯燥的过程。此处先列出 SELECT 语句所有的子句,主要如下:

```
SELECT statement : : =
< query_expression >
[ ORDER BY { order_by_expression | column_position [ ASC | DESC ] } [, … n] ]
[ COMPUTE { { AVG | COUNT | MAX | MIN | SUM } (expression) } [, … n]
[ BY expression [, … n] ] ]
[ FOR { BROWSE | XML { RAW | AUTO | EXPLICIT }
[ , XMLDATA ]
[ , ELEMENTS ]
```

```
[ , BINARY base64 ] }
[ OPTION (<query_hint>[,…n]) ]
<query expression> ::=
{ <query specification> | (<query expression>) }
[UNION [ALL] <query specification | (<query expression>) [ …n] ]
<query specification> ::=
SELECT [ ALL | DISTINCT ]
[ {TOP integer | TOP integer PERCENT} [ WITH TIES] ]
<select_list>
[ INTO new_table ]
[ FROM {<table_source>} [,…n] ]
[ WHERE <search_condition> ]
[ GROUP BY [ALL] group_by_expression [,…n]
[ WITH { CUBE | ROLLUP } ] ]
[ HAVING <search_condition> ]
```

读者可以发现，要准确理解其每一个子句是很困难的。本章将先就其用于简单查询中的相关子句做详细讲解。后面将继续向读者介绍该语句的相关内容。SELECT 语句用于基本查询的主要子句结构如下：

```
SELECT select_list
INTO new_table_name
FROM table_list
[ WHERE search_conditions ]
[ GROUP BY group_by_list ]
[ HAVING search_conditions ]
[ ORDER BY order_list [ ASC | DESC ] ]
```

在上述结构中，关键字 SELECT、INTO 和 FROM 是必需的。一般来说，由 SELECT 子句、FROM 子句和可选的 INTO 子句组成的查询称为简单查询，其格式如下：

```
SELECT select_list
[INTO new_table_name ]
FROM table_list
```

其余的参数中，WHERE 子句后加条件语句，用于限制选取的记录条件；GROUP BY 子句后加分组关键字，用于将查询结果按某一字段进行分组显示；HAVING 子句后加条件，用于对分组进行条件限制；ORDER BY 子句后加排序关键字，用于将查询结果按某一字段进行升序或降序的排列，其中 ASC 表示升序、DESC 表示降序。这些参数将在后续章节中做详细介绍，本章将重点介绍简单查询的结构以及其相关子句。

3.1.2 SELECT 语句执行过程

在 SQL 中，语句的处理都遵循一定的执行顺序。一般来说，SQL 语句处理分两个或三个阶段，每个语句从用户进程传给服务器进程进行分析然后执行。如果是 SELECT 语句，则还需要将结果返回给用户。下面简要介绍 SQL 的执行流程。

（1）分析(PARSE)，分析是SQL语句处理的第一步，主要进行如下工作：

- 检查语法和根据字典来检查表名、列名。
- 确定用户执行语句的权限。
- 为语句确定最优的执行计划。
- 从SQL区中找出语句。

（2）执行(EXECUTE)。

执行阶段执行的是被分析过的语句，对于UPDATE、DELETE语句，DBMS先锁住有关的行，有些DBMS还需查找数据是否在数据缓冲区里，如果不在则从数据文件中将数据读到数据缓冲区中。

（3）检索(FETCH)。

如果是SELECT语句，需要进行检索操作。执行结束，将数据返回给用户。SELECT语句处理的步骤和流程将在下面具体介绍。

在SQL中，由于SELECT语句的子句众多，其执行也最为复杂。因此针对SELECT语句，SQL规定了该语句的执行有着自己的过程。对于存在FROM、WHERE、GROUP BY和HAVING等子句的简单SELECT语句来说，其完整的执行过程如下：

- FROM子句组装来自不同数据源的数据。
- WHERE子句基于指定的条件对记录行进行筛选。
- GROUP BY子句将数据划分为多个分组。
- 使用聚集函数进行计算。
- 使用HAVING子句筛选分组。

下面通过几种常用的SELECT语句格式介绍其执行过程。

- 只含有FROM子句的SELECT语句，其格式如下：

```
SELECT 列列表
FROM 表列表名/视图列表名
```

该种类型的SELECT语句最为简单，直接通过FROM子句组装来自不同数据源的数据，再执行SELECT子句即可。

- 只含有FROM和WHERE子句的SELECT语句，其格式如下：

```
SELECT 列列表
FROM 表列表名/视图列表名
WHERE 条件
```

该种类型的SELECT语句的执行顺序为：先WHERE后SELECT。

- 含有GROUP BY和HAVING子句的SELECT语句，其格式如下：

```
SELECT 列列表
FROM 表列表名/视图列表名
WHERE 条件
GROUP BY (列列表)
HAVING 条件
```

该种类型的 SELECT 语句的执行顺序为：先 WHERE 再 GROUP BY 再 HAVING 后 SELECT。

- 含有 GROUP BY、HAVING 和 ORDER BY 子句的 SELECT 语句，其格式如下：

```
SELECT 列列表
FROM 表列表名/视图列表名
WHERE 条件
GROUP BY (列列表)
HAVING 条件
ORDER BY 列列表
```

该种类型的 SELECT 语句的执行顺序为：先 WHERE 再 GROUP 再 HAVING 再 SELECT 后 ORDER。

- 含有 JOIN 子句的 SELECT 语句，其格式如下：

```
SELECT 列列表
FROM 表 1
JOIN 表 2
ON 表 1.列 1 = 表 2.列 1…JOIN 表 N ON 表 N.列 1 = 表(N-1).列 1
WHERE 表 1.条件 AND 表 2.条件…表 N.条件
```

该种类型的 SELECT 语句的执行顺序为：先 JOIN 再 WHERE 后 SELECT。

上述 5 种格式基本包含了 SELECT 语句用于简单查询的所有格式，再后续的章节中，会逐渐提到这几种查询格式，读者可注意其执行过程。

3.2 列查询

列查询是数据查询中最简单的一类查询，其使用的只有 SELECT 语句中必需的几个关键字。此处介绍的列查询不包括 WHERE 子句，即没有限制条件，分为单列查询、多列查询和所有列查询。在介绍具体的查询前，先简要介绍 SELECT 关键字及其子句。

3.2.1 SELECT 子句

SELECT 子句指定需要通过查询返回的表的列，其完整的语法如下：

```
SELECT [ ALL | DISTINCT ]
[ TOP n [PERCENT] [ WITH TIES] ]
<select_list>
<select_list> ::=
{ *
| { table_name | view_name | table_alias }. *
| { column_name | expression | IDENTITYCOL | ROWGUIDCOL }
[ [AS] column_alias ]
| column_alias = expression
} [,…n]
```

其中,各参数的说明如下:

- ALL——指明查询结果中可以显示值相同的列,ALL 是系统默认的。
- DISTINCT——指明查询结果中如果有值相同的列,则只显示其中的一列。对 DISTINCT 选项来说,Null 值被认为是相同的值。
- TOP n [PERCENT]——指定返回查询结果的前 n 行数据。如果 PERCENT 关键字指定的话,则返回查询结果的前百分之 n 行数据。
- WITH TIES——此选项只能在使用了 ORDER BY 子句后才能使用当指定此项时,除了返回由 TOP n (PERCENT) 指定的数据行外,还要返回与 TOP n (PERCENT)返回的最后一行记录中由 ORDER BY 子句指定的列的列值相同的数据行。
- select_list select_list——是所要查询的表的列的集合,多个列之间用逗号分开。
- *——通配符,返回所有对象的所有列。
- table_name | view_name | table_alias. —— * 限制通配符 * 的作用范围。凡是带 * 的项,均返回其中所有的列。
- column_name——指定返回的列名。
- expression 表达式可以为列名、常量、函数或它们的组合。
- IDENTITYCOL 返回 IDENTITY 列。如果 FROM 子句中有多个表含有 IDENTITY 列,则必须在 IDENTTYCOL 选项前加上表名,如 Table1. IDENTITYCOL。
- ROWGUIDCOL 返回表的 ROWGUIDCOL 列。同 IDENTITYCOL 选项相同,当要指定多个 ROWGUIDCOL 列时,选项前必须加上表名,如 Table1. ROWGUIDCOL。
- column_alias:在返回的查询结果中用此别名替代列的原名。column_alias 可用于 ORDER BY 子句,但不能用于 WHERE GROUP BY 或 HAVING 子句。如果查询是游标声明命令 DECLARE CURSOR 的一部分,则 column_alias 还不能用于 FOR UPDATE 子句。

上述的 SELECT 子句过于复杂,在实际应用中,如下的格式用得较多:

```
SELECT select_list
```

其中,select_list 描述结果集的列,其是一个逗号分隔的表达式列表。每个表达式同时定义格式(数据类型和大小)和结果集列的数据来源。通常,每个选择列表表达式都是对数据所在的源表或视图中的列的引用,但也可能是对任何其他表达式(例如,常量或 SQL 函数)的引用。在选择列表中使用 * 表达式可指定返回源表的所有列。

为方便 SELECT 语句的实例讲解,此处设定数据表,如表 3.1 和表 3.2 所示。表 3.1 表是一个学生表 STUDENT,包含学号(SNO)、姓名(SNAME)、性别(SGENTLE)、年龄(SAGE)、出生年月(SBIRTH)和系部(SDEPT)六个字段。

表 3.1 学生表 STUDENT

SNO	SNAME	SGENTLE	SAGE	SBIRTH	SDEPT
990001	张三	男	20	1987-8-4	计算机
990002	陈林	女	19	1988-5-21	外语
990003	吴忠	男	21	1986-4-12	工商管理
990005	王冰	女	20	1987-2-16	体育
990012	张忠和	男	22	1985-8-28	艺术
990026	陈维加	女	21	1986-7-1	计算机
990028	李莎	女	21	1986-10-21	计算机

表 3.2 是一个课程表 COURSE，主要包含课程号(CNO)、课程名称(CNAME)和学分(CGRADE)三个字段。

表 3.2 课程表 COURSE

CNO	CNAME	CGRADE
001	计算机基础	2
003	数据结构	4
004	操作系统	4
006	数据库原理	4
007	软件工程	4

3.2.2 单列查询

单列查询在前面的章节中也提到过不少，其是查询中最简单的一种，其操作的对象是数据表中的某一个字段，返回的是表中的某一个列。其基本格式如下：

```
SELECT 列名
FROM 表名/视图名
```

单列查询中的列名只能是一个字段名，而 FROM 子句中既可带基本表，也可带视图，具体内容在后续章节还将介绍。例如，针对上述学生表 STUDENT，查询其中所有学生的姓名。

实现代码如下：

```
SELECT SNAME
FROM STUDENT
```

执行上述查询后，其查询结果如图 3.1 所示。

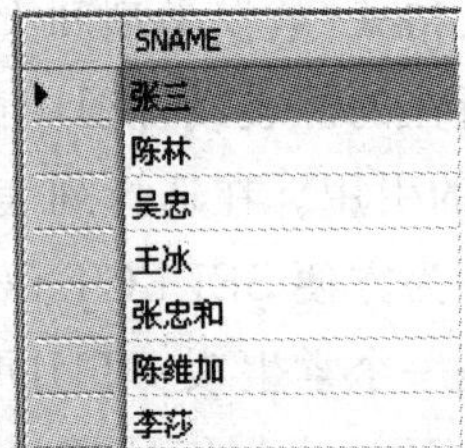

图 3.1 单列查询应用

从上述示例可以看出，单列查询显示的结果简单明了，其显示的是基本表中所有记录的指定字段值。用户需要预先知道表的结构和字段名。

3.2.3 多列查询

多列查询和单列查询是对应的，其操作对象为数据表中的某几个字段，返回的是表中的多个列。其基本格式如下：

```
SELECT 列名 1,列名 2,…,列名 N
FROM 表列表名/视图列表名
```

多列查询中的列名可以是多各个字段名，而 FROM 子句中同样既可带基本表也可带视图，而且其允许多个基本表和多个视图。

例如，针对上述学生表 STUDENT，查询其中所有学生的姓名、性别和所属系别，其实现代码如下，查询结果如图 3.2 所示。

```
SELECT SNAME, SGENTLE, SDEPT
FROM STUDENT
```

SNAME	SGENTLE	SDEPT
张三	男	计算机
陈林	女	外语
吴忠	男	工商管理
王冰	女	体育
张忠和	男	艺术
陈维加	女	计算机
李莎	女	计算机

图 3.2 多列查询应用

与单列查询类似，多列查询显示的结果是基本表中所有记录的指定字段值，结果简单明了，但是用户需要预先知道表的结构和字段名。

3.2.4 对数据列进行算术运算

上述 SELECT 的简单查询介绍的都是对基本表或视图中的内容进行查询，并将数据返回显示，数据表中的值是什么，返回的值就是什么。在实际应用中，用户经常需要对数据表中数据进行简单的运算后再显示出来。

例如，有员工工资表(EMPLOYEE)如表 3.3 所示，其有员工号(NUMBER)和工资(SALARY)两个字段，现在需要对其中每个员工的工资加薪 15%，并将加薪后的结果返回显示。

表 3.3 员工工资表

员工号	工资
0001	852.00
0002	792.00
0003	1054.00
0006	684.00

需要对每个员工加薪 15%后显示结果，可以使用 SELECT 语句来实现，这就需要对数据列进行算术运算后的 SELECT 查询语句。其具体实现代码如下：

```
SELECT NUMBER,SALARY * 1.15
FROM EMPLOYEE
```

同样，针对课程表 COURSE，如要实现将其所有课程的学分都加 1，并将运算结果显示出来，可采用如下代码：

```
SELECT CNO,CNAME,CGRADE + 1
FROM COURSE
```

在 SQL Server 2008 的查询分析器中执行上述语句，其结果显示如图 3.3 所示。

	CNO	CNAME	Expr1
▶	001	计算机基础	3
	003	数据结构	5
	004	操作系统	5
	006	数据库原理	5
	007	软件工程	5

图 3.3　对数据列进行算术运算

需要注意的是，对数据列进行算术运算的 SELECT 子句并不会改变原基本表或视图中的数据，一旦查询释放，其运算结果也被释放，而不会写入到原表或视图中，数据表中的数据仍然如图 3.4 所示。这是因为 SELECT 语句只是查询语句，而不是数据操作的 SQL 语句。

	CNO	CNAME	CGRADE
▶	001	计算机基础	2
	003	数据结构	4
	004	操作系统	4
	006	数据库原理	4
	007	软件工程	4

图 3.4　原数据表不变

3.2.5　为数据列指定别名

在 3.2.4 节中对数据列进行算术运算显示的结果图 3.3 中，可以发现，其经过运算后的列不会以原有的表或视图的字段名显示出来，而是显示默认的“无列名”。为了查询后的结果更具有可读性，通常可以为该类查询结果指定通俗易懂的别名，其指定格式如下：

```
SELECT 列名 1, 别名 1,列名 2,别名 2,…,列名 N,别名 N
FROM 表列表名/视图列表名
```

用户可根据显示需要，可以对表或视图的一个显示字段指定别名，也可对多个显示字段指定，指定格式只需在原字段名即表名后加空格再加别名即可。

例如，在上一小节中将学分加 1 的示例中，如果将学分加 1 后的列指定别名 GRADE1，表示更改后的学分，则实现代码可如下：

```
SELECT CNO,CNAME,CGRADE + 1 GRADE1
FROM COURSE
```

执行结果如图 3.5 所示。可以看出,计算后的学分字段由“无列名”变成指定的别名 GRADE1,这就让用户更容易理解查询结果。

	CNO	CNAME	GRADE1
▶	001	计算机基础	3
	003	数据结构	5
	004	操作系统	5
	006	数据库原理	5
	007	软件工程	5

图 3.5 指定别名

不仅仅是经过算术运算后的列可以指定别名,用户可以为任意数据表中的字段名指定想要的别名。例如,以中文列名显示学分表 COURSE 中的所有数据记录。实现语句如下:

```
SELECT CNO 课程号,CNAME 课程名称,CGRADE 学分
FROM COURSE
```

上述 SELECT 语句的执行结果如图 3.6 所示。

	课程号	课程名称	学分
▶	001	计算机基础	2
	003	数据结构	4
	004	操作系统	4
	006	数据库原理	4
	007	软件工程	4

图 3.6 中文列名输出

3.2.6 查询所有列

在实际应用中,用户经常不清楚基本表或视图的结构和具体字段名称,那么上述这些针对具体列的查询就无法实现。因此,SQL 提供了一个查询所有列的 SELECT 语句形式,即使用户不清楚数据表的结构,通过该语句可显示出其所有字段名和所有记录。查询所有列的 SELECT 语句格式为:

```
SELECT *
FROM 表名/视图名
```

通过该语句显示出的字段名都是基本表或视图的真实字段名称,不能为其设置别名。例如,下列语句列出学生表 STUDENT 的所有记录。

```
SELECT *
FROM STUDENT
```

执行该语句后,返回的结果为 STUDENT 表中所有数据记录,其列名即该表的真实字

段名称，运行结果如图 3.7 所示。

	SNO	SNAME	SGENTLE	SAGE	SBIRTH	SDEPT
▸	990001	张三	男	20	1987-08-04 00:...	计算机
	990002	陈林	女	19	1988-05-21 00:...	外语
	990003	吴忠	男	21	1986-04-12 00:...	工商管理
	990005	王冰	女	20	1987-02-16 00:...	体育
	990012	张忠和	男	22	1985-08-28 00:...	艺术
	990026	陈維加	女	21	1986-07-01 00:...	计算机
	990028	李莎	女	21	1986-10-21 00:...	计算机

图 3.7　查询所有列

3.2.7　使用 DISTINCT 关键字

在完整的 SELECT 子句中，可以发现，其后可带有 ALL 或者是 DISTINCT 参数。其中，默认的是 ALL 参数，表示选取符合条件的所有数据记录。而 DISTINCT 参数表示选取符合条件的数据记录，并当选取的记录中有重复记录时，去除重复记录。使用 DISTINCT 关键字的 SELECT 语句在实际应用中是使用非常多的，其列查询的格式如下：

```
SELECT DISTINCT 列名 1, 别名 1,列名 2 别名 2, …,列名 N 别名 N
FROM 表列表名/视图列表名
```

例如，在课程表 COURSE 中，如其数据记录中，有两条相同的记录，如表 3.4 所示。

表 3.4　有重复记录的课程表 COURSE

CNO	CNAME	CGRADE
001	计算机基础	2
003	数据结构	4
004	操作系统	4
004	操作系统	4
006	数据库原理	4
007	软件工程	2

在表 3.4 中，CNO 为"004"的记录是重复记录，如果使用选取所有列的 SELECT 语句来返回该表中所有数据，则使用如下语句：

```
SELECT *
FROM COURSE
```

其返回结果如图 3.8 所示。

读者可发现，返回的结果中共有 6 条记录，包含 1 条重复的 CNO 为"004"的记录。这是因为上述语句没有使用 DISTINCT 关键字，系统默认的是 ALL 参数，这在实际应用中往往是不需要的，去除重复的记录语句如下，其返回结果如图 3.9 所示。

```
SELECT DISTINCT *
FROM COURSE
```

CNO	CNAME	CGRADE
001	计算机基础	2
003	数据结构	4
004	操作系统	4
004	操作系统	4
006	数据库原理	4
007	软件工程	4

图 3.8 带有重复记录的查询

CNO	CNAME	CGRADE
001	计算机基础	2
003	数据结构	4
004	操作系统	4
006	数据库原理	4
007	软件工程	4

图 3.9 使用 DISTINCT 去除重复记录

需要注意的是，DISTINCT 关键字并不是去除数据表中的重复记录，而是去除查询结果中的重复记录。例如，下列两条查询语句分别返回课程表 COURSE 的学分字段。

其中，如下语句返回的是所有记录的学分数据，该语句返回结果如图 3.10 所示。

```
SELECT CGRADE
FROM COURSE
```

如下语句返回的是去除查询中重复记录的学分数据，该语句返回结果如图 3.11 所示，读者可发现，即使数据表中这些记录不是重复的，但是查询中这些记录是重复的，因此使用关键字 DISCTINCT 后，这些重复记录被去除了。

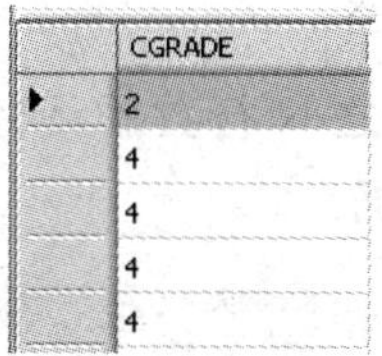

CGRADE
2
4
4
4
4

图 3.10 字段的重复值

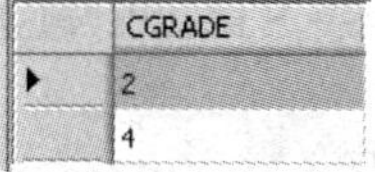

CGRADE
2
4

图 3.11 去除字段重复值

```
SELECT DISTINCT CGRADE
FROM COURSE
```

关键字 DISTINCT 除了使用到此处的简单查询中，还可以用到各种复合查询中，这在后续章节中还将介绍到。一般来说，只要涉及了查询，都可以使用到 DISTINCT 关键字。

3.2.8 使用 TOP 关键字

在 SELECT 子句中，读者可以发现它还能添加 TOP 参数。该参数的作用是用来限制返回到结果集中的记录的数目，在 SELECT 中，其可以使用下面两种表达方式：

- TOP N。
- TOP N PERCENT。

TOP N 格式表示的是显示返回记录中的前 N 条记录。例如，在如表 3.1 所示的学生表 STUDENT 中，一共有 7 条记录，使用如下语句可以取得其所有的 7 条记录。

```
SELECT *
FROM STUDENT
```

因为该语句是返回所有数据，因此符合条件的是所有的 7 条数据记录。但是，如果实际应用中不需要显示这么多，例如只需要显示前面 5 条，那么就需要使用 TOP 关键字来实现，TOP 关键字的使用格式如下所示：

```
SELECT TOP N 列名 1, 别名 1,列名 2,别名 2,…,列名 N,别名 N
FROM 表列表名/视图列表名
```

例如，显示学生表 STUDENT 的前 5 条记录，可使用如下语句实现，其返回结果如图 3.12 所示。

```
SELECT TOP 5 *
FROM STUDENT
```

SNO	SNAME	SGENTLE	SAGE	SBIRTH	SDEPT
990001	张三	男	20	1987-08-04 00:...	计算机
990002	陈林	女	19	1988-05-21 00:...	外语
990003	吴忠	男	21	1986-04-12 00:...	工商管理
990005	王冰	女	20	1987-02-16 00:...	体育
990012	张忠和	男	22	1985-08-28 00:...	艺术

图 3.12 显示前 5 条记录

TOP N PERCENT 格式则返回查询结果的前百分之 N 行数据，取整数。例如，下列语句表示的是返回学生表 STUDENT 中的前 5%行的数据。

```
SELECT TOP 5 PERCENT *
FROM STUDENT
```

由于学生表 STUDENT 中一共只有 7 条记录，上述查询语句中取所有记录也只有 7 条，根据显示前 5%行，还不到 1 条记录。此处，SQL 规定取整数，其返回结果如图 3.13 所示。

SNO	SNAME	SGENTLE	SAGE	SBIRTH	SDEPT
990001	张三	男	20	1987-08-04 00:...	计算机

图 3.13 显示前 5%行的记录

3.3 INTO 子句

INTO 子句用于把查询结果存放到一个新建的表中。SELECT…INTO 句式不能与 COMPUTE 子句一起使用。INTO 子句的使用语法如下：

```
INTO new_table
```

参数 new_table 指定了新建的表的名称。新表的列由 SELECT 子句中指定的列构成，新表中的数据行是由该查询的结果指定的。例如，将学生表 STUDENT 中所有学生的姓名、性别、年龄和所属系部 4 个字段取出，放入新表 STU 中，其实现代码如下：

```
SELECT SNAME,SGENTLE,SAGE,SDEPT
INTO STU
FROM STUDENT
```

在 SQL Server 2008 的查询分析器中执行上述代码,其执行结果如图 3.14 所示。

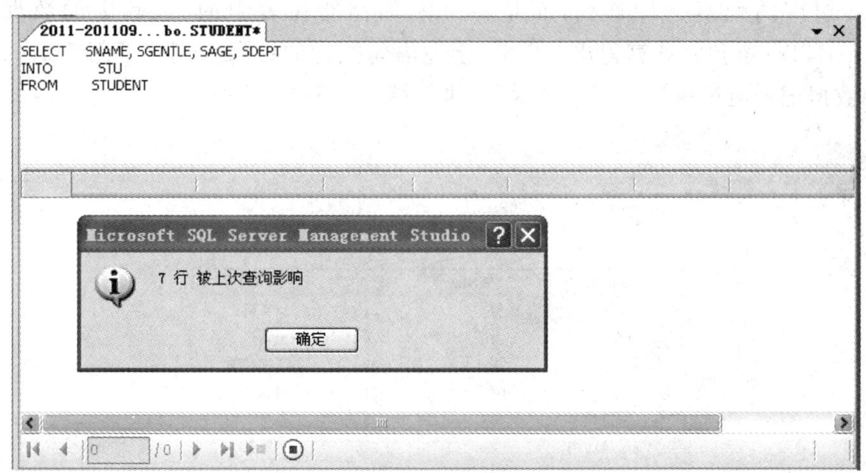

图 3.14 INTO 子句执行结果

读者可以看到,上述语句执行后系统并没有给出新的 STU 表的结构和数据,只返回该语句执行造成的记录操作的数目。如需要查看新表 STU 的结构和数据,可使用下列代码:

```
SELECT SNAME,SGENTLE,SAGE,SDEPT
FROM STU
```

或者

```
SELECT *
FROM STU
```

执行上述代码后的返回结果如图 3.15 所示。

SNAME	SGENTLE	SAGE	SDEPT
张三	男	20	计算机
陈林	女	19	外语
吴忠	男	21	工商管理
王冰	女	20	体育
张忠和	男	22	艺术
陈維加	女	21	计算机
李莎	女	21	计算机

图 3.15 INTO 子句创建的新表 STU

需要注意的是,如果 SELECT 子句中指定了计算列,则一定要为该字段指定别名。例如,将学生表 STUDENT 中所有学生的姓名、性别、年龄和所属系部 4 个字段取出,并将所有学生的年龄加 1 后放入新表 STU2 中,其实现代码如下:

```
SELECT SNAME, SGENTLE, SAGE + 1 SAGE1, SDEPT
INTO STU2
FROM STUDENT
```

上述语句的 SAGE+1 为一个计算列，此处为其指定了别名 SAGE1，该别名在新建的 STU2 表中对应的列不是计算列，而是一个实际存储在表中的列，其中的数据由执行 SELECT…INTO 语句时计算得出。因此，上述语句执行的结果为创建了新表 STU2，该表的结构和数据记录通过执行下列语句返回，执行结果如图 3.16 所示。

```
SELECT *
FROM STU2
```

SNAME	SGENTLE	SAGE1	SDEPT
张三	男	21	计算机
陈林	女	20	外语
吴忠	男	22	工商管理
王冰	女	21	体育
张忠和	男	23	艺术
陈維加	女	22	计算机
李莎	女	22	计算机

图 3.16　INTO 子句创建包含计算列指定别名的新表 STU2

需要注意的是，SQL Server 2008 的 SQL 解释器中，使用 INTO 子句创建的都是基本表而非临时表，在许多关系数据库管理系统中，INTO 子句创建的是临时表。

此外，通过 INTO 子句，用户可以复制表的结构和数据。例如，将学生表 STUDENT 中的表结构和所有数据记录复制到新表 STU 中，使用如下代码可以实现：

```
SELECT *
INTO STU
FROM STUDENT
```

INTO 子句的使用比较灵活，在许多应用场合中，灵活运用 INTO 子句能够为解决一些特殊问题提供好的方法。读者可仔细理解其用法。

3.4 FROM 子句

FROM 子句指定需要进行数据查询的表，只要 SELECT 子句中有要查询的列，就必须使用 FROM 子句，因此，FROM 子句是 SELECT 查询语句中必不可少的子句。在 SELECT 语句中，FROM 子句主要用于指定 SELECT 语句查询及与查询相关的表或视图，在 FROM 子句中最多可指定 256 个表或视图，之间用逗号分隔。

3.4.1 FROM 子句语法

在前面提到的应用中，FROM 子句的应用非常简单，例如，返回学生表 STUDENT 的所有数据记录的 SELECT 语句如下：

```
SELECT *
FROM STUDENT
```

这些语句中的 FROM 往往只加一个或多个基本表、视图的名称，用于指定 SELECT 子句指定的列名所属的数据表。事实上，FROM 子句的完整语法如下：

```
FROM {<table_source>} [,…n]
<table_source> ::=
table_name [ [AS] table_alias ] [ WITH ( <table_hint> [,…n]) ]
| view_name [ [AS] table_alias ]
| rowset_function [ [AS] table_alias ]
| OPENXML
| derived_table [AS] table_alias [ (column_alias [,…n] ) ]
| <joined_table>
<joined_table> ::=
<table_source> <join_type> <table_source> ON <search_condition>
| <table_source> CROSS JOIN <table_source>
| <joined_table>
<join_type> ::=
[ INNER | { { LEFT | RIGHT | FULL } [OUTER] } ]
[ <join_hint> ]
JOIN
```

其中，各参数说明如下：

- table_source——指明 SELECT 语句要用到的表、视图等数据源。
- table_name [[AS] table_alias]——指明表名和表的别名。
- view_name [[AS] table_alias]——指明视图名称和视图的别名。
- rowset_function [[AS] table_alias]——指明行统计函数和统计列的名称。
- OPENXML——提供一个 XML 文档的行集合视图。
- WITH ([,…n])——指定一个或多个表提示。通常 SQL Server 的查询优化器会自动选取最优执行计划，除非是特别有经验的用户，否则不用此选项。
- derived_table [AS] table_alias——指定一个子查询，从数据库中返回数据行。
- column_alias——指明列的别名，用于替换查询结果中的列名。
- joined_table——指定由连接查询生成的查询结果。有关连接与连接查询的介绍参见第 5 章。
- join_type——指定连接查询操作的类型。
- INNER——指定返回两个表中所有匹配的行。如果没有 join_type 选项，此选项就为系统默认。
- LEFT [OUTER]——返回连接查询左边的表中所有的相应记录，而右表中对应于左表无记录的部分，用 NULL 值表示。
- RIGHT [OUTER]——返回连接查询右边的表中所有的相应记录，而左表中对应于右表无记录的部分，用 NULL 值表示。

- FULL [OUTER]——返回连接的两个表中的所有记录。无对应记录的部分用 NULL 值表示。
- join_hint——指定一个连接提示或运算法则。如果指定了此选项，则 INNER LEFT RIGHT 或 FULL 选项必须明确指定。通常 SQL Server 的查询优化器会自动选取最优执行计划，除非是特别有经验的用户，否则最好不用此选项。join_hint 的语法如下：

```
<join_hint> ::= { LOOP | HASH | MERGE | REMOTE }
```

其中，LOOP | HASH | MERGE 选项指定查询优化器中的连接是循环、散列或合并的。REMOTE 选项指定连接操作由右边的表完成。当左表的数据行少于右表，才能使用 REMOTE 选项。当左表和右表都是本地表时，此选项不必使用。

- JOIN：指明特定的表或视图将要被连接。
- ON <search_condition>：指定连接的条件。
- CROSS JOIN：返回两个表交叉查询的结果。

FROM 子句的复杂应用主要在表的连接和多表查询上，该部分内容在第 4.6 节和第 5 章中将详细讲解，读者在此只需大概了解 FROM 子句的格式。

3.4.2 表的别名

在此节，读者主要需要了解的是表的别名的使用。表的别名与列的别名不同，列的别名用于显示的时候方便用户理解其字段内容，提高易读性。而表除了可以提高语句的易读性外，还能将 SQL 语句变得更简短精练。此外，灵活运行表的别名还可以将一个表当成多个表使用，在一些特殊应用中会有意想不到的好处。

在 FROM 子句中，可用以下两种格式为表或视图指定别名：

- 表名 as 别名。
- 表名 别名。

例如，在选取学生表 STUDENT 中所有学生的学号、姓名、性别、年龄和所属系部等字段的语句中，给 STUDENT 表指定别名 S1，实现语句如下：

```
SELECT SNO, SNAME, SGENTLE, SAGE, SDEPT
FROM STUDENT AS S1
```

执行上述语句后，表 STUDENT 中的数据不变，而别名 S1 表中的数据记录则根据返回的结果，如图 3.17 所示。

当然，根据别名的书写格式，上述语句可改写为：

```
SELECT SNO, SNAME, SGENTLE, SAGE, SDEPT
FROM STUDENT S1
```

其执行效果相同。此外，SELECT 不仅能从表或视图中检索数据，其还能够从其他查询语句所返回的结果集合中查询数据。

	SNO	SNAME	SGENTLE	SAGE	SDEPT
▶	990001	张三	男	20	计算机
	990002	陈林	女	19	外语
	990003	吴忠	男	21	工商管理
	990005	王冰	女	20	体育
	990012	张忠和	男	22	艺术
	990026	陈維加	女	21	计算机
	990028	李莎	女	21	计算机

图 3.17　别名为 S1 的表数据记录

3.5　小结

本章介绍 SQL 语句的相关内容，本章介绍的是简单查询。在介绍简单查询的实现之前，给出了 SELECT 语句的完整格式，让读者对 SELECT 语句的子句做一个大致了解。接着着重讲解查询的实现，简单查询使用的是 SELECT 语句，该语句只包含 SELECT 子句、INTO 子句和 FROM 子句。本章是 SQL 的查询语句 SELECT 语句的基础，读者应熟练掌握该章的数据查询思路，包括 DISTINCT 和 TOP 等关键字的使用，为后续章节的学习打下好的基础。

第4章 复合查询

前面章节介绍了 SELECT 语句的简单应用，即简单查询。在实际应用中，对一个基本表或视图做简单查询是比较少的，大多情况下都要求对数据表进行筛选，返回按照用户要求的记录，这就需要用到复合查询。复合查询并不是一个标准的规定，在本书中，将多表查询、带有 WHERE 子句、GROUP BY 子句和 ORDER BY 子句的查询都归为复合查询。

4.1 WHERE 子句

SELECT 语句中的 WHERE 子句指定数据检索的条件，以限制返回的数据记录行。一般来说，WHERE 子句的语法如下：

```
WHERE <search_condition> | <old_outer_join>
<old_outer_join> : : =
column_name { * = | = * } column_name
```

其中，各参数说明如下：

search_condition——通过由谓词构成的条件来限制返回的查询结果。

old_outer_ join——指定一个外连接。此选项是不标准的，但使用方便。其使用“＊＝”操作符表示左连接，用“＝＊”操作符表示右连接。此选项与在 FROM 子句中指定外连接都是可行的方法，但二者只能选其一。

WHERE 子句通过判断其后的条件表达式是否为真（TRUE 值）来限制返回的数据记录，因此，WHERE 子句的关键是掌握由谓词构成的条件表达式。较好的使用 WHERE 子句是 SELECT 语句中较难掌握的部分，由于 WHERE 子句的条件是由谓词所构成的，其表达式繁多，下面将一一讲解。

4.1.1 数据示例表

为方便该章内容的讲解，此节给出数据示例如表 4.1、表 4.2 和表 4.3 所示。其中，表 4.1 为学生表 STUDENT，该表包含学号（SNO）、姓名（SNAME）、性别（SGENTLE）、年龄（SAGE）、出生年月（SBIRTH）和系部（SDEPT）六个字段。

表 4.1 学生表 STUDENT

SNO	SNAME	SGENTLE	SAGE	SBIRTH	SDEPT
990001	张三	男	20	1987-8-4	计算机
990002	陈林	女	19	1988-5-21	外语
990003	吴忠	男	21	1986-4-12	工商管理
990005	王冰	女	20	1987-2-16	体育
990012	张忠和	男	22	1985-8-28	艺术
990026	陈维加	女	21	1986-7-1	计算机
990028	李莎	女	21	1986-10-21	计算机

表 4.2 是一个课程表 COURSE，主要包含课程号(CNO)、课程名称(CNAME)和学分(CGRADE)三个字段。

表 4.2 课程表 COURSE

CNO	CNAME	CGRADE
001	计算机基础	2
003	数据结构	4
004	操作系统	4
006	数据库原理	4
007	软件工程	4

表 4.3 为一个学生选课表 SC，主要包含学号(SNO)、课程号(CNO)和成绩(GRADE)三个字段。

表 4.3 学生选课表 SC

SNO	CNO	GRADE
990001	003	85
990001	004	78
990003	001	95
990012	004	62
990012	006	74
990012	007	81
990026	001	
990026	003	77
990028	006	

可以看出，表 4.3 依赖于表 4.1 的学号字段和表 4.2 的课程号字段，因此，该表应满足与表 4.1 和表 4.2 的参照完整性约束条件。

4.1.2 单条件查询

所谓单条件查询，是指 WHERE 子句后的条件只有一个，这种类型的条件查询是最简单的。构成条件的谓词都是由条件表达式组成的，也即由表达式和一系列的运算符组成。最常见的条件运算符为比较运算符，主要如表 4.4 所示。

表 4.4 常见比较运算符

运 算 符	说 明	应 用 举 例
=	等于	Sno='990001'
<>	不等于	Sname<>'张三'
>	大于	a>b
<	小于	a<b
>=	大于等于	a>=b
<=	小于等于	a<=b

单条件查询最值得注意的地方在于其条件语句的实现，由表达式和上述比较运算符组成的条件判断语句的格式繁多，基本的单条件查询语句格式如下：

```
SELECT 列名 1, 列名 2, … ,列名 n
INTO new_table
FROM 表名/视图名
WHERE 条件表达式
```

一般情况下，条件表达式由基本表或视图的字段名、值和比较运算符组成。例如，在学生表 STUDENT 中返回学号为“990002”的学生的姓名、性别、年龄和所属系部等信息，其实现语句如下：

```
SELECT SNAME,SGENTLE,SAGE,SDEPT
FROM STUDENT
WHERE SNO = '990002'
```

可以看出，上述 WHERE 子句后的条件表达式由 STUDENT 表的字段 SNO，其值 990002 和比较运算符“=”组成。上述语句的返回结果如图 4.1 所示。

	SNAME	SGENTLE	SAGE	SDEPT
▶	陈林	女	19	外语

图 4.1 单条件查询(比较运算符)

条件表达式的构成非常灵活，根据实际情况的不同，条件表达式的书写也可以随机变化。例如，在学生表 STUDENT 中，要返回年龄大于 20 岁的所有学生信息，语句如下，返回结果如图 4.2 所示。

```
SELECT *
FROM STUDENT
WHERE SAGE > 20
```

需要注意的是，条件表达式中，比较运算符右边的值的数据类型是非常重要的。在如上的语句中，20 是一个数值型数据类型，因此引用其不需要加 ' 号，如果是字符串数据类型，如学号字段的值“990002”，在引用的时候就需要为其加 '。

SNO	SNAME	SGENTLE	SAGE	SBIRTH	SDEPT
990003	吴忠	男	21	1986-04-12 00:00:00	工商管理
990012	张忠和	男	22	1985-08-28 00:00:00	艺术
990026	陈维加	女	21	1986-07-01 00:00:00	计算机
990028	李莎	女	21	1986-10-21 00:00:00	计算机

图 4.2 单条件查询(比较运算符)

4.1.3 空值运算符

在实际应用中,有些数据表的字段允许为空或者未知,也即该字段没有值,这就需要使用到 SQL 中定义的空值的概念。空值从技术上来说是一个“未知的值”,从具体应用上说是还没有向数据库中输入相应的数据,或者某个特定的记录行不需要使用该列。

空值在 SQL 中的表示为 NULL。需要注意的是,空值并不包括零、一个或多个空格组成的字符串,以及零长度的字符串。一般来说,下列情况可导致数据表的一个字段值为 NULL:

- 该字段值未知。
- 该字段值不存在。
- 该字段对表的记录为不可用。

因为空值代表未知的空值,所以并不是所有的空值都相等。而在具体的实际使用中,空值的应用是非常多的。因此,SQL 引入了一个特殊的操作符 IS 来检测特殊值之间的等价性,其返回值为一个布尔型(Boolean)数值。空值运算符的定义语法如下:

```
Expression IS [NOT] NULL
```

其中,参数定义如下:

- Expression——任何有效的表达式。
- NOT——指定 Boolean 结果取反。谓词将对其返回值取反,值不为 NULL 时返回 TRUE,值为 NULL 时返回 FALSE。

空值运算符的返回结果如下所示:

- 如果 Expression 的值为 NULL,则 IS NULL 返回 TRUE;否则返回 FALSE。
- 如果 Expression 的值是 NULL,则 IS NOT NULL 返回 FALSE;否则返回 TRUE。

例如,在学生选课表 SC 中,有两条记录的 GRADE 字段值为空,这表示这两个学生选修了课程但没有参加考试,因此没有成绩,这在实际情况中是允许的。那么将所有没有成绩的学生学号及其选课的课程号返回的实现语句如下:

```
SELECT SNO,CNO
FROM SC
WHERE GRADE IS NULL
```

执行上述语句的返回结果如图 4.3 所示。

同样,如果需要返回学生选课表 SC 中所有有成绩的学生学号、所选课程的课程号和成绩,实现语句如下,其返回结果如图 4.4 所示。

```
SELECT *
FROM SC
WHERE GRADE IS NOT NULL
```

	SNO	CNO
▶	990026	001
	990028	006

图 4.3 空值运算符应用

	SNO	CNO	GRADE
▶	990001	003	85
	990001	004	78
	990003	001	95
	990012	004	62
	990012	006	74
	990012	007	81

图 4.4 空值运算符应用

需要注意的是，如果要确定表达式是否为 NULL，需要使用 IS NULL 或 IS NOT NULL 来判断，而不要使用比较运算符（如＝或<>）。因为当有一个参数为 NULL 或两个参数都为 NULL 时，比较运算符将返回未知值 UNKNOWN。例如，如果采用比较运算符（＝）实现在学生选课表 SC 中找出成绩为空的记录，返回结果为空，对应 SC 表可以看出这是错误的，如图 4.5 所示。

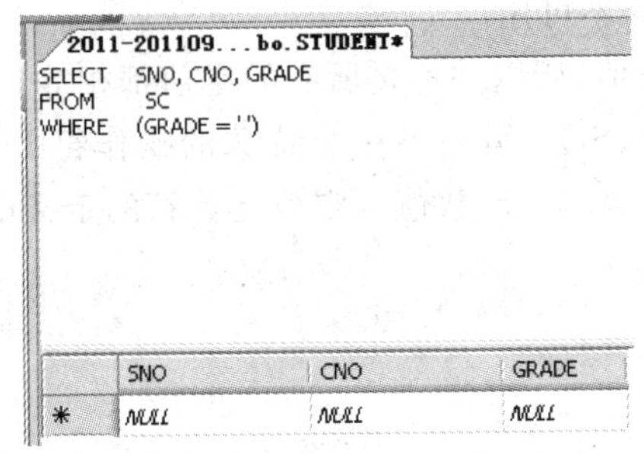

图 4.5 比较运算符实现空值出现异常错误

4.1.4 范围运算符

在实际应用中，经常需要判断某一个值是否在给定的范围之内。例如，要求选出学生表 STUDENT 中年龄在 20～22 岁之间的所有学生信息。针对该应用，SQL 通过一个范围运算符 BETWEEN…AND 来实现。该运算符的格式如下：

```
Expr [Not] BETWEEN Value1 AND Value2
```

其中，各参数的定义如下所示：

Expr——指定要加以计算的字段与表达式的组合。

Value1，Value2——表示所指明的数值范围。

一般来说，Value1 的值要小于 Value2 的值。因此，范围运算符又可以表示成如下的格式：

```
Expr BETWEEN Min AND Max
```

如果 Expr 对大于或等于 Min 且 Expr 是小于或等于 Max，BETWEEN 返回 1，否则其返回 0。如果所有的参数类型是一样的，这等价于表达式（Min <= Expr AND Expr <= Max）。第一个参数（Expr）决定比较如何被执行。如果 Expr 是一个不区分大小写的字符串表达式，则进行一个不区分大小写的字符串比较。如果 Expr 是一个区分大小写的字符串表达式，进行一个区分大小写的字符串比较。如果 Expr 是一个整数表达式，则进行整数比较；否则进行一个浮点（实数）比较。

范围运算符为一些条件要求为一个具体范围的应用提供了便利。上述示例选出学生表 STUDENT 中年龄在 20～22 岁之间的所有学生信息中，可通过如下语句实现：

```
SELECT *
FROM STUDENT
WHERE SAGE BETWEEN 20 AND 22
```

在 SQL Server 2008 的查询分析器中执行上述语句后，返回结果如图 4.6 所示。

	SNO	SNAME	SGENTLE	SAGE	SBIRTH	SDEPT
▶	990001	张三	男	20	1987-08-04 00:00:00	计算机
	990003	吴忠	男	21	1986-04-12 00:00:00	工商管理
	990005	王冰	女	20	1987-02-16 00:00:00	体育
	990012	张忠和	男	22	1985-08-28 00:00:00	艺术
	990026	陈維加	女	21	1986-07-01 00:00:00	计算机
	990028	李莎	女	21	1986-10-21 00:00:00	计算机

图 4.6 范围运算符 BETWEEN…AND 应用

需要注意的是，范围运算符决定某一个数值是否介于特定的范围之内，该运算符只可以用在 SQL 相关语句中。

4.1.5 列表运算符

范围运算符为某一字段值属于某一个具体范围的情况提供了解决方法。但在许多实际应用中，很多数据值并不在一个范围中。例如，要求选取学生表 STUDENT 中所有计算机系和外语系的学生的所有信息，使用范围运算符 BETWEEN…AND 就无法实现该功能，因为给出的条件并不是某一个具体的范围，而是某几个字符串数据。

为解决上述问题，SQL 提出了列表运算符 IN 的概念。列表运算符允许 WHERE 子句后的字段从值列表中任取一个都为真，其语法格式如下：

```
Expr IN (Value, …)
```

其中，参数 Expr 是 WHERE 子句后的一个具体字段名，Value 是提供的值列表。如果 Expr 是在 IN 表中的任何值，返回 1，否则返回 0。如果所有的值是常数，那么所有的值根据 Expr 类型被计算和排序，然后项目的搜索用二进制的搜索完成。这意味着如果 IN 值表全部由常数组成，IN 是很快的。如果 Expr 是一个区分大小写的字符串表达式，字符串比较以区分大小写的方式执行。

应用列表运算符 IN 解决上述示例中选取学生表 STUDENT 中所有计算机系和外语系的学生的所有信息的问题就非常简单，可通过如下代码实现：

```
SELECT *
FROM STUDENT
WHERE SDEPT IN('计算机','外语')
```

上述语句执行后，将选出 STUDENT 表中系部为计算机和外语的所有学生的信息，达到了预定的目的，返回结果如图 4.7 所示。

	SNO	SNAME	SGENTLE	SAGE	SBIRTH	SDEPT
▶	990001	张三	男	20	1987-08-04 00:00:00	计算机
	990002	陈林	女	19	1988-05-21 00:00:00	外语
	990026	陈維加	女	21	1986-07-01 00:00:00	计算机
	990028	李莎	女	21	1986-10-21 00:00:00	计算机

图 4.7　列表运算符 IN 应用

4.2 条件查询

复合条件查询是相对于单条件查询而言的。前面小节所提到的各种运算符构成的条件表达式，如果 WHERE 子句后只有一个条件表达式，即为单条件查询。如果 WHERE 子句后有多个条件表达式，称为多条件查询或复合条件查询。4.2 节提到的比较运算符(=、>、<等)、空值运算符(IS NULL)、范围运算符(BETWEEN…AND)和列表运算符(IN)等运算符构成的条件表达式都可以通过组合构成复合条件。

4.2.1 使用逻辑运算符组合条件

在实际应用中，针对一个数据量比较大的数据表，满足一个条件的数据记录可能有很多。如果需要返回更精确的查询结果，就要定义更多的条件，因此，复合条件查询的应用是非常广泛的。

例如，在学生表 STUDENT 中，需要选出所有计算机系男生的所有学号、姓名和出生年月。分析该示例，使用了两个限制条件：

- 计算机系——说明学生表 STUDENT 中的 SDEPT 字段值要为“计算机”。
- 男生——说明学生表 STUDENT 中的 SGENTLE 字段值要为“男”。

要实现上述示例，也即需要返回同时满足这两个条件的数据记录，就要用到复合条件查询。复合条件查询中，多个条件的组合是通过逻辑运算符来实现的。SQL 支持的逻辑运算符有三种，其名称和应用如表 4.5 所示。

表 4.5 逻辑运算符

运 算 符	说 明	运 算
AND	与运算	TRUE AND TRUE=TRUE TRUE AND FALSE=FALSE FALSE AND TRUE=FALSE FALSE AND FALSE=FALSE
OR	或运算	TRUE OR TRUE=TRUE TRUE OR FALSE=TRUE FALSE OR TRUE=TRUE FALSE OR FALSE=FALSE
NOT	非运算	NOT TRUE=FALSE NOT FALSE=TRUE

复合查询中主要使用到的是 AND 运算符和 OR 运算符，根据表 4.5，读者可发现这两种运算符的区别。

- AND 运算符：只有两个操作数同时为真(TRUE)的时候，其返回结果才为真；只要有一个操作数为假(FALSE)，返回结果就为假。因此，该运算符用于连接两个同时要满足的条件表达式。
- OR 运算符：只要两个操作数中有一个为真(TRUE)的时候，其返回结果就为真；只有当两个操作数都为假(FALSE)时，返回结果才为假。因此，该运算符用于连接两个条件表达式只需满足一个的条件语句。

在上述示例中，计算机的男生的这两个限制条件可通过 AND 运算符连接，表示为：SDEPT='计算机'AND SGENTLE='男'。因此，选出所有计算机系男生的所有学号、姓名和出生年月，实现代码如下所示：

```
SELECT SNO,SNAME,SBIRTH
FROM STUDENT
WHERE SDEPT = '计算机' AND SGENTLE = '男'
```

返回结果如图 4.8 所示。

	SNO	SNAME	SBIRTH
▶	990001	张三	1987-08-04 00:00:00

图 4.8 AND 运算符应用

如果上述语句中使用的还是 OR 运算符连接两个条件，即将上述语句改写为：

```
SELECT SNO,SNAME,SBIRTH
FROM STUDENT
WHERE SDEPT = '计算机' OR SGENTLE = '男'
```

该语句表示的是选取所有计算机系学生和所有男学生的记录，即两个条件只要满足一个就可以。其返回结果如图 4.9 所示，这就没有达到预先的查询目的，从逻辑上来说是错误的。

SNO	SNAME	SBIRTH
990001	张三	1987-08-04 00:00:00
990003	吴忠	1986-04-12 00:00:00
990012	张忠和	1985-08-28 00:00:00
990026	陈維加	1986-07-01 00:00:00
990028	李莎	1986-10-21 00:00:00

图 4.9　错误返回结果

又如，选取学生表 STUDENT 中所有计算机系学生和外语系学生的学号、姓名和出生年月。从该示例中，可以得出选取的记录既可以是计算机系学生，也可以是外语系学生，两个条件只需要满足其中的一个就可以。因此，该示例使用 OR 运算符，实现代码如下：

```
SELECT SNO,SNAME,SBIRTH
FROM STUDENT
WHERE SDEPT = '计算机' OR SDEPT = '外语'
```

上述语句的返回结果如图 4.10 所示。

SNO	SNAME	SBIRTH
990001	张三	1987-08-04 00:00:00
990002	陈林	1988-05-21 00:00:00
990026	陈維加	1986-07-01 00:00:00
990028	李莎	1986-10-21 00:00:00

图 4.10　OR 运算符应用

4.2.2 复合条件查询

通过 4.2.1 节逻辑运算符的介绍，本节将两个条件表达式组合在一起，从而构成更精确的查询。逻辑运算符不仅仅可以连接两个条件表达式，也可以连接多个条件。例如，选取学生表 STUDENT 中年龄是 20 岁的计算机系男生的学号、姓名和出生年月，可以通过如下语句实现：

```
SELECT SNO,SNAME,SBIRTH
FROM STUDENT
WHERE SDEPT = '计算机' AND SGENTLE = '男' AND SAGE = 20
```

返回结果如图 4.11 所示。

SNO	SNAME	SBIRTH
990001	张三	1987-08-04 00:00:00

图 4.11　复合条件查询应用

在一个条件语句中含有两个以上的逻辑运算符时，就需要考虑其运算的优先级。例如，选取学生表 STUDENT 中的艺术系的男生和计算机系男生的所有信息。按照使用逻辑运算符进行条件组合的方式，其语句实现如下：

```
SELECT *
FROM STUDENT
WHERE SDEPT = '艺术' AND SGENTLE = '男' OR SDEPT = '计算机' AND SGENTLE = '男'
```

上述语句返回结果如图 4.12 所示。

	SNO	SNAME	SGENTLE	SAGE	SBIRTH	SDEPT
▶	990001	张三	男	20	1987-08-04 00:00:00	计算机
	990012	张忠和	男	22	1985-08-28 00:00:00	艺术

图 4.12　复合条件查询应用

可以发现，上述条件中使用了 3 个逻辑运算符，两个 AND 运算符和一个 OR 运算符，其运算优先级为：先 AND 后 OR。因此，上述语句可改写如下形式更易于读者理解：

```
SELECT *
FROM STUDENT
WHERE (SDEPT = '艺术' AND SGENTLE = '男') OR (SDEPT = '计算机' AND SGENTLE = '男')
```

该示例也可通过如下代码来实现，先找出艺术系和计算机所有学生，再找出其学生中的男生即可，因此其实现语句也可如下改写：

```
SELECT *
FROM STUDENT
WHERE (SDEPT = '艺术' OR SDEPT = '计算机') AND SGENTLE = '男'
```

执行上述语句，其返回结果如图 4.12 所示，即与上述三条语句的结果相同。此处由于 OR 运算符的优先级低于 AND，所以需要给其加上一对括号()。如果没有使用括号，运算该条件的时候将先执行 AND 运算，如下所示：

```
SELECT *
FROM STUDENT
WHERE SDEPT = '艺术' OR SDEPT = '计算机' AND SGENTLE = '男'
```

执行该语句后，其返回值如图 4.13 所示。

	SNO	SNAME	SGENTLE	SAGE	SBIRTH	SDEPT
▶	990001	张三	男	20	1987-08-04 00:00:00	计算机
	990012	张忠和	男	22	1985-08-28 00:00:00	艺术

图 4.13　OR 运算后执行的错误返回结果

可以发现，该返回值返回的是艺术系的所有学生和计算机系男生的记录，这就不符合查询目的，在逻辑上是错误的，因此该语句中必须加上()以保证 OR 先进行运算。

在有些情况下，即 AND 运算符在条件表达式中先与 OR 运算符出现，或者说不需要保证 OR 运算先执行，那么就可以不需要使用()。例如，选取学生表 STUDENT 中的计算机系男生和外语系女生的所有信息，那么下面两条语句都可以实现相同的返回结果。

```
SELECT *
FROM STUDENT
WHERE SDEPT = '外语' AND SGENTLE = '女' OR SDEPT = '计算机' AND SGENTLE = '男'
```

和

```
SELECT *
FROM STUDENT
WHERE (SDEPT = '外语' AND SGENTLE = '女') OR (SDEPT = '计算机' AND SGENTLE = '男')
```

这两条语句的返回结果是相同的，因为按照运算的先后顺序和 AND 运算符优先级高于 OR 运算符的规律，语句执行逻辑和查询目的是一致的，其返回结果都如图 4.14 所示。

	SNO	SNAME	SGENTLE	SAGE	SBIRTH	SDEPT
▶	990001	张三	男	20	1987-08-04 00:00:00	计算机
	990002	陈林	女	19	1988-05-21 00:00:00	外语

图 4.14　复合条件查询应用

值得注意的是，如果在条件语句中出现了逻辑运算符 NOT，那么 NOT 的运算优先级是最高的，也即逻辑运算符的优先级如下：

```
NOT > AND > OR
```

复合条件查询在实际中应用非常广泛，往往越精确的查询所给的条件就越多，如何将多个条件按照查询意图连接起来是读者需要仔细理解的。

4.3　GROUP BY 子句

GROUP BY 子句是 SELECT 语句的可选子句，其功能为将表的输出划分为若干个组。在应用中，用户可以使用 GROUP BY 子句按一个或多个列名称进行分组，或者通过在表达式中使用数值数据类型，按计算出的列的结果进行分组。

4.3.1　用 GROUP BY 子句创建分组

用 GROUP BY 子句指定查询结果的分组条件，其语法格式如下：

```
GROUP BY [ALL] group_by_expression [, … n]
[ WITH { CUBE | ROLLUP } ]
```

其中，各参数说明如下：

- ALL：返回所有可能的查询结果组合，即使此组合中没有任何满足 WHERE 子句的数据。分组的统计列如果不满足查询条件，则将由 NULL 值构成其数据。ALL 选项不能与 CUBE 或 ROLLUP 选项同时使用，GROUP BY ALL 不支持远程数据表的访问查询。

- group_by_expression：指明分组条件。group_by_expression 通常是一个列名，但不能是列的别名。数据类型为 IMAGE 或 BIT 等类型的列不能作为分组条件。
- CUBE：除了返回由 GROUP BY 子句指定的列外，还返回按组统计的行。返回的结果先按分组的第一个条件列排序显示，再按第二个条件列排序显示，以此类推。统计行包括了 GROUP BY 子句指定的列的各种组合的数据统计。
- ROLLUP：与 CUBE 不同的是，此选项对 GROUP BY 子句中的列顺序敏感，其只返回第一个分组条件指定的列的统计行。改变列的顺序会使返回的结果的行数发生变化。

值得注意的是，使用 DISTINCT 选项的统计函数，如 AVG（DISTINCT column_name）、COUNT（DISTINCT column_name）和 SUM（DISTINCT column_name）等，不能在使用 CUBE 或 ROLLUP 选项时使用。

在 SELECT 查询语句中，使用 GROUP BY 子句创建分组的格式如下：

```
SELECT 列名 1, 列名 2, …, 聚合函数(列名 n)
FROM 表名/视图名
[WHERE 条件语句]
GROUP BY 列名
```

GROUP BY 子句在被定义的数据的基础上建立比较小的组，并且对每一个组进行聚合函数计算。换句话说，其产生每一组的总体信息。GROUP BY 可以把多于一列当成组合列，其总结组合列中不重复值的信息。

使用了 GROUP BY 子句的选择列表中只能包含以下项：

- 常量值。
- 组合列。
- 表达式。每个表达式为每组返回一个值（如聚合函数）。

如果一列除了在组合列中外，还在 SELECT 子句后的选择列表中，则其有多个值对应组合列的每一个不重复值，这种结构类型是不允许的。

例如，在学生表 STUDENT 中选取每个系部年龄最大的学生，以系为单位输出其所有信息。实现语句如下所示：

```
SELECT MAX(SAGE),SDEPT
FROM STUDENT
GROUP BY SDEPT
```

该语句中没有用到 WHERE 子句，是对整个数据表进行分组操作。在该语句中使用的聚合函数是 MAX，返回结果如图 4.15 所示。

从图 4.15 中可以看到，由于使用了聚合函数 MAX，而没有为该聚合函数指定别名，其返回结果列为“无列名”，为提高语句易读性，将上述语句改写如下：

```
SELECT MAX(SAGE) 最大年龄,SDEPT 系部
FROM STUDENT
GROUP BY SDEPT
```

返回结果如图 4.16 所示。

Expr1	SDEPT
21	工商管理
21	计算机
20	体育
19	外语
22	艺术

图 4.15 GROUP BY 子句应用

最大年龄	系部
21	工商管理
21	计算机
20	体育
19	外语
22	艺术

图 4.16 指定别名的 GROUP BY 子句应用

含有 GROUP BY 子句的 SELECT 语句也可以包含 WHERE 子句。例如，根据学生表 STUDENT 计算每个系部男生的平均年龄，并以系为单位输出。实现该查询的语句如下：

```
SELECT AVG(SAGE) 平均年龄,SDEPT 系部
FROM STUDENT
WHERE SGENTLE = '男'
GROUP BY SDEPT
```

该语句使用的聚合函数是 AVG，对年龄进行平均值计算，同时使用 WHERE 子句限定对男生的计算，其返回结果如图 4.17 所示。

平均年龄	系部
21	工商管理
20	计算机
22	艺术

图 4.17 含 WHERE 子句的 GROUP BY 子句应用

在该示例中，由于外语系没有男生，因此在 WHERE 子句的查询中其被排除了，返回结果如图 4.17 所示。

4.3.2 用 CUBE 运算符汇总数据

在 4.3.1 节中提到，CUBE 参数的作用是除了返回由 GROUP BY 子句指定的列外，还返回按组统计的行。返回的结果先按分组的第一个条件列排序显示，再按第二个条件列排序显示以此类推。例如，在上述分组的语句中增加 SNO 学号字段，并对其首先进行排序显示，就可以采用 WITH CUBE 参数，实现语句如下所示：

```
SELECT SDEPT 系部,SNO 学号,MAX(SAGE) 最大年龄
FROM STUDENT
GROUP BY SNO,SDEPT
WITH CUBE
```

返回结果如图 4.18 所示。

CUBE 运算符生成的结果集是多维数据集。多维数据集是事实数据的扩展，事实数据即记录个别事件的数据。扩展建立在用户打算分析的列上。这些列被称为维。多维数据集是一个结果集，其中包含了各维度的所有可能组合的交叉表格。

系部	学号	最大年龄
工商管理	990003	21
工商管理	NULL	21
计算机	990001	20
计算机	990026	21
计算机	990028	21
计算机	NULL	21
体育	990005	20
体育	NULL	20
外语	990002	19
外语	NULL	19
艺术	990012	22
艺术	NULL	22
NULL	NULL	22
NULL	990001	20
NULL	990002	19
NULL	990003	21
NULL	990005	20
NULL	990012	22
NULL	990026	21
NULL	990028	21

图 4.18　CUBE 运算符

CUBE 运算符在 SELECT 语句的 GROUP BY 子句中指定。该语句的选择列表应包含维度列和聚合函数表达式。GROUP BY 应指定维度列和关键字 WITH CUBE。结果集将包含维度列中各值的所有可能组合，以及与这些维度值组合相匹配的基础行中的聚合值。

CUBE 运算符可用于生成 n 维的多维数据集，即具有任意数目维度的多维数据集。只有一个维度的多维数据集可用于生成合计。包含带有许多维度的 CUBE 的 SELECT 语句可能生成很大的结果集，因为这些语句会为所有维度中值的所有组合生成行。这些大结果集包含的数据可能过多而不易于阅读和理解。

同样，对各系部男生的平均年龄进行分组，并首先对系部进行排序，如果使用 WITH CUBE 参数，读者可以看到其返回结果如图 4.19 所示，实现语句如下：

```
SELECT SNO 学号,SDEPT 系部,AVG(SAGE) 平均年龄
FROM STUDENT
WHERE SGENTLE = '男'
GROUP BY SDEPT,SNO
WITH CUBE
```

学号	系部	平均年龄
990001	计算机	20
990001	NULL	20
990003	工商管理	21
990003	NULL	21
990012	艺术	22
990012	NULL	22
NULL	NULL	21
NULL	工商管理	21
NULL	计算机	20
NULL	艺术	22

图 4.19　筛选后的 CUBE 运算符应用

4.3.3 用 ROLLUP 运算符汇总数据

在生成包含小计和合计的报表时，ROLLUP 运算符很有用。ROLLUP 运算符生成的结果集类似于 CUBE 运算符所生成的结果集。与 CUBE 不同的是，ROLLUP 运算符对 GROUP BY 子句中的列顺序敏感，其只返回第一个分组条件指定的列的统计行。改变列的顺序会使返回的结果的行数发生变化。或者说，CUBE 和 ROLLUP 之间的区别在于：

- CUBE 生成的结果集显示了所选列中值的所有组合的聚合。
- ROLLUP 生成的结果集显示了所选列中值的某一层次结构的聚合。

例如，将上述使用 CUBE 运算符进行汇总数据的语句进行改写，采用 WITH ROLLUP 参数，实现语句如下所示：

```
SELECT SDEPT 系部,SNO 学号,MAX(SAGE) 最大年龄
FROM STUDENT
GROUP BY SNO,SDEPT
WITH ROLLUP
```

读者可以看到，其返回行数就少了，返回结果如图 4.20 所示。

	系部	学号	最大年龄
▶	计算机	990001	20
	NULL	990001	20
	外语	990002	19
	NULL	990002	19
	工商管理	990003	21
	NULL	990003	21
	体育	990005	20
	NULL	990005	20
	艺术	990012	22
	NULL	990012	22
	计算机	990026	21
	NULL	990026	21
	计算机	990028	21
	NULL	990028	21
	NULL	NULL	22

图 4.20 ROLLUP 运算符

对于 GROUP BY 子句中右边的列中的每个值，ROLLUP 操作并不报告左边一列（或左边各列）中值的所有可能组合。ROLLUP 操作的结果集具有类似于 COMPUTE BY 所返回结果集的功能；然而，ROLLUP 具有下列优点：

- ROLLUP 返回单个结果集；COMPUTE BY 返回多个结果集，而多个结果集会增加应用程序代码的复杂性。
- ROLLUP 可以在服务器游标中使用；COMPUTE BY 不可以。

有时，查询优化器为 ROLLUP 生成的执行计划比为 COMPUTE BY 生成的更为高效。同样，对各系部男生的平均年龄进行分组，并首先对系部进行排序，如果使用 WITH ROLLUP 参数，读者可以看到其返回结果如图 4.21 所示，实现语句如下：

```
SELECT SNO 学号,SDEPT 系部,AVG(SAGE) 平均年龄
FROM STUDENT
WHERE SGENTLE = '男'
GROUP BY SDEPT,SNO
WITH ROLLUP
```

学号	系部	平均年龄
990003	工商管理	21
NULL	工商管理	21
990001	计算机	20
NULL	计算机	20
990012	艺术	22
NULL	艺术	22
NULL	NULL	21

图 4.21 用 ROLLUP 运算符汇总数据

4.3.4 用 GROUPING 函数处理 NULL 值

从前面的示例可以看出,其有许多的 NULL 值返回,那么如何区分 CUBE 操作所生成的 NULL 值和从实际数据中返回的 NULL 值?这个问题可用 GROUPING 函数来解决。

GROUPING 是一个聚合函数,其产生一个附加的列,当用 CUBE 或 ROLLUP 运算符添加行时,附加的列输出值为 1,当所添加的行不是由 CUBE 或 ROLLUP 产生时,附加列值为 0。GROUPING 函数的定义语法如下:

```
GROUPING(column_name)
```

其中的参数 column_name 是 GROUPBY 子句中用于检查 CUBE 或 ROLLUP 空值的列。该函数的返回值是一个 INT 数据类型的值。

如果列中的值来自事实数据,则 GROUPING 函数返回 0;如果列中的值是 CUBE 操作所生成的 NULL,则返回 1。在 CUBE 操作中,所生成的 NULL 代表全体值。可将 SELECT 语句写成使用 GROUPING 函数将所生成的 NULL 替换为字符串 ALL。因为事实数据中的 NULL 表明数据值未知,所以 SELECT 语句还可译码为返回字符串 UNKNOWN 替代来自事实数据的 NULL。

仅在与包含 CUBE 或 ROLLUP 运算符的 GROUPBY 子句相联系的选择列表中才允许分组。分组用于区分由 CUBE 和 ROLLUP 返回的空值和标准的空值。作为 CUBE 或 ROLLUP 操作结果返回的 NULL 是 NULL 的特殊应用。其在结果集内作为列的占位符,表示“全体”。

例如,在使用 CUBE 运算符汇总数据时,为区别哪些 NULL 值是 CUBE 操作生成的,在其中使用 GROUPING 函数,以 SNO 学号字段为目标列,以别名 S1 输出,实现语句下:

```
SELECT SDEPT 系部,SNO 学号,MAX(SAGE) 最大年龄,
GROUPING(SNO) S1
FROM STUDENT
GROUP BY SNO,SDEPT
WITH CUBE
```

返回结果如图 4.22 所示。

系部	学号	最大年龄	S1
工商管理	990003	21	0
工商管理	NULL	21	1
计算机	990001	20	0
计算机	990026	21	0
计算机	990028	21	0
计算机	NULL	21	1
体育	990005	20	0
体育	NULL	20	1
外语	990002	19	0
外语	NULL	19	1
艺术	990012	22	0
艺术	NULL	22	1
NULL	NULL	22	1
NULL	990001	20	0
NULL	990002	19	0
NULL	990003	21	0
NULL	990005	20	0
NULL	990012	22	0
NULL	990026	21	0
NULL	990028	21	0

图 4.22 CUBE 汇总的 GROUPING 函数应用

在图 4.22 中,S1 列为 1 的表示由 CUBE 运算符产生的 NULL 值,其余 NULL 值为事实数据的空值。ROLLUP 运算符产生的 NULL 值也可以同样进行处理。如将上述使用 ROLLUP 运算符汇总数据的语句改写如下：

```
SELECT SDEPT 系部,SNO 学号,MAX(SAGE) 最大年龄,
GROUPING(SNO) S1
FROM STUDENT
WHERE SGENTLE = '男'
GROUP BY SNO,SDEPT
WITH ROLLUP
```

返回结果如图 4.23 所示,读者可对应图 4.20 了解其不同。

系部	学号	最大年龄	S1
计算机	990001	20	0
NULL	990001	20	0
工商管理	990003	21	0
NULL	990003	21	0
艺术	990012	22	0
NULL	990012	22	0
NULL	NULL	22	1

图 4.23 ROLLUP 汇总的 GROUPING 函数应用

4.4　HAVING 子句

HAVING 子句是用来向使用 GROUP BY 子句的查询中增加数据过滤准则的，HAVING 的用法和 SELECT 中的 WHERE 子句一样。在一个包含 GROUP BY 子句的查询中使用 WHERE 子句是可以的。HAVING 和 WHERE 有相同的语法。HAVING 和 WHERE 的不同之处在于：

- 在 WHERE 子句中，在分组进行以前，去除不满足条件的行，在 HAVING 子句中，在分组之后条件被应用。
- HAVING 可在条件中包含聚合函数，但 WHERE 不能。
- WHERE 子句作用于表和视图，HAVING 子句作用于分组。

下面给出 HAVING 子句的语法：

```
HAVING <search_condition>
```

参数 search_condition 表示条件表达式，该条件表达式可以是一个，也可以是由逻辑运算符 AND、OR 组合而成复合条件。

在 SELECT 语句中使用 HAVING 子句的一般格式如下：

```
SELECT 列名 1, 列名 2, …,聚合函数(列名 n)
FROM 表名/视图名
GROUP BY 列名
HAVING 条件
```

HAVING 子句可以让用户筛选成组后的各组数据，WHERE 子句在聚合前先筛选记录，也就是说，作用在 GROUP BY 子句和 HAVING 子句前。而 HAVING 子句在聚合后对组记录进行筛选。例如，针对下列选出各系部最大年龄学生的语句：

```
SELECT MAX(SAGE),SDEPT
FROM STUDENT
GROUP BY SDEPT
```

上述语句的返回结果如图 4.16 所示。如现在只想选出每个系部中最大年龄在 20 岁以上的所有记录，那么就需要在 GOURP BY 子句后增加 HAVING 子句来限定，其实现语句如下：

```
SELECT MAX(SAGE) 最大年龄,SDEPT 系部
FROM STUDENT
GROUP BY SDEPT
HAVING MAX(SAGE)> 20
```

上述语句的返回结果如图 4.24 所示。

HAVING 子句允许用户为每一个组指定条件，换句话说，可以根据用户指定的条件来

	最大年龄	系部
▶	21	工商管理
	21	计算机
	22	艺术

图 4.24 HAVING 子句应用

选择行。如果需要使用 HAVING 子句的话，其应该处在 GROUP BY 子句之后。

4.5 ORDER BY 子句

ORDER BY 也是一个可选的子句，其允许用户根据指定要排序的列以上升或者下降的顺序来显示查询的结果。或者说，ORDER BY 子句的功能是按照递增或递减顺序在指定字段中对查询的结果记录进行排序。

ORDER BY 子句指定查询结果的排序方式，其语法格式如下所示：

```
ORDER BY {order_by_expression [ ASC | DESC ] } [,…n]
```

在上述语法中，参数说明如下：

- order_by_expression——指定排序的规则，其可以是表或视图的列的名称或别名。如果 SELECT 语句中没有使用 DISTINCT 选项或 UNION 操作符，那么 ORDER BY 子句中可以包含 SELECT 子句列列表中没有出现的列名。
- ASC——也即 Ascending Order，表示升序排列，即将查询结果按照指定字段递增的顺序排序，这是 ORDER BY 子句默认的排序方式。
- DESC——也即 Descending Order，表示降序排列，即将查询结果按照指定字段递减的顺序排序。

```
SELECT 列名 1, 列名 2,…,列名 n
FROM 表名
WHERE 条件
[ORDER BY 列名 1, [ASC | DESC ][, 列名 2 [ASC | DESC ]][, … ]]]
```

一般来说，一个含有 ORDER BY 子句的 SELECT 语句包含如上参数，这些参数的具体说明如表 4.6 所示。

表 4.6 子句参数说明

子　句	参数说明
SELECT 子句	该子句后面的参数可以是任何字段名或别名、SQL 聚合函数、选择关键字（ALL、DISTINCT、TOP 等）或其他 SELECT 语句，用于选择一起检索的字段名称
FROM 子句	后面参数是从其中获取记录的表或视图的名称
WHERE 子句	附加条件表达式，在进行排序前对查询结果进行筛选
ORDER BY 子句	后面参数是要排序记录的字段名列表

4.5.1　单列排序

单列查询指的是 ORDER BY 后的字段名只有一个，这是最为简单的排序方式。例如，选取学生表 STUDENT 中所有数据记录，并按照年龄从小到大排列显示。

```
SELECT *
FROM STUDENT
ORDER BY SAGE ASC
```

由于 ORDER BY 子句默认的排序方式为升序，因此上述语句最后的参数 ASC 可省略。执行上述语句后，返回数据记录如图 4.25 所示。

SNO	SNAME	SGENTLE	SAGE	SBIRTH	SDEPT
990002	陈林	女	19	1988-05-21 00:00:00	外语
990005	王冰	女	20	1987-02-16 00:00:00	体育
990001	张三	男	20	1987-08-04 00:00:00	计算机
990026	陈维加	女	21	1986-07-01 00:00:00	计算机
990028	李莎	女	21	1986-10-21 00:00:00	计算机
990003	吴忠	男	21	1986-04-12 00:00:00	工商管理
990012	张忠和	男	22	1985-08-28 00:00:00	艺术

图 4.25　数字单列排序

ORDER BY 子句除了可以指定对数值型字段进行排序外，还可以指定对字符串数据类型的字段进行排序。例如，选取学生表 STUDENT 中所有数据记录，并按照学号排序显示。其语句实现如下：

```
SELECT *
FROM STUDENT
ORDER BY SNO ASC
```

同样，参数 ASC 可省略。返回结果如图 4.26 所示。

SNO	SNAME	SGENTLE	SAGE	SBIRTH	SDEPT
990001	张三	男	20	1987-08-04 00:00:00	计算机
990002	陈林	女	19	1988-05-21 00:00:00	外语
990003	吴忠	男	21	1986-04-12 00:00:00	工商管理
990005	王冰	女	20	1987-02-16 00:00:00	体育
990012	张忠和	男	22	1985-08-28 00:00:00	艺术
990026	陈維加	女	21	1986-07-01 00:00:00	计算机
990028	李莎	女	21	1986-10-21 00:00:00	计算机

图 4.26　字符单列排序

从上述示例读者可以看出，ORDER BY 子句对字符串类型的数据进行排序时，采用的是 ASCII 码的大小顺序。

那么，如果指定的字段值是中文的汉字，SQL 中是如何对其进行顺序比较的呢？例如，选取学生表 STUDENT 中所有数据记录，并按照所属系部排序显示。

```
SELECT *
FROM STUDENT
ORDER BY SDEPT
```

执行上述语句,返回结果如图 4.27 所示。

	SNO	SNAME	SGENTLE	SAGE	SBIRTH	SDEPT
▶	990003	吴忠	男	21	1986-04-12 00:00:00	工商管理
	990001	张三	男	20	1987-08-04 00:00:00	计算机
	990026	陈维加	女	21	1986-07-01 00:00:00	计算机
	990028	李莎	女	21	1986-10-21 00:00:00	计算机
	990005	王冰	女	20	1987-02-16 00:00:00	体育
	990002	陈林	女	19	1988-05-21 00:00:00	外语
	990012	张忠和	男	22	1985-08-28 00:00:00	艺术

图 4.27　中文汉字单列排序

从图 4.28 可以发现,当指定字段值为中文汉字时,返回结果是以拼音字母的 ASCII 码值比较而得出的顺序。如果第一个拼音字母相同,则比较第二个,以此类推。

当 SELECT 语句中含有 WHERE 子句时,先根据 WHERE 子句后的条件筛选记录得到查询结果,再将查询结果按照指定的字段进行排序。例如,选取学生表 STUDENT 中所有年龄大于 20 岁的学生的所有信息,按年龄升序排列显示。

```
SELECT *
FROM STUDENT
WHERE SAGE > 20
ORDER BY SAGE
```

上述语句的返回结果如图 4.28 所示。

	SNO	SNAME	SGENTLE	SAGE	SBIRTH	SDEPT
▶	990003	吴忠	男	21	1986-04-12 00:00:00	工商管理
	990026	陈维加	女	21	1986-07-01 00:00:00	计算机
	990028	李莎	女	21	1986-10-21 00:00:00	计算机
	990012	张忠和	男	22	1985-08-28 00:00:00	艺术

图 4.28　含 WHERE 子句的单列排序

GROUP BY 子句与 ORDER BY 子句可以同时出现在 SELECT 语句中,因为 ORDER BY 子句后的字段名可以是聚合函数。例如,下列语句对每个系部学生的最大年龄进行分组,并以取得的最大年龄为顺序排列显示。

```
SELECT MAX(SAGE) 最大年龄,SDEPT 系部
FROM STUDENT
GROUP BY SDEPT
ORDER BY MAX(SAGE)
```

上述语句的返回结果如图 4.29 所示,读者可对应图 4.16 来比较其区别。

最大年龄	系部
19	外语
20	体育
21	工商管理
21	计算机
22	艺术

图 4.29　含 GROUP BY 子句的单列查询

4.5.2　逆序排列

逆序排列是指在 ORDER BY 子句后使用了 DESC 参数的排序。例如，选取学生表 STUDENT 中所有数据记录，并按照年龄从大到小的顺序排列显示。

```
SELECT *
FROM STUDENT
ORDER BY SAGE DESC
```

由于 ORDER BY 子句默认的排序方式为升序，因此上述语句最后的参数 DESC 是不可省略的。执行上述语句后，返回数据记录如图 4.30 所示。

SNO	SNAME	SGENTLE	SAGE	SBIRTH	SDEPT
990012	张忠和	男	22	1985-08-28 00:00:00	艺术
990026	陈維加	女	21	1986-07-01 00:00:00	计算机
990028	李莎	女	21	1986-10-21 00:00:00	计算机
990003	吴忠	男	21	1986-04-12 00:00:00	工商管理
990005	王冰	女	20	1987-02-16 00:00:00	体育
990001	张三	男	20	1987-08-04 00:00:00	计算机
990002	陈林	女	19	1988-05-21 00:00:00	外语

图 4.30　数字逆序排列

同样，对字符数据类型进行逆序排列，实现方式相同。例如，选取学生表 STUDENT 中所有数据记录，并按照学号从大到小的顺序排列显示，返回结果如图 4.31 所示。

```
SELECT *
FROM STUDENT
ORDER BY SNO DESC
```

SNO	SNAME	SGENTLE	SAGE	SBIRTH	SDEPT
990020	李莎	女	21	1986 10 21 00:00:00	计算机
990026	陈維加	女	21	1986-07-01 00:00:00	计算机
990012	张忠和	男	22	1985-08-28 00:00:00	艺术
990005	王冰	女	20	1987-02-16 00:00:00	体育
990003	吴忠	男	21	1986-04-12 00:00:00	工商管理
990002	陈林	女	19	1988-05-21 00:00:00	外语
990001	张三	男	20	1987-08-04 00:00:00	计算机

图 4.31　字符逆序排列

与单列顺序排列类似，对于中文汉字的排列，对于含有WHERE子句和GROUP BY子句的逆序排列，实现方式都相同，只需在ORDER BY子句后加上DESC参数即可，具体实现读者自行完成，此处不再赘述。

4.5.3 多列排序

多列排序是指OREDR BY子句后含有至少两个以上的字段名，首先用ORDER BY之后列举的第一个字段对记录排序，如果第一个字段值相等，则用第二字段列举的值进行排序，以此类推。多列排序使返回后的数据记录更易读，这对于大数据表是非常有效的。

多列排序的实现方法是在列与列之间加上逗号“,”即可。例如，选取学生表STUDENT中所有数据记录，并按照系部进行排序，同一个系部的学生按照年龄大小升序排列。

```
SELECT *
FROM STUDENT
ORDER BY SDEPT,SAGE
```

执行上述语句，返回如图4.32所示的结果。

	SNO	SNAME	SGENTLE	SAGE	SBIRTH	SDEPT
▶	990003	吴忠	男	21	1986-04-12 00:00:00	工商管理
	990001	张三	男	20	1987-08-04 00:00:00	计算机
	990026	陈維加	女	21	1986-07-01 00:00:00	计算机
	990028	李莎	女	21	1986-10-21 00:00:00	计算机
	990005	王冰	女	20	1987-02-16 00:00:00	体育
	990002	陈林	女	19	1988-05-21 00:00:00	外语
	990012	张忠和	男	22	1985-08-28 00:00:00	艺术

图4.32 多列排序应用

在上述语句中，ORDER BY后都没有使用升序降序的参数，默认都为升序排列。如果在应用中需要降序排列，直接在需要降序的指定字段名后加参数DESC即可。例如，选取学生表STUDENT中所有数据记录，并按照系部进行排序，同一个系部的学生按照年龄大小降序排列。

```
SELECT *
FROM STUDENT
ORDER BY SDEPT ,SAGE DESC
```

上述语句中，系部没有指定排序方式，默认为升序，因此SDEPT字段后的ASC参数可以省略，而指定了按年龄降序排列，因此SAGE字段后的DESC参数不能省略。执行上述语句，返回结果如图4.33所示。

4.5.4 单表查询各子语句总结

通过本章前面部分内容以及第6章简单查询部分的讲解，到此处已经完成了SELECT语句基本查询语法格式的介绍。主要包含的子句有SELECT子句、FROM子句、WHERE

SNO	SNAME	SGENTLE	SAGE	SBIRTH	SDEPT
990003	吴忠	男	21	1986-04-12 00:00:00	工商管理
990026	陈維加	女	21	1986-07-01 00:00:00	计算机
990028	李莎	女	21	1986-10-21 00:00:00	计算机
990001	张三	男	20	1987-08-04 00:00:00	计算机
990005	王冰	女	20	1987-02-16 00:00:00	体育
990002	陈林	女	19	1988-05-21 00:00:00	外语
990012	张忠和	男	22	1985-08-28 00:00:00	艺术

图 4.33 多列排序应用

子句、INTO 子句、GROUP BY 子句、HAVING 子句和 ORDER BY 子句。其各子句使用的顺序如下：

```
SELECT 列名列表
[INTO 表名]
FROM 表名/视图名
[WHERE 条件]
[GROUP BY 列名/聚合函数]
[HAVING 分组条件]
[ORDER BY 列名 [ASC|DESC]]
```

在实际应用中，往往需要将这些子句组合起来以完成复杂的查询。下面给出具体应用环境的几个示例，读者仔细体会查询语句的写法。

在学生表 STUDENT 中以系部为单位找出男生平均年龄大于 20 岁的系部名称及平均年龄，并以平均年龄为列进行降序排列。

分析：在该查询语句中，要求以系部为单位，那么必须使用分组汇总子句 GROUP BY；需要计算平均年龄，需要使用聚合函数 AVG()；对平均年龄有条件限制，需要使用分组条件子句 HAVING；目标对象要求是男生，需要含有条件语句 WHERE；需要进行降序排列，需要使用排序子句 ORDER BY。将上述语句按照顺序组合起来，如下所示：

```
SELECT AVG(SAGE) 平均年龄, SDEPT 系部
FROM STUDENT
WHERE SGENTLE = '男'
GROUP BY SDEPT
HAVING AVG(SAGE)> 20
ORDER BY AVG(SAGE) DESC
```

上述语句几乎包含了 SELECT 语句基本查询中的所有子句，在 SQL Server 2008 查询分析器中执行该语句，其返回结果如图 4.34 所示。

平均年龄	系部
22	艺术
21	工商管理

图 4.34 SELECT 语句基本查询应用

又如，在学生表 STUDENT 中找出年龄不小于 19 岁的计算机系男生和外语系女生的学号、姓名、年龄、性别和所属系部，列名必须为中文汉字，并以系部为单位排列，同一系部中按年龄降序排列。

分析：该查询中，要找出年龄不小于 19 岁，需要使用 WHERE 子句；计算机系男生和

外语系女生，同样使用 WHERE 子句加入条件；排列使用 ORDER BY 子句；SELECT 子句中将要显示字段列表一一列出；列名必须为中文汉字，在 SELECT 子句中需要使用列别名。按顺序组合如上分析中的子句，实现语句如下所示：

```
SELECT SNO 学号,SNAME 姓名,SAGE 年龄,SGENTLE 性别,SDEPT 所属系部
FROM STUDENT
WHERE SAGE >= 19 AND ((SDEPT = '计算机' AND SGENTLE = '男') OR (SDEPT = '外语' AND SGENTLE = '女'))
ORDER BY SDEPT,SAGE DESC
```

上述语句的难点在 WHERE 子句中的条件，其中使用了 4 个逻辑运算符连接 5 个条件，读者仔细体会其中含义。该语句执行的结果如图 4.35 所示。

	学号	姓名	年龄	性别	所属系部
▶	990001	张三	20	男	计算机
	990002	陈林	19	女	外语

图 4.35 SELECT 语句基本查询应用

在学生表 STUDENT 中以系部为单位找出所有男生平均年龄不小于 20 岁的系部名称及平均年龄，并将查询结果存储在新表 STU 中。

分析：在该查询语句中，要求以系部为单位，那么必须使用分组汇总子句 GROUP BY；需要计算平均年龄，需要使用聚合函数 AVG()；对平均年龄有条件限制，需要使用分组条件子句 HAVING；目标对象要求是男生，需要含有条件语句 WHERE；将查询结果存储在新表中，需要使用子句 INTO。按照 SELECT 语句中各子句顺序，其实现语句如下：

```
SELECT AVG(SAGE) 平均年龄, SDEPT 系部
INTO STU
FROM STUDENT
WHERE SGENTLE = '男'
GROUP BY SDEPT
HAVING AVG(SAGE)> 20
```

其返回结果如图 4.36 所示。

图 4.36 SELECT 语句基本查询应用

由于该语句是将查询结果插入到新表 STU 中，因此结果并没有返回到用户界面。读者可以通过简单的 SELECT 语句查看 STU 的结果，语句如下，返回结果如图 4.37 所示。

```
SELECT *
FROM STU
```

	平均年龄	系部
▶	21	工商管理
	22	艺术

图 4.37 SELECT 语句基本查询应用

至此，SELECT 基本查询语句的单表查询所涉及的子句、函数及其相关参数就已基本介绍完，下面见介绍复合查询中的多表查询和嵌套查询。

4.6 多表查询

所谓多表查询是相对单表而言的，指的是从多个数据表中查询数据，这里主要介绍从两个数据表中如何查询数据的方法。根据 FROM 子句后所带的表或视图，可将多表查询分为无条件多表查询、等值多表查询和非等值多表查询三种。

4.6.1 无条件多表查询

无条件多表查询是将各表的记录以笛卡儿积的方式组合起来。例如，学生表 STUDENT 中有 7 条记录，课程表 COURSE 中有 5 条记录，那么经过无条件多表查询后，产生的查询结果的记录数为 7×5，一共为 35 条记录。

下面先通过一个示例介绍笛卡儿积的运算过程。表 4.7 为 S1 表，表 4.8 为 S2 表，将 S1 和 S2 表进行笛卡儿积运算后，结果如表 4.9 所示。

表 4.7 S1 表

C1	C2
a	b
c	d

表 4.8 S2 表

C3	C4	C5
e	f	g
h	i	j
k	l	m

表 4.9 S1×S2(S1 和 S2 表进行笛卡儿积运算)

C1	C2	C3	C4	C5
a	b	e	f	g
a	b	h	i	j
a	b	k	l	m
c	d	e	f	g
c	d	h	i	j
c	d	k	l	m

可以看出，笛卡儿积运算即将两个表的所有字段组合起来。而无条件多表查询采用的是笛卡儿积的运算，其语法格式如下所示：

```
SELECT 表名 1.列名 1,表名 1.列名 2,…,表名 N.列名 M
FROM 表列表名/视图列表名
```

例如，查询学生表 STUDENT 中的学生所属系部和课程表 COURSE 中课程名称、学分字段，实现语句如下：

```
SELECT STUDENT.SDEPT,COURSE.CNAME,COURSE.CGRADE
FROM STUDENT,COURSE
```

上述语句中，SELECT 子句后的列名都指定了其所属的表或视图名，例如 SDEPT 字段属于 STUDENT 表，所以其写法为 STUDENT. SDEPT，CNAME 字段属于 COURSE 表，则其写法为 COURSE. CNAME。FROM 子句则列出了所有 SELECT 子句中使用到的表或视图，此处使用了 STUDENT 表和 COURSE 表，其执行部分结果如图 4.38 所示。

	SDEPT	CNAME	CGRADE
▶	计算机	计算机基础	2
	外语	计算机基础	2
	工商管理	计算机基础	2
	体育	计算机基础	2
	艺术	计算机基础	2
	计算机	计算机基础	2
	计算机	计算机基础	2
	计算机	数据结构	4

图 4.38 无条件多表查询部分返回结果

从图 4.19 可以看出，由于 STUDENT 表中的 SDEPT 记录有 7 条，COURSE 表中的记录有 6 条，因此，满足上述语句中条件的记录一共有 42 条，限于篇幅，图 4.38 只显示其中的一部分。此外，读者应还发现，返回的记录中有相当一部分记录是重复记录，这是因为 STUDENT 表中的 SDEPT 字段存在重复记录，此处可以通过 DISTINCT 关键字去除重复记录，将上述语句改写如下：

```
SELECT DISTINCT STUDENT.SDEPT,COURSE.CNAME,COURSE.CGRADE
FROM STUDENT,COURSE
```

上述语句同样是采用笛卡儿积运算，但返回结果却少了许多，只有 20 条记录，去除了所有重复的记录。返回结果如图 4.39 所示。

如果需要显示的是多个表中所有字段做笛卡儿积运算的结果，那么可以使用简单查询中查询所有列的方法，只不过其书写形式稍有变化，格式如下：

```
SELECT 表 1.*,表 2.*,…,表 N
FROM 表列表名/视图列表名
```

例如，要实现在一条 SELECT 语句中显示出学生表 STUDENT 和课程表 COURSE 中

SDEPT	CNAME	CGRADE
工商管理	操作系统	4
工商管理	计算机基础	2
工商管理	软件工程	4
工商管理	数据结构	4
工商管理	数据库原理	4
计算机	操作系统	4
计算机	计算机基础	2
计算机	软件工程	4

图 4.39 去除重复记录后的部分返回结果

的所有记录，其语句如下，执行结果与图 4.38 相同。这是因为没有加 DISTINCT 关键字的 SELECT 语句返回的结构也是所有的 7 条记录。

```
SELECT STUDENT. * ,COURSE. *
FROM STUDENT,COURSE
```

4.6.2 等值多表查询

在实际应用中，无条件多表查询往往用得不多，因为其只是简单地将多个表记录组合起来，没有进行条件筛选。在具体的应用中，都需要对多个表记录组合后的结果进行筛选，根据筛选运算符的不同分为等值多表查询和非等值多表查询两种。

等值多表查询将按照等值的条件查询多个数据表中关联的数据，其要求关联的多个数据表的某些字段具有相同的属性，即具有相同的数据类型、宽度和取值范围。等值多表查询的格式如下所示：

```
SELECT 表名 1.列名 1,表名 1.列名 2,…,表名 N.列名 M
FROM 表列表名/视图列表名
WHERE 表名 M.列名 M = 表名 N.列名 N
```

例如，在表 4.1、表 4.2 和表 4.3 三个基本表中，学生表 STUDENT 和学生选课表 SC 都有学生学号 SNO 字段，并且这两个字段具有相同属性，因此可以对这两个表进行等值多表查询。列出这两个数据表 SNO 相同的所有字段的实现如下：

```
SELECT STUDENT. * ,SC. *
FROM STUDENT,SC
WHERE STUDENT.SNO = SC.SNO
```

上述语句的返回结果如图 4.40 所示。可以发现，返回结果只有 STUDENT 表和 SC 表中都有的并且具有相同的 SNO 的记录才被返回。

同样，课程表 COURSE 和 SC 都有课程号 CNO 字段，这两个字段具有相同属性，也可以对这两个表进行等值多表查询，实现语句如下：

```
SELECT COURSE. * ,SC. *
FROM COURSE,SC
WHERE COURSE.CNO = SC.CNO
```

SNO	SNAME	SGENTLE	SAGE	SBIRTH	SDEPT	Expr1	CNO	GRADE
990001	张三	男	20	1987-08-04 00:00:00	计算机	990001	003	85
990001	张三	男	20	1987-08-04 00:00:00	计算机	990001	004	78
990003	吴忠	男	21	1986-04-12 00:00:00	工商管理	990003	001	95
990012	张忠和	男	22	1985-08-28 00:00:00	艺术	990012	004	62
990012	张忠和	男	22	1985-08-28 00:00:00	艺术	990012	006	74
990012	张忠和	男	22	1985-08-28 00:00:00	艺术	990012	007	81
990026	陈维加	女	21	1986-07-01 00:00:00	计算机	990026	001	NULL
990026	陈维加	女	21	1986-07-01 00:00:00	计算机	990026	003	77
990028	李莎	女	21	1986-10-21 00:00:00	计算机	990028	006	NULL

图 4.40 等值多表查询应用

返回结果如图 4.41 所示。

CNO	CNAME	CGRADE	SNO	Expr1	GRADE
003	数据结构	4	9900...	003	85
004	操作系统	4	9900...	004	78
001	计算机基础	2	9900...	001	95
004	操作系统	4	9900...	004	62
006	数据库原理	4	9900...	006	74
007	软件工程	4	9900...	007	81
001	计算机基础	2	9900...	001	NULL
003	数据结构	4	9900...	003	77
006	数据库原理	4	9900...	006	NULL

图 4.41 等值多表查询应用

由于数据库规范化的要求，一般数据表都满足 3NF，所以等值多表查询在实际情况中应用非常多，在后续章节中还将介绍其具体应用。

4.6.3 非等值多表查询

非等值多表查询是相对于等值多表查询而言的，其区别在于条件表达式的比较采用的不是“＝”，而是其他的比较运算符，称为非等值多表查询。

同样，非等值多表查询将按照不等值的条件查询多个数据表中关联的数据，其要求关联的多个数据表的某些字段具有相同的属性，即具有相同的数据类型、宽度和取值范围等。

非等值多表查询在一般应用中用得并不多，因为其返回数据记录没有体现多个表的数据连接，其应用范围不及等值多表查询。例如，下列语句是非等值多表查询语句：

```
SELECT COURSE. * ,SC. *
FROM COURSE,SC
WHERE COURSE.CNO <> SC.CNO
```

执行流程为：先取 COURSE 表中的第一个 CNO 记录值与 SC 表中的所有 CNO 值一一比较，将不相等的选出，再取 COURSE 表中的第二个 CNO 记录值与 SC 表中的所有 CNO 值一一比较，将不相等的选出，以此类推。其返回结果非常多，其部分结果如图 4.42 所示。

CNO	CNAME	CGRADE	SNO	Expr1	GRADE
001	计算机基础	2	9900...	003	85
001	计算机基础	2	9900...	004	78
001	计算机基础	2	9900...	004	62
001	计算机基础	2	9900...	006	74
001	计算机基础	2	9900...	007	81
001	计算机基础	2	9900...	003	77
001	计算机基础	2	9900...	006	NULL
003	数据结构	4	9900...	004	78
003	数据结构	4	9900...	001	95

图 4.42 非等值多表查询

4.7 模糊查询

前面章节中介绍的都是 SELECT 查询语句都是给出精确条件进行的特定查询，这类查询称为完整查询。而在实际应用中进行数据库查询时，有完整查询和模糊查询之分。模糊查询是指在给出的限制条件不完整的情况下进行的查询。一般模糊查询的语句结构如下：

```
Select 字段 1, 字段 2, …,字段 n
FROM 表名/视图名
Where 某字段 Like 条件
```

从上述语句结构中，可以看出，模糊查询和完整查询最主要的区别在于 WHERE 子句，也即条件语句的不同。完整查询使用连接字段与条件的运算符有许多，例如比较运算符(=、>、<等)、空值运算符(IS NULL)、范围运算符(BETWEEN… AND)和列表运算符(IN)等都可用于完整查询中。而模糊查询中只能使用一个运算符 LIKE。

4.7.1 LIKE 运算符

LIKE 运算符是模糊查询专用的运算符，其左边是基本表或视图的字段名，右边是字段值的全部或部分。需要注意的是，LIKE 运算符一般只用于字符串数据类型，用于比较字符串表达式和 SQL 表达式中的模式。其定义语法如下：

```
Expression Like "Pattern"
```

LIKE 运算符的语法包含两个参数，其定义如下：

- Expression——用于表示 WHERE 子句的 SQL 表达式或数据表字段名。
- Pattern——表达式与之比较的字符串或字符串文本。

可以使用 Like 运算符来找出符合指定样式的字段值。对于不同的 Pattern，可以指定完整的值(例如，Like 'Smith')，或用通配符来找出一数值范围(例如，Like 'Sm%')，关于通配符的概念在 4.7.2 节中做介绍。

LIKE 运算符后的字段值可以是完整的值，此时 LIKE 的功能于比较运算符“=”相同。例如，选取学生表 STUDENT 中学生姓名为“张忠和”的学号、性别和所属系部，可以使用比较运算符 LIKE 实现，其实现语句如下：

```
SELECT *
FROM STUDENT
WHERE SNAME LIKE '张忠和'
```

该语句的返回结果如图 4.43 所示。

	SNO	SNAME	SGENTLE	SAGE	SBIRTH	SDEPT
▶	990012	张忠和	男	22	1985-08-28 00:00:00	艺术

图 4.43　LIKE 匹配完整值

从前面内容可以得知，除了上述语句中的使用 LIKE 运算符来实现，更为简单明了的是使用比较运算符“=”，其语句如下：

```
SELECT *
FROM STUDENT
WHERE SNAME = '张忠和'
```

执行上述语句，读者可发现，其返回结果与使用 LIKE 运算符是相同的。在此时，LIKE 运算符并没有发挥其本来的作用——模糊查询。

当用户给出的条件不是精确条件时，可以 LIKE 运算符来实现查询。例如，要找出学生表 STUDENT 中所有姓“张”的学生的信息，可以采用如下语句来实现：

```
SELECT *
FROM STUDENT
WHERE SNAME LIKE '张%'
```

上述语句中使用了 LIKE 运算符，同时在右边的值部分使用了“%”，这是和模糊查询必须要用到的通配符，上述语句的返回结果如图 4.44 所示。

	SNO	SNAME	SGENTLE	SAGE	SBIRTH	SDEPT
▶	990001	张三	男	20	1987-08-04 00:00:00	计算机
	990012	张忠和	男	22	1985-08-28 00:00:00	艺术

图 4.44　LIKE 匹配模糊值

4.7.2　通配符

通配符是指字符串数据类型中可用于替代其他任意字符的字符。在 SQL 中，常用的通配符有“_”、“%”、“[ ]”和“[^]”四种，其作用和说明如下：

- _ ——与任意单字符匹配。
- %——与包含一个或多个字符的字符串匹配。
- [ ]——与特定范围（例如，[a-f]）或特定集（例如，[abcdef]）中的任意单字符匹配。
- [^]——与特定范围（例如，[^ a-f]）或特定集（例如，[abcdef]）之外的任意单字符匹配。

具体每种通配符的种类和样式，以及其返回值是否为真(TRUE)，将在表 4.10 中具体提到，读者可仔细理解下表中通配符的应用示例。

表 4.10 通配符具体应用

符号种类	样式	符合(返回 TRUE)	不符合(返回 FALSE)
单个字符	a_bc	adbc,aebc,afbc	aaabc,abbbc,adfebc
多个字符	a%bc	adbc, adefbc	adbdc,bcadc
多个字符	%ab%	abc,dabc,ab	acb,badb
字符范围内	[a-f]	a,b,c,d,e,f	j,h,j
字符范围外	[^a-f]]	j,h,k	a,b,c,d,e,f
组合字符	a[b-f]hk	abhk,achk,adhk	abcd,abchk

下面针对具体的示例，解释这四种通配符的应用，也即 SQL 提供与 LIKE 运算符进行匹配的四种模式，分别如下：

- _ ——表示任意单个字符匹配。例如，选取学生表 STUDENT 中学生姓“张”并且名只有一个字的语句如下：

```
SELECT * FROM STUDENT WHERE SANME LIKE '张_'
```

而如果需要选取名字为三个字而第二个字为“忠”字的所有学生记录，实现语句如下：

```
SELECT * FROM STUDENT WHERE SNAME LIKE '_忠_'
```

- %——表示任意多个字符。如下语句将返回学生表 STUDENT 中所有姓“张”的学生的信息，而不管该学生的名字是两个字还是三个字。

```
SELECT * FROM STUDENT WHERE SNAME LIKE '张%'
```

- [ ]——表示括号内所列字符中的一个。例如，下列语句将返回学生表 STUDENT 中所有姓名为“张三”、“李三”和“王三”的学生信息。

```
SELECT * FROM STUDENT WHERE SNAME LIKE '[张李王]三'
```

值得注意的是，如果[ ]内有一系列连续的字符(例如，01234、abcde 之类)，则该形式可略写为[0-4]、[a-c]等。

- [^]——表示不在括号所列的单个字符。例如，下列语句将返回学生表 STUDENT 中所有不姓“张”、“李”、“王”的其他诸如“孙三”、“赵三”等学生信息。

```
SELECT * FROM STUDENT WHERE SNAME LIKE '[^张李王]三'
```

与[ ]一样，如果[^]内有一系列连续的字符(如 01234、abcde 等)表示不属于其中的选项，则该形式可略写为[^0-4]、[^a-e]等。

4.7.3 ESCAPE 子句和转义符

模糊查询中必定会使用到 LIKE 运算符和诸如“_”、“%”等通配符，而“_”、“%”这两个符号本身除了作为通配符，还需要作为普通的字符来使用。例如，某一个数据表可能存储含百分号(%)的数值，若要搜索%作为字符而不是通配符就需要使用 ESCAPE 子句和转义符来实现。其语句格式如下所示：

```
Select 字段 1,字段 2,…,字段 n
FROM 表名/视图名
Where 某字段 Like 值 转义符 通配符 ESCAPE 转义符
```

例如，一个样本数据库包含名为 Comment 的列，该列含文本 30%。若要搜索在 Comment 列中的任何位置包含字符串 30%的任何行，使用的 WHERE 子句如下：

```
WHERE COMMENT LIKE '%30!%%' ESCAPE '!'
```

在上述子句中，第一个“%”是通配符，表示字符串 30 的前面允许任意多个字符，“!”是转义符，用于声明字符串 30 后的“%”为普通的百分号而非通配符，最后一个“%”为通配符，表示字符串 30 的后面允许任意多个字符。ESCAPE '!'语句声明“!”为转义符。如果不指定 ESCAPE 和转义符，SQL 将返回所有含字符串 30 的数据记录。

表 4.11 表示的是男女生在一个班级中所占的比重，该表由班级代码(CLASSNO)、男生人数(MALE)、女生人数(FEMALE)、总人数(SUM)、男生比例(MS)、女生比例(FS)一共六个字段组成。

表 4.11　班级表 CLASS

CLASSNO	MALE	FEMALE	SUM	MS	FS
0001	26	24	50	52%	48%
0002	20	30	50	40%	60%
0003	34	16	50	68%	32%
0004	30	70	100	30%	70%

如要在表 4.11 中搜索男生占总人数比例为整值的数据记录，所谓整值是指诸如 10、20、30 等能整除 10 的整数，实现语句如下：

```
SELECT *
FROM CLASS
WHERE MS LIKE '%0!%' ESCAPE '!'
```

上述语句中，WHERE 子句中的条件表达式第一个“%”是通配符，允许前面有多个字符，如不存在全部是男生的班级即其比例不是 100%的情况下，可用通配符“_”。后一个“%”是普通字符百分号，ESCAPE 子句定义转义符“!”。其返回结果如图 4.45 所示。

如果数据表中的某个字段值包含一个或多个特殊 SQL 通配符的字符串(即“%”、“_”、“[]”和“[^]”)，由于通配符的缘故，在查询特殊这些特殊字符时，语句无法正常实现对该字

CLASSNO	MALE	FEMALE	SUM	MS	FS
0002	20	30	50	40%	60%
0004	30	70	100	30%	70%

图 4.45 转义符应用

段进行模糊查询，此时必须使用 ESCAPE 关键字和转义符。

4.7.4 实现模糊查询

前面介绍的内容都是为模糊查询的实现打基础，该小节介绍模糊查询的具体实现。简单来说，模糊查询就是 LIKE 运算符和通配符的组合，SQL 模糊查询的语法为：

```
SELECT column
FROM table
WHERE column LIKE 'pattern'
```

例如，在学生表 STUDENT 中选取所有姓名只有两个字并且姓“张”学生的所有信息，其实现语句如下所示：

```
SELECT *
FROM STUDENT
WHERE SNAME LIKE '张_'
```

可以看出，上述语句中使用的是“_”通配符，只能代表任意的一个字符，因此其值只能为张某。该语句的返回结果如图 4.46 所示。

SNO	SNAME	SGENTLE	SAGE	SBIRTH	SDEPT
990001	张三	男	20	1987-08-04 00:00:00	计算机

图 4.46 单字符模糊查询

又如，在学生表 STUDENT 中选取姓“张”学生的所有信息，其实现语句如下所示：

```
SELECT *
FROM STUDENT
WHERE SNAME LIKE '张%'
```

该语句中使用的是“%”通配符，其可以代表任意的多个字符，因此其值可以为张某，也可以为张某某。其返回结果如图 4.47 所示。

SNO	SNAME	SGENTLE	SAGE	SBIRTH	SDEPT
990001	张三	男	20	1987-08-04 00:00:00	计算机
990012	张忠和	男	22	1985-08-28 00:00:00	艺术

图 4.47 多字符模糊查询

表 4.12 是某学校各系部的信息表 DEPT，其中 DNO 为系部代号，DNAME 为系部名称，DSUM 为该系部教职员工人数。

表 4.12 某学校各系部的信息表 DEPT

DNO	DNAME	DSUM
1101	计算机系	21
1102	外语系	33
1106	教务处	15
1108	中文系	26
1112	学工部	14
1113	人事部	6
1115	数学学院	45

针对学生表 DEPT，选出所有教学系和学院的代号、名称和教职工人数等信息，可采用如下的语句来实现：

```
SELECT DNO,DNAME,DSUM
FROM DEPT
WHERE DSUM LIKE '%[13579]'
```

上述语句中，使用了范围的模糊取值“[]”通配符，允许学号的最后一位从 1、3、5、7、9 等数字中任选一个，即为奇数学号。返回结果如图 4.48 所示。

	DNO	DNAME	DSUM
▶	1101	计算机系	21
	1102	英语系	33
	1106	教务处	15
	1115	数学学院	47
*	NULL	NULL	NULL

图 4.48 特定字符模糊查询

同样，如果要求选取选出学号最后一位不是 1、3、5、7、9 结尾的数字，即为偶数学号，可以使用“[]”通配符，或者也可以使用“[^]”通配符。可采用如下的语句来实现：

```
SELECT DNO,DNAME,DSUM
FROM DEPT
WHERE DNAME LIKE '%[^13579]'
```

或者

```
SELECT DNO,DNAME,DSUM
FROM DEPT
WHERE DNAME LIKE '%[02468]'
```

返回结果都相同，如图 4.49 所示。

在实际应用中，用户往往不能精确定义查询条件，因此，模糊查询使用的频率非常高。读者应掌握其基本用法，在具体的实践中灵活运用模糊查询。

	DNO	DNAME	DSUM
▶	1108	中文系	26
	1112	学工处	14
	1113	人事部	6
*	NULL	NULL	NULL

图 4.49 特定字符模糊查询

4.8 小结

本章主要介绍了复合查询的相关内容，重点讲解了 SELECT 语句的 WHERE 子句、GROUP BY 子句和 ORDER BY 等子句。其中，就 WHERE 子句的单条件查询和复合条件查询做了着重介绍，重点介绍了诸如 IN、BETWEEN 等几个关键字，并使用了前面提到的逻辑运算符连接多个条件。接下来对多表查询和模糊查询做了概括性介绍，模糊查询中主要讲解了 LIKE 运算符和通配符。读者对本章中的示例应仔细体会，以理解各类查询的流程。

第5章 连接查询

连接查询是表查询中的一种高级查询方法。连接是关系数据库模型的主要特点，也是其区别于其他类型数据库管理系统的一个标志。连接查询的对象可以是基本表和视图，本章将讨论的是表的连接查询。表的连接查询方式是通过连接运算符来实现多个表查询。

根据数据库规范化原理，数据库中所有的数据不可能都存储在一个表中。尽管把数据库中所有的数据都保存在一个表上是可行的，但是这样做有一个很大的弊端，这将造成存储的数据是高度冗余的。因此，数据库规范化中将关系也即二维表划分得比较小，这就需要使用连接查询来查询存储在不同数据表中的数据。

5.1 表的基本连接

在关系数据库管理系统中，表建立时各数据之间的关系不必确定，常把一个实体的所有信息存放在一个表中。当检索数据时，通过连接操作查询出存放在多个表中的不同实体的信息。连接操作给用户带来了很大的灵活性，用户可以在任何时候增加新的数据类型。为不同实体创建新的表，然后通过连接进行查询。

5.1.1 表的连接概述

所谓表的连接查询，指的就是一个同时访问一个或多个表的多个记录的查询。表的基本连接可以在 SELECT 语句的 FROM 子句或 WHERE 子句中建立，4.1 节在介绍多表查询时在 WHERE 子句中做过连接，但是没有显式地写出连接符。

SQL 92 标准所定义的 FROM 子句的连接语法格式为：

```
FROM join_table join_type join_table
[ON (join_condition)]
```

其中，各参数表示如下：

- join_table——指出参与连接操作的表名，连接可以对同一个表操作，也可以对多表操作，对同一个表操作的连接又称做自连接。
- join_type——指出连接类型，可分为三种：内连接、外连接和交叉连接。
- ON (join_condition)——连接操作中的 ON 子句指出连接条件，其由被连接表中的列和比较运算符、逻辑运算符等构成。

一般来说，表之间可以用以下 5 种不同的方式进行连接：

- 使用等值连接。
- 使用笛卡儿积连接(即交叉连接)。
- 使用自然连接。
- 使用不等连接。
- 使用外部连接。

一般来说,数据库管理系统 DBMS 执行连接操作的过程如下:

(1) 在表1中找到第一个元组,然后从头开始顺序扫描或按索引扫描表2,查找满足连接条件的元组,每找到一个元组,就将表1中的第一个元组与该元组拼接起来,形成结果表中一个元组。

(2) 表2全部扫描完毕后,再到表1中找第二个元组,然后再从头开始顺序扫描或按索引扫描表2,查找满足连接条件的元组,每找到一个元组,就将表1中的第二个元组与该元组拼接起来,形成结果表中一个元组。

(3) 重复上述操作,直到表1全部元组都处理完毕。

5.1.2 连接运算符

SQL 提供了连接运算符,从而允许从多个表中检索数据。因为连接运算符允许数据分布在多个表中,并且实现了数据库系统中一个至关重要的特性——没有冗余的数据,所以这个运算符可能是关系数据库系统中最重要的运算符。

ANSI 连接语法是在 SQL 92 标准中引入的,并在其中对该语法作了显式的定义——也就是对每种类型的连接运算都使用了相应的名称。这个语法增强了查询的可读性。与通过 WHERE 子句隐式地表示连接关系不同,新的连接关键字则在 FROM 子句中显式地指定连接关系。与显式地定义连接有关的关键字有:

- CROSS JOIN——指出在两个表之间做笛卡儿积的运算。
- [INNER] JOIN——定义了两个表之间的自然连接。
- LEFT [OUTER] JOIN——定义了两个表之间的左外连接。
- RIGHT [OUTER] JOIN——定义了两个表之间的右外连接。
- FULL [OUTER] JOIN——定义了两个表之间的左外连接和右外连接的并操作。

5.1.3 示例数据表

为方便该章内容的讲解,此节给出数据示例如表 5.1、表 5.2 和表 5.3 所示。其中,表 5.1 为学生表 STUDENT,该表包含学号(SNO)、姓名(SNAME)、性别(SGENTLE)、年龄(SAGE)、出生年月(SBIRTH)和系部(SDEPT)六个字段。

表 5.1 学生表 STUDENT

SNO	SNAME	SGENTLE	SAGE	SBIRTH	SDEPT
990001	张三	男	20	1987-8-4	计算机
990002	陈林	女	19	1988-5-21	外语
990003	吴忠	男	21	1986-4-12	工商管理
990005	陈林	男	20	1987-2-16	体育
990012	张忠和	男	22	1985-8-28	艺术
990026	陈维加	女	21	1986-7-1	计算机
990028	李莎	女	21	1986-10-21	计算机

表 5.2 是一个课程表 COURSE，主要包含课程号（CNO）、课程名称（CNAME）和学分（CGRADE）三个字段。

表 5.2 课程表 COURSE

CNO	CNAME	CGRADE
001	计算机基础	2
003	数据结构	4
004	操作系统	4
006	数据库原理	4
007	软件工程	4

表 5.3 为一个学生选课表 SC，主要包含学号（SNO）、课程号（CNO）和成绩（GRADE）三个字段。

表 5.3 学生选课表 SC

SNO	CNO	GRADE
990001	003	85
990001	004	78
990003	001	95
990012	004	62
990012	006	74
990012	007	81
990026	001	
990026	003	77
990028	006	

5.1.4 表的连接类型

根据 ANSI SQL 92 标准定义的连接查询语法，表的连接查询方式与表的连接类型有很大关系，连接类型是其一个非常重要的参数。

一般来说，SQL 定义的连接类型有内连接、外连接和交叉连接三种。下面分别介绍这三种不同的连接的定义及包含的连接方式。

内连接（INNER JOIN）使用比较运算符进行表间某（些）列数据的比较操作，并列出这些表中与连接条件相匹配的数据行。根据所使用的比较方式不同，内连接又分为如下三种：

- 等值连接——是指在连接条件中使用等于号（=）运算符比较被连接列的列值，其查询结果中列出被连接表中的所有列，包括其中的重复列。
- 自然连接——是指在连接条件中使用等于（=）运算符比较被连接列的列值，但它使用选择列表指出查询结果集合中所包括的列，并删除连接表中的重复列。
- 不等连接——在连接条件使用除等于运算符以外的其他比较运算符比较被连接的列的列值。这些运算符包括＞、＞＝、＜＝、＜、！＞、！＜和＜＞。

外连接也根据连接条件列出与其相匹配的行，与内连接不同的是，外连接列出的是左表或右表或两个表中所有符合搜索条件的数据行。外连接也分为如下三种：

- 左外连接(LEFT OUTER JOIN 或 LEFT JOIN)。
- 右外连接(RIGHT OUTER JOIN 或 RIGHT JOIN)。
- 全外连接(FULL OUTER JOIN 或 FULL JOIN)。

交叉连接(CROSS JOIN)没有 WHERE 子句,其返回连接表中所有数据行的笛卡儿积,其结果集合中的数据行数等于第一个表中符合查询条件的数据行数乘以第二个表中符合查询条件的数据行数。

下面将就这几种连接做具体讲解。

5.2 内连接

内连接是一种最常用的连接类型,内连接是指当两个表的相关字段满足连接条件时,则从这两个表中提取数据并组合成新的记录。连接条件也称为连接谓词,其中的列名称为连接字段。连接条件中的各连接字段类型必须是可比的,但不必是相同的。例如,可以都是字符型,或都是日期型;也可以一个是整型,另一个是实型,整型和实型都是数值型,因此是可比的。但若一个是字符型,另一个是整数型就不允许了,因为其是不可比的类型。内连接中,当连接运算符为"="时,称为等值连接。使用其他运算符称为非等值连接。

5.2.1 等值连接

在 SQL 中,用来连接两个表的条件称为连接条件或连接谓词,其一般格式为:

```
[<表名 1>.]<列名 1><比较运算符>[<表名 2>.]<列名 2>
```

其中,比较运算符主要有=、>、<、>=、<=、!=<=、!=。

此外,连接谓词词还可以使用下面的形式:

```
[<表名 1>.]<列名 1> BETWEEN [<表名 2>.]<列名 2> AND [<表名 2>.]<列名 3>
```

当连接运算符为"="时,称为等值连接。等值连接将列出查询结果中被连接表中的所有列,包括其中的重复列。两个表之间的等值连接查询的语法格式如下所示:

```
SELECT 列列表
FROM 表 1 INNER JOIN 表 2
ON 连接条件
```

例如,学生表 STUDENT 与学生选课表 SC 可以做等值连接,因为这两个表都有共同的字段学号 SNO。这两个表进行等值连接时,其返回结果为两个表中所有的列,包括连接条件 SNO。对 STUDENT 表和 SC 表建立等值连接的 SQL 实现语句如下:

```
SELECT STUDENT. * ,SC. *
FROM STUDENT INNER JOIN SC
ON STUDENT.SNO = SC.SNO
```

上述语句的执行结果如图 5.1 所示。

SNO	SNAME	SGENTLE	SAGE	SBIRTH	SDEPT	Expr1	CNO	GRADE
990001	张三	男	20	1987-08-04 00:00:00	计算机	990001	003	85
990001	张三	男	20	1987-08-04 00:00:00	计算机	990001	004	78
990003	吴忠	男	21	1986-04-12 00:00:00	工商管理	990003	001	95
990012	张忠和	男	22	1985-08-28 00:00:00	艺术	990012	004	62
990012	张忠和	男	22	1985-08-28 00:00:00	艺术	990012	006	74
990012	张忠和	男	22	1985-08-28 00:00:00	艺术	990012	007	81
990026	陈維加	女	21	1986-07-01 00:00:00	计算机	990026	001	NULL
990026	陈維加	女	21	1986-07-01 00:00:00	计算机	990026	003	77
990028	李莎	女	21	1986-10-21 00:00:00	计算机	990028	006	NULL

图 5.1　等值连接应用

读者应该发现,在 T-SQL 中,上述语句可以用另一种书写形式实现,如下所示:

```
SELECT STUDENT. * ,SC. *
FROM STUDENT,SC
WHERE STUDENT.SNO = SC.SNO
```

该语句的返回结果与图 5.1 相同,这就与第 4 章介绍的等值多表查询的实现是相同的。事实上,上述语句只是 T-SQL 的标准,其采用的是隐式连接方式。为了让语句的可读性更高,本书一律采用 ANSI SQL 92 标准的显式连接书写,即使用 JOIN 和 ON 关键字来实现。

由上述示例可看出,SELECT 列表包括了表 STUDENT 和表 SC 中的所有列,这就是等值连接的特征。因此,等值连接的结果通常包含了一对或多对的列,这些列中的值在每一行上都相等。

SELECT 语句中的 FROM 子句指定了要被连接的表。在 WHERE 子句中使用两个表中一对或多对相应的列就可以指定表之间的连接。示例中的条件 STUDENT. SNO=SC. SNO 指定了连接条件(Join Condition),这两个列称作连接列(Join Column)。

SQL 解释器执行等值连接查询的过程一般分为两个步骤:

(1) 对两个连接表进行笛卡儿积运算。在上述示例语句中,表 STUDENT 和 SC 进行笛卡儿积运算的部分结果如图 5.2 所示。

SNO	SNAME	SGENTLE	SAGE	SBIRTH	SDEPT	Expr1	CNO	GRADE
990001	张三	男	20	1987-08-04 00:00:00	计算机	990001	003	85
990001	张三	男	20	1987-08-04 00:00:00	计算机	990001	004	78
990001	张三	男	20	1987-08-04 00:00:00	计算机	990003	001	95
990001	张三	男	20	1987-08-04 00:00:00	计算机	990012	004	62
990001	张三	男	20	1987-08-04 00:00:00	计算机	990012	006	74
990001	张三	男	20	1987-08-04 00:00:00	计算机	990012	007	81
990001	张三	男	20	1987-08-04 00:00:00	计算机	990026	001	NULL
990001	张三	男	20	1987-08-04 00:00:00	计算机	990026	003	77
990001	张三	男	20	1987-08-04 00:00:00	计算机	990028	006	NULL
990002	陈林	女	19	1988-05-21 00:00:00	外语	990001	003	85
990002	陈林	女	19	1988-05-21 00:00:00	外语	990001	004	78
990002	陈林	女	19	1988-05-21 00:00:00	外语	990003	001	95

图 5.2　表 STUDENT 和 SC 笛卡儿积运算部分结果

学生表 STUDENT 一共有 7 条记录，学生选课表 SC 中含有 9 条记录，因此，这两个表进行笛卡儿积运算后的记录数为 63 条，图 5.2 中只列出其中的部分记录。

(2) 对笛卡儿积运算的结果进行筛选。即删除了图 5.2 中不能满足连接条件 STUDENT.SNO=SC.SNO 的所有行，得到等值连接查询的结果如图 5.1 所示。

从图 5.1 和图 5.2 中可以看出，其中都有至少两个字段是重复的。例如，图 5.1 和图 5.2 两个图中的 SNO 字段是重复的，前一个 SNO 字段属于学生表 STUDENT，后一个 SNO 字段属于学生选课表 SC。为了在返回结果中不至于将这两个字段混淆，可以对 SELECT 语句中列的名称进行限定。

限定某列的名称意味着为了避免发生关于某列属于哪个表这样可能的有歧义的情况，必须把表的名称（或表的别名）放在列的名称之前，并用句点隔开，其形式如下所示：

```
table_name.column_name
```

例如 STUDENT.SNO 表示的是学生表 STUDENT 中的学号字段，SC.SNO 表示的是学生选课表 SC 中的学号字段。在大多数 SELECT 语句中，为了增加可读性，一般推荐使用限定名，但是并不一定需要对列的名称进行限定。如果在 SELECT 语句中的列名是有歧义的（如上例中的 SNO 字段），那么必须对列使用限定名。

5.2.2 自然连接

可以看出，在等值连接操作中总有一对或多对列，这些列在每一行中的值都相等。从 SELECT 列表中消除一个这样的连接列将向用户提供一个更简单、更合理的结果。从等值连接中消除这样的列的操作称作自然连接。

例如，需要对学生表 STUDENT 与学生选课表 SC 做自然连接，即要消除两个重复的 SNO 列中的一个，得到如图 5.3 所示的返回结果。

SNO	SNAME	SGENTLE	SAGE	SBIRTH	SDEPT	CNO	GRADE
990001	张三	男	20	1987-08-04 00:00:00	计算机	003	85
990001	张三	男	20	1987-08-04 00:00:00	计算机	004	78
990003	吴忠	男	21	1986-04-12 00:00:00	工商管理	001	95
990012	张忠和	男	22	1985-08-28 00:00:00	艺术	004	62
990012	张忠和	男	22	1985-08-28 00:00:00	艺术	006	74
990012	张忠和	男	22	1985-08-28 00:00:00	艺术	007	81
990026	陈维加	女	21	1986-07-01 00:00:00	计算机	001	NULL
990026	陈维加	女	21	1986-07-01 00:00:00	计算机	003	77
990028	李莎	女	21	1986-10-21 00:00:00	计算机	006	NULL

图 5.3 自然连接返回结果

上面是在等值连接的基础上取消一个 SNO 字段的显示，此处可采取如下语句来实现：

```
SELECT STUDENT.*,SC.CNO,SC.GRADE
FROM STUDENT JOIN SC
ON STUDENT.SNO = SC.SNO
```

由该语句可以看出，自然连接与等值连接在实现上的区别主要是在 SELECT 子句的列表中，取消了学生选课表SC的重复SNO字段显示。

自然连接是所有连接运算中最有用的格式。因此，除非特别指明，否则术语连接一般都是指自然连接运算。在使用自然连接时应该注意如下几个问题：

- 自然连接子句是基于两个表存在相同名称的列。
- 返回两个表相匹配列中具有相同值的记录。
- 如果名称相同的列数据类型不同，会产生错误。
- 自然连接中要使用其他条件，可以通过WHERE子句实现。

例如，针对上述学生表STUDENT、学生选课表SC，要求选取其中计算机系的所有学生选修课程的课程号和成绩。

分析：学生选课表SC中只有SNO学号字段、CNO课程号字段和GRADE成绩字段，判断哪些成绩是计算机系学生选修的需根据STUDENT表，取得其中的SDEPT='计算机'对应的SNO值，与SC表进行自然连接。实现语句如下：

```
SELECT STUDENT.SNO,STUDENT.SNAME,SC.CNO,SC.GRADE
FROM STUDENT JOIN SC
ON STUDENT.SNO = SC.SNO
WHERE STUDENT.SDEPT = '计算机'
```

上述语句返回的字段有学生学号、学生姓名、选修课程号和成绩。WHERE子句判断学生学号是否为计算机系的，将返回的计算机系学生学号与SC表中学号比较，如果相等则取出其对应CNO和GRADE字段返回，其返回结果如图5.4所示。

	SNO	SNAME	CNO	GR...
▶	990001	张三	003	85
	990001	张三	004	78
	990026	陈维加	001	NULL
	990026	陈维加	003	77
	990028	李莎	006	NULL

图5.4 自然连接应用

5.2.3 不等连接

连接列不一定都使用等于号来进行比较，SQL也支持使用一般连接条件的连接运算，也即使用不是等号的比较运算符，这种连接称作不等连接。因此，不等连接是指在连接条件使用除“＝”运算符以外的其他比较运算符比较被连接的列的列值，这些运算符包括＞、＞＝、＜＝、＜和＜＞等。

例如，下列语句可以列出学生选课表SC中除学号为“990001”的学生以外所有已选课的课程号和成绩。

```
SELECT SC.CNO,SC.GRADE
FROM STUDENT JOIN SC
ON STUDENT.SNO < SC.SNO
WHERE STUDENT.SNAME = '陈林'
```

上述语句首先根据 STUDENT.SNAME='陈林'的条件找出学生表 STUDENT 对应的 SNO 为"990002",与学生选课表 SC 进行不等连接,在 SC 表中查找 SNO>'990002'的记录并将其 CNO 和 GRADE 值返回。其执行结果如图 5.5 所示。

CNO	GRADE
001	95
004	62
006	74
007	81
001	NULL
003	77
006	NULL

图 5.5　不等连接应用

一般来说,不等连接在实际环境中的应用并不太多,除了在一些特殊场合或者特殊情况下的查询会用到,而使用最为频繁的还是自然连接。

5.2.4 自连接

除了把两个或多个不同的表进行连接之外,连接操作还可以应用于单个表。在这种情况下,表将与其自身进行连接,借此表中每个单独的列都与其自身进行比较。列与其自身比较意味着表的名称将在 SELECT 语句的 FROM 子句中出现两次。因此,就必须能够引用同一个表的名称两次,这可以使用别名来实现。对于 SELECT 语句连接条件中的列名也同样适用。为了区分两个列名,可以使用限定名。下列语句将学生表 STUDENT 进行了自连接。

```
SELECT S1.*
FROM STUDENT S1 JOIN STUDENT S2
ON S1.SNAME = S2.SNAME
WHERE S1.SNO <> S2.SNO
```

上述语句实现了将学生表 STUDENT 中具有同名的学生的所有信息选取出来。该语句为 STUDENT 指定了两个别名 S1 和 S2,学生表 STUDENT 中的每一条记录都与其自身表中的记录一一进行比较,比较其姓名,如果相同则取出。为了避免取出同一个学生,在 WHERE 子句中加入了学号不能相同的限制条件,该语句返回结果如图 5.6 所示。

SNO	SNAME	SGENTLE	SAGE	SBIRTH	SDEPT
990005	陈林	女	20	1987-02-16 00:00:00	体育
990002	陈林	女	19	1988-05-21 00:00:00	外语

图 5.6　自连接应用

由此可见,自连接在一些特殊情况下使用非常方便,读者灵活使用自连接可以轻松解决许多复杂问题。

例如,在学生表 STUDENT 中,找出所有年龄相同的学生的信息,并按照年龄字段降序排列。

分析:比较年龄相同,只需取 STUDENT 中的每一条记录与其中其他记录的年龄字段进行比较,如果相同则返回该记录,但不能与本身进行比较。此处使用自连接,采用 WHERE 子句限制其不返回本身记录,以年龄字段为自连接条件。实现语句如下:

```
SELECT DISTINCT S1.*
FROM STUDENT S1 JOIN STUDENT S2
ON S1.SAGE = S2.SAGE
WHERE S1.SNO <> S2.SNO
ORDER BY S1.SAGE DESC
```

该语句中使用了关键字 DISTINCT 去除重复记录，这是因为在返回结果中可能有多个同一年龄的学生，导致重复取值。该语句返回结果如图 5.7 所示。

	SNO	SNAME	SGENTLE	SAGE	SBIRTH	SDEPT
▶	990003	吴忠	男	21	1986-04-12 00:00:00	工商管理
	990026	陈維加	女	21	1986-07-01 00:00:00	计算机
	990028	李莎	女	21	1986-10-21 00:00:00	计算机
	990001	张三	男	20	1987-08-04 00:00:00	计算机
	990005	陈林	女	20	1987-02-16 00:00:00	体育

图 5.7　自连接应用

自连接的应用非常巧妙灵活，读者需仔细理解其取值过程，掌握该连接查询的应用。

5.2.5　多表连接

上述内容介绍的连接都是基于两个表的连接查询，事实上，SQL 没有限定连接查询中最多能连接的表的数目。因此，从理论上讲，使用 SELECT 语句进行连接的表的数目没有上限。(一般来说总是一个连接条件结合两个表)然而，SQL Server 有一个实现上的限制：一个 SELECT 语句中可以连接的表的最大数目是 64。

一般来说，SELECT 语句中连接的表最多为 8～10 个。如果想要在一句 SELECT 语句中连接 10 个以上的表，那么数据库的设计可能不是最优的。

多表连接查询在实际的应用中使用非常广泛。例如，针对表 5.1、表 5.2 和表 5.3 三个基本表，要求取出姓名“张忠和”的学生所选修课程“软件工程”的成绩。

分析：“成绩”字段在学生选课表 SC 中，而该表中没有学生姓名字段和课程名称字段，无法确定“张忠和”和“软件工程”课程的值，因此需与其他表放在一起来查询。学生姓名字段在学生表 STUDENT 中，课程名称字段在表 COURSE 中。因此，通过在 STUDENT 表中查询姓名“张忠和”对应的 SNO 值，在 COURSE 表中查询课程“软件工程”对应的 CNO 值，就可以在 SC 表中找到其对应的成绩。实现语句如下：

```
SELECT
STUDENT.SNO,STUDENT.SNAME,STUDENT.SDEPT,COURSE.CNAME,COURSE.CGRADE,SC.GRADE
FROM STUDENT JOIN SC
ON STUDENT.SNO = SC.SNO
JOIN COURSE
ON COURSE.CNO = SC.CNO
WHERE STUDENT.SNAME = '张忠和'
AND COURSE.CNAME = '软件工程'
```

上述语句中，显示的列表字段有学号、姓名、系部、选修课程名、课程学分和成绩，在 WHERE 子句使用了两个条件限制。返回结果如图 5.8 所示。

	SNO	SNAME	SDEPT	CNAME	CGRADE	GRADE
▶	990012	张忠和	艺术	软件工程	4	81

图 5.8　多表连接查询应用

该示例将三个表都连接起来了,STUDENT 表与 SC 表通过 SNO 字段连接,COURSE 表与 SC 表通过 CNO 字段连接。事实上,T-SQL 中还支持将连接谓词都写在 WHERE 子句中的形式,FROM 子句中只包含表名,实现语句如下所示,其返回结果与图 5.8 相同。

```
SELECT
STUDENT.SNO,STUDENT.SNAME,STUDENT.SDEPT,COURSE.CNAME,COURSE.CGRADE,SC.GRADE
FROM STUDENT, SC,COURSE
WHERE STUDENT.SNO = SC.SNO
AND COURSE.CNO = SC.CNO
AND STUDENT.SNAME = '张忠和'
AND COURSE.CNAME = '软件工程'
```

本书采用的是 ANSI SQL 92 标准支持的前一种显示连接写法,此处提出 T-SQL 支持的这种书写方式是为了让读者更好地理解多表连接查询的流程。

又如,针对上述的学生表 STUDENT、课程表 COURSE、学生选课表 SC,选取计算机系学生选修了"数据结构"课程的学生基本信息和其成绩,并按成绩降序排列。

```
SELECT STUDENT.SNO 学号,STUDENT.SNAME 姓名,STUDENT.SGENTLE 性别,COURSE.CNAME 课程名,COURSE.
CGRADE 学分,SC.GRADE 成绩
FROM STUDENT JOIN SC
ON STUDENT.SNO = SC.SNO
JOIN COURSE
ON COURSE.CNO = SC.CNO
WHERE STUDENT.SDEPT = '计算机'
AND COURSE.CNAME = '数据结构'
ORDER BY SC.GRADE DESC
```

上述语句中,同样是采用了三个表的连接查询,并且为显示的字段指定了别名,便于用户理解。在显示结果中采用了 ORDER BY 子句排序。其返回结果如图 5.9 所示。

	学号	姓名	性别	课程名	学分	成绩
▶	990001	张三	男	数据结构	4	85
	990026	陈维加	女	数据结构	4	77

图 5.9 多表连接查询应用

5.3 外连接

表之间进行内连接时,返回查询结果集合中的仅是符合查询条件(WHERE 搜索条件或 HAVING 条件)和连接条件的行。而在实际应用中,经常需要连接表中不满足连接条件的非匹配行的数值,这就需要用到外连接。外连接的结果集不仅包含符合连接条件的匹配行记录,而且还可以包含不满足连接条件的非匹配行。

采用外连接时,根据外连接的方式,其可以包括左表(左外连接时)、右表(右外连接时)或两个边接表(全外连接)中的所有数据行。

5.3.1 左外连接

左外连接也称为左连接，其结果集既包括连接表的匹配元组，也包括左连接表(左关系)的所有元组(行)。左连接表是连接操作语句中 LEFT OUTER JOIN 操作符左边的连接表，也可以使用 LEFT JOIN 指示一个左连接操作。

左连接特点是显示全部左边表中的所有项目，即使其中有些项中的数据未填写完全。左外连接返回那些存在于左表而右表中却没有的行，再加上内连接的行。其语法格式如下：

```
SELECT 列列表
FROM 表名 1 LEFT OUTER JOIN 表名 2
ON 连接谓词
```

上述格式的执行流程是：先选取表 1 中符合条件的记录，与表 2 做左连接，选取表 2 中所有数据记录，按照 SELECT 子句中的列列表将其返回显示。例如，对学生表 STUDENT 和学生选课表 SC 做左外连接，其语句如下：

```
SELECT STUDENT.SNO,STUDENT.SNAME,STUDENT.SGENTLE,STUDENT.SDEPT,SC.*
FROM STUDENT LEFT OUTER JOIN SC
ON STUDENT.SNO = SC.SNO
```

返回结果如图 5.10 所示。

SNO	SNAME	SGENTLE	SDEPT	Expr1	CNO	GRADE
990001	张三	男	计算机	990001	003	85
990001	张三	男	计算机	990001	004	78
990002	陈林	女	外语	NULL	NULL	NULL
990003	吴忠	男	工商管理	990003	001	95
990005	陈林	女	体育	NULL	NULL	NULL
990012	张忠和	男	艺术	990012	004	62
990012	张忠和	男	艺术	990012	006	74
990012	张忠和	男	艺术	990012	007	81
990026	陈维加	女	计算机	990026	001	NULL
990026	陈维加	女	计算机	990026	003	77
990028	李莎	女	计算机	990028	006	NULL

图 5.10 两表做左外连接

读者可以看出，左外连接中的 STUDENT 表的所有记录均被返回。在实际应用中，一般不需要所有的记录，而是根据用户给定的条件返回结果。例如，在学生表 STUDENT 和学生选课表 SC 中，选取姓名为"张三"的学生所选修的课程号以及成绩。

分析：该查询涉及到了 STUDENT 和 SC 两个表，根据左外连接的定义，可以在 STUDENT 表中选取姓名为"张三"的学生对应的 SNO，与 SC 表进行左外连接，获取其对应 SNO 在 SC 表中的课程号和成绩等字段值。语句实现如下：

```
SELECT STUDENT.SNAME,SC.*
FROM STUDENT LEFT OUTER JOIN SC
ON STUDENT.SNO = SC.SNO
WHERE SNAME = '张三'
```

上述语句的执行顺序如下：

（1）选取 STUDENT 表中符合姓名为“张三”的学生的 SNO、SNAME 等信息并返回，此处是返回 SNAME="张三"、SNO="990001"。

（2）以.STUDENT.SNO=SC.SNO 为连接谓词与 SC 表进行左连接。

（3）返回 SC 表中所有数据记录信息，根据 WHERE 子句中条件选取其中符合连接谓词的记录，此处是选取 SC 表中 SC="990001"对应的 CNO 和 GRADE 值并返回。

（4）综合两个表的返回结果，根据 SELECT 子句中需返回的字段列表 STUDENT.SNAME 和 SC 的所有字段，其返回值如图 5.11 所示。

	SNAME	SNO	CNO	GRADE
▶	张三	990001	003	85
	张三	990001	004	78

图 5.11　左外连接应用

上述示例选取姓名为“张三”的学生所选修的课程号以及成绩，也可以通过内连接中的自然连接来完成，实现语句如下：

```
SELECT STUDENT.SNAME,SC.*
FROM STUDENT JOIN SC
ON STUDENT.SNO = SC.SNO
WHERE SNAME = '张三'
```

其返回结果与图 5.10 相同。其区别在于，使用自然连接实现是根据姓名为“张三”的学生对应的信息在 SC 表中找出匹配数据记录，并将其返回；而使用左外连接是返回 SC 表中所有记录后根据连接谓词找出匹配数据记录返回。

左向外连接的结果集包括 LEFT OUTER 子句中指定的左表的所有行，而不仅仅是连接列所匹配的行。如果左表的某行在右表中没有匹配行，则在相关联的结果集行中右表的所有选择列表列均为空值。如 STUDENT 表中的学号为“990005”的学生没有选修课，在 SC 表中没有匹配行，对其做左连接时，其返回值为空，如图 5.12 所示。

	SNAME	SNO	CNO	GRADE
▶	陈林	NULL	NULL	NULL

图 5.12　返回无匹配行的空值

图 5.12 的实现语句如下：

```
SELECT STUDENT.SNAME,SC.*
FROM STUDENT LEFT OUTER JOIN SC
ON STUDENT.SNO = SC.SNO
WHERE STUDENT.SNO = '990005'
```

5.3.2　右外连接

右外连接也称为右连接，其结果集既包括连接表的匹配元组，也包括右连接表的所有元组。右连接表是连接操作语句中 RIGHT OUTER JOIN 操作符右边的连接表。

右连接的特点是显示全部右边表中的所有项目，即使其中有些项中的数据未填写完全。右外连接返回那些存在于右表而左表中却没有的行，再加上内连接的行。其语法格式如下：

```
SELECT 列列表
FROM 表名 1 LEFT OUTER JOIN 表名 2
ON 连接谓词
```

例如，对学生表 STUDENT 和学生选课表 SC 做右外连接，需要注意的是其与左外连接不同的地方。其语句如下：

```
SELECT STUDENT.SNO,STUDENT.SNAME,STUDENT.SGENTLE,STUDENT.SDEPT,SC.*
FROM STUDENT RIGHT OUTER JOIN SC
ON STUDENT.SNO = SC.SNO
```

返回结果如图 5.13 所示。

SNO	SNAME	SGENTLE	SDEPT	Expr1	CNO	GRADE
990001	张三	男	计算机	990001	003	85
990001	张三	男	计算机	990001	004	78
990003	吴忠	男	工商管理	990003	001	95
990012	张忠和	男	艺术	990012	004	62
990012	张忠和	男	艺术	990012	006	74
990012	张忠和	男	艺术	990012	007	81
990026	陈维加	女	计算机	990026	001	NULL
990026	陈维加	女	计算机	990026	003	77
990028	李莎	女	计算机	990028	006	NULL

图 5.13　两表做右外连接

读者可将图 5.13 与左外连接的图 5.10 做比较，左外连接返回的是左表 STUDENT 中的所有数据记录，即使右表 SC 表中没有该记录。例如，右表 SC 中没有学号为“990005”的学生选课记录，而左表 STUDENT 中含有，由于是做左连接，因此，返回结果中包含学号为“990005”的学生记录。

右外连接返回的是右表 SC 中的所有数据记录，例如，右表 SC 中没有学号为“990005”的学生选课记录，而左表 STUDENT 中含有，由于是做右连接，因此，返回结果中没有包含学号为“990005”的学生记录。

例如，找出选修课成绩在 80 分以上的所有学生的学号、姓名、性别、年龄和所属系部信息以及获得选课成绩的课程号和成绩。

分析：该查询的查询条件为分数，其所在的表为 SC 表，需要返回的是 SC 中的符合条件的所有数据，因此对其做右外连接时 SC 表为右表，返回的字段列表均在 STUDENT 表中。使用右外连接的实现语句如下：

```
SELECT STUDENT.SNO, STUDENT.SNAME, STUDENT.SGENTLE, STUDENT.SAGE, STUDENT.SDEPT, SC.CNO,
SC.GRADE
FROM STUDENT RIGHT OUTER JOIN SC
ON STUDENT.SNO = SC.SNO
WHERE SC.GRADE > 80
```

返回结果如图 5.14 所示。

SNO	SNAME	SGENTLE	SAGE	SDEPT	CNO	GRADE
990001	张三	男	20	计算机	003	85
990003	吴忠	男	21	工商管理	001	95
990012	张忠和	男	22	艺术	007	81

图 5.14 右外连接应用

上图中在左边中没有出现空值，如果 SC 表中含有一条记录，该记录对应的 SNO 字段是 STUDENT 中没有的，即 SC 表中的数据记录如表 5.4 所示。

表 5.4 修改后的学生选课表 SC1

SNO	CNO	GRADE
990001	003	85
990001	004	78
990003	001	95
990012	004	62
990012	006	74
990012	007	81
990026	001	
990026	003	77
990028	006	
990030	004	97
990035	004	100

那么，上述示例找出选修课成绩在 80 分以上的所有学生的学号、姓名、性别、年龄和所属系部信息以及获得选课成绩的课程号和成绩，其实现语句不变，但返回结果如图 5.15 所示。

SNO	SNAME	SGENTLE	SAGE	SDEPT	CNO	GRADE
990001	张三	男	20	计算机	003	85
990003	吴忠	男	21	工商管理	001	95
990012	张忠和	男	22	艺术	007	81
NULL	NULL	NULL	NULL	NULL	004	97
NULL	NULL	NULL	NULL	NULL	004	100

图 5.15 含空值的右外连接

图 5.15 中的 SNO 为 NULL 值并不表示 SC1 表中的 SNO 值，而是 STUDENT 中的 SNO 为 NULL，为更方便读者理解，将上述实现语句改写如下：

```
SELECT STUDENT.SNO,STUDENT.SNAME,STUDENT.SGENTLE,STUDENT.SAGE,STUDENT.SDEPT,SC1.SNO,SC1.
CNO,SC1.GRADE
FROM STUDENT RIGHT OUTER JOIN SC1
ON STUDENT.SNO = SC1.SNO
WHERE SC1.GRADE > 80
ORDER BY GRADE
```

返回结果如图 5.16 所示。

	SNO	SNAME	SGENTLE	SAGE	SDEPT	SNO	CNO	GRADE
1	990012	张忠和	男	22	艺术	990012	007	81
2	990001	张三	男	19	计算机	990001	003	85
3	990003	吴忠	男	21	工商管理	990003	001	95
4	NULL	NULL	NULL	NULL	NULL	990030	004	97
5	NULL	NULL	NULL	NULL	NULL	990035	004	100

图 5.16　含空值的右外连接

读者可以看出，在右表 SC1 中有的记录，即使左表 STUDENT 没有，也同样会显示出来，这就是右外连接。那么，针对 STUDENT 表和如表 5.4 所示数据记录的 SC1 表做无条件的右外连接，其语句实现如下：

```
SELECT STUDENT.SNO,STUDENT.SNAME,STUDENT.SGENTLE,STUDENT.SDEPT,SC1.*
FROM STUDENT RIGHT OUTER JOIN SC1
ON STUDENT.SNO = SC1.SNO
```

返回结果如图 5.17 所示。

	SNO	SNAME	SGENTLE	SDEPT	SNO	CNO	GRADE
1	990001	张三	男	计算机	990001	003	85
2	990001	张三	男	计算机	990001	004	78
3	990003	吴忠	男	工商管理	990003	001	95
4	990012	张忠和	男	艺术	990012	004	62
5	990012	张忠和	男	艺术	990012	006	74
6	990012	张忠和	男	艺术	990012	007	81
7	990026	陈维加	女	计算机	990026	001	NULL
8	990026	陈维加	女	计算机	990026	003	77
9	990028	李莎	女	计算机	990028	006	NULL
10	NULL	NULL	NULL	NULL	990030	004	97
11	NULL	NULL	NULL	NULL	990035	004	100

图 5.17　STUDENT 与 SC1 做右外连接

5.3.3　全外连接

全外连接操作符产生的结果集不仅包含符合连接条件的匹配行，而且包括两个连接表中的所有记录。与左外连接和右外连接不同的是，全外连接还返回左表中不符合连接条件单符合查询条件的数据行，并且还返回右表中不符合连接条件单符合查询条件的数据行。全外连接实际是上左外连接和右外连接的数学合集(去掉重复)。语法格式如下：

```
SELECT 列列表
FROM 表名 1 FULL OUTER JOIN 表名 2
ON 连接谓词
```

例如，对学生表 STUDENT 和学生选课表 SC1 做全外连接，需要注意的是其与左外连接和右外连接不同的地方。其语句如下：

```
SELECT STUDENT.SNO,STUDENT.SNAME,STUDENT.SGENTLE,STUDENT.SDEPT,SC1.*
FROM STUDENT FULL OUTER JOIN SC1
ON STUDENT.SNO = SC1.SNO
```

返回结果如图 5.18 所示。

	SNO	SNAME	SGENTLE	SDEPT	SNO	CNO	GRADE
1	990001	张三	男	计算机	990001	003	85
2	990001	张三	男	计算机	990001	004	78
3	990002	陈林	女	外语	NULL	NULL	NULL
4	990003	吴忠	男	工商管理	990003	001	95
5	990005	陈林	男	体育	NULL	NULL	NULL
6	990012	张忠和	男	艺术	990012	004	62
7	990012	张忠和	男	艺术	990012	006	74
8	990012	张忠和	男	艺术	990012	007	81
9	990026	陈維加	女	计算机	990026	001	NULL
10	990026	陈維加	女	计算机	990026	003	77
11	990028	李莎	女	计算机	990028	006	NULL
12	NULL	NULL	NULL	NULL	990030	004	97
13	NULL	NULL	NULL	NULL	990035	004	100

图 5.18 两表做全外连接

可以看出,图 5.18 其实就是图 5.10 与图 5.17 做了去除重复记录的并运算。其中包含了 STUDENT 中有而 SC1 中没有的记录:STUDENT.SNO 值为"990002"和"990005"的记录,也包含了 SC1 中有而 STUDENT 中没有的记录:SC1.SNO 值为"990030"和"990035"的记录。这就是全外连接所返回的数据记录。

5.4 交叉连接

交叉连接(CROSS JOIN)不带 WHERE 子句,它返回被连接的两个表所有数据行的笛卡儿积,返回到结果集合中的数据行数等于第一个表中符合查询条件的数据行数乘以第二个表中符合查询条件的数据行数。其语句格式如下所示:

```
SELECT 列列表
FROM 表名 1 CROSS JOIN 表名 2
```

该语句格式称为显示交叉连接,在 FROM 子句中明确使用了 CROSS JOIN 关键字,SQL 也支持不明确使用 CROSS JOIN 关键字的格式,称为隐式交叉连接,其语句格式如下所示:

```
SELECT 列列表
FROM 表名 1,表名 2
```

例如,对学生表 STUDENT 和学生选课表 SC 做交叉连接。其显示交叉连接的实现语句如下:

```
SELECT STUDENT.SNO,STUDENT.SNAME,STUDENT.SGENTLE,STUDENT.SDEPT,SC.*
FROM STUDENT CROSS JOIN SC
```

隐式交叉连接的实现语句如下：

```
SELECT STUDENT.SNO,STUDENT.SNAME,STUDENT.SGENTLE,STUDENT.SDEPT,SC.*
FROM STUDENT, SC
```

这两条语句返回的结果都相同，由于STUDENT表中有数据记录7条，SC表中有9条，因此返回的数据记录有63行。由于篇幅限制，此处给出其部分数据记录，如图5.19所示。

结果 消息

	SNO	SNAME	SGENTLE	SDEPT	SNO	CNO	GRADE
1	990001	张三	男	计算机	990001	003	85
2	990001	张三	男	计算机	990001	004	78
3	990001	张三	男	计算机	990003	001	95
4	990001	张三	男	计算机	990012	004	62
5	990001	张三	男	计算机	990012	006	74
6	990001	张三	男	计算机	990012	007	81
7	990001	张三	男	计算机	990026	001	NULL
8	990001	张三	男	计算机	990026	003	77
9	990001	张三	男	计算机	990028	006	NULL
10	990002	陈林	女	外语	990001	003	85
11	990002	陈林	女	外语	990001	004	78
12	990002	陈林	女	外语	990003	001	95
13	990002	陈林	女	外语	990012	004	62
14	990002	陈林	女	外语	990012	006	74
15	990002	陈林	女	外语	990012	007	81

图5.19　两表做交叉连接部分数据

为了便于读者理解交叉连接，下面给出简单的学生表S和课程表C，分别如表5.5和表5.6所示。

表5.5　学生表S

学号	姓名	性别	年龄	专业
9907001	张三	男	21	计算机
9907003	李娟	女	20	英语

表5.6　课程表C

课程号	课程名	学分
04	计算机基础	2
05	数据结构	4
07	数据库原理	4

这两个数据表做交叉连接的实现语句如下：

```
SELECT S.*,C.*
FROM S CROSS JOIN C
```

其返回结果如表 5.7 所示。由于 S 表中含有数据记录 2 条,C 表中含有数据记录 3 条,对其做交叉连接后的数据记录为 6 行。

表 5.7 S 表和 C 表做交叉连接

学号	姓名	性别	年龄	专业	课程号	课程名	学分
9907001	张三	男	21	计算机	04	计算机基础	2
9907001	张三	男	21	计算机	05	数据结构	4
9907001	张三	男	21	计算机	07	数据库原理	4
9907003	李娟	女	20	英语	04	计算机基础	2
9907003	李娟	女	20	英语	05	数据结构	4
9907003	李娟	女	20	英语	07	数据库原理	4

在实际应用中,交叉连接使用非常少见。有时候用户忘记在 SELECT 语句的 WHERE 子句中包括连接条件,这时就会生成两个表的笛卡儿积。在这种情况下,因为结果中包含了很多行,所以输出的结果与预计的结果并不一致。

5.5 联合查询

联合查询即将两个或两个以上 SELECT 语句的查询结果集合合并成一个结果集合显示,联合查询是一种很少见的连接方式,其作用是找出全外连接和内连接之间差异的所有行。这在数据分析排错中比较常用。也可以利用数据库的集合操作来实现此功能。

5.5.1 UNION 运算符

联合查询使用的运算符是 UNION,也即通过 UNION 运算符可以将两个或两个以上 SELECT 语句的查询结果集合合并成一个结果集合显示,即执行联合查询。UNION 的语法格式如下:

```
select_statement
UNION [ALL] selectstatement
[UNION [ALL] selectstatement][ …n]
```

其中,参数定义如下:

- selectstatement——表示待联合的 SELECT 查询语句。
- ALL 选项——表示将所有行合并到结果集合中。不指定该项时,被联合查询结果集合中的重复行将只保留一行。

UNION 命令用于从两个表中选取相关的信息,类似 JOIN 命令。不过,当使用 UNION 命令时,所有被选取的列的数据类型应该是相同的。

为便于讲解,此处给出如表 5.8 所示的计算机系学生的基本信息表 COM 和如表 5.9 所示的外语系学生的基本信息 FOL。其中,字段 SNO 为学号,SNAME 为姓名,SGENTLE 为性别,SAGE 为年龄,SBIRTH 为出生年月,其详细数据记录如表 5.8 和表 5.9 所示。

表 5.8 计算机系学生的基本信息表 COM

SNO	SNAME	SGENTLE	SAGE	SBIRTH
990001	张三	男	20	1987-8-4
990004	陈林	女	19	1990-4-7
990026	陈维加	男	21	1986-7-1
990028	李莎	女	21	1986-10-21

表 5.9 外语系学生的基本信息 FOL

SNO	SNAME	SGENTLE	SAGE	SBIRTH
990002	陈林	女	19	1988-5-21
990003	吴忠	男	21	1986-4-12
990007	张忠和	男	22	1985-8-28

对计算机系学生的基本信息表 COM 和外语系学生的基本信息 FOL 的所有数据记录进行联合查询，其实现语句如下所示：

```
SELECT SNO,SNAME,SGENTLE,SAGE,SBIRTH
FROM COM
UNOIN
SELECT SNO,SNAME,SGENTLE,SAGE,SBIRTH
FROM FOL
```

该语句在 Microsoft 的 SQL Server 2008 的查询分析器中执行，其返回结果如图 5.20 所示。

结果 消息

	SNO	SNAME	SGENTLE	SAGE	SBIRTH
1	990001	张三	男	20	1987-08-04 00:00:00
2	990004	陈林	女	19	1990-04-07 00:00:00
3	990026	陈維加	男	21	1986-07-01 00:00:00
4	990028	李莎	女	21	1986-10-21 00:00:00

	SNO	SNAME	SGENTLE	SAGE	SBIRTH
1	990002	陈林	女	19	1988-05-21 00:00:00
2	990003	吴忠	男	21	1986-04-12 00:00:00
3	990007	张忠和	男	22	1985-08-28 00:00:00

图 5.20 两表做联合查询

需要注意的是，在 SQL Server 2000 中，在进行联合查询时，查询结果的列标题为第一个查询语句的列标题。因此，要定义列标题必须在第一个查询语句中定义。例如，下列语句在第二个查询语句中的 SELECT 子句列名处有 SBIRTH 列，而第一个查询语句没有，这是错误的，其错误返回如图 5.21 所示。

但在 SQL Server 2008 中，不会出错，能返回结果，如图 5.22 所示。

在使用 UNION 运算符时，应保证每个联合查询语句的选择列表中有相同数量的表达式，并且每个查询选择表达式应具有相同的数据类型，或是可以自动将它们转换为相同的数据类型。在自动转换时，对于数值类型，系统将低精度的数据类型转换为高精度的数据类型。

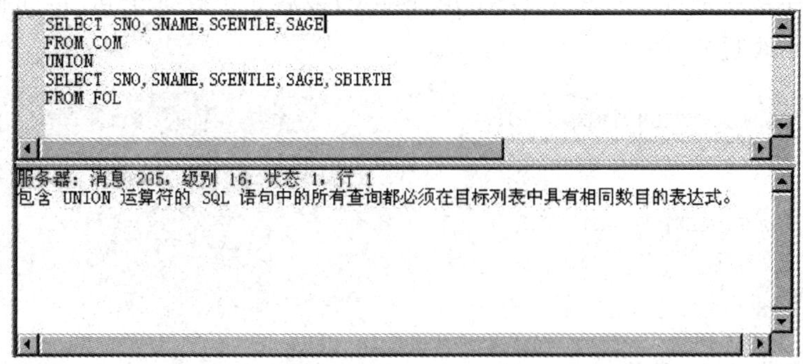

图 5.21　列标题必须在第一个查询语句中定义

结果　消息

	SNO	SNAME	SGENTLE	SAGE
1	990001	张三	男	20
2	990004	陈林	女	19
3	990026	陈维加	男	21
4	990028	李莎	女	21

	SNO	SNAME	SGENTLE	SAGE	SBIRTH
1	990002	陈林	女	19	1988-05-21 00:00:00
2	990003	吴忠	男	21	1986-04-12 00:00:00
3	990007	张忠和	男	22	1985-08-28 00:00:00

图 5.22　两个查询语句列标题不一样

5.5.2　UNION 运算结果排序

对联合查询结果排序时，必须使用第一查询语句中的列名、列标题或者列序号。在 SQL Server 2008 所支持的 T-SQL 中，排序子句 ORDER BY 是不能写在第一个查询子句中，只能写在 UNION 连接的最后一个查询子句后。

例如，在上节示例中，对计算机系学生的基本信息表 COM 和外语系学生的基本信息 FOL 的所有数据记录进行联合查询，如果需要对 COM 表按照年龄排序，将 ORDER BY 子句写在 UNOIN 运算符前是错误的，系统将给出语法错误提示，如图 5.23 所示。

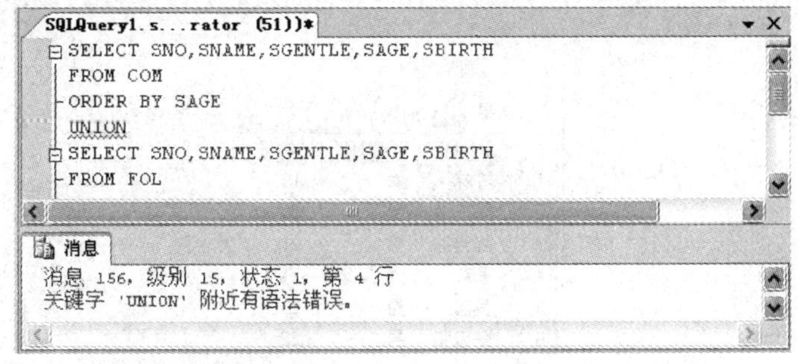

图 5.23　排序错误提示

正确的排序写法是将子句写在 UNION 连接的最后一个查询子句后，如将上述示例中的查询实现语句改写如下：

```
SELECT SNO,SNAME,SGENTLE,SAGE,SBIRTH
FROM COM
UNION
SELECT SNO,SNAME,SGENTLE,SAGE,SBIRTH
FROM FOL
ORDER BY SAGE
```

返回结果如图 5.24 所示。

结果 | 消息

	SNO	SNAME	SGENTLE	SAGE	SBIRTH
1	990002	陈林	女	19	1988-05-21 00:00:00
2	990004	陈林	女	19	1990-04-07 00:00:00
3	990001	张三	男	20	1987-08-04 00:00:00
4	990003	吴忠	男	21	1986-04-12 00:00:00
5	990026	陈維加	男	21	1986-07-01 00:00:00
6	990028	李莎	女	21	1986-10-21 00:00:00
7	990007	张忠和	男	22	1985-08-28 00:00:00

图 5.24 UNION 运算结果排序

5.5.3 UNION ALL 与 UNION

UNION 运算符可以带 ALL 参数，但其默认是不使用 ALL 参数。不带 ALL 参数表示的是如果使用 UNION 运算符，那么只有不同的值会被选取，相同的值则过滤掉。

例如，在如表 5.8 和表 5.9 中，如果只选取姓名、年龄、性别三个字段，读者可以发现，其中姓名为"陈林"的查询结果记录将是重复的，返回结果会将其自动过滤掉。其实现语句如下，返回结果如图 5.25 所示。

```
SELECT SNAME,SGENTLE,SAGE
FROM COM
UNION
SELECT SNAME,SGENTLE,SAGE
FROM FOL
ORDER BY SAGE
```

结果 | 消息

	SNAME	SGENTLE	SAGE
1	陈林	女	19
2	张三	男	20
3	陈維加	男	21
4	李莎	女	21
5	吴忠	男	21
6	张忠和	男	22

图 5.25 UNION 自动过滤重复记录

如果在实际应用中需要将查询结果中重复的数据记录也显示出来，就必须使用UNION的ALL参数，其实现语句如下，返回结果如图5.26所示。

```
SELECT SNAME, SGENTLE, SAGE
FROM COM
UNION ALL
SELECT SNAME, SGENTLE, SAGE
FROM FOL
ORDER BY SAGE
```

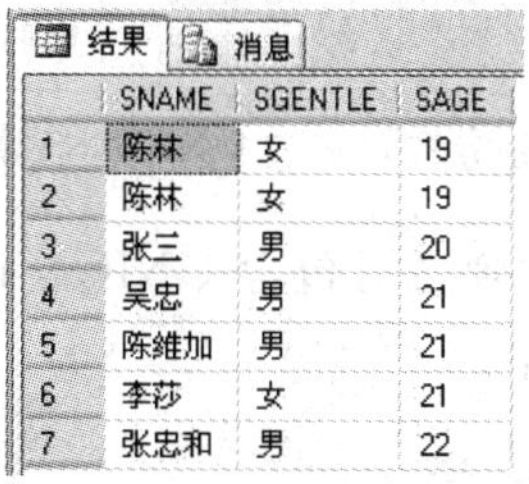

结果 消息

	SNAME	SGENTLE	SAGE
1	陈林	女	19
2	陈林	女	19
3	张三	男	20
4	吴忠	男	21
5	陈維加	男	21
6	李莎	女	21
7	张忠和	男	22

图5.26 UNION ALL显示重复记录

可以看出，图5.26与图5.25对比就多了重复的一条记录。此处，UNION运算符相当于SELECT的DISTINCT关键字。

5.5.4 对多表进行UNION运算

UNION运算不仅仅可以针对两个表之间进行，也可以在多表之间进行。例如，在表5.8和表5.9后还有一个表5.10，其表示的是艺术系的学生信息。

表5.10 艺术系学生的基本信息表ART

SNO	SNAME	SGENTLE	SAGE	SBIRTH
990011	李四	女	19	1985-4-1
990014	陈称	男	21	1984-7-5
990016	周波	男	20	1985-12-21
990018	李玉	女	21	1984-9-16

对计算机系学生信息表COM、外语系学生信息表FOL和艺术系学生信息表ART进行多表的UNION运算，并按学号升序排列。其实现语句如下：

```
SELECT SNO, SNAME, SGENTLE, SAGE, SBIRTH
FROM COM
UNION
SELECT SNO, SNAME, SGENTLE, SAGE, SBIRTH
FROM FOL
UNION
SELECT SNO, SNAME, SGENTLE, SAGE, SBIRTH
FROM ART
ORDER BY SNO
```

上述语句的执行结果如图 5.27 所示。

结果 | 消息

	SNO	SNAME	SGENTLE	SAGE	SBIRTH
1	990001	张三	男	20	1987-08-04 00:00:00
2	990002	陈林	女	19	1988-05-21 00:00:00
3	990003	吴忠	男	21	1986-04-12 00:00:00
4	990004	陈林	女	19	1990-04-07 00:00:00
5	990007	张忠和	男	22	1985-08-28 00:00:00
6	990011	李四	女	19	1985-04-01 00:00:00
7	990014	陈称	男	21	1984-07-05 00:00:00
8	990016	周波	男	20	1985-12-21 00:00:00
9	990018	李玉	女	21	1984-09-16 00:00:00
10	990026	陈维加	男	21	1986-07-01 00:00:00
11	990028	李莎	女	21	1986-10-21 00:00:00

图 5.27 多表 UNION 运算

一般情况下，SQL 是支持从左到右对包含 UNION 运算符的语句进行取值，但是使用括号可以改变求值顺序，其格式为：

```
查询 1 UNION (查询 2 UNION 查询 3)
```

例如，如下语句：

```
SELECT SNO,SNAME,SGENTLE,SAGE,SBIRTH
FROM COM
UNION
(SELECT SNO,SNAME,SGENTLE,SAGE,SBIRTH
FROM FOL
UNION
SELECT SNO,SNAME,SGENTLE,SAGE,SBIRTH
FROM ART)
```

表示的是先对 FOL 表和 ART 表进行 UNION 运算，再将结果与 COM 表 UNION。当然，此处的查询返回结果与图 5.25 是一致的。

5.5.5 联合查询注意事项

UNION 运算符是将两个或更多查询的结果组合为单个结果集，该结果集包含联合查询中的所有查询的全部行，这与使用连接组合两个表中的列不同。使用 UNION 组合查询的结果集有两个最基本的规则：

- 所有查询中的列数和列的顺序必须相同。
- 数据类型必须兼容。

此外，由于联合查询应用不是很广泛，并不是所有的 DBMS 都支持联合查询，因此，在使用联合查询时需要注意如下一些事项：

- UNION 的结果集列名与第一个 SELECT 语句中的结果集中的列名相同，其他 SELECT 语句的结果集列名被忽略。
- 默认情况下，UNION 运算符是从结果集中删除重复行。如果使用 ALL 关键字，那

么结果集将包含所有行并且不删除重复行。

- 在包括多个查询的 UNION 语句中，其执行顺序是自左至右，使用括号可以改变这一执行顺序。
- 如果要将合并后的结果集保存到一个新数据表中，那么 INTO 语句必须加入到第一条 SELECT 查询语句中。
- 只可以在最后一条 SELECT 语句中使用 ORDER BY 和 COMPUTE 子句，这样影响到最终合并结果的排序和计数汇总。
- GROUP BY 和 HAVING 子句可以在单独一个 SELECT 查询中使用，其不影响最终结果。

对于上述注意事项，读者可自行设计相关的示例在支持联合查询及 UNION 运算符的 SQL 解释器中执行，查看并验证其返回结果。

5.6 SQL 查询原理及注意问题

本书内容讲解到此处，一共提到了单表查询、两表连接查询和多表连接查询等几种查询方式，本节将对每一种查询的原理进行小结，便于读者理解，因为理解 SQL 查询的过程是以后进行 SQL 优化的理论依据。

- 单表查询：根据 WHERE 条件过滤表中的记录，形成中间表（这个中间表对用户是不可见的）；然后根据 SELECT 的选择列选择相应的列进行返回最终结果。
- 两表连接查询：对两表求积（笛卡儿积）并用 ON 条件和连接类型进行过滤形成中间表；然后根据 WHERE 条件过滤中间表的记录，并根据 SELECT 指定的列返回查询结果。
- 多表连接查询：先对第一个和第二个表按照两表连接做查询，然后用查询结果和第三个表做连接查询，以此类推，直到所有的表都连接上为止，最终形成一个中间的结果表，然后根据 WHERE 条件过滤中间表的记录，并根据 SELECT 指定的列返回查询结果。

此外，在两表连接查询中，经常会使用到 ON 条件和 WHERE 条件，为了让读者更容易分辨其功能，此处给出 ON 后面的条件（ON 条件）和 WHERE 条件的区别如下：

- ON 条件——是过滤两个链接表笛卡儿积形成中间表的约束条件。
- WHERE 条件——在有 ON 条件的 SELECT 语句中是过滤中间表的约束条件。在没有 ON 的单表查询中，是限制物理表或者中间查询结果返回记录的约束。在两表或多表连接中是限制连接形成最终中间表的返回结果的约束。

从这里可以看出，将 WHERE 条件移入 ON 后面是不恰当的。推荐的做法是：ON 只进行连接操作，WHERE 只过滤中间表的记录。

SQL 中含有这么多查询方式，连接查询是 SQL 查询的核心，连接查询的连接类型选择依据实际需求。如果选择不当，非但不能提高查询效率，反而会带来一些逻辑错误或者性能低下。下面总结一下两表连接查询选择方式的依据：

- 查两表关联列相等的数据用内连接。
- 左表是右表的子集时用右外连接。

- 右表是左表的子集时用左外连接。
- 右表和左表彼此有交集但彼此互不为子集时用全外连接。
- 求差操作的时候用联合查询。

5.7 小结

本章主要讲解了 SQL 查询中核心查询之一的连接查询，连接查询在实际应用中使用非常广泛，尤其是内连接中的自然连接的应用。该章系统性地介绍了连接的三种类型：内连接、外连接和交叉连接。对于使用广泛的内连接，详细介绍了其中的等值连接、自然连接、不等连接、自连接和多表连接。对于外连接，简单介绍了左外连接、右外连接和全连接的实现方法。对于交叉连接，概括性地介绍了其实现。最后概要叙述了联合查询以及 UNION 运算符的使用。本章涉及的内容较多，难点和重点也很多，读者应仔细体会其中的每一个示例，理解其用法和实现。

第6章 子查询

在 SQL 语言中，一个 SELECT…FROM…WHERE 语句称为一个查询块。将一个查询块嵌套在另一个查询块的 WHERE 子句或 HAVING 短语的条件中的查询称为嵌套查询。所谓嵌套查询，是指在一个外层查询中包含另一个内层查询。其中外层查询称为主查询，内层查询即为子查询。嵌套查询是 SQL 查询中最为复杂的一种，SQL 允许多层嵌套，由内而外地进行分析，子查询的结果作为主查询的查询条件。

6.1 子查询概述

所谓子查询是一个 SELECT 查询，其返回单个值且嵌套在 SELECT、INSERT、UPDATE、DELETE 语句或其他子查询中，任何允许使用表达式的地方都可以使用子查询。子查询也称为内部查询或内部选择，而包含子查询的语句也称为外部查询或外部选择。

6.1.1 子查询结构及其执行过程

简单来说，子查询是指将一条 SQL 查询语句嵌入到另一条查询语句中，数据库引擎将子查询作为虚表执行查询操作。子查询可作为连接语句中的一个表，可作为选择语句中的一个值，也可以是一个查询子句，甚至可以是查询子句的子句。

一般来说，嵌套在外部查询 SELECT 语句中的子查询包括以下组件：

- 包含标准选择列表组件的标准 SELECT 查询。
- 包含一个或多个表或者视图名的标准 FROM 子句。
- 可选的 WHERE 子句。
- 可选的 GROUP BY 子句。
- 可选的 HAVING 子句。

子查询的 SELECT 查询总是使用圆括号括起来。且不能包括 COMPUTE 或 FOR BROWSE 子句，如果同时指定 TOP 子句，则可能只包括 ORDER BY 子句。

子查询可以嵌套在外部 SELECT、INSERT、UPDATE 或 DELETE 语句的 WHERE 或 HAVING 子句内，或者其他子查询中。尽管根据可用内存和查询中其他表达式的复杂程度不同，嵌套限制也有所不同，但嵌套到 32 层是可能的。个别查询可能会不支持 32 层嵌套。任何可以使用表达式的地方都可以使用子查询，只要它返回的是单个值。

在 SQL 中，子查询可以像一个独立的查询一样进行执行，只不过其查询结果不会显示输出。因此,如果某个表只出现在子查询中而不出现在外部查询中,那么该表中的列就无法包含在输出中(外部查询的选择列表)。

从概念上说,在一个嵌套查询中,SQL 解释器是先执行子查询再执行外部查询,最后输出。整个嵌套查询的执行过程如下:

(1) 执行子查询,获取指定字段的返回结果。

(2) 将子查询的结果代入外部查询中,通常是外部查询中的 WHERE 条件子句。

(3) 根据外部查询的 WHERE 子句条件,输出 SELECT 子句中指定的列值记录。

因此,子查询的执行依赖于嵌套查询。查询树从最里层开始,一层一层向外执行。高层的嵌套查询可以访问低层嵌套查询的结果。

6.1.2 示例数据表

为方便本章后续内容的讲解,本节引入几个数据表,其中,表 6.1 是一个学生表 STUDENT,其中包含学号(SNO)、姓名(SNAME)、性别(SGENTLE)、年龄(SAGE)、出生年月(SBIRTH)和系部(SDEPT)六个字段。

表 6.1 学生表 STUDENT

SNO	SNAME	SGENTLE	SAGE	SBIRTH	SDEPT
990001	张三	男	20	1987-8-4	计算机
990002	陈林	女	19	1988-5-21	外语
990003	吴忠	男	21	1986-4-12	工商管理
990005	陈林	男	20	1987-2-16	体育
990012	张忠和	男	22	1985-8-28	艺术
990026	陈维加	女	21	1986-7-1	计算机
990028	李莎	女	21	1986-10-21	计算机

表 6.2 为一个学生选课表 SC,主要包含学号(SNO)、课程号(CNO)和成绩(GRADE)三个字段。

表 6.2 学生选课表 SC

SNO	CNO	GRADE
990001	003	85
990001	004	78
990003	001	95
990012	004	62
990012	006	74
990012	007	81
990026	001	
990026	003	77
990028	006	

表 6.3 是一个课程表 COURSE,主要包含课程号(CNO)、课程名称(CNAME)和学分(CGRADE)三个字段。

表 6.3 课程表 COURSE

CNO	CNAME	CGRADE
001	计算机基础	2
003	数据结构	4
004	操作系统	4
006	数据库原理	4
007	软件工程	4

6.2 单值比较子查询

在 SQL 中，根据子查询的返回结果与外部查询中 WHERE 子句的关系，一般将子查询分为如下三种基本的子查询：

- 通过无修改的比较运算符引入，并且必须返回单个值。
- 通过关键字 IN 引入的列表或者由 ANY 或 ALL 修改的比较运算符的列表上进行操作，其返回值是多行组成的一个列表。
- 通过关键字 EXISTS 引入，返回一个列表。

其中，通过比较运算符引入的子查询是最简单的，其只能返回单个值。这就是本节要开始介绍的单值比较子查询，其主要用于查询条件中有比较关系的查询中。

6.2.1 含有 WHERE 子句的单值比较子查询

带有比较运算符的子查询是指父查询与子查询之间用比较运算符进行连接。当用户能确切知道内层查询返回的是单值时，可以用＞、＜、＝、＞＝、＜＝、或＜＞等比较运算符来引入子查询。单值比较子查询的语法格式如下：

```
WHERE expression comparison_operator (subquery)
```

其中，参数定义如下：

- Expression——表示与子查询返回值相比较的字段名或表达式。
- Comparison_operator——表示比较运算符，如＞、＜、＝、＞＝、＜＝、或＜＞等运算符。
- Subquery——表示返回一个值的子查询。

将上述格式与 SQL 的 SELECT 语句结合起来，那么在实际应用中使用单值比较子查询的基本语句格式如下所示：

```
SELECT 列列表
FROM 表名
WHERE 字段名 比较运算符
(SELECT 列名
FROM 表名
WHERE 条件)
```

下面来看一下含有 WHERE 子句单值比较子查询的应用。例如，在学生表 STUDENT 中找出与学生姓名为“吴忠”的相同年龄的所有学生的基本信息。

分析：该查询首先需要在 STUDENT 中找出姓名为“吴忠”的学生年龄，再对 STUDENT 表中其余记录的年龄字段进行扫描，一旦发现与“吴忠”的年龄一致，则返回该记录的所有信息。根据子查询的 SELECT 语句格式，写出其实现语句如下：

```
SELECT *
FROM STUDENT
WHERE SAGE = (SELECT SAGE
              FROM STUDENT
              WHERE SNAME = '吴忠')
```

上述语句中，子查询()中的 SELECT 语句，即

```
SELECT SAGE
FROM STUDENT
WHERE SNAME = '吴忠'
```

该子查询找出姓名为“吴忠”的学生年龄，在该示例中，其返回值为 21。执行子查询后，上述嵌套查询就变成如下语句：

```
SELECT *
FROM STUDENT
WHERE SAGE = 21
```

因此，其返回值如图 6.1 所示。

	SNO	SNAME	SGENTLE	SAGE	SBIRTH	SDEPT
▶	990003	吴忠	男	21	1986-04-12 00:00:00	工商管理
	990026	陈維加	女	21	1986-07-01 00:00:00	计算机
	990028	李莎	女	21	1986-10-21 00:00:00	计算机

图 6.1 单值比较子查询应用

除了使用比较运算符“＝”外，在该子查询中还可以使用其他比较运算符。例如，在学生表 STUDENT 中找出年龄比姓名为“吴忠”的学生小的所有学生基本信息。该示例也是单值比较子查询，其分析过程与上例相同，实现语句如下所示，返回结果如图 6.2 所示。

```
SELECT *
FROM STUDENT
WHERE SAGE <(SELECT SAGE
             FROM STUDENT
             WHERE SNAME = '吴忠')
```

此外，其余比较运算符的使用与执行都与上述两个示例相似。

	SNO	SNAME	SGENTLE	SAGE	SBIRTH	SDEPT
▶	990003	吴忠	男	21	1986-04-12 00:00:00	工商管理
	990026	陈维加	女	21	1986-07-01 00:00:00	计算机
	990028	李莎	女	21	1986-10-21 00:00:00	计算机

图 6.2 单值比较子查询应用

6.2.2 含有聚合函数的子查询

在实际应用中,经常要用到字段值与最大值、最小值或平均值的比较,这些可以使用聚合函数来实现,而子查询中也可以使用聚合函数。

例如,在学生表 STUDENT 中,求出所有年龄大于平均年龄的学生的基本信息。

分析:在该查询中,首先要求出学生表 STUDENT 中所有学生的平均年龄,其实现语句是:SELECT AVG(SAGE) FROM STUDENT,得到返回结果 AVG1。然后与 STUDENT 表中所有记录的年龄字段比较,将所有年龄大于该值的记录返回显示,实现语句是:SELECT * FROM STUDENT WHERE SAGE>AVG1。将这两个语句结合起来,构成子查询如下:

```
SELECT *
FROM STUDENT
WHERE SAGE >(SELECT AVG(SAGE)
             FROM STUDENT)
```

该查询语句相当于两条语句的组合,执行顺序为先执行子查询,得到平均年龄为 20,再执行语句:SELECT * FROM STUDENT WHERE SAGE>20,得到如图 6.3 所示的返回列表。

	SNO	SNAME	SGENTLE	SAGE	SBIRTH	SDEPT
▶	990003	吴忠	男	21	1986-04-12 00:00:00	工商管理
	990012	张忠和	男	22	1985-08-28 00:00:00	艺术
	990026	陈维加	女	21	1986-07-01 00:00:00	计算机
	990028	李莎	女	21	1986-10-21 00:00:00	计算机

图 6.3 含有聚合函数的子查询

此外,在外部查询中,WHERE 子句后的条件除了子查询外,还可以带有其他条件表达式,其间使用逻辑运算符 AND 或 OR 连接起来即可。

在上述求出所有年龄大于平均年龄的学生的基本信息示例中,如果对结果要求还有进一步限制,例如要求所有年龄大于平均年龄的男学生的基本信息,就需要在 WHERE 子句附加另外的条件:SGENTLE 值为“男”即可。实现语句如下:

```
SELECT *
FROM STUDENT
WHERE SGENTLE = '男'
AND SAGE >(SELECT AVG(SAGE)
           FROM STUDENT)
```

其返回结果如图 6.4 所示，去除了最后两条女生的记录。

	SNO	SNAME	SGENTLE	SAGE	SBIRTH	SDEPT
▶	990003	吴忠	男	21	1986-04-12 00:00:00	工商管理
	990012	张忠和	男	22	1985-08-28 00:00:00	艺术

图 6.4　含有聚合函数的子查询

由此可见，子查询在其中只是起到一个附加条件的作用，对外部查询中的其他子句并没有影响。外部查询的子句中仍然可以使用。

6.2.3　在多表查询中使用单值比较子查询

上述小节中介绍的子查询都是基于单表的，事实上，子查询在多表查询中应用得更多，而且其应用更为灵活。

例如，在学生表 STUDENT 和学生选课表 SC 中，找出成绩为 95 分的学生的基本信息。

分析：该查询涉及到了两个表，其操作顺序为先在 SC 表中找出成绩为 95 分的学生学号，再根据返回学号在 STUDENT 表中找到对应学生，将其信息输出。根据子查询的思路，该查询的实现语句如下所示：

```
SELECT *
FROM STUDENT
WHERE SNO = (SELECT SNO
             FROM SC
             WHERE GRADE = 95)
```

读者可以看出，上述语句与前面子查询语句的区别在于子查询中 FROM 子句的目标表和外部查询中 FROM 子句的目标表不同，子查询针对的是 SC 表，而外部查询针对的是 STUDENT 表。上述语句的执行返回结果如图 6.5 所示。

	SNO	SNAME	SGENTLE	SAGE	SBIRTH	SDEPT
▶	990003	吴忠	男	21	1986-04-12 00:00:00	工商管理

图 6.5　多表查询中使用子查询

事实上，根据第 5 章学习的连接查询的内容，可以发现，该示例也可以通过等值连接查询来实现，连接谓词为 SNO。其实现语句如下：

```
SELECT STUDENT. *
FROM STUDENT INNER JOIN SC
ON STUDENT.SNO = SC.SNO
WHERE SC.GRADE = 95
```

该语句的返回结果与图 6.5 相同。根据理解逻辑，子查询的解决方法更符合人们的思维方式，所以在许多多表查询的情况中，子查询的应用也非常广泛。

需要注意的是，在单值比较子查询中，子查询只能返回单个值。如果子查询返回的是多个记录的值，那么 SQL 解释器将会给出错误提示。例如，在上述示例中，如果将其改成在学生表 STUDENT 和学生选课表 SC 中，找出成绩大于 80 分的学生的基本信息，就不能使用单值比较子查询来实现了，否则其将返回如图 6.6 所示的错误信息。

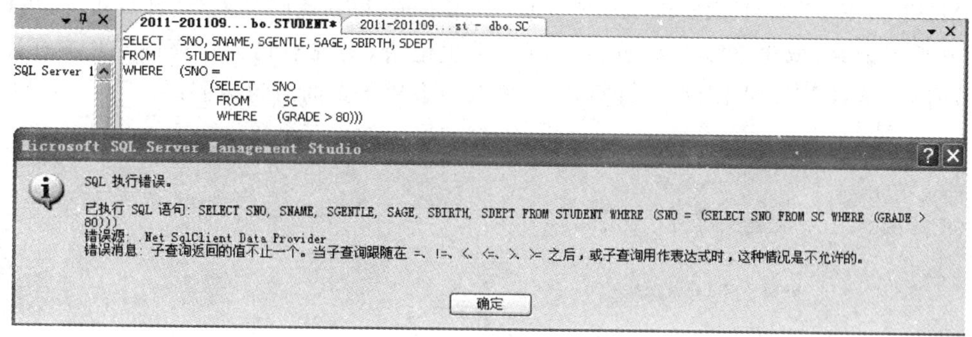

图 6.6 错误提示

碰到这类无法处理的问题，就需要引入能够处理多行数据的子查询。这就是 6.3 节将要解决的问题。

6.3 返回多行的子查询

6.2 节中介绍的单值比较子查询在实际应用中使用范围很有限，因其只能处理返回一个单值子查询的情况。而在具体应用中，子查询往往需要返回多个值，甚至是一个集合或一个表，那么就需要能处理多行的方法。

6.3.1 IN 子查询

带有 IN 谓词的子查询是指父查询与子查询之间用关键字 IN 进行连接，判断某个属性列值是否在子查询的结果中。由于在嵌套查询中，子查询的结果往往是一个集合，所以谓词 IN 是嵌套查询中最经常使用的谓词，其语法如下：

```
WHERE expression [NOT] IN (subquery)
```

其中，参数说明如下：

- expression——表示与子查询返回值进行操作的外部查询的某字段或表达式。
- IN——表示判断 expression 的取值可以为子查询返回结果中的任意一个。
- [NOT]——对 IN 取反，表示 expression 的取值不可以为子查询返回结果中的任意一个。
- subquery——表示返回一个值的子查询。

结合外部查询，包含 IN 子查询的 SELECT 语句的基本语法格式如下所示：

```
SELECT 列列表
FROM 表名
WHERE 字段名 IN (SELECT 列名
FROM 表名
WHERE 条件)
```

例如，在表 STUDENT 中，找出与学生“张三”在同一个系的所有学生基本信息。

分析：在该查询中，首先找出学生“张三”所在的系部名，使用语句 SELECT SDEPT FROM STUDENT WHERE SNAME='张三'来实现，得到返回结果为“计算机”。再检索该表中所有记录，取出系部为计算机的所有学生记录，实现语句为：SELECT * FROM STUDENT WHERE SDEPT='计算机'。将其组合成子查询语句如下：

```
SELECT *
FROM STUDENT
WHERE SDEPT IN (SELECT SDEPT
                FROM STUDENT
                WHERE SNAME = '张三')
```

该语句的返回结果如图 6.7 所示。

	SNO	SNAME	SGENTLE	SAGE	SBIRTH	SDEPT
▶	990001	张三	男	20	1987-08-04 00:00:00	计算机
	990026	陈维加	女	21	1986-07-01 00:00:00	计算机
	990028	李莎	女	21	1986-10-21 00:00:00	计算机

图 6.7　IN 子查询简单应用

应该发现，此处的 IN 谓词可以用单值比较子查询的“=”来代替，因为姓名为“张三”的学生没有重复值，其只能在一个系，所以该子查询返回的结果是一个单值。因此，上述 IN 子查询语句可改写为：

```
SELECT *
FROM STUDENT
WHERE SDEPT  = (SELECT SDEPT
                FROM STUDENT
                WHERE SNAME = '张三')
```

由此可见，单值比较子查询中如果比较运算符是“=”，可以与 IN 子查询通用。当 IN 子查询中只有一个返回值时，也可以使用比较运算符是“=”的单值比较子查询代替，此时的 IN 子查询就没有发挥其返回多行数据的优势。

如果将上述示例稍做改动，例如改成在表 STUDENT 中，找出与学生姓名为“陈林”的学生在同一个系的所有学生基本信息。

分析：在 STUDENT 表中，有超过一条记录的 SNAME 值为“陈林”，因此此处必须使用能够返回多行的 IN 子查询。其实现语句如下：

```
SELECT *
FROM STUDENT
WHERE SDEPT IN (SELECT SDEPT
                FROM STUDENT
                WHERE SNAME = '陈林')
```

其返回值如图 6.8 所示。

	SNO	SNAME	SGENTLE	SAGE	SBIRTH	SDEPT
▶	990002	陈林	女	19	1988-05-21 00:00:00	外语
	990005	陈林	女	20	1987-02-16 00:00:00	体育

图 6.8 IN 子查询简单应用

可以看出,子查询取得的返回结果为“外语系”和“艺术系”两个值,那么外部查询就变成了如下的形式:

```
SELECT *
FROM STUDENT
WHERE SDEPT IN ('外语系',,'艺术系')
```

该语句即在学生表 STUDENT 中取出外语系和艺术系的所有学生信息,并将其返回,其返回结果如图 6.8 所示。

6.3.2 在多表查询中使用 IN 子查询

与单值比较子查询相似,IN 子查询也可以在多表查询中使用。例如在 6.2.3 节中出现的使用单值比较子查询无法解决的问题,在此处使用 IN 子查询即可实现。

例如,在学生表 STUDENT 和学生选课表 SC 中,找出成绩大于 80 分的学生的基本信息。

分析:首先在 SC 表中选出成绩大于 80 分的学生的 SNO 字段返回,再在 STUDENT 中检索,STUDENT 中的 SNO 字段值只要是前面返回值中的任意一个,就将其基本信息返回输出。因此,其实现语句如下所示:

```
SELECT *
FROM STUDENT
WHERE SNO IN (SELECT SNO
              FROM SC
              WHERE GRADE > 80)
```

该语句中,子查询 SELECT SNO FROM SC WHERE GRADE＞80 返回的结果是(“990001”,“990003”,“990012”),因此在外部查询中返回的结果如图 6.9 所示。

	SNO	SNAME	SGENTLE	SAGE	SBIRTH	SDEPT
▶	990001	张三	男	20	1987-08-04 00:00:00	计算机
	990003	吴忠	男	21	1986-04-12 00:00:00	工商管理
	990012	张忠和	男	22	1985-08-28 00:00:00	艺术

图 6.9 IN 子查询在两表查询中的应用

同样,该 IN 子查询可以用连接查询来实现,语句如下:

```
SELECT STUDENT. *
FROM STUDENT JOIN SC
ON STUDENT. SNO = SC. SNO
WHERE SC. GRADE > 80
```

在涉及三个及以上的表时,IN 子查询也可以实现其查询功能。例如,在学生表 STUDENT、学生选课表 SC 和课程表 COURSE 中,要选取出选修了课程“数据结构”的所有学生的信息。

分析:该查询涉及三个表,其操作步骤如下:

(1) 在 COURSE 表中选取课程“数据结构”所对应的课程号 CNO,其实现语句为:

```
SELECT CNO FROM COURSE WHERE CNAME = '数据结构'
```

(2) 根据取得的 CNO 在学生选课表 SC 中取得对应的学生学号 SNO,由于选修该课程的学生不止一人,所以此处的返回结果是一个集合,其实现语句为:

```
SELECT SNO FROM SC WHERE CNO = 课程" 数据结构"CNO
```

(3) 根据在学生选课表 SC 取得的 SNO 在学生表 STUDENT 中查找对应的 SNO,找到该记录并返回显示所有信息。其实现语句为:

```
SELECT * FROM STUDENT WHERE SNO IN (取得 SNO 集合)
```

将上述分析结果综合起来,即得该查询的实现语句如下:

```
SELECT *
FROM STUDENT
WHERE SNO IN (SELECT SNO
              FROM SC
              WHERE CNO = (SELECT CNO
                           FROM COURSE
                           WHERE CNAME = '数据结构'))
```

上述语句中使用了嵌套子查询,这将在后续小节中继续介绍。根据子查询的执行流程,先从最里面的子查询开始执行,其执行流程如下:

(1) 执行子查询 SELECT CNO FROM COURSE WHERE CNAME='数据结构',该子查询获取课程“数据结构”对应课程号,返回值 CNO 为“003”。

(2) 执行子查询 SELECT SNO FROM SC WHERE CNO=003,该子查询获取选修了 003 号课程的学生学号,返回值为集合(“990001”,“990026”)。

(3) 执行外部查询 SELECT * FROM STUDENT WHERE SNO IN('990001','990026'),该查询返回所有符合条件的记录。因此,返回结果如图 6.10 所示。

	SNO	SNAME	SGENTLE	SAGE	SBIRTH	SDEPT
▶	990001	张三	男	20	1987-08-04 00:00:00	计算机
	990026	陈维加	女	21	1986-07-01 00:00:00	计算机

图 6.10 IN 子查询在多表查询中的应用

同样，上述子查询也可以通过连接查询来实现，语句如下：

```
SELECT STUDENT. *
FROM STUDENT JOIN SC
ON STUDENT.SNO = SC.SNO
JOIN COURSE
ON SC.CNO = COURSE.CNO
WHERE COURSE.CNAME = '数据结构'
```

一般来说，在具体应用中，如果能用子查询实现的查询，一般不用连接查询。这是因为子查询更符合人们的思维习惯，其语句可读性更强。更重要的是，子查询的执行效率要高于连接查询，这对于数据量大的数据表来说是非常重要的。

6.3.3　EXISTS 子查询

在 SQL 中，关键字 EXISTS 代表存在量词"∃"。带有 EXISTS 谓词的子查询不返回任何实际数据，其只产生逻辑真值 TRUE 或逻辑假值 FALSE。其语法如下：

```
WHERE [NOT] EXISTS (subquery)
```

其中，参数说明如下：

- EXISTS——判断子查询的返回值，如果其值为空，则返回 FALSE，否则返回 TRUE。
- [NOT]——对 IN 取反，表示 expression 的取值不可以为子查询返回结果中的任意一个。
- subquery——表示返回一个值的子查询。

结合外部查询，包含 EXISTS 子查询的 SELECT 语句的基本语法格式如下所示：

```
SELECT 列列表
FROM 表名
WHERE EXISTS(SELECT *
FROM 表名
WHERE 条件)
```

例如，在学生表 STUDENT 和学生选课表 SC 中，选出选修了课程号为"001"课程的所有学生的全部信息。

分析：在该查询中，首先在学生选课表 SC 中选出选修了课程 001 的所有 SNO，然后在 STUDENT 表中找到对应记录，返回其全部字段信息即可。读者可以看出，该查询可以用 IN 子查询来实现，其实现语句为：

```
SELECT *
FROM STUDENT
WHERE SNO IN (SELECT SNO
              FROM SC
              WHERE CNO = '001')
```

然后，根据 EXISTS 子查询的思路，该查询也可以通过 EXISTS 子查询来实现，其语句如下：

```
SELECT *
FROM STUDENT
WHERE EXISTS (SELECT *
          FROM SC
          WHERE SNO = STUDENT.SNO AND CNO = '001')
```

可以看出，与 IN 子查询不同的是，使用 EXISTS 子查询是把比较 SNO 的操作放在了子查询中，使用 WHERE 子句作为条件表达式处理。该语句的执行流程如下：

(1) 在 STUDENT 表中依次取每条记录的 SNO 值，用该值去检查 SC 表的 WHERE 条件。

(2) 如果 SC 表中存在这样的记录：其 SNO 值等于此 STUDENT. SNO 值，并且其 CNO 值为 001，则取此记录 SNO 对应 STUDENT 中的记录返回。

(3) 依次循环，一直到 STUDENT 表中所有记录比较完成。

根据上述执行结果，该查询返回结果如图 6.11 所示。

	SNO	SNAME	SGENTLE	SAGE	SBIRTH	SDEPT
▶	990003	吴忠	男	21	1986-04-12 00:00:00	工商管理
	990026	陈维加	女	21	1986-07-01 00:00:00	计算机

图 6.11 EXISTS 子查询应用

通过上述示例可以看出，使用 IN 子查询的查询语句可以用 EXISTS 子查询代替。事实上，所有带 IN 谓词、比较运算符以及下一小节要介绍的 ANY 和 ALL 谓词的子查询都能用带 EXISTS 谓词的子查询等价替换，但并不是所有的 EXISTS 子查询都能被其他子查询替代。

6.3.4 EXISTS 子查询典型应用

由于 EXISTS 子查询几乎可以取代所有其余的子查询，因此，本节专门来讨论 EXISTS 子查询在不同具体情况中的应用。

EXISTS 可应用在针对单表的查询中，替代单值比较子查询。例如，在 STUDENT 中找出与学生“张三”在同一个系的所有学生的信息。

分析：该查询可以使用单值比较子查询来实现。首先在 STUDENT 表中找出学生“张三”所在的系，再检索 STUDENT 表其余记录的 SDEPT 值，将相同的记录返回输出。其实现语句为：

```
SELECT *
FROM STUDENT
WHERE SDEPT = (SELECT SDEPT
          FROM STUDENT
          WHERE SNAME = '张三')
```

根据 EXISTS 子查询的语法格式，将上述条件谓词 SDEPT =(子查询)放在 EXISTS 子查询中实现即可，语句如下：

```
SELECT *
FROM STUDENT S1
WHERE EXISTS (SELECT *
              FROM STUDENT S2
              WHERE S1.SDEPT = S2.SDEPT AND S2.SNAME = '张三')
```

需要注意的是，上述语句使用了别名，在外查询中为 STUDENT 表指定了别名 S1，子查询中为 STUDENT 指定别名 S2，这是因为在子查询中，必须对该表中的同一字段进行比较，为不引起混淆，必须使用别名加以区别。执行上述两个语句，其返回值均相同，如图 6.12 所示。

	SNO	SNAME	SGENTLE	SAGE	SBIRTH	SDEPT
▶	990001	张三	男	20	1987-08-04 00:00:00	计算机
	990026	陈维加	女	21	1986-07-01 00:00:00	计算机
	990028	李莎	女	21	1986-10-21 00:00:00	计算机

图 6.12 EXISTS 子查询替代单值比较子查询

同样，EXISTS 可应用在针对单表的查询中，替代 IN 子查询。例如，学生表 STUDENT 中存在两个姓名为"陈林"的学生，现要找出与他们在同一个系的学生信息。

分析：已经得知 STUDENT 中存在不止一个姓名为"陈林"的学生，因此，子查询的返回值不是单值，不能使用单值比较子查询，必须使用 IN 子查询。语句如下：

```
SELECT *
FROM STUDENT
WHERE SDEPT IN (SELECT SDEPT
                FROM STUDENT
                WHERE SNAME = '陈林')
```

根据 EXISTS 子查询的语法格式，将上述条件谓词 SDEPT IN(子查询)放在 EXISTS 子查询中实现即可，语句如下：

```
SELECT *
FROM STUDENT S1
WHERE EXISTS (SELECT *
              FROM STUDENT S2
              WHERE S1.SDEPT = S2.SDEPT AND S2.SNAME = '陈林')
```

此处使用 EXISTS 子查询的原理和实现均与上一示例相同，在单表查询中应用 EXISTS 子查询，一般都需使用为表指定别名加以区别。上述两个语句返回结果相同，如图 6.13 所示。

	SNO	SNAME	SGENTLE	SAGE	SBIRTH	SDEPT
▶	990002	陈林	女	19	1988-05-21 00:00:00	外语
	990005	陈林	女	20	1987-02-16 00:00:00	体育

图 6.13 EXISTS 子查询替代 IN 子查询

此外，EXISTS 在多表查询中的应用也很广泛。例如，在学生表 STUDENT 和学生选课表 SC 中找出所有没有选修课程 001 的学生基本信息。

分析：该查询应首先在 SC 表中找出选修了 001 课程的 SNO，再在 STUDENT 找出除这些 SNO 之外的其余对应记录并将其返回。其实现语句如下：

```
SELECT *
FROM STUDENT
WHERE SNO NOT IN (SELECT SNO
                  FROM SC
                  WHERE CNO = '001')
```

此处应用到了 NOT IN 谓词，其中子查询找出的是选修了 001 号课程的学生学号，主查询在 STUDENT 表中排除这些学号，取其余 SNO 对应的记录返回。根据 EXISTS 子查询的查询方式，将连接谓词放在子查询的 WHERE 条件中，将上述 NOT IN 语句改写如下：

```
SELECT *
FROM STUDENT
WHERE NOT EXISTS (SELECT SNO
                  FROM SC
                  WHERE STUDENT.SNO = SC.SNO AND CNO = '001')
```

此处应用到了 NOT EXISTS 谓词，其当子查询返回结果不空时，返回假值 FALSE，返回结果为空时，返回真值 TRUE。上述两个语句的返回结果相同，如图 6.14 所示。

	SNO	SNAME	SGENTLE	SAGE	SBIRTH	SDEPT
▶	990001	张三	男	20	1987-08-04 00:00:00	计算机
	990002	陈林	女	19	1988-05-21 00:00:00	外语
	990005	陈林	女	20	1987-02-16 00:00:00	体育
	990012	张忠和	男	22	1985-08-28 00:00:00	艺术
	990028	李莎	女	21	1986-10-21 00:00:00	计算机

图 6.14 NOT EXISTS 在多表查询中的应用

在该示例查询分析的考虑上，许多读者对示例的分析方式有些误解，有些读者认为首先应该在 SC 表找出没有选修课程 001 的 SNO，再在 STUDENT 找出这些 SNO 对应的记录并将其返回。其实现语句如下：

```
SELECT *
FROM STUDENT
WHERE SNO IN (SELECT SNO
              FROM SC
              WHERE CNO <>'001')
```

执行上述语句,可以看到其返回值如图 6.15 所示。

SNO	SNAME	SGENTLE	SAGE	SBIRTH	SDEPT
990001	张三	男	20	1987-08-04 00:00:00	计算机
990012	张忠和	男	22	1985-08-28 00:00:00	艺术
990026	陈維加	女	21	1986-07-01 00:00:00	计算机
990028	李莎	女	21	1986-10-21 00:00:00	计算机

图 6.15 错误的返回结果

可以看出,其返回的结果比上述采用 NOT EXISTS 子查询的返回结果少了一条记录,即学号为"990005"的学生记录,这是因为该学生没有选修任何课程,在 SC 表中没有记录。因此,上述语句是错误的,此处应该采用 NOT IN 或 NOT EXISTS 子查询来实现。

6.3.5 EXISTS 子查询注意事项

从上述各节的示例中可以看出,EXISTS 子查询几乎可以取代前面所学的任意一个子查询。因此其应用是非常广泛的。在具体的使用中,读者应注意如下几个事项:

- 使用存在量词 EXISTS 后,若内层子查询结果返回非空,则外层的 WHERE 子句返回真值 TRUE,否则返回假值 FALSE。
- 使用存在量词 NOT EXISTS 后,若内层子查询结果返回非空,则外层的 WHERE 子句返回假值 FALSE,否则返回真值 TRUE。
- 由 EXISTS 引出的子查询,其目标列表达式通常都用 *,因为 EXISTS 的子查询只返回真值或假值,给出列名亦无实际意义。

通过上述示例读者也可以发现,EXISTS 子查询的执行与前面学习的单值比较子查询、IN 子查询都不同,即子查询的查询条件依赖于外层父查询的某个属性值(例如上述示例中依赖于 STUDENT 表的 SNO 值、SDEPT 值等),这类子查询为相关子查询(Correlated Subquery)。关于相关子查询的具体内容将在 6.5 节中具体介绍。

6.4 带有 ANY 或 ALL 谓词的子查询

在学习以上几种子查询后,读者对子查询的实现及思维方式都有了一定的了解,本节再介绍一种在比较运算符上扩充的进行多值比较的子查询,这也是在实际应用中使用较多的一种,即带有 ANY 或 ALL 谓词的子查询。

在 SQL 中,ANY 和 ALL 谓词都有其各自的语义,具体如下:

- ANY——表示任意一个值。
- ALL——表示所有值。

在子查询中,这两个谓词不能单独使用,必须与比较运算符一起使用。根据比较运算符不同的符号,与 ANY 和 ALL 谓词的组合,其说明如表 6.4 所示。

表 6.4　比较运算符与 ANY 和 ALL 谓词的组合

组合谓词	说　明
> ANY	大于子查询结果中的某个值
> ALL	大于子查询结果中的所有值
< ANY	小于子查询结果中的某个值
< ALL	小于子查询结果中的所有值
>= ANY	大于等于子查询结果中的某个值
>= ALL	大于等于子查询结果中的所有值
<= ANY	小于等于子查询结果中的某个值
<= ALL	小于等于子查询结果中的所有值
= ANY	等于子查询结果中的某个值
=ALL	等于子查询结果中的所有值(通常没有实际意义)
<>ANY	不等于子查询结果中的某个值
<>ALL	不等于子查询结果中的任何一个值

6.4.1　带有 ANY 谓词的子查询

带有 ANY 谓词的子查询表示的是与子查询结果中的任意一个值进行比较。例如，在学生表 STUDENT 中，要求查询出其他系中比计算机系某一个学生年龄小的学生所有信息。该示例中就可以使用带有 ANY 谓词的子查询，实现语句如下：

```
SELECT *
FROM STUDENT
WHERE SDEPT <>'计算机'
  AND SAGE < ANY(SELECT SAGE
            FROM STUDENT
            WHERE SDEPT = '计算机')
```

该语句的执行过程如下：

(1) 处理子查询 SELECT SAGE FROM STUDENT WHERE SDEPT='计算机'，即找出计算机系中所有学生的年龄，形成一个集合(20,21,21)。

(2) 处理外部查询，找出所有不是计算机系并且年龄小于 20 或 21 的所有学生，并将其结果返回。

该语句的返回结果如图 6.16 所示。

	SNO	SNAME	SGENTLE	SAGE	SBIRTH	SDEPT
▶	990002	陈林	女	19	1988-05-21 00:00:00	外语
	990005	陈林	女	20	1987-02-16 00:00:00	体育

图 6.16　带有 ANY 谓词的子查询应用

需要注意的是，返回结果中两条记录的年龄都为 19，都小于集合中的 20 或 21，但是，如果 STUDENT 中还存在一条记录，其年龄为 20，并且不是计算机系学生，那么该记录也会被返回显示。因为年龄 20 是小于集合中 21 这个数字的。

例如，将上述示例改为在学生表 STUDENT 中，要求查询出所有比计算机系某一个学生年龄小的学生所有信息。实现语句如下：

```
SELECT *
FROM STUDENT
WHERE SAGE < ANY(SELECT SAGE
                 FROM STUDENT
                 WHERE SDEPT = '计算机')
```

返回结果如图 6.17 所示。

	SNO	SNAME	SGENTLE	SAGE	SBIRTH	SDEPT
▶	990001	张三	男	20	1987-08-04 00:00:00	计算机
	990002	陈林	女	19	1988-05-21 00:00:00	外语
	990005	陈林	女	20	1987-02-16 00:00:00	体育

图 6.17　带有 ANY 谓词的子查询应用

可以看到，年龄为 20 岁的学生信息也被返回，因为子查询返回的集合为(20,21,21)，而年龄为 20 小于其中的 21，因此该信息被返回。

事实上，上述示例的实现也可以采用带有聚合函数的子查询来实现。由于返回值要小于集合中的任意一个值，那么只需要取该集合中的最大值，让表中所有年龄小于该最大值即可。例如，针对上述示例：查询出所有比计算机系某一个学生年龄小的学生所有信息，使用聚合函数 MAX 找出计算机系年龄最大的学生年龄即可，其实现语句如下所示：

```
SELECT *
FROM STUDENT
WHERE SAGE < (SELECT MAX(SAGE)
              FROM STUDENT
              WHERE SDEPT = '计算机')
```

一般来说，使用聚合函数实现子查询通常比直接用 ANY 子查询的执行效率要高，因为前者通常能够减少比较次数。

6.4.2　带有 ALL 谓词的子查询

带有 ANY 谓词的子查询表示的是与子查询结果中的任意一个值进行比较。例如，在学生表 STUDENT 中，要求查询出其他系中比计算机系所有学生年龄都小的学生所有信息。该示例中就可以使用带有 ALL 谓词的子查询，实现语句如下：

```
SELECT *
FROM STUDENT
WHERE SAGE < ALL(SELECT SAGE
                 FROM STUDENT
                 WHERE SDEPT = '计算机')
      AND SDEPT <> '计算机'
```

该语句的执行过程如下：

(1) 处理子查询，使用语句 SELECT SAGE FROM STUDENT WHERE SDEPT='计算机'，即找出计算机系中所有学生的年龄，形成一个集合(20,21,21)。

(2) 处理外部查询，找出所有不是计算机系的学生并且年龄小于 20 和 21 的所有学生，并将其结果返回。

该语句的返回结果如图 6.18 所示。

	SNO	SNAME	SGENTLE	SAGE	SBIRTH	SDEPT
▶	990002	陈林	女	19	1988-05-21 00:00:00	外语

图 6.18 带有 ANY 谓词的子查询应用

可以看出，上述实例中带有 ANY 谓词的子查询要找出的是小于集合中任意一个数值，也就表示其需要小于集合中的最小值。因此，该语句就可以用带有聚合函数 MIN 的子查询实现，其实现语句如下所示：

```
SELECT *
FROM STUDENT
WHERE SAGE < (SELECT MIN(SAGE)
             FROM STUDENT
             WHERE SDEPT = '计算机')
      AND SDEPT <>'计算机'
```

返回结果与图 6.18 相同。

如果将上述示例改成在学生表 STUDENT 中，要求查询出其他系中比计算机系所有学生年龄都大的学生所有信息，来看一下其实现语句。

```
SELECT *
FROM STUDENT
WHERE SAGE > ALL(SELECT SAGE
               FROM STUDENT
               WHERE SDEPT = '计算机')
      AND SDEPT <>'计算机'
```

该语句的执行是找出子查询的返回结果(20,21,21)后，在外部查询中返回不是计算机系的年龄大于该集合中任意一个值的所有信息，也就表示返回的记录中年龄字段需要大于该集合中的最大值 21。其返回结果如图 6.19 所示。

	SNO	SNAME	SGENTLE	SAGE	SBIRTH	SDEPT
▶	990012	张忠和	男	22	1985-08-28 00:00:00	艺术

图 6.19 带有 ANY 谓词的子查询应用

同样，此处可以使用带有聚合函数 MAX 的子查询来实现，语句如下：

```
SELECT *
FROM STUDENT
WHERE SAGE < (SELECT MAX(SAGE)
              FROM STUDENT
              WHERE SDEPT = '计算机')
      AND SDEPT <>'计算机'
```

其返回结果与图 6.19 相同。

从上述两个示例可以看出，带有 ANY 或 ALL 谓词的子查询与比较运算符在一起使用，其与聚合函数之间存在一定的关系。其关系如表 6.5 所示。

表 6.5　ANY、ALL 谓词与聚集函数、IN 谓词的等价转换关系

	=	<>	<	<=	>=	>=
ANY	IN	—	<MAX	<=MAX	>MIN	>=MIN
ALL	—	NOT IN	<MIN	<=MIN	>MAX	>=MAX

6.5　相关子查询

在 6.3.3 节介绍 EXISTS 子查询时，提到过相关子查询的概念。本节将重点介绍相关子查询的相关内容。

与其余不相关子查询不同，相关子查询依赖于外部查询。外部查询和子查询是有联系的，尤其是在子查询的 WHERE 语句中更是如此。相关子查询的工作方式是：在子查询中找到外部查询的参考时执行外部查询，此时将结果返回给子查询。然后在外部查询返回的结果集上执行子查询操作。

所谓相关子查询，是指求解相关子查询不能像求解不相关子查询那样，一次将子查询求解出来，然后求解父查询。相关子查询的内层查询由于与外层查询有关，因此必须反复求值。从概念上讲，相关子查询的一般处理过程是：

(1) 取外层查询中 FROM 后的表的第一个元组，根据其与内层查询相关的属性值处理内层查询，将结果返回。

(2) 检查外查询中 FROM 后的表的下一个元组。

(3) 重复这一过程，直至外查询中 FROM 后的表全部检查完毕。

6.5.1　比较运算符引入相关子查询

许多查询都可以通过执行一次子查询并将得到的值代入外部查询的 WHERE 子句中进行计算。在包括相关子查询(也称为重复子查询)的查询中，子查询依靠外部查询获得值。这意味着子查询是重复执行的，为外部查询可能选择的每一行均执行一次。

前面提到了通过谓词 EXISTS 子查询实现的相关子查询。事实上，通过比较运算符也可以引入相关子查询。例如，查询选修了 003 号课程并且分数在 80 分以上的所有学生信息。

分析：根据前面第 2.5.1 节内容的学习，可以知道，该查询首先应该在 SC 表中找出选修了 003 号课程并且分数大于 80 分的对应 SNO，再根据 SNO 在 STUDENT 表中找到对应记录并返回，由于此处表中只有一条记录符合条件，所以可以使用单值比较子查询，其实现语句是：

```
SELECT *
FROM STUDENT
WHERE SNO = (SELECT SNO
            FROM SC
            WHERE GRADE > 80 AND CNO = '003')
```

该语句的执行过程为：

(1) 处理子查询，找出在学生选课表 SC 中，所有符合条件 GRADE＞80 AND CNO＝'003'的SNO 值，其只有一个值符合条件，为"990001"。

(2) 返回外部查询，找出在学生表 STUDENT 中，SNO 值为"990001"的记录，将其返回输出。查询结束。

这是一个很典型的非相关子查询执行过程。但是，该示例给出分数大于 80 分，这是一个明确的数字，根据相关子查询的查询思路，也可以通过如下语句来实现该示例：

```
SELECT *
FROM STUDENT
WHERE 80 <= (SELECT GRADE
            FROM SC
            WHERE STUDENT.SNO = SC.SNO AND CNO = '003' )
```

该语句的执行过程与非相关子查询的过程完全不同，其过程为：

(1) 从外部查询的 STUDENT 表中取出第一条记录的 SNO 值，进入子查询中，比较其 WHERE 子句的条件 STUDENT. SNO＝SC. SNO AND CNO＝'003'，符合则返回 GRADE 成绩。

(2) 返回外部查询，判断外部查询的 WHERE 子句条件 80＜＝返回的 GRADE，如果条件为 TRUE，则返回第一条记录。

(3) 从外部查询的 STUDENT 表取第二条记录，重复上述操作，直到所有外部查询中的 STUDENT 表中记录取完。

上述两条语句的返回值相同，如图 6.20 所示。

	SNO	SNAME	SGENTLE	SAGE	SBIRTH	SDEPT
▸	990001	张三	男	20	1987-08-04 00:00:00	计算机

图 6.20 比较运算符引入相关子查询

读者也可以再对应该章前面的其他示例，来进行相关子查询的验证。这两种查询实现了相同的功能，只是处理过程不同，返回结果都是相同的。

6.5.2 含有聚合函数的相关子查询

为了让读者更好地理解相关子查询在实际应用中的使用，本节再给出在具体环境中应用很多的含有聚合函数的相关子查询的实现。

例如，查询至少选修了2门课程的学生所有信息。

分析：根据相关子查询的分析方式，该查询的实现应先从STUDENT表中取出一条记录的SNO值，与SC表中的SNO值进行比较，如果其存在，并且有至少两条记录，那么就将该SNO值对应的学生记录返回。再接着在STUDENT中取下一条记录的SNO值，至少具有两条记录的计算就必须通过聚合函数COUNT来实现。其实现语句如下：

```
SELECT *
FROM STUDENT
WHERE 2 <= (SELECT COUNT( * )
            FROM SC
            WHERE STUDENT.SNO = SC.SNO)
```

对比STUDENT表和SC表，来分析上述语句的执行过程：

(1) 从外部查询中的STUDENT表中取出第一条记录的SNO值为"990001"，进入子查询中的WHERE条件语句，判断在SC表中是否有记录值满足STUDENT.SNO=SC.SNO条件。如果符合的话，则对其进行COUNT统计操作。

(2) 返回外部查询，判断子查询的返回结果是否符合外部查询中WHERE子句的条件，也即判断COUNT()>=2是否成立，如果成立则将取得的第一条记录SNO值"990001"对应的学生信息返回，即返回("990001","张三","男",20,1987-8-4,"计算机")记录。

(3) 取外部查询中的STUDENT表的第二条记录的SNO值为"990002"，进入子查询，判断其是否满足子查询的条件。

(4) 重复进行上述操作，直到外部查询中的STUDENT表全部记录取完为止。

执行上述语句后，返回结果如图6.21所示。

	SNO	SNAME	SGENTLE	SAGE	SBIRTH	SDEPT
▶	990001	张三	男	20	1987-08-04 00:00:00	计算机
	990012	张忠和	男	22	1985-08-28 00:00:00	艺术
	990026	陈维加	女	21	1986-07-01 00:00:00	计算机

图6.21 含有聚合函数的相关子查询

又如，在学生表STUDENT和学生选课表SC中找出所有学生选修的课程其平均成绩大于75分的学生所有信息。

根据相关子查询的分析方法，在外部查询中采用比较运算符引入相关子查询，在子查询中采用聚合函数AVG来计算平均值，实现语句如下：

```
SELECT *
FROM STUDENT
WHERE 75 <= (SELECT AVG(GRADE)
             FROM SC
             WHERE STUDENT.SNO = SC.SNO)
```

返回结果如图 6.22 所示。读者对应数据表可以看出，只选修了一门课程或只有一门课程有成绩的学生，该课程成绩即为其平均成绩，选修了多门课程的学生或有多门成绩的学生则计算其平均成绩。

	SNO	SNAME	SGENTLE	SAGE	SBIRTH	SDEPT
▶	990001	张三	男	20	1987-08-04 00:00:00	计算机
	990003	吴忠	男	21	1986-04-12 00:00:00	工商管理
	990026	陈维加	女	21	1986-07-01 00:00:00	计算机

图 6.22 含有聚合函数的相关子查询

6.5.3 谓词 IN 引入相关子查询

与上述的比较运算符引入相关子查询相比，使用谓词 IN 也可以引入相关子查询，而且其子查询可以返回多个值。

例如，在学生表 STUDENT 和学生选课表 SC 中找出所有学生选修了课程 001 的学生学号、姓名、性别、年龄和所属系部信息。

分析：根据相关子查询的分析思路，可以直接将该查询实现的相关子查询语句写出，但是要注意的是，选修了课程 001 的学生可能有多个，因此不能使用比较运算符引入相关子查询，否则将出现如图 6.23 所示的错误信息。

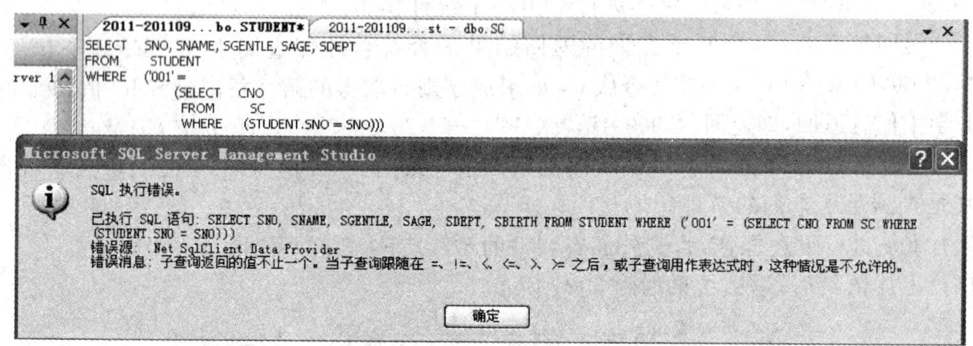

图 6.23 错误信息

因此，针对相关子查询的返回结果有可能多于一个的情况，应该使用谓词 IN 来引入相关子查询。该示例的实现语句如下：

```
SELECT SNO,SNAME,SGENTLE,SAGE,SDEPT
FROM STUDENT
WHERE '001' IN (SELECT CNO
            FROM SC
            WHERE STUDENT.SNO = SC.SNO)
```

该语句的执行流程如下：

(1) 从外部查询中的 STUDENT 表中取出第一条记录的 SNO 值为“990001”，进入子查询中的 WHERE 条件语句，判断在 SC 表中是否有记录值满足 STUDENT.SNO＝SC.SNO 条件。如果符合，则返回对应 CNO 值。

(2) 返回外部查询,判断子查询的返回结果是否符合外部查询中 WHERE 子句的条件,也即判断 001 是否在学生"990001"所选的课程中,如果是则将取得的第一条记录 SNO 值为"990001"所对应的学生信息返回,即返回("990001","张三","男",20,"计算机")记录。

(3) 取外部查询中的 STUDENT 表的第二条记录的 SNO 值为"990002",进入子查询,判断其是否满足子查询的条件。

(4) 重复进行上述操作,直到外部查询中的 STUDENT 表全部记录取完为止。返回结果如图 6.24 所示。

	SNO	SNAME	SGENTLE	SAGE	SDEPT
▶	990003	吴忠	男	21	工商管理
	990026	陈维加	女	21	计算机

图 6.24 谓词 IN 引入相关子查询

可以注意到,上述示例其实也可以采用连接查询中的等值查询来实现。实现语句为:

```
SELECT STUDENT.SNO,STUDENT.SNAME,STUDENT.SGENTLE,STUDENT.SAGE,STUDENT.SDEPT
FROM STUDENT JOIN SC
ON STUDENT.SNO = SC.SNO
WHERE CNO = '001'
```

其执行结果与图 6.24 相同。由此可见,相关子查询可以产生与连接子句一样的结果集,而且连接可以使查询优化器以效率最高的方式查询数据。

6.5.4 HAVING 子句中使用相关子查询

相关子查询除了可以用在外部查询的 WHERE 子句中,还可以使用到 HAVING 子句中。因为 WHERE 子句和 HAVING 子句都是用于限定条件的,不同的是前者限定查询结果条件,后者限制组的条件。在 HAVING 子句中使用相关子查询的方法与前面提到的其他方法是一致的。此处给出其一般的语法格式如下:

```
SELECT 列名 1…聚合函数(列名 N)
FROM 表名
GROUP BY 列名
HAVING 条件 [比较运算符|IN|ANY|ALL]
(相关子查询)
```

例如,下列语句实现找出学生表 STUDENT 中平均年龄小于该系其中某一个学生的年龄,也即找出该表中人数至少有两人的系部及其平均年龄。

分析:查询系部和平均年龄,可以使用含有 GROUP BY 子句和 HAVING 子句来实现,在 HAVING 子句中加入相关子查询,用于取其中一个系中某一个学生的年龄。因为此处只针对单表,因此使用了表别名用于区分。实现语句如下:

```
SELECT AVG(SAGE),SDEPT
FROM STUDENT S1
GROUP BY S1.SDEPT
HAVING AVG(SAGE) < ANY
(SELECT SAGE
FROM STUDENT S2
WHERE S1.SDEPT = S2.SDEPT)
```

该语句的执行过程如下：

(1) 从外部查询中的STUDENT表中取出第一条记录的SDEPT值为"计算机"，进入子查询中的WHERE条件语句，判断在STUDENT表中是否有记录值满足S1.SDEPT=S2.SDEPT条件，即同一个系的学生，如果符合的话返回对应的SAGE值。

(2) 返回外部查询，判断子查询的返回结果是否符合外部查询中WHERE子句的条件，也即判断计算机系平均年龄是否比计算机系某一个学生的小，如果是则将取得的第一条记录SDEPT值"计算机"对应的平均年龄和系部返回。

(3) 重复上述操作，直到完成STUDENT表中所有系部的记录都匹配完成。因此，该语句的返回结果如图6.25所示。

	Expr1	SDEPT
▶	20	计算机

图6.25 HAVING子句中使用相关子查询

最后简单讨论一下相关子查询的执行效率。由于相关子查询中的子查询在外部查询返回的结果集上进行执行操作，其效率肯定下降。子查询的性能完全依赖于查询和有关的数据。但是，如果相关子查询的语句写得很有效率，则其执行性能能够优于那些使用几个连接和临时表的程序。

6.6 嵌套子查询

前面内容提到过，子查询是可以进行嵌套的，也即子查询中还可以再包含子查询。一般来说，嵌套最多层次不能超过32层，但有的子查询不支持32层的嵌套。所谓嵌套子查询，指的是子查询中还含有子查询的子查询。

嵌套子查询一般用于涉及3个及3个以上的数据表的查询时。例如，选取计算机系学生选修了"数据结构"课程的学生基本信息，并按年龄降序排列。

分析：该查询涉及了3个表，其每个需要操作的过程如下：

(1) 由于学生选课表SC中没有课程名称字段，因此首先在COURSE表中选取出"数据结构"课程对应的课程号CNO，实现语句为：

```
SELECT CNO
FROM COURSE
WHERE CNAME = '数据结构'
```

(2) 在SC表中选取出选修了课程号为003课程的学生的学号SNO值，这是因为学生的基本信息在STUDENT表中，只能通过SNO值取得，实现语句为：

```
SELECT SNO
FROM SC
WHERE CNO = '003'
```

(3) 在STUDENT表中根据第(2)步返回的SNO列表（“990001”，“990026”），取得所有学生其他信息，并将SDEPT＜＞'计算机'的记录排除，其余记录输出即可，其实现语句为：

```
SELECT *
FROM STUDENT
WHERE SNO IN('990001','990026') AND SDEPT = '计算机'
```

在执行时，应该按照步骤先执行第(1)个步骤，然后执行第(2)个，最后执行第(3)个步骤。因此，将这3个子句结合成子查询时，先执行的子查询应放在最里面。语句如下：

```
SELECT *
FROM STUDENT
WHERE SNO IN(SELECT SNO
             FROM SC
             WHERE CNO = (SELECT CNO
                          FROM COURSE
                          WHERE CNAME = '数据结构'))
      AND SDEPT = '计算机'
ORDER BY SAGE DESC
```

在执行上述语句时，其先从最里面的子查询开始执行，依次执行到最外部的查询，返回结果。其返回结果如图6.26所示。

	SNO	SNAME	SGENTLE	SAGE	SBIRTH	SDEPT
▸	990026	陈维加	女	21	1986-07-01 00:00:00	计算机
	990001	张三	男	20	1987-08-04 00:00:00	计算机

图6.26 嵌套子查询

根据第6章学习的连接查询内容，可以看出，该嵌套子查询事实上可以用多表连接查询来实现，其实现语句如下：

```
SELECT STUDENT.*
FROM STUDENT JOIN SC
ON STUDENT.SNO = SC.SNO
JOIN COURSE
ON COURSE.CNO = SC.CNO
WHERE STUDENT.SDEPT = '计算机'
AND COURSE.CNAME = '数据结构'
ORDER BY STUDENT.SAGE DESC
```

上述语句中，采用了3个表的连接查询，在显示结果中采用了ORDER BY子句排序。其返回结果与图6.25相同。

有些子查询并不是嵌套子查询，但其作为外部查询的条件，由多个子查询通过逻辑运算符组合而成，这种方式的子查询也值得注意。

例如，针对STUDENT、SC、COURSE这3个表，在实际应用中经常会碰到如下的应用，例如要求取出姓名"张忠和"的学生所选修课程"软件工程"的成绩。

分析：同样地，根据查询意图，将其一步一步分解：要取出成绩，首先需要在SC表找到对应的SNO和CNO才能确定一个唯一的成绩值GRADE。在COURSE表中找出课程名称"软件工程"对应的CNO，在STUDENT中找出姓名"张忠和"的学生对应的SNO，将这两个条件通过逻辑运算符AND连接起来，即得到了其成绩。实现语句如下：

```
SELECT *
FROM SC
WHERE SNO = (SELECT SNO
             FROM STUDENT
             WHERE SNAME = '张忠和')
AND CNO = (SELECT CNO
             FROM COURSE
             WHERE CNAME = '软件工程')
```

该语句并不是一个嵌套的子查询，但其外部查询中含有两个子查询作为WHERE子句的条件，这种子查询也是在实际中很常见的方式。其返回结果如图6.27所示。

	SNO	CNO	GRADE
▸	990012	007	81

图6.27 多子查询条件查询

在嵌套子查询时，需注意如下几个问题：

- 一个子查询必须放在圆括号中。
- 将子查询放在比较条件的右边以增加可读性。
- 子查询不包含ORDER BY子句。对一个SELECT语句只能用一个ORDER BY子句。
- ORDER BY子句可以使用，并且在进行Top-*N*分析时是必需的，并且如果指定了它就必须放在主SELECT语句的最后。

6.7 小结

本章主要介绍了子查询的相关内容，子查询是指放在外部查询的WHERE条件子句或HAVING条件子句中的，用于给外部查询提供返回结果的查询。本章着重介绍了3种子查询：单值比较子查询，其返回单个值；IN子查询，其返回一个值集合；EXISTS，其不返回具体值，而是根据子查询空或非空返回TRUE值或FALSE值。此外，本章还在前面3种子查询的基础上简要介绍了相关子查询的概念及其应用，最后概要性地讲解了嵌套子查询的原理和实现。子查询是本书SQL查询的最后一种形式，其实现也是较为复杂的，读者应仔细掌握该查询方法。

第7章 SQL函数

在 SQL 中，函数可以执行一些诸如对某一些元组进行汇总、求平均值，或将一个字符串中的字符转换为大写等操作。为方便介绍，根据函数实现的不同功能，在本章中将 SQL 支持的函数分为如下六类：

- 汇总函数。
- 日期/时间函数。
- 数学函数。
- 字符串函数。
- 转换函数。
- 其他函数。

这些函数都是为了方便 SQL 对数据进行进一步处理而设计的。其中，不同的数据库管理系统提供的函数稍有区别。

7.1 汇总函数

汇总函数是 SQL 中使用最多的一类函数，其实现对数据更加丰富的操作。ANSI SQL 92 标准中，提供了五个汇总函数：COUNT、SUM、AVG、MAX 和 MIN。目前，大多数的 SQL 解释器都支持这五个函数，但都对汇总函数进行了扩充。其中，有一些解释器提供的汇总函数名称与此处所提到的不一样，但功能都类似，应注意区分。

7.1.1 数据表实例

为方便本章内容的讲解，本节给出实例数据表。表 7.1 是一个学生基本信息表 TEST (SNO,SNAME,SGENTLE,SAGE,SBIRTH,SDEPT)，其中，SNO 为学号，SNAME 为学生姓名，SGENTLE 为学生性别，SAGE 为学生年龄，SBIRTH 为出生年月，SDEPT 为学生所在系部。

表 7.1 学生基本信息表 TEST

SNO	SNAME	SGENTLE	SAGE	SBIRTH	SDEPT
990001	张三	男	20	1987-8-4	计算机
990002	陈林	女	19	1988-5-21	外语
990003	吴忠	男	21	1986-4-12	工商管理

续表

SNO	SNAME	SGENTLE	SAGE	SBIRTH	SDEPT
990005	王冰	女	20	1987-2-16	体育
990012	张忠和	男	22	1985-8-28	艺术
990026	陈维加	女	21	1986-7-1	计算机
990028	李莎	女	21	1986-10-21	计算机

在 SQL Server 2008 的查询分析器中执行下列语句，将该表中所有元组均列出，如图 7.1 所示，以便讲解时与其对应。

```
SELECT * FROM TEST
```

SNO	SNAME	SGENTLE	SAGE	SBIRTH	SDEPT
990001	张三	男	20	1987-08-04 00:00:00	计算机
990002	陈林	女	19	1988-05-21 00:00:00	外语
990003	吴忠	男	21	1986-04-12 00:00:00	工商管理
990005	王冰	女	20	1987-02-16 00:00:00	体育
990012	张忠和	男	22	1985-08-28 00:00:00	艺术
990026	陈維加	女	21	1986-07-01 00:00:00	计算机
990028	李莎	女	21	1986-10-21 00:00:00	计算机

图 7.1　数据实例表

图 7.1 中的 SBIRTH 出生年月字段下的数据与表 7.1 有所不同，这是由于 SQL Server 2008 中使用了 SmallDatetime 数据类型，在出生年月后还增加了时间，这并不影响本章节后续内容的讲解。

7.1.2　COUNT

该函数将返回满足 WHERE 条件子句中记录的个数。例如，下列语句取出学生基本信息表 TEST 中所有计算机系学生的人数。

```
SELECT COUNT(SDEPT) FROM TEST WHERE SDEPT LIKE '计算机'
```

在 SQL Server 2008 的查询分析器中执行该查询语句，其结果如图 7.2 所示。

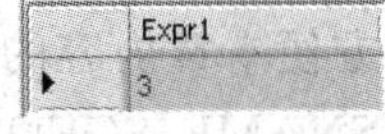

Expr1
3

图 7.2　COUNT 函数应用

上述语句统计出在表 TEST 中，计算机系学生人数为 3。注意到，返回结果中没有字段名，取而代之的是 SQL Server 2008 系统默认的“Expr1”。针对该情况，为方便用户更易于了解取到的数据代表的含义，通常使用别名来实现。将上述语句改写如下：

```
SELECT COUNT(SDEPT) NUMBER FROM TEST WHERE SDEPT LIKE '计算机'
```

执行上述语句后，其结果如图 7.3 所示。

事实上，对于带有 WHERE 子句的 SQL 查询语句来说，使用 COUNT(字段名)和

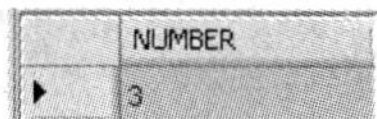

图 7.3 带有别名的 COUNT 函数应用

COUNT(*)的效果是一样的。例如,可将上述 SQL 语句改写如下:

```
SELECT COUNT( * ) NUMBER FROM TEST WHERE SDEPT LIKE '计算机'
```

执行上述语句,可发现其结果与图 7.3 相同。如果在使用 COUNT 函数时无 WHERE 子句,那么系统将会返回表中的所有记录的个数。如下列语句:

```
SELECT COUNT( * ) NUMBER FROM TEST
```

同样执行上述语句,其结果如图 7.4 所示。

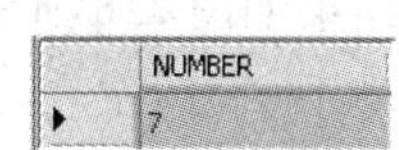

图 7.4 无 WHERE 子句的 COUNT 函数应用

在实际应用中,COUNT 函数通常与关键字 DISTINCT 一起使用,用于统计表中不重复的记录个数。关键字 DISTINCT 用于去除重复记录。例如,TEST 表中存在两条相同的记录,如表 7.2 所示。

表 7.2 学生基本信息表 TEST

SNO	SNAME	SGENTLE	SAGE	SBIRTH	SDEPT
990001	张三	男	20	1987-8-4	计算机
990001	张三	男	20	1987-8-4	计算机
990002	陈林	女	19	1988-5-21	外语
990003	吴忠	男	21	1986-4-12	工商管理
990005	王冰	女	20	1987-2-16	体育
990012	张忠和	男	22	1985-8-28	艺术
990026	陈维加	女	21	1986-7-1	计算机
990028	李莎	女	21	1986-10-21	计算机

如不使用 DISTINCT 关键字,返回的记录数为 8,即对相同的记录也统计了其数目,其使用语句与上同,返回结果 8。而实际应用中通常需要去除相同记录,使用如下语句后,返回记录数为去除重复后的个数 7。语句如下:

```
SELECT DISTINCT COUNT( * ) NUMBER FROM TEST
```

返回结果如图 7.4 所示。在许多应用中,统计需要的是不包含重复记录的结果,因此, DISTINCT 关键字的使用非常重要,应掌握其用法。

7.1.3 SUM

SUM 函数返回某一列的所有数值的和。例如,下列语句实现统计学生基本信息表 TEST 中所有学生的总年龄:

```
SELECT SUM(SAGE) FROM TEST
```

执行该语句后，其返回结果如图 7.5 所示。

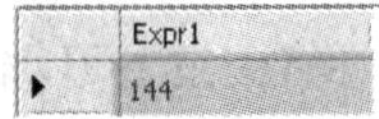

图 7.5 SUM 函数应用

与 COUNT 函数相同，SUM 函数也可使用别名，如

```
SELECT SUM(SAGE) SUMAGE FROM TEST
```

上述语句实现给所有学生的总年龄得到的结果以别名 SUMAGE 显示出来，执行该语句返回结果如图 7.6 所示。

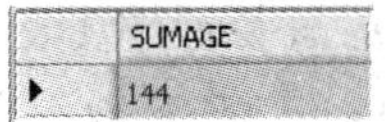

图 7.6 带别名的 SUM 函数应用

如果需要对满足某一具体条件的记录做统计操作，可使用 WHERE 子句来限制，如统计所有计算机系学生的总年龄，并以别名 JSJAGE 显示，实现语句如下：

```
SELECT SUM(SAGE) JSJAGE FROM TEST WHERE SDEPT LIKE '计算机'
```

返回结果如图 7.7 所示。

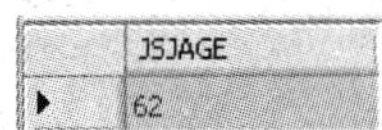

图 7.7 带 WHERE 子句的 SUM 函数应用

需要注意的是，SUM 函数只能处理数字，如果其处理目标不是数字，例如，对 TEST 表中的姓名属性 SNAME 做 SUM 操作，语句如下：

```
SELECT SUM(SNAME) SUMNAME FROM TEST
```

执行该语句后，系统将会显示信息如图 7.8 所示。这是因为此处的姓名 SNAME 字段是字符串数据类型，无法进行统计汇总操作。

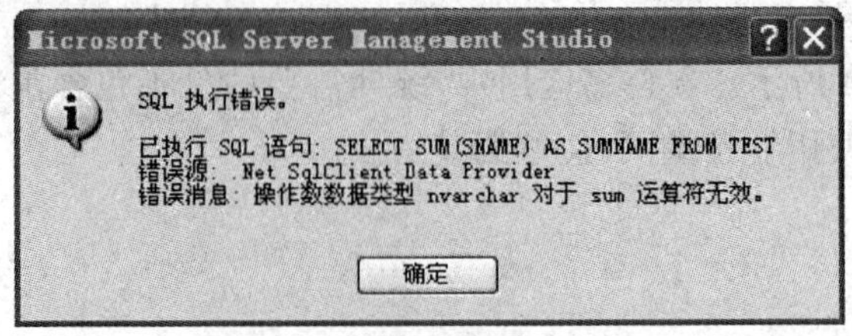

图 7.8 SUM 函数错误信息

SUM 函数也支持 DISTINCT 关键字，在对表 7.2 做汇总操作时，如果增加了 DISTINCT 关键字，使用如下语句，则统计汇总的总年龄是去除了重复记录的数目，否则包含该重复记录。

```
SELECT DISTINCT SUM(SAGE) SUMAGE FROM TEST
```

7.1.4 AVG

AVG 函数可以返回某一列的平均值。例如，要求计算学生基本信息表 TEST 中的所有学生的平均年龄，可使用如下语句：

```
SELECT AVG(SAGE) FROM TEST
```

使用别名 AVGAGE 显示后的语句如下，其执行结果如图 7.9 所示。

```
SELECT AVG(SAGE) AVGAGE FROM TEST
```

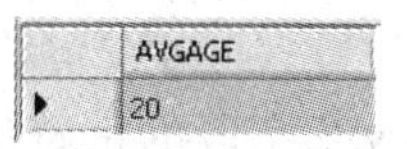

图 7.9 带别名的 AVG 函数应用

事实上，可通过如上的两个函数 COUNT 和 SUM 来实现 AVG 的功能，以 COUNT 函数统计 TEST 表中所有学生记录数，记为 S1，以 SUM 函数汇总所有学生总年龄，记为 S2，那么所有学生的平均年龄为：S2/S1。当然，此处的 COUNT 和 SUM 函数应用时都应加上关键字 DISTINCT，以免统计到重复的记录。与 SUM 函数一样，AVG 函数也只允许多数值型数据进行操作。

7.1.5 MAX

MAX 函数取出某一列的最大值。例如，要求取出并显示学生基本信息表 TEST 中所有学生中年龄最大的学生的年龄信息，可使用如下语句：

```
SELECT MAX(SAGE) FROM TEST
```

使用别名 MAXAGE 显示后的语句如下，其执行结果如图 7.10 所示。

```
SELECT MAX(SAGE) MAXAGE FROM TEST
```

需要注意的是，在许多实际应用中，用户需要知道的是满足最大值记录的其他信息，例如，要求取出 TEST 表中所有学生中年龄最大的学生的所有基本信息，不能使用如下的 SQL 语句实现：

图 7.10 带别名的 MAX 函数应用

```
SELECT * FROM TEST WHERE SAGE = MAX(SAGE)
```

上述语句是错误的，执行上述语句后系统会给出如图 7.11 所示的错误信息，因为

MAX 函数是不能在 WHERE 子句中使用的。实现上述功能的方法为引入子查询，这将在后续章节中详细介绍。

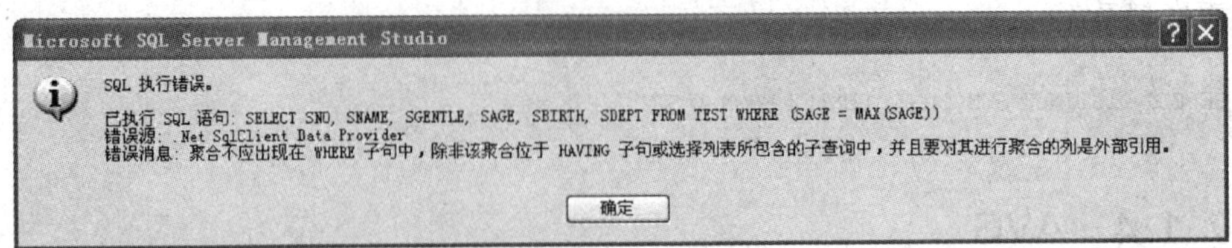

图 7.11 MAX 函数错误信息

此外，MAX 函数可用于非数值的数据中，例如，在针对表 TEST 的 SNAME 字段中，使用如下语句，返回的结果如图 7.12 所示。

```
SELECT MAX(SNAME) FROM TEST
```

图 7.12 MAX 函数对字符串的应用

可以看出，在如图 7.12 所示的结果中，系统返回的是姓名 SNAME 字段的字符串最大值。在对中文汉字进行比较时，系统比较其拼音字母，在 TEST 表中，“张忠和”是最大的。因此，在针对字符串数据类型的比较中，MAX 函数将取出最大字符串。

7.1.6 MIN

MIN 函数与 MAX 函数类似，其返回一列中的最小数值。例如，要求取出并显示学生基本信息表 TEST 中所有学生中年龄最小的学生的年龄信息，可使用如下语句：

```
SELECT MIN(SAGE) FROM TEST
```

使用别名 MAXAGE 显示后的语句如下，其执行结果如图 7.13 所示。

```
SELECT MIN(SAGE) MINAGE FROM TEST
```

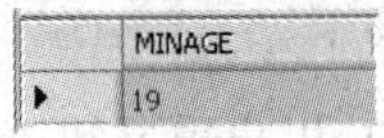

图 7.13 带别名的 MIN 函数应用

可以同时使用 MAX 和 MIN 函数以获得数值的界限，例如，取出 TEST 表中所有学生的最大年龄和最小年龄：

```
SELECT MIN(SAGE) MINAGE,MAX(SAGE) MAXAGE FROM TEST
```

执行上述语句后，SQL Server 2008 的查询分析器返回如图 7.14 所示的结果。

	MINAGE	MAXAGE
▸	19	22

图 7.14 用 MAX 和 MIN 函数获取数值界限

同样，要取出 TEST 表中最小年龄的学生信息也不能使用 MIN 函数，而只能通过子查询，这与 MAX 函数是一样的。MIN 函数也可以对字符串数据进行操作。

ANSI SQL 提供了上述 5 种标准汇总函数，而大多数据库公司推出的产品，诸如 Oracle、SQL Server 2008 等都对上述函数进行了扩展，具体内容可参考相关产品手册。

7.2 日期/时间函数

日期/时间函数用于对数据库中日期时间型数据进行操作，而大多 SQL 解释器都支持对日期时间型函数的解析。下面介绍的日期/时间函数都是以 Microsoft 公司的 SQL Server 2008 为蓝本，其支持的日期时间型函数如表 7.3 所示，其语法可能与其他数据库产品稍有不同。

表 7.3 日期时间型函数

函　　数	参数/功能
GetDate( )	返回系统目前的日期与时间
DateDiff (interval,date1,date2)	以 interval 指定的方式，返回 date2 与 date1 两个日期之间的差值 date2-date1
DateAdd (interval,number,date)	以 interval 指定的方式，加上 number 之后的日期
DatePart (interval,date)	返回日期 date 中，interval 指定部分所对应的整数值
DateName (interval,date)	返回日期 date 中，interval 指定部分所对应的字符串名称

7.2.1 GETDATE

GetDate 函数的功能是返回系统当前的日期和时间。其使用格式如下：

```
GetDate( )
```

在 SQL Server 2008 中需要获取系统当前日期时间，在查询分析器中执行如下语句，其返回结果如图 7.15 所示。

```
Select GETDATE() AS Expr1
```

从图 7.15 可以看出，GetDate 函数返回的日期时间数据精确到了毫秒。其使用的数据类型是 SQL Server 2008 中的 DATETIME 型。在实际的应用中，通常不需要这么精确的时间，或者只需要取日期，不需要时间，那么可以通过函数 CONVERT 来实现，例如，取出当前日期，并以 ANSI 标准输出，其实现语句如下：

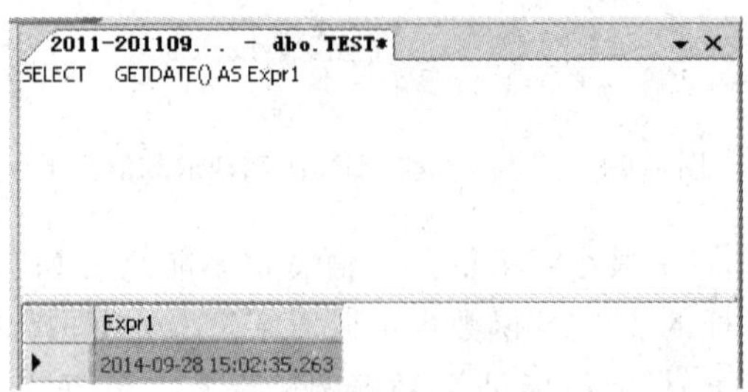

图 7.15 GetDate 函数返回当前日期时间

```
Select CONVERT(VARCHAR(30),GETDATE(),2)
```

执行该语句后，其返回结果如图 7.16 所示。

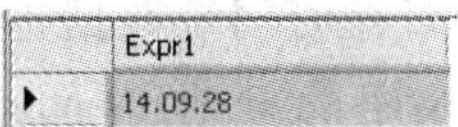

图 7.16 CONVERT 函数转换显示格式

上述语句 CONVERT(VARCHAR(30),GETDATE(),2)中，VARCHAR(30)为定义一个最大容量 30 个字符的字符串变量，GETDATE()获取当前日期时间，数字 2 表示的是以 ANSI 标准输出该格式。具体的数字所代表的输出标准及其格式如表 7.4 所示。

表 7.4 日期时间输出标准及其格式

类型值	标准	输出
0	Default	mon dd yyyy hh:miAM
1	USA	mm/dd/yy
2	ANSI	yy.mm.dd
3	British/French	dd/mm/yy
4	German	dd.mm.yy
5	Italian	dd-mm-yy
6	—	dd mon yy
7	—	Mon,dd,yy
8	—	hh:mi:ss
9	Default + milliseconds	mon dd yyyy hh:mi:ss:mmmAM
10	USA	mm-dd-yy
11	JAPAN	yy/mm/dd
12	ISO	yymmdd
13	Europe Default + milliseconds	dd mon yyyy hh:mi:ss:mmm(24h)
14	—	hh:mi:ss:mmm(24h)

其中，类型 0、9 和 13 总是返回四位的年。类型 13 和 14 返回 24 小时时钟的时间。类型 0、7 和 13 返回的月份用三位字符表示(例如，用 Nov 代表 November)。对表中所列的每一种格式，可以把类型值加上 100 来显示有世纪的年(例如，00 年将显示为 2008 年)。例如，要按日本标准显示包括世纪的日期，可使用如下的语句：

```
Select CONVERT(VARCHAR(30),GETDATE(),111)
```

在该示例中，函数 CONVERT 将日期格式进行转换，其显示结果如图 7.17 所示。

图 7.17 显示世纪的日期格式

在具体应用中，GetDate 函数可以用来作为 DATEDIME 型字段的默认值，这对插入记录时保存当时的时间是有用的。例如，要建立一个表，其中的记录包含当前的日期和时间，可以添加一个 DATETIME 型字段，指定其默认值为函数 GETDATE()的返回值，语句如下：

```
Create TABLE site_log (
username VARCHAR(40),
useractivity VARCHAR(100),
entrydate DATETIME DEFAULT GETDATE())
```

关于创建基本表的语句在第 8.2.1 节中还将做详细介绍。

7.2.2 DATEDIFF

DATEDIFF 函数返回跨两个指定日期的日期和时间边界数。该函数的格式如下：

```
DATEDIFF(INTERVAL,DATE1,DATE2)
```

该函数格式中，其参数是三个变量。第一个参数 INTERVAL 指定日期的某一部分，例如是按小时或是按天对日期进行比较，另外两个参数是要进行比较的时间。为了返回一个正数，较早的时间应该写在 DATE1 部分。

例如，需要返回两个日期相差的天数，可使用如下 SQL 语句：

```
SELECT DATEDIFF(DAY,'2014 - 09 - 01','2014 - 09 - 18')
```

其返回结果如图 7.18 所示。

上述语句是以天数来返回两个日期之间的差值，如果将第一个参数 DAY 改成 HOUR，则返回以小时计算的差值，语句及显示结果如图 7.19 所示。

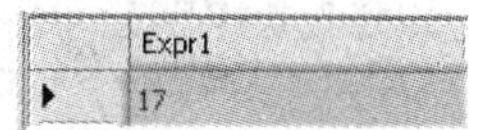

图 7.18 DATEDIFF 函数应用

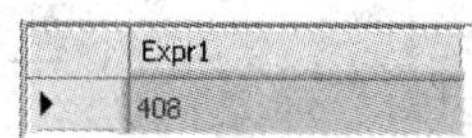

图 7.19 DATEDIFF 函数应用

由此可见，返回的差值以天数、小时或其他标准衡量都可由用户自行确定，只需更改该函数中的 INTERVAL 参数即可。在 SQL Server 中，有如表 7.5 所示的可选 INTERVAL 参数。

表 7.5 可选 INTERVAL 列表

值	简写	说　明	取值范围
Year	YY	年	1753～9999
Quarter	QQ	季	1～4
Month	MM	月	1～12
Day of year	DY	一年的日数,一年中的第几日	1～366
Day	DD	日	1～31
Weekday	DW	一周的日数,一周中的第几日	1～7
Week	WK	周,一年中的第几周	0～51
Hour	HH	时	0～23
Minute	MI	分钟	0～59
Second	SS	秒	0～59
Millisecond	MS	毫秒	0～999

该表中的可选列表参数对其他日期时间型函数的 INTERVAL 参数也同样有效,下面要介绍的 DATEADD 函数也使用到了该表中的参数。

7.2.3 DATEADD

该函数的功能是将给定的日期增加一个值。例如,在 SQL Server 中为给定的日期增加一个月,DATEADD 函数并不增加 30 天,而是简单地将月份加 1,其函数格式如下:

```
DATEADD(INTERVAL,NUMBER,DATETIME)
```

例如,将学生基本信息表 TEST 中所有学生的出生年月都往后推迟一个月,并将所有信息显示出来,可采用如下语句:

```
SELECT SNO,SNAME,SGENTLE,DATEADD(MM,1,SBIRTH) SBIRTH,SDEPT FROM TEST
```

上述语句执行后,其结果如图 7.20 所示。需要注意的是,该图中的 SBIRTH 字段并非原表 TEST 中的字段,而是增加一个月后的别名 SBIRTH。

SNO	SNAME	SGENTLE	SBIRTH	SDEPT
990001	张三	男	1987-0...	计算机
990002	陈林	女	1988-0...	外语
990003	吴忠	男	1986-0...	工商管理
990005	王冰	女	1987-0...	体育
990012	张忠和	男	1985-0...	艺术
990026	陈維加	女	1986-0...	计算机
990028	李莎	女	1986-1...	计算机

图 7.20 DATEADD 函数应用

可以看出,函数 DATEADD 的参数有三个变量。第一个变量 INTERVAL 代表日期的某一部分,上述语句中使用的代表月份的 MM,在第二个变量 NUMBER 指定了时间的间隔,在上述语句中是一个月。最后一个变量是一个日期时间型数据,在上述语句中,该参数是取自 TEST 表的 SBIRTH 字段。

7.2.4 DATEPART

DATEPART 函数返回代表指定日期的指定日期部分的整数。在许多实际情况下，只想得到日期和时间的一部分，而不是完整的日期和时间。为了抽取日期的特定部分，可以使用函数 DATEPART()，其函数格式如下：

```
DATEPART (INTERVAL,DATE)
```

在该格式中，其有两个参数，INTERVAL 制定要抽取日期的某一部分，DATE 为实际的日期数据。例如，下列语句抽取日期数据的月份。

```
SELECT DATEPART(MONTH, '2007 - 10 - 15')
```

上述语句中，INTERVAL 参数使用的是 MONTH，其所代表的是月份。关于 INTERVAL 参数具体的数值，可参阅表 7.3。

在学生基本信息表 TEST 中，要取所有学生的出生年份、姓名、性别等字段，可使用 DATEPART 函数，其语句和返回结果如图 7.21 所示。

```
SELECT SNO,SNAME,SAGE,DATEPART(YEAR,SBIRTH),SDEPT FROM TEST
```

SNO	SNAME	SAGE	Expr1	SDEPT
990001	张三	20	1987	计算机
990002	陈林	19	1988	外语
990003	吴忠	21	1986	工商管理
990005	王冰	20	1987	体育
990012	张忠和	22	1985	艺术
990026	陈维加	21	1986	计算机
990028	李莎	21	1986	计算机

图 7.21 DATEPART 函数应用

可以发现，其取得的年份以无列名的形式显示出来，如果需要其显示列名，可以以别名的形式显示，实现语句如下：

```
SELECT SNO,SNAME,SAGE,DATEPART(YEAR,SBIRTH) SYEAR,SDEPT FROM TEST
```

上述语句为 DATEPART(YEAR,SBIRTH)函数取得的年份赋予了 SYEAR 的列名，执行上述语句后可看到其效果，如图 7.22 所示。

此外，DATENAME 函数与 DATAPART 函数类似，不同的是其返回的是字符串而不是整数，其函数格式如下：

```
DATENAME (INTERVAL,DATE)
```

同样地，其中的参数 INTERVAL 制定要抽取日期的某一部分，其取值列表如表 7.3 所示。DATE 为实际的日期数据。

SNO	SNAME	SAGE	SYEAR	SDEPT
990001	张三	20	1987	计算机
990002	陈林	19	1988	外语
990003	吴忠	21	1986	工商管理
990005	王冰	20	1987	体育
990012	张忠和	22	1985	艺术
990026	陈維加	21	1986	计算机
990028	李莎	21	1986	计算机

图 7.22 使用别名的 DATEPART 函数应用

7.3 数学函数

SQL 支持的数学函数非常多,类似于过程化语言中所支持的函数。表 7.6 列出了所有的数学函数,可以发现,其定义和格式都与数学中的使用相差无几。

表 7.6 数学函数列表

函数名称	功能
ABS	绝对值
ACOS	反余弦
ASIN	反正弦
ATAN	反正切
ATAN2	反余切
CEIL	大于或等于指定值的最小整数
COS	余弦
COSH	反双曲
EXP	给指定数据的指数值
FLOOR	小于或等于指定值的最大整数
LN	自然对数
LOG(N)	以 N 为底的对数
LOG(10)	以 10 为底的对数
MOD	模
POWER	数据整数次幂
N/A	随机数
ROUND	圆整
SIGN	符号函数
SIN	正弦
SINH	正双曲
SQRT	平方根
TAN	正切
TRUNC	截断
GREATEST	最大
LEAST	最小
NVL	转化

上述函数并不是 ANSI SQL 的标准函数，其中有 T-SQL 支持的函数，也有 PL/SQL 所支持的函数。需要使用函数的时候，可在表中查询。这些函数的使用非常简单，此处不再赘述。

7.4 字符串函数

字符串函数对二进制数据、字符串和表达式执行不同的运算。此类函数作用于 CHAR、VARCHAR、BINARY、VARBINARY 数据类型以及可以隐式转换为 CHAR 或 VARCHAR 的数据类型。可以在 SELECT 语句的 SELECT 和 WHERE 子句以及表达式中使用字符串函数。表 7.7 列出的是 T-SQL 支持的常用字符串函数，其格式和使用与大多数的过程语言中的字符串函数类似。

表 7.7 字符串函数列表

函数名称	功 能
ASCII(character_expression)	返回最左端字符的 ASCII 代码值
LOWER(character_expression)	以字符串中的字符小写返回
UPPER(character_expression)	以字符串中的字符大写返回
LTRIM(character_expression)	截断左端英文空格
RTRIM(character_expression)	截断右端英文空格
LEN(string_expression)	返回字符(不是字节)个数，不包含尾随的英文空格
LEFT(character_expression, integer_expression)	返回左侧字符，尾随英文空格也可能被返回
RIGHT(character_expression, integer_expression)	返回右侧字符，尾随英文空格也可能被返回
SUBSTRING(expression, start, length)	第一个字符的位置是 1
CHARINDEX(expression1, expression2[, start_location])	expression1 在 expression2 中的位置
PATINDEX(%pattern%, expression)	pattern 应该具有通配符，如同 like
REVERSE(character_expression)	颠倒字符串
REPLACE(string_expression, string_expression2, string_expression3)	用第三个表达式替换第一个表达式中的第二个表达式
STUFF(character_expression, start, length, character_expression)	按 start、length 删除第一个表达式的内容并在 start 位置插入第四个表达式
REPLICATION(character_expression, integer_expression)	重复字符串
SPACE(integer_expression)	重复 integer_expression 个空格
SOUNDEX(character_expression)	根据字符串情况，返回一个特定的四个长度的字符串
DIFFERENCE(character_expression, character_expression)	比较两个表达式的 SOUNEX 返回值有几个字符不同，返回值[0-4]
STR(float_expression[, length[, decimal]])	返回由数字转换成的字符串值

上述字符串函数中，可以简单地将其分为如下几类：

- 字符转换函数——主要有 ASCII()等函数。

- 去空格函数——主要包括 LTRIM()和 RTRIM()两个函数。前者把字符串头部的空格去掉。后者把字符串尾部的空格去掉。
- 取子串函数——主要包括 LEFT()、RIGHT()和 SUBSTRING()三个函数。其中，LEFT (< character _ expression >, < integer _ expression >) 返回 character _ expression 左起 integer _ expression 个字符，RIGHT (<character _ expression>, <integer_expression>)返回 character _ expression 右起 integer _ expression 个字符，SUBSTRING (<expression>, <starting_ position>, length)返回从字符串左边第 starting_ position 个字符起 length 个字符的部分。
- 字符串比较函数——主要包括 CHARINDEX()和 PATINDEX()两个函数。前者返回字符串中某个指定的子串出现的开始位置，后者返回字符串中某个指定的子串出现的开始位置。
- 字符串操作函数——包含函数较多，PATINDEX()将详细介绍该类型函数。

7.4.1 字符转换函数

T-SQL 支持的字符转换函数主要包括 ASCII 码与字符之间的转换函数、字符大小写的转换函数和数值型数据与字符型数据之间的转换这几种类型，如下所示：

- ASCII()。

返回字符表达式最左端字符的 ASCII 码值。在 ASCII()函数中，纯数字的字符串可不用''括起来，但含其他字符的字符串必须用''括起来使用，否则会出错。

- CHAR()。

将 ASCII 码转换为字符。如果没有输入 0 ～ 255 之间的 ASCII 码值，CHAR()返回 NULL。

- LOWER()和 UPPER()。

LOWER()将字符串全部转为小写，UPPER()将字符串全部转为大写。

- STR()。

把数值型数据转换为字符型数据，其使用格式为

```
STR (<float_expression>[,length[, <decimal>]])
```

其中，参数 length 指定返回的字符串的长度，decimal 指定返回的小数位数。如果没有指定长度，默认的 length 值为 10，decimal 默认值为 0。当 length 或者 decimal 为负值时，返回 NULL；当 length 小于小数点左边(包括符号位)的位数时，返回 length 个 *；先服从 length，再取 decimal；当返回的字符串位数小于 length 时，左边补足空格。

7.4.2 字符串操作函数

T-SQL 支持的字符串操作函数较多，此处对其做一个简要介绍，主要如下：

- QUOTENAME()。

其功能为返回被特定字符括起来的字符串。函数格式如下：

```
QUOTENAME (<'character_expression'>[, quote_ character])
```

其中 quote_ character 标明括字符串所用的字符，默认值为“[]”。

- REPLICATE()。

其功能为返回一个重复 character_expression 指定次数的字符串。函数格式如下：

```
REPLICATE (character_expression integer_expression)
```

如果 integer_expression 值为负值，则返回 NULL。

- REVERSE()。

其功能为将指定的字符串的字符排列顺序颠倒。函数格式如下：

```
REVERSE (<character_expression>)
```

其中 character_expression 可以是字符串、常数或一个列的值。

- REPLACE()。

功能为返回被替换了指定子串的字符串。函数格式如下：

```
REPLACE (<string_expression1>, <string_expression2>, <string_expression3>)
```

其表示用 string_expression3 替换在 string_expression1 中的子串 string_expression2。

- SPACE()。

其功能为返回一个有指定长度的空白字符串。函数格式如下：

```
SPACE (<integer_expression>)
```

如果 integer_expression 值为负值，则返回 NULL。

- STUFF()。

其功能为用另一子串替换字符串指定位置、长度的子串。函数格式如下：

```
STUFF (<character_expression1>, <start_ position>, <length>,<character_expression2>)
```

如果起始位置为负或长度值为负，或者起始位置大于 character_expression1 的长度，则返回 NULL 值。如果 length 长度大于 character_expression1 中 start_ position 以右的长度，则 character_expression1 只保留首字符。

7.5 转换函数

转换函数指的是 SQL 中进行数据类型转换的函数。在一般情况下，SQL Server 会自动完成数据类型的转换，例如，可以直接将字符数据类型或表达式与 DATATIME 数据类型或表达式比较。当表达式中用了 INTEGER、SMALLINT 或 TINYINT 时，SQL Server 也可将 INTEGER 数据类型或表达式转换为 SMALLINT 数据类型或表达式，这称为隐式转换。如果不能确定 SQL Server 是否能完成隐式转换或者使用了不能隐式转换的其他数据类型，就需要使用数据类型转换函数做显式转换。对数据类型进行显式转换的函数主要有两个：

- CAST()。

其函数格式为：

```
CAST (<expression> AS <data_ type>[ length ]
```

- CONVERT()。

其函数格式为：

```
CONVERT (<data_ type>[ length ], <expression> [, style])
```

此处详细介绍 CONVERT 函数，该函数的参数中，data_type 为 SQL Server 系统定义的数据类型，用户自定义的数据类型不能在此使用，length 用于指定数据的长度，默认值为 30。使用 CONVERT 函数需要注意如下几个事项：

- 把 CHAR 或 VARCHAR 类型转换为诸如 INT 或 SAMLLINT 这样的 INTEGER 类型、结果必须是带正号或负号的数值。
- TEXT 类型到 CHAR 或 VARCHAR 类型转换最多为 8000 个字符，即 CHAR 或 VARCHAR 数据类型是最大长度。
- IMAGE 类型存储的数据转换到 BINARY 或 VARBINARY 类型，最多为 8000 个字符。
- 把整数值转换为 MONEY 或 SMALLMONEY 类型，按定义的国家的货币单位来处理，如人民币、美元、英镑等。
- BIT 类型的转换把非零值转换为 1，并仍以 BIT 类型存储。
- 试图转换到不同长度的数据类型，会截短转换值并在转换值后显示“+”，以标识发生了这种截断。
- 用 CONVERT() 函数的 style 选项能以不同的格式显示日期和时间。style 是将 DATATIME 和 SMALLDATETIME 数据转换为字符串时所选用的由 SQL Server 系统提供的转换样式编号，不同的样式编号有不同的输出格式。

7.6 小结

本章主要介绍 SQL 的函数，将其按照数据类型分为聚合函数、日期/时间函数、数学函数、字符串函数和转换函数几个类别来介绍。其中，聚合函数为 ANSI SQL 的标准函数，其余的几种均为不同 SQL 解释器对其进行扩展后的函数。本章以 Microsoft 所支持的 T-SQL 为蓝本，简要介绍了其支持的过程化函数，其余数据库厂商所支持的 SQL 如 PL/SQL 等所支持的函数，读者可参阅该产品的联机手册，其支持的函数大都相似。

第8章 操作表结构

前面章节介绍了表的各种查询以及 SQL 函数，从本章开始要介绍的是表的定义及其控制的相关内容。其中，表结构的操作是使用较频繁的一种操作。本章将介绍表结构的定义和修改以及重命名等功能通过 SQL 的实现，这也是 SQL 中 DDL 的主要部分。

8.1 表的基本结构

本书中所指的表，都是指关系数据库系统的二维表，也即关系。在关系数据库理论中，关系是一个包含元组、属性的概念。而在具体实现时，关系是一个由记录(行)和字段(列)组成的二维表。

例如，表 8.1 为一个标准的表，其由行和列组成。其中，第一行表示的是该表中的字段名，后面的行是该表的数据记录。

表 8.1　一个示例表

SNO	SNAME	SGENTLE	SAGE	SBIRTH	SDEPT
990001	张三	男	20	1987-8-4	计算机
990002	陈林	女	19	1988-5-21	外语
990003	吴忠	男	21	1986-4-12	工商管理
990005	陈林	男	20	1987-2-16	体育
990012	张忠和	男	22	1985-8-28	艺术
990026	陈维加	女	21	1986-7-1	计算机
990028	李莎	女	21	1986-8-21	计算机

然而，本章中表的基本结构是指表的构成。一般来说，关系数据库中表的结构包含三个基本组成元素，如下所示：

- 字段名——标识该列的唯一标志，一个表中不能有相同的字段名。在 SQL Server 2008 中，将字段名称为列名。
- 数据类型——标识该字段中可以存储的数据的类型。
- 长度——限定该字段可存储数据的最大长度。

在如表 8.1 所示的示例表中，其包含 SNO、SNAME、SGENTLE、SAGE、SBIRTH 和 SDEPT 六个字段，每个字段数据类型根据不同的关系数据库其管理系统是不同的。

如图 8.1 是 SQL Server 2008 的企业管理器中表的结构定义对话框。在该对话框中，可以看到表基本结构的三个主要组成元素。

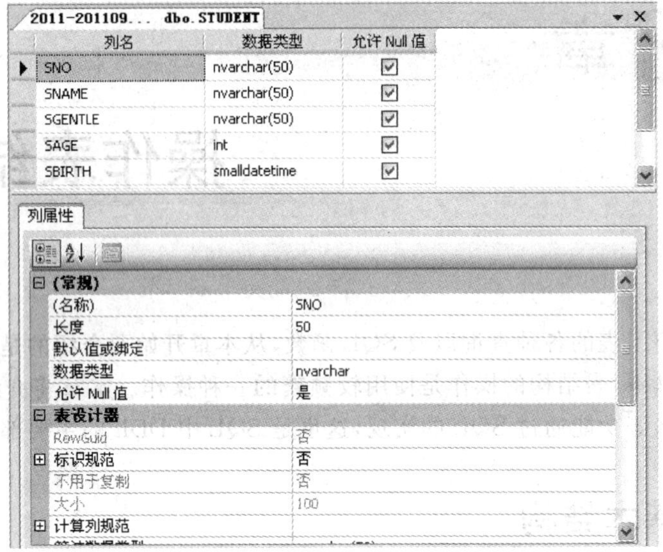

图 8.1　SQL Server 2008 中表的基本结构

8.2　定义表结构

表的定义主要是指对一个基本表的结构定义，也即对创建一个基本表所需要的元素作定义。本节主要包括基本表的创建及其数据类型、长度等的设置。

8.2.1　创建基本表

SQL 中，通过 CREATE TABLE 命令创建基本表。其中，CREATE TABLE 命令包含一系列的参数，但是不同的数据库系统支持的参数有些差异。本节将 CREATE TABLE 命令的较完整的格式列出，其所带参数较多，格式如下：

```
CREATE TABLE <表名 1>[NAME <长表名>][FREE]
(<字段名 1><类型>[(<字段宽度>[,<小数位数>])]
[NULL|NOT NULL]
[CHECK <逻辑表达式 1>[ERROR <字符型文本信息 1>]]
[DEFAULT <表达式 1>]
[PRIMARY KEY|UNIQUE]
[REFERENCES <表名 2>[TAG <标识名 1>]]
[NOCPTRANS][,<字段名 2>…]
[,PRIMARY KEY <表达式 2> TAG <标识名 2>
|,UNIQUE <表达式 3> TAG <标识 3>]
[,FOREIGN KEY <表达式 4> TAG <标识名 4>[NODUP]
REFERENCES <表名 3>[TAG <标识名 5>]]
[,CHECK <逻辑表达式 2>[ERROR <字符型文本信息 2>]])
|FROM ARRAY <数组名>
```

其中，各参数的说明如下：

- ＜表名＞——为新建表指定表名。
- NAME＜长表名＞——为新建表指定一个长表名。只有打开数据库，在数据库中创建表时，才能指定一个长表名。长表名最多可以包含 128 个字符。
- FREE——建立的表是自由表，不加入到打开的数据库中。当没有打开数据库时，建立的表都是自由表。
- ＜字段名 1＞＜类型＞[（＜字段宽度＞[，＜小数位数＞]）]——指定字段名、字段类型、字段宽度及小数位数。字段类型可以用一个字符表示。
- NULL——允许该字段值为空；NOT NULL：该字段值不能为空。默认值为 NOT NULL。
- CHECK＜逻辑表达式 1＞——指定该字段的合法值及该字段值的约束条件。
- ERROR＜字符型文本信息 1＞——指定在浏览或编辑窗口中该字段输入的值不符合 CHECK 子句的合法值时，VFP 显示的错误信息。
- DEFAULT＜表达式＞——为该字段指定一个默认值，表达式的数据类型与该字段的数据类型要一致。即每添加一条记录时，该字段自动取该默认值。
- PRIMARY KEY——为该字段创建一个主索引，索引标识名与字段名相同。主索引字段值必须唯一。UNIQUE：为该字段创建一个候选索引，索引标识名与字段名相同。
- REFERENCES＜表名＞[TAG＜标识名＞]——指定建立持久关系的父表，同时以该字段为索引关键字建立外索引，用该字段名作为索引标识名。表名为父表表名，标识名为父表中的索引标识名。如果省略索引标识名，则用父表的主索引关键字建立关系，否则不能省略。如果指定了索引标识名，则在父表中存在索引标识字段上建立关系。父表不能是自由表。
- CHECK ＜逻辑表达式 2＞[ERROR ＜字符型文本信息 2＞]——由逻辑表达式指定表的合法值。不合法时，显示由字符型文本信息指定的错误信息。该信息只有在浏览或编辑窗口中修改数据时显示。
- FROM ARRAY＜数组名＞——由数组创建表结构。数组名指定的数组包含表的每一个字段的字段名、字段类型、字段宽度及小数位数。

上述格式中，[ ]符号中的参数是可选的，一般来说，创建基本表 CREATE TABLE 命令常用的形式如下：

```
CREATE TABLE <表名>
(<字段名 1 ><类型>[(<字段宽度>[,<小数位数>])]
(<字段名 2 ><类型>[(<字段宽度>[,<小数位数>])]
⋮
(<字段名 n ><类型>[(<字段宽度>[,<小数位数>])]
```

其中，表名和字段名由用户自己确定，但一般来说推荐用户使用可读性强的字段。例如，存储学生基本信息的表可以使用表名 STUDENT，表示姓名的字段使用字段名 NAME 或 XM，表示年龄的字段使用字段名 AGE 或 NL 等。

类型参数则根据各数据库系统的不同，其支持的数据类型也有所不同。例如，本书采用的 SQL Server 2008 中支持的数据类型非常多，如表 8.2 所示。

表 8.2 SQL Server 支持的数据类型

类型名	说明	取值范围
bigint	INTEGER(整数)数据	从 $-2^{63}\sim 2^{63}-1$ 之间
binary	定长的 BINARY 数据	最长为 8000 字节
bit	INTEGER 数据	值为 1 或 0
char	定长的非 UNICODE CHARACTER 数据	长度为 8000 个字符
cursor	含有对游标的引用的变量或存储过程 OUTPUT 参数所采用的数据类型	
datetime	DATE 和 TIME 数据	从 1753 年 1 月 1 日到 9999 年 12 月 31 日
decimal	定点精度和小数的 NUMERIC 数据	从 $-10^{38}-1\sim 10^{38}-1$ 之间
float	浮点精度数字数据	从 $-1.79E+308\sim 1.79E+308$ 之间
image	长度可变的 BINARY 数据	最长为 $2^{31}-1$ 字节
int	INTEGER(整数)数据	从 $-2^{31}\sim 2^{31}-1$ 之间
money	MONETARY 数据值	从 $-2^{63}\sim 2^{63}-1$，准确度为货币单位的千分之一
nchar	定长的 UNICODE 数据	长度为 4000 个字符
ntext	长度可变的 UNICODE 数据	最长为 $2^{30}-1$ 个字符
numeric	同 DECIMAL，定点精度和小数的 NUMERIC 数据	从 $-10^{38}-1\sim 10^{38}-1$ 之间
nvarchar	长度可变的 UNICODE 数据	最长为 4000 字符
real	浮点精度数字数据	从 $-3.40E+38\sim 3.40E+38$ 之间
rowversion	数据库范围内的唯一号	
smalldatetime	DATE 和 TIME 数据	从 1900 年 1 月 1 日到 2079 年 6 月 6 日
smallint	INTEGER 数据	从 $-2^{15}\sim 2^{15}-1$ 之间
smallmoney	MONETARY 数据值	$-214\ 748.364\ 8\sim +214\ 748.364\ 7$ 之间
sql_variant	可存储多种 SQL Server 支持的数据类型的值的数据类型，但不存储 TEXT，NTEXT，TIMESTAMP 和 SQL_VARIANT 类型的值	
sysname	系统提供的用户定义的数据类型，为 NVARCHAR(128)的同义词	
table	一种特殊的数据类型，可用于为以后进行处理而存储结果集	
text	长度可变的非 UNICODE 数据	最长为 $2^{31}-1$ 个字符
timestamp	数据库范围内的唯一号	
tinyint	INTEGER 数据	从 0～255 之间
uniqueidentifier	全局唯一标识符(GUID)	
varbinary	长度可变的 BINARY 数据	最长为 $2^{31}-1$ 字节
varchar	长度可变的非 UNICODE 数据	最长为 8000 个字符

本书以后如未特别声明，使用的变量或字段的数据类型都是 SQL Server 2008 支持的数据类型。

例如，要创建一个学生表 STUDENT，其包含 SNO、SNAME、SGENTLE、SAGE、SBIRTH 和 SDEPT 六个字段，其中 SNO 为学生学号，其数据类型为字符型，长度为 10；SNAME 为学生姓名，其数据类型为字符型，长度为 10；SGENTLE 为学生性别，其数据类型为字符型，长度为 2；SAGE 为学生年龄，其数据类型为数值型；SBIRTH 为学生出生年月，其数据类型为日期时间型；SDEPT 为学生所属系部，其数据类型为字符型，长度为 20。

SQL 中创建一个基本表，使用 CREATE TABLE 命令实现，结合前面给出的该命令的语法格式，语句如下：

```
CREATE TABLE STUDENT (
    SNO varchar (10),
    SNAME varchar (10),
    SGENTLE varchar (2),
    SAGE int,
    SBIRTH smalldatetime ,
    SDEPT varchar (20) )
```

上述语句中，需要注意的是：字段 SAGE 的数据类型为 INT，其长度是 SQL Server 默认的 4 个字节；SBIRTH 的数据类型为 SMALLDATETIME，其长度也是 SQL Server 默认的，为 4 个字节。因此，定义这两个字段不需要定义其长度。在 SQL Server 2008 的查询分析器中执行上述语句后，其返回结果如图 8.2 所示。

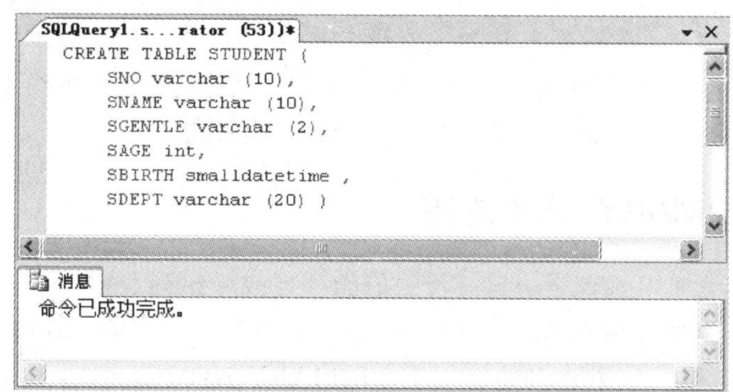

图 8.2　创建基本表 STUDENT

出现上述提示后，即完成了基本表 STUDENT 的创建，要查看创建后该表的完整结构，可在 SQL Server 2008 的企业管理器中查看，如图 8.3 所示。

2011-201109... dbo.STUDENT　SQLQuery1.s...rator (53))*

列名	数据类型	允许 Null 值
SNO	varchar(10)	☑
SNAME	varchar(10)	☑
SGENTLE	varchar(2)	☑
SAGE	int	☑
SBIRTH	smalldatetime	☑
SDEPT	varchar(20)	☑

图 8.3　表 STUDENT 的结构

同时，SQL Server 也提供了一个内置的存储过程用于查看表的结构，其格式为：

```
SP_HELP 表名
```

在其余诸如 Oracle、MySQL 的数据库管理系统中，也提供了诸如 DESC 等命令用于查看基本表的结构。

需要注意的是，同一个创建基本表的命令在查询分析器中只能成功执行一次。一旦成功执行，就不能再执行了，否则会出现如图 8.4 所示的错误提示。这是因为在一个关系数据库中，不允许存在同一个表名的基本表。

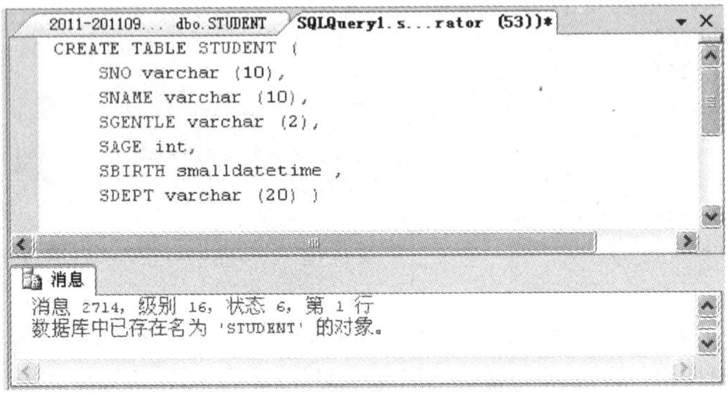

```
2011-201109... dbo.STUDENT   SQLQuery1.s...rator (53))*
CREATE TABLE STUDENT (
    SNO varchar (10),
    SNAME varchar (10),
    SGENTLE varchar (2),
    SAGE int,
    SBIRTH smalldatetime ,
    SDEPT varchar (20) )

消息
消息 2714，级别 16，状态 6，第 1 行
数据库中已存在名为 'STUDENT' 的对象。
```

图 8.4　重复执行 CREATE TABLE 错误信息

上述创建语句是最简单的表结构定义语句，在实际应用中，除了创建表时对字段、数据类型和长度进行定义外，还需要为其加上必要的约束条件，例如，STUDENT 表中不允许 SNO 为空值等。因为表必须满足关系的三种完整性约束：实体完整性约束、参照完整性约束和用户自定义完整性。下面要介绍的是几种常见的约束类型。

8.2.2　PRIMARY KEY 约束

表通常具有包含唯一标识表中每一行的值的一列或一组列，这样的一列或多列称为表的主键(PK)，用于强制表的实体完整性。在创建或修改表时，可以通过定义 PRIMARY KEY 约束来创建主键。一个表只能有一个 PRIMARY KEY 约束，并且 PRIMARY KEY 约束中的列不能接受空值。由于 PRIMARY KEY 约束可保证数据的唯一性，因此经常对标识列定义这种约束。

在创建一个基本表时，可以使用 CREATE TABLE 命令在创建的同时为该表指定一个主键。CREATE TABLE 命令指定主键的语法格式如下：

```
CREATE TABLE <表名>
(<字段名 1><类型>[(<字段宽度>[,<小数位数>])]
[PRIMARY KEY]
(<字段名 2><类型>[(<字段宽度>[,<小数位数>])]
[PRIMARY KEY]
⋮
(<字段名 n><类型>[(<字段宽度>[,<小数位数>])]
[PRIMARY KEY]
```

例如，在上述创建基本表 STUDENT 时，指定学号字段 SNO 为主键，即将上述的创建表 STUDENT 语句改写为：

```
CREATE TABLE STUDENT (
    SNO varchar (10)
        PRIMARY KEY ,
    SNAME varchar (10),
    SGENTLE varchar (2),
    SAGE int,
    SBIRTH smalldatetime ,
    SDEPT varchar (20) )
```

如果为表指定了 PRIMARY KEY 约束，则一般数据库管理系统将通过为主键列创建唯一索引来强制数据的唯一性。运行上述语句创建表 STUDENT，其结果如图 8.5 所示，读者可以将其与上述没有使用 PRIMARY KEY 约束的表结构（见图 8.3）进行比较，看它有什么区别。

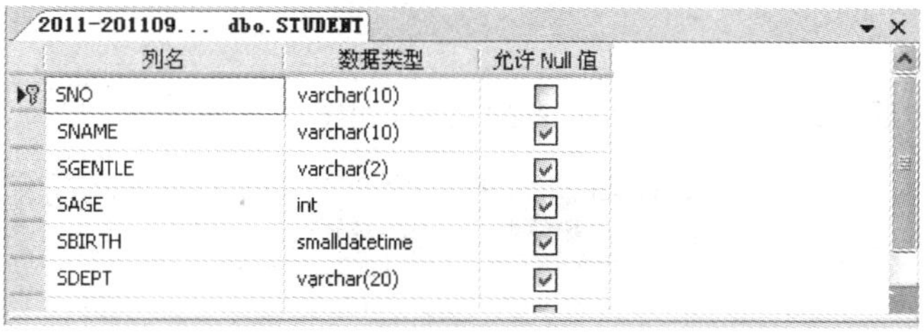

2011-201109... dbo.STUDENT

列名	数据类型	允许 Null 值
SNO	varchar(10)	☐
SNAME	varchar(10)	☑
SGENTLE	varchar(2)	☑
SAGE	int	☑
SBIRTH	smalldatetime	☑
SDEPT	varchar(20)	☑

图 8.5 指定 PRIMARY KEY 约束的基本表创建

应该注意到，指定了 PRIMARY KEY 约束后创建的表 STUDENT 自动在该字段添加了主键标记，并将主键 SNO 字段设置为不能为空。

需要注意的是，在运行上述语句前，需要先将数据库中原先创建的名为 STUDENT 的表删除或重命名，否则将出现图 8.4 所示的错误。

8.2.3 NOT NULL 约束

NOT NULL 约束检查列的每条记录是否为非空，阻止所有为空的数据进入到表中。NOT NULL 约束应用在单一的数据列上，并且其保护的数据列必须要有数据值。默认情况下，SQL Server 和 Oracle 等数据库都允许任何列可以有 NULL 值，其要求某数据列必须要有值，NOT NULL 约束将确保该列的所有数据行都有值。

同样地，在创建一个基本表中，可以使用 CREATE TABLE 命令在创建的同时为该表的字段指定 NOT NULL 约束。其语法格式如下：

```
CREATE TABLE <表名>
(<字段名 1 ><类型>[(<字段宽度>[,<小数位数>])]
[NOT NULL]
(<字段名 2 ><类型>[(<字段宽度>[,<小数位数>])]
[NOT NULL]
```

```
    ⋮
(<字段名 n><类型>[(<字段宽度>[,<小数位数>])]
[NOT NULL]
```

例如，在上述创建基本表 STUDENT 时，为字段 SNO、SNAME、SGENTLE 和 SDEPT 指定 NOT NULL 约束，其实现语句如下：

```
CREATE TABLE STUDENT (
    SNO varchar (10)
            NOT NULL,
    SNAME varchar (10)
            NOT NULL,
    SGENTLE varchar (2)
            NOT NULL,
    SAGE int,
    SBIRTH smalldatetime ,
    SDEPT varchar (20)
            NOT NULL )
```

执行上述语句后，查看 STUDENT 表的结构，如图 8.6 所示。

2011-201109...bo.STUDENT*

列名	数据类型	允许 Null 值
SNO	varchar(10)	☐
SNAME	varchar(10)	☐
SGENTLE	varchar(2)	☐
SAGE	int	☑
SBIRTH	smalldatetime	☑
SDEPT	varchar(20)	☐

图 8.6　指定 NOT NULL 约束的基本表创建

通过上述语句创建的 STUDENT 表将在字段 SNO、SNAME、SGENTLE 和 SDEPT 上禁止为空值，如果在 SQL Server 2008 中在这些字段上输入空值，系统会给出如图 8.7 所示的错误提示。

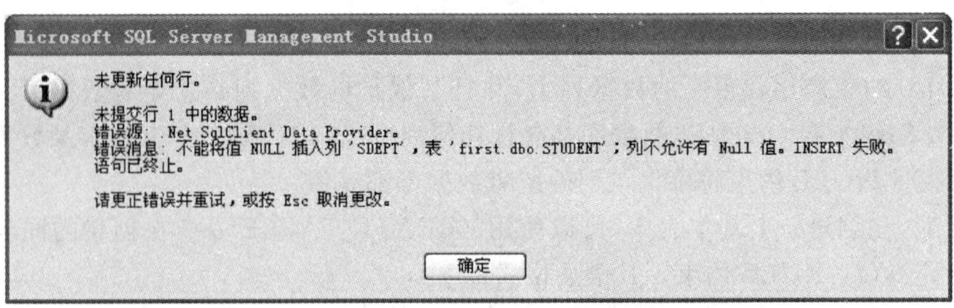

图 8.7　NOT NULL 约束提示

值得注意的是，NOT NULL 约束和 PRIMARY KEY 约束不同的是，在一个表中可以为多个字段创建 NOT NULL 约束，而 PRIMARY KEY 约束只能指定一个。

8.2.4 UNIQUE 约束

UNIQUE 约束即唯一性约束。在 SQL 基本表中，可以使用 UNIQUE 约束确保在非主键列中不输入重复的值。尽管 UNIQUE 约束和 PRIMARY KEY 约束都强制唯一性，但想要强制一列或多列组合（不是主键）的唯一性时应使用 UNIQUE 约束而不是 PRIMARY KEY 约束。

同样地，在创建一个基本表中，可以使用 CREATE TABLE 命令在创建的同时为该表的字段指定 NOT NULL 约束。其语法格式如下：

```
CREATE TABLE <表名>
(<字段名 1><类型>[(<字段宽度>[,<小数位数>])]
[UNIQUE]
(<字段名 2><类型>[(<字段宽度>[,<小数位数>])]
[UNIQUE]
⋮
(<字段名 n><类型>[(<字段宽度>[,<小数位数>])]
[UNIQUE]
```

例如，在上述创建基本表 STUDENT 时，为字段 SNO 和 SNAME 指定 UNIQUE 约束，也即该表的学号和名字不能有重复值，其实现语句为：

```
CREATE TABLE STUDENT (
    SNO varchar (10)
          UNIQUE,
    SNAME varchar (10)
          UNIQUE,
    SGENTLE varchar (2),
    SAGE int,
    SBIRTH smalldatetime ,
    SDEPT varchar (20) )
```

在执行上述语句创建 STUDENT 基本表后，即指定了字段 SNO 和 SNAME 的值必须是唯一值。如果在输入数据时出现了重复值，系统将给出错误提示。SQL Server 2008 给出的错误提示如图 8.8 所示。

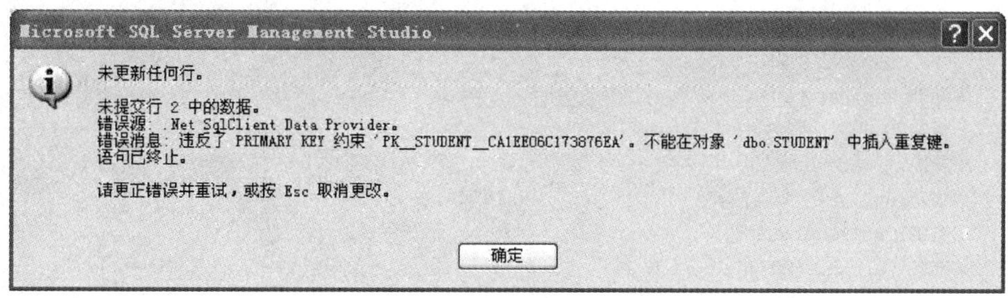

图 8.8 UNIQUE 约束提示

使用 UNIQUE 约束时需要注意的是，UNIQUE 约束允许 NULL 值，这一点与 PRIMARY KEY 约束不同，不过，当与参与 UNIQUE 约束的任何值一起使用时，每列只允许一个空值。此外，可以对一个表定义多个 UNIQUE 约束，但只能定义一个 PRIMARY KEY 约束。

8.2.5 FOREIGN KEY 约束

FOREIGN KEY 约束为表中的一列或者多列数据提供数据完整性参照，通常是与 PRIMARY KEY 约束或者 UNIQUE 约束同时使用的。外键(FK)是用于建立和加强两个表数据之间的链接的一列或多列，当创建或修改表时可通过定义 FOREIGN KEY 约束来创建外键。

FOREIGN KEY 约束的定义与其他约束定义有些不同，因为其关系到两个表的操作。一般来说，定义 FOREIGN KEY 约束的语法格式如下：

```
[CONSTRAINT 约束名]
FOREIGN KEY (从表外键)
REFERENCES 主表(主表主键)
```

在创建一个基本表时，可以使用 CREATE TABLE 命令在创建的同时为该表的字段指定 FOREIGN KEY 约束。其语法格式如下：

```
CREATE TABLE <表名>
(<字段名 1 ><类型>[(<字段宽度>[,<小数位数>])]
    FOREIGN KEY
    REFERENCES 表名(字段名),
(<字段名 2 ><类型>[(<字段宽度>[,<小数位数>])]
⋮
(<字段名 n ><类型>[(<字段宽度>[,<小数位数>])]
```

例如，在数据库中有一个 STU 表，其主键为 SNO 字段，新创建一个表 STUDENT，指定 SNO 字段为其外键。其实现语句如下：

```
CREATE TABLE STUDENT (
    SNO varchar (10)
        NOT NULL FOREIGN KEY
        REFERENCES STU(SNO),
    SNAME varchar (10)
        UNIQUE,
    SGENTLE varchar (2),
    SAGE int,
    SBIRTH smalldatetime ,
    SDEPT varchar (20))
```

在外键引用中，当一个表的列被引用作为另一个表的主键值的列时，就在两表之间创建了链接。这个列就成为第二个表的外键。

FOREIGN KEY 约束并不仅仅可以与另一表的 PRIMARY KEY 约束相链接，其还可以定义为引用另一表的 UNIQUE 约束。FOREIGN KEY 约束可以包含空值，但是，如果任何组合 FOREIGN KEY 约束的列包含空值，则将跳过组成 FOREIGN KEY 约束的所有值的验证。若要确保验证了组合 FOREIGN KEY 约束的所有值，则将所有参与列指定为 NOT NULL。

8.2.6 DEFAULT 约束

在 SQL 中，DEFAULT 约束用来指定某个字段的默认值。指定后，用户在插入新的数据行时如未指定该列值，系统自动将该列值赋为默认值(默认值可以是空值)。

DEFAULT 约束一般在表创建的时候定义，每个列中只能有一个 DEFAULT 约束。使用 CREATE TABLE 语句创建含有 DEFAULT 约束的表实现语句如下：

```
CREATE TABLE <表名>
(<字段名 1><类型>[(<字段宽度>[,<小数位数>])]
[DEFAULT 值]
(<字段名 2><类型>[(<字段宽度>[,<小数位数>])]
[DEFAULT 值]
⋮
(<字段名 n><类型>[(<字段宽度>[,<小数位数>])]
[DEFAULT 值]
```

需要注意的是，并不是所有数据类型的数据值都可以作为默认值。SQL 中，DEFAULT 关键字后的值只能为下列三种值中的一种：

- 常量值(如字符串)。
- 系统函数(如 SYSTEM_USER())。
- NULL。

例如，在创建一个基本表 STUDENT 时，指定 SGENTLE 字段的默认值为“男”，其 SDEPT 字段的默认值为“计算机”，其实现语句如下：

```
CREATE TABLE STUDENT (
    SNO varchar (10) ,
    SNAME varchar (10),
    SGENTLE varchar (2)
        DEFAULT '男',
    SAGE int,
    SBIRTH smalldatetime ,
    SDEPT varchar (20)
DEFAULT '计算机')
```

通过上述语句创建 STUDENT 表后，在该表中输入数据，如果在 SGENTLE 字段没有输入数据，则系统默认其值为“男”。同样，若没有在 SDEPT 字段输入数据，则默认其值为“计算机”。指定一个表的 DEFAULT 约束在实际中使用较多。

8.2.7 CHECK 约束

CHECK 约束用于限制输入到一列或多列的值的范围，用户想输入的数据值如果不满足 CHECK 约束中的条件(逻辑表达式)，将无法正常输入。CHECK 约束的语法格式如下：

```
[CONSTRAINT 约束名]
CHECK(逻辑表达式)
```

在创建表的同时，可以通过任何基于逻辑运算符返回结果 TRUE 或 FALSE 的逻辑(布尔)表达式来创建 CHECK 约束。对单独一列可使用多个 CHECK 约束。按约束创建的顺序对其取值。通过在表一级上创建 CHECK 约束，可以将该约束应用到多列上。使用 CREATE TABLE 语句创建含有 DEFAULT 约束的表的实现语句如下：

```
CREATE TABLE <表名>
(<字段名 1><类型>[(<字段宽度>[,<小数位数>])]
(<字段名 2><类型>[(<字段宽度>[,<小数位数>])]
⋮
(<字段名 n><类型>[(<字段宽度>[,<小数位数>])]
[CONSTRAINT 约束名 1]
CHECK(逻辑表达式)
⋮
[CONSTRAINT 约束名 n]
CHECK(逻辑表达式)
```

可以看出，在创建表时，可以在其中设定多个 CHECK 约束。例如，在创建表 STUDENT 时，指定 SGENTLE 字段的输入只能为“男”或“女”，指定 SAGE 字段的输入只能在 10～90 之间。实现语句如下所示：

```
CREATE TABLE STUDENT (
    SNO varchar (10) ,
    SNAME varchar (10),
    SGENTLE varchar (2),
    SAGE int,
    SBIRTH smalldatetime ,
    SDEPT varchar (20),
CONSTRAINT GENTLE CHECK(SGENTLE = '男' OR SGENTLE = '女'),
CONSTRAINT AGE CHECK(SAGE > 10 AND SAGE < 90))
```

执行如上语句后，在 STUDENT 表中 SGENTLE 或 SAGE 字段输入超过 CHECK 约束的数据时，系统将给出错误提示并拒绝接受输入。

CHECK 约束通过限制输入到列中的值来强制域的完整性。这与 FOREIGN KEY 约束控制列中数值相似。区别在于其如何判断哪些值有效：FOREIGN KEY 约束从另一个表中获得有效数值列表，CHECK 约束从逻辑表达式判断而非基于其他列的数据。

在前面 CREATE TABLE 语句中，介绍了许多种约束，这都是基于关系数据库理论中关系的完整性约束，此处将 CREATE TABLE 语句可带的约束条件分别归类。

- 关系的实体完整性约束：由表的 PRIMARY KEY 约束、NOT NULL 约束和 UNIQUE 约束来实现。
- 关系的参照完整性约束：由表的 FOREIGN KEY 约束来实现。
- 关系的用户自定义完整性约束：由表的 DEFAULT 约束和 CHECK 约束来实现。

8.3 表结构的修改

用户使用数据时，随着应用要求的改变，往往需要对原来的表格结构进行修改。对表结构定义用 CREATETABLE 命令，对表结构的修改都是使用 ALTER TABLE 命令来实现。SQL 中的 ALTER TABLE 命令格式有三种：为指定的表添加字段或修改已有的字段；修改指定表中指定字段的完整性约束规则；删除指定表中的指定字段、修改字段名、修改指定表完整性规则。下面分别对其格式进行介绍。

8.3.1 增加新字段

使用 SQL 中的 ALTER TABLE 命令为一个已经存在的表增加一个新字段，也即添加一个新的字段，一般需要设置字段名、数据类型、长度和相关的完整性约束。这与创建新表 CREATE TABLE 命令后需要设置的参数相似，ALTER TABLE 命令用于增加新字段的命令格式为：

```
ALTER TABLE <表名 1 > ADD [COLUMN]
<字段名 1 ><字段类型>[(<长度>[,<小数位数>])]
[NULL | NOT NULL]
[CHECK <逻辑表达式 1 >[ERROR <字符型文本信息>]]
[DEFAULT <表达式 1 >]
[PRIMARY KEY | UNIQUE][REFERENCES <表名 2 > [TAG <标识名 1 > ]]
[NOCPTRANS]
```

其中，各参数的说明如下：

- <表名 1>——指明被修改表的表名。
- ADD [COLUMN]——该子句指出新增加字段的字段名及它们的数据类型等信息。在 ADD 子句中使用 CHECK、PRIMARY KEY、UNIQUE 任选项时，需要删除所有数据，否则违反有效性规则，命令不被执行。

针对 8.2 节已经创建的表 STUDENT，其含有 SNO、SNAME、SGENTLE、SAGE、SBIRTH 和 SDEPT 六个字段，现在需要为该表增加一个新字段 SMAJOR，表示其所学专业，该字段为字符型数据类型，长度 20，并且该字段不能为空，默认值为“计算机科学与技术”。其实现语句如下：

```
ALTER TABLE STUDENT
ADD SMAJOR varchar (20)
NOT NULL
DEFAULT ('计算机科学与技术')
```

执行上述语句后,即为表 STUDENT 增加了一个新的字段 SMAJOR,其为一个长度 20 字节的字符数据,该字段不能为空且默认值为“计算机科学与技术”。增加该字段后,打开 STUDENT 表结构可以看到在最后一行中显示了新增的字段,如图 8.9 所示。

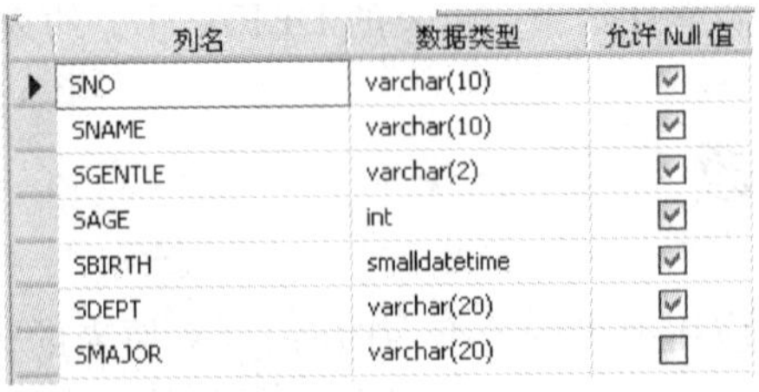

列名	数据类型	允许 Null 值
SNO	varchar(10)	☑
SNAME	varchar(10)	☑
SGENTLE	varchar(2)	☑
SAGE	int	☑
SBIRTH	smalldatetime	☑
SDEPT	varchar(20)	☑
SMAJOR	varchar(20)	☐

图 8.9 用 ALTER TABLE 命令增加新字段

需要注意的是,为一个已经有数据的表增加新字段时,如果为该字段设定 NOT NULL 非空约束,那么就必须为其设定 DEFAULT 约束。如果使用 CHECK、PRIMARY KEY、UNIQUE 等约束时,就需要删除所有数据,否则命令得不到执行。

8.3.2 修改字段

ALTER TABLE 命令还可以为一个已经存在的表修改其已有的字段,修改一般包括对其字段名、数据类型、长度和相关的完整性约束的修改。与新增字段使用的命令格式相似,SQL 中 ALTER TABLE 命令用于修改字段的命令格式为:

```
ALTER TABLE <表名 1 > ALTER [COLUMN]
<字段名 1 ><字段类型>[(<长度>[,<小数位数>])]
[NULL | NOT NULL]
[CHECK <逻辑表达式 1 >[ERROR <字符型文本信息>]]
[DEFAULT <表达式 1 >]
[PRIMARY KEY | UNIQUE][REFERENCES <表名 2 > [TAG <标识名 1 > ]]
[NOCPTRANS]
```

其中,参数说明如下:

- <表名 1>——指明被修改表的表名。
- ALTER [COLUMN]——该子句指出要修改列的字段名以及其数据类型等信息。在 ALTER 子句中使用 CHECK 任选项时,需要被修改字段的已有数据满足 CHECK 规则;使用 PRIMARY KEY、UNIQUE 任选项时,需要被修改字段的已有数据满足唯一性,不能有重复值。

对于上述已有表 STUDENT,该表在创建时没有为其设定 NOT NULL 约束,现需要为该表的 SNO 字段设置 NOT NULL,并将字段长度改成 15 个字节,其实现语句如下:

```
ALTER TABLE STUDENT
ALTER COLUMN SNO varchar(15)
NOT NULL
```

在 SQL Server 2008 的查询分析器中执行上述语句,就实现了对字段 SNO 的修改。查看该表结构，如图 8.10 所示。

列名	数据类型	允许 Null 值
SNO	varchar(15)	☐
SNAME	varchar(10)	☑
SGENTLE	varchar(2)	☑
SAGE	int	☑
SBIRTH	smalldatetime	☑
SDEPT	varchar(20)	☑
SMAJOR	varchar(20)	☐
		☐

图 8.10　用 ALTER TABLE 命令修改字段

需要注意的是，在 Oracle 中，其修改字段的 ALTER TABLE 命令稍有不同，其使用的是 MODIFY 关键字来实现，而不是 ALTER。此外，在 ALTER 子句中需要修改 CHECK、PRIMARY KEY、UNIQUE 等约束时，需要被修改字段的已有数据应满足相关的约束条件。

8.3.3　删除字段

除了添加字段及其约束条件、修改字段外，ALTER TABLE 命令还可以删除字段及其约束。其命令格式如下：

```
ALTER TABLE <表名> [DROP [COLUMN] <字段名 1> ]
[SET CHECK <逻辑表达式 1 >[ERROR <字符型文本信息>]]
[DROP CHECK]
[ADD PRIMARY KEY <表达式 1 > TAG <标识名 1 >[FOR <逻辑表达式 2 > ]]
[DROP PRIMARY KEY]
[ADD UNIQUE <表达式 2 > [TAG <标识名 2 >[FOR <逻辑表达式 3 > ]]]
[DROP UNIQUE TAG <标识名 3 >]
[ADD FOREIGN KEY [<表达式 3 >][TAG <标识名 4 >][FOR <逻辑表达式 4 >]
REFERENCES 表名 2 [TAG <标识名 4 > ]]
DROP FOREIGN KEY TAG <标识名 5 > [SAVE]]
[RENAME COLUMN <字段名 2 > TO <字段名 3 > ]
[NOVALIDATE]
```

该命令格式参数较多，其能够进行操作的功能也较为复杂，该命令可以删除指定表中的指定字段、修改字段名、修改指定表完整性规则，包括添加或删除主索引、外索引、候选索引及表的合法值限定。先对其参数说明如下：

- DROP[COLUMN]<字段名>——从指定表中删除指定的字段。
- SET CHECK<逻辑表达式>[ERROR<字符型文本信息>]——为该表指定合法值及错误提示信息。
- DROP CHECK——删除该表的合法值限定。
- ADD PRIMARY KEY<表达式>TAG<标识名>——为该表建立主索引，一个表只能有一个主索引。
- DROP PRIMARY KEY——删除该表的主索引。
- ADD UNIQUE<表达式>[TAG<标识名>]——为该表建立候选索引，一个表可以有多个候选索引。

- DROP UNIQUE TAG<标识名>——删除该表的候选索引。
- ADD FOREIGN KEY——为该表建立外(非主)索引,与指定的父表建立关系,一个表可以有多个外索引。
- DROP FOREIGN KEY TAG<标识名>——删除外索引,取消与父表的关系,SAVE 子句将保存该索引。
- RENAME COLUMN<字段名 2>TO<字段名 3>——修改字段名,字段名 2 指定要修改的字段名,字段名 3 指定新的字段名。
- NOVALIDATE——修改表结构时,允许违反该表的数据完整性规则,默认值为禁止违反数据完整性规则。

注意:修改自由表时,不能使用 DEFAULT、FOREIGN KEY、PRIMARY KEY、REFERENCES 或 SET 子句。

例如,在 SQL Server 2008 中删除上述 STUDENT 表中的 SBIRTH 字段,其实现语句如下:

```
ALTER TABLE STUDENT
DROP COLUMN SBIRTH
```

执行该语句后,打开 STUDENT 的表结构,可以看到,表示出生年月的 SBIRTH 字段已经被删除,如图 8.11 所示。

列名	数据类型	允许 Null 值
SNO	varchar(15)	☐
SNAME	varchar(10)	☑
SGENTLE	varchar(2)	☑
SAGE	int	☑
SDEPT	varchar(20)	☑
SMAJOR	varchar(20)	☐
		☐

图 8.11 ALTER TABLE 命令修改字段

需要注意的是,上述语句是 ANSI SQL 92 标准的用于删除字段及其约束等的 ALTER TABLE 命令,并不是所有的数据库系统都提供对其完全的支持。

8.4 表的删除及重命名

在实际应用中,除了需要对表结构的定义和修改外,往往需要对一个表进行重命名操作。此外,当不再需要使用一个表时,就可以删除这个表,释放其存储空间。

8.4.1 表的删除

随着数据库应用的变化,往往有些表的结构连同其数据不再需要了,这时可以删除这些表,以节省存储空间。SQL 中,删除表的命令格式为:

```
DROP TABLE table_name [ ,…n ]
```

其中，参数 table_name 为表的名称。该命令可以一次删除多个表，只需在 DROP TABLE 命令后加多个表名并用逗号隔开即可。

例如，STUDENT 表是已经存在的，现需要删除该表及其所有数据，使用语句如下：

```
DROP TABLE STUDENT
```

执行该语句后，STUDENT 表的结构定义和所有数据都被删除了。因此，由于 DROP TABLE 命令删除一个或多个数据库表，所有表中的数据和表定义均被删除，需小心使用该命令。同时，在使用该命令的时候注意如下的事项：

- DROP TABLE 直接从磁盘上删除表名所对应的文件。如果表名是数据库中的表，并且相应的数据库是当前数据库，则从数据库中删除表。要删除其他数据库中的表时，应先打开该数据库，再在该数据库中进行操作，或者在该表名前加上数据库名。
- 不能使用 DROP TABLE 删除被 FOREIGN KEY 约束引用的表。必须先删除引用 FOREIGN KEY 约束或引用表。如果要在同一个 DROP TABLE 语句中删除引用表以及包含主键的表，则必须先列出引用表。
- 可以在任何数据库中删除多个表。如果一个要删除的表引用了另一个也要删除的表的主键，则必须先列出包含该外键的引用表，然后再列出包含要引用的主键的表。
- 删除表时，表的规则或默认值将被解除绑定，与该表关联的任何约束或触发器将被自动删除。如果要重新创建表，则必须重新绑定相应的规则和默认值，重新创建某些触发器，并添加所有必需的约束。

8.4.2 表的重命名

在 SQL 标准中，并没有提供重命名表的命令，但是对表的重命名操作在实际中使用非常频繁。本节结合具体的数据库系统，介绍几种重命名或效果等同于重命名的操作。

在 SQL Server 中，表的重命名是通过一个存储过程 sp_rename 来实现的，其实现语法为：

```
sp_rename [ @objname = ] 'object_name',
[ @newname = ] 'new_name'
[ , [ @objtype = ] 'object_type' ]
```

其中，各参数说明如下：

- [@objname =] 'object_name'——是用户对象(表、视图、列、存储过程、触发器、默认值、数据库、对象或规则)或数据类型的当前名称。如果要重命名的对象是表中的一列，那么 object_name 必须为 table.column 形式。如果要重命名的是索引，那么 object_name 必须为 table.index 形式。
- [@newname =] 'new_name'——是指定对象的新名称。new_name 必须是名称的一部分，并且要遵循标识符的规则。
- [@objtype =] 'object_type'——是要重命名的对象的类型。

例如,在 SQL Server 2008 中对 STUDENT 表进行重命名操作,将 STUDENT 表重命名为 STU,使用存储过程 sp_rename 的实现语句如下:

```
EXEC sp_rename 'STUDENT', 'STU'
```

此外,使用存储过程 sp_rename 还可以对其他对象诸如列、视图、数据库等进行重命名操作,此处就不再赘述,读者可参照 SQL Server 2008 的相关手册。

在 Oracle 中,PL/SQL 提供了一个用于对表进行重命名操作的语句,其语法格式如下:

```
ALTER TABLE table_name RENAME TO new_name
```

例如,在 Oracle 中对 STUDENT 表进行重命名操作,将 STUDENT 表重命名为 STU,其实现语句如下所示:

```
ALTER TABLE STUDENT RENAME TO STU
```

此外,无论是哪种数据库系统,只要支持 ANSI SQL 92 标准的关系数据库管理系统环境,都可以采用下面这种变通的方法来给数据表重命名,其操作步骤为:

(1) 使用 SQL 中的 SELECT INTO 命令将原表的结构和数据均复制到重命名后的表中。其语句格式为:

```
SELECT * INTO new_name FROM table_name
```

例如,需要将 STUDENT 表重命名为 STU,可执行如下语句:

```
SELECT *
INTO STU
FROM STUDENT
```

(2) 将原表删除。其语句格式为:

```
DROP TABLE table_name
```

例如,在第(1)步中实现了将原表 STUDENT 的表结构和其中的所有数据都复制到了新表 STU 中后,就可以将原表 STUDENT 删除了,执行以下语句即可:

```
DROP TABLE STUDENT
```

通过上述两个步骤,就实现了表的重命名操作。

8.5 数据库的操作

数据库是一个容器,其中存储了诸如表、视图、存储过程等对象。因此,读者需要简单了解针对数据库的相关操作。

8.5.1 创建数据库

创建数据库的命令为 CREATE DATABASE，其基本语句格式如下：

```
CREATE DATABASE database_name
```

其中，参数 database_name 为数据库名。

由于每个数据库系统所包含的数据库对象都不一样，因此，在实际的使用中，CREATE DATABASE 语句需要加上一些参数。

在 SQL Server 2008 中，创建数据库的同时可以定义事务日志、定义数据库的物理路径、指定文件的最大容量等，其完整格式如下所示：

```
CREATE DATABASE database_name
[ON
[PRIMARY][<filespec>[,…n]
[,<filegroup>[,…n]]
[LOG ON{<filespec>[,…n]}]
]
[COLLATE collation_name]
[WITH<external_access_option>]
]
<filespec>::=
(
NAME = logical_file_name,
FILENAME = 'os_file_name'
[,SIZE = size[KB|MB|GB|TB]]
[,MAXSIZE = {max_size[KB|MB|GB|TB]|UNLIMITED}]
[,FILEGROWTH = growth_increment[KB|MB|GB|TB|%]]
)[,…n]
```

其中，各参数的说明如下：

- database_name——数据库名称，不能超过 128 个字符，由于系统会在其后添加 5 个字符的逻辑后缀，因此实际能指定的字符数为 123 个。
- ON——指明数据库文件和文件组的明确定义。
- PRIMARY——指明主数据库文件或主文件组。主文件组的第一个文件被认为是主数据库文件，其中包含了数据库的逻辑启动信息和数据库的系统表。如果没有 PRIMARY 项，则在 CREATE DATABASE 命令中列出的第一个文件将被默认为主文件。
- filespec——文件说明。
- n——占位符表明可以指定多个类似的对象。
- filegroup——文件组说明。
- LOG ON——指明事务日志文件的明确定义。如果没有 LOG ON 选项，则系统会自动产生一个文件名前缀与数据库名相同，容量为所有数据库文件大小 1/4 的事务日志文件。

- COLLATE——指明数据库使用的校验方式。collation_name 可以是 Windows 的校验方式名称，也可以是 SQL 校验方式名称。如果省略此子句，则数据库使用当前的 SQL Server 设置的校验方式。
- FOR LOAD——此选项是为了与 SQL Server 7.0 以前的版本兼容而设定的，可以不用管它。RESTORE 命令可以更好地实现此功能。
- FOR ATTACH——用于附加已经存在的数据库文件到新的数据库中，而不用重新创建数据库文件。使用此命令必须指定主文件。被附加的数据库文件的代码页(Code Page)和排序次序(Sort Order)必须和目前 SQL Server 2008 所使用的一致。建议使用 sp_attach_db 系统存储过程来代替此命令(关于 sp_attach_db 系统存储过程的用法请参见 8.7 节)。CREATE DATABASE FOR ATTACH 命令只有在指定的文件数目超过 16 个时才必须使用。
- NAME——指定文件在 SQL Server 2008 中的逻辑名称。当时用 FOR ATTACH 选项时，就不需要使用 NAME 选项了。
- FILENAME——指定文件在操作系统中存储的路径名和文件名称。
- SIZE——指定数据库的初始容量大小。如果没有指定主文件的大小，则 SQL Server 2008 默认其与模板数据库中的主文件大小一致，其他数据库文件和事务日志文件则默认为 1MB。指定大小的数字 size 可以使用 KB、MB、GB 和 TB 后缀，默认的后缀是 MB。size 中不能使用小数，其最小值为 512KB，默认值是 1MB。主文件的 size 不能小于模板数据库中的主文件(关于模板数据库的介绍请参见本章最后一节)。
- MAXSIZE——指定文件的最大容量。如果没有指定 MAXSIZE，则文件可以不断增长直到充满磁盘。
- UNLIMITED——指明文件无容量限制。
- FILEGROWTH——指定文件每次增容时增加的容量大小。增加量可以为确定的以 KB、MB 作后缀的字节数或以%作后缀的被增容文件的百分比来表示。默认后缀为 MB。如果没有指定 FILEGROWTH，则默认值为 10%，每次扩容的最小值为 64 KB。CREATE DATABASE 命令在 SQL Server 2008 中执行时使用模板数据库来初始化新建的数据库(使用 FOR ATTACH 选项时除外)。在模板数据库中的所有用户定义的对象和数据库的设置都会被复制到新数据库中。每个数据库都有一个所有者(Database Owner,DBO)，创建数据库的用户被默认为数据库所有者。可以通过 sp_changedbowner 系统存储过程来更改数据库所有者。

当然，目前主流的关系数据库管理系统诸如 Oracle、SQL Server、DB2 等都提供了图形界面的操作，创建数据库一般不需要手工编写 SQL 语句来实现。这里给出的仅仅是 SQL Server 2008 处理该命令的参数，读者真正需要掌握的只是 CREATED ATABASE 命令。

8.5.2 删除数据库

在 ANSI SQL 92 标准中，并没有提供删除数据库的命令。但是大多数的数据库管理系统都对其进行了扩展，提供了 DROP DATABASE 的命令，其基本语法格式为：

```
DROP DATABASE database_name
```

其中，参数 database_name 为现有的数据库名。

使用该命令删除数据库的时候应注意如下事项：

- 无法删除系统数据库。
- 执行删除数据库操作会删除该数据库使用的物理磁盘文件。执行删除操作时，如果数据库或其任意一个文件处于脱机状态，则不会删除磁盘文件。可使用资源管理器手动删除这些文件。
- 不能删除当前正在使用的数据库。
- 如果数据库涉及日志传送操作，在删除数据库之前需取消日志传送操作。
- 数据库处于脱机状态、只读状态或可疑状态时，可将其删除。

DROP DATABASE 命令一次性可删除多个数据库，只需在 DROP TABLE 命令后加多个数据库名并用逗号隔开即可。

需要注意的是，DROP DATABASE 用于取消数据库中的所用表格和取消数据库。使用此语句时要特别注意，该语句将删除该数据库中所有对象，包括表、视图、索引、存储过程等。在许多数据库系统中，使用 DROP DATABASE 命令都需要获得数据库操作的专门权限。

8.6 小结

本章主要介绍了 SQL 中对于数据库和基本表的操作语句。为了便于后续章节的讲解，本章重点介绍了几种完整性约束：PRIMARY KEY 约束、UNIQUE 约束、NOT NULL 约束、FOREIGN 约束、DEFAULT 约束和 CHECK 约束。在使用 SQL 语句操作表中，主要介绍了 CREATE TABLE 命令和 ALTER TABLE 命令，其命令格式较复杂，读者应仔细掌握。对于 DROP TABLE、CREATE DATABASE 和 DROP DATABASE 等命令，由于其实现简单，仅概要介绍。

第9章 视图和索引的操作

索引和视图都是数据库中非常重要的概念。其中，索引提供对数据表的快速访问，视图给数据表提供了另外一种数据组织方式。在实际应用中，索引和视图的应用非常广泛。本章将介绍 SQL 中对这两个对象进行创建、删除等操作的实现。

9.1 索引概述

索引在各种关系型数据库系统中都是举足轻重的组成部分，其对于提高检索数据的速度起至关重要的作用。数据库中表的索引与附在书前的目录或书后的索引非常相似，可以极大地提高查询的速度。对一个较大的表来说，通过创建索引，一个通常要花费几个小时来完成的查询只要几分钟就可以完成。因此，对需要频繁查询的表增加索引可以极大地提高查询效率，是很有必要的。

9.1.1 索引的概念

所谓索引，是指数据库表中一个或多个列的值进行排序的结构。索引提供指针以指向存储在表中指定列的数据值，然后根据指定的排序次序排列这些指针。因此，在实际操作中，可以利用索引快速访问数据库表中的特定信息。

数据库使用索引的方式与使用书的目录很相似，在书籍中，目录允许用户不必翻阅完整本书就能迅速地找到所需要的信息。在数据库中，索引也允许数据库程序通过搜索索引找到特定的值，然后跟随指针到达包含该值的行，而不必扫描整个数据库。

在数据库中，创建一个索引能够带来如下好处：

- 大大加快数据的检索速度，这也是创建索引的最主要的原因。
- 加速表和表之间的连接，特别是在实现数据的参考完整性方面特别有意义。
- 在使用分组和排序子句进行数据检索时，同样可以显著减少查询中分组和排序的时间。
- 创建唯一性索引，保证数据库表中每一行数据的唯一性。
- 通过使用索引，可以在查询的过程中使用优化隐藏器，提高系统的性能。

然而，使用索引除了给数据库带来诸如加快数据检索速度等的好处外，也会给数据库带来一些负面作用，主要如下：

- 创建索引和维护索引要耗费时间，这种时间随着数据量的增加而增加。

- 索引需要占物理空间，除了数据表占数据空间之外，每一个索引还要占一定的物理空间，如果要建立聚簇索引，那么需要的空间就会更大。
- 当对表中的数据进行增加、删除和修改的时候，索引也要动态地维护，这将会降低数据的维护速度。

例如，在 SQL Server 2008 中，对于包含索引的数据库，其需要一个可观的额外空间，例如要建立一个聚簇索引，需要大约 1.2 倍于数据大小的空间。

9.1.2　索引的类型

在数据库中，索引有两种类型：

- 聚簇索引(也称为聚集索引或簇索引)。
- 非聚簇索引(也称为非聚集索引或非簇索引)。

聚簇索引非常像目录表，目录表的顺序与实际的页码顺序是一致的。非聚簇索引则更像书的标准索引表，索引表中的顺序通常与实际的页码顺序是不一致的。一本书也许有多个索引。例如，它也许同时有主题索引和作者索引。同样，一个表可以有多个非聚簇索引。

聚簇索引基于数据行的键值在表内排序和存储这些数据行。由于数据行按基于聚簇索引键的排序次序存储，因此聚簇索引对查找行很有效。每个表只能有一个聚簇索引，因为数据行本身只能按一个顺序存储。数据行本身构成聚簇索引的最低级别。

只有当表包含聚簇索引时，表内的数据行才按排序次序存储。如果表没有聚簇索引，则其数据行按堆集方式存储。聚簇索引对于那些经常要搜索范围值的列特别有效，使用聚簇索引找到包含第一个值的行后，便可以确保包含后续索引值的行在物理上相邻。

例如，如果应用程序执行的一个查询经常检索某一日期范围内的记录，则使用聚簇索引可以迅速找到包含开始日期的行，然后检索表中所有相邻的行，直到到达结束日期。这样有助于提高此类查询的性能。同样，如果对从表中检索的数据进行排序时经常要用到某一列，则可以将该表在该列上聚簇(物理排序)，避免每次查询该列时都进行排序，从而节省成本。

非聚簇索引具有完全独立于数据行的结构。非聚簇索引的最低行包含非聚簇索引的键值，并且每个键值项都有指针指向包含该键值的数据行。数据行不按基于非聚簇键的次序存储。

在非聚簇索引内，从索引行指向数据行的指针称为行定位器。行定位器的结构取决于数据页的存储方式是堆集还是聚簇。对于堆集，行定位器是指向行的指针。对于有聚簇索引的表，行定位器是聚簇索引键。只有在表上创建了聚簇索引时，表内的行才按特定的顺序存储。这些行就基于聚簇索引键按顺序存储。如果一个表只有非聚簇索引，它的数据行将按无序的堆集方式存储。非聚簇索引可以创建多个，两者都能改善查询性能。

聚簇索引和非聚簇索引的区别在于：

- 在聚簇索引中，记录的索引顺序与物理顺序相同；而在非聚簇索引中，记录的物理顺序与逻辑顺序没有必然的联系。
- 每个表只能有一个聚簇索引，而一个表可以有多个非聚簇索引，在 SQL Server 2008 中，对每个表最多可以建立 249 个非聚簇索引。
- 从建立了聚簇索引的表中取出数据要比建立了非聚簇索引的表快。

由于一个表只能建立一个聚簇索引，通常在应用中对已经建立了聚簇索引的表建立多个非聚簇索引，用于提高查询效率。但是，非聚簇索引也需要大量的硬盘空间和内存，同时，其会降低向表中插入和更新数据的速度，当用户改变了一个建立了非聚簇索引的表中的数据时，必须同时更新索引。因此，对一个表建立非聚簇索引时要慎重考虑。如果预计一个表需要频繁地更新数据，那么不要对其建立太多非聚簇索引。另外，如果硬盘和内存空间有限，也应该限制使用非聚簇索引的数量。

此外，还可以根据索引是否包含重复值，将它分为唯一索引和复合索引。

- 唯一索引：可以确保索引列不包含重复的值。在多列唯一索引的情况下，该索引可以确保索引列中每个值组合都是唯一的。唯一索引既是索引也是约束。
- 复合索引：索引项是多个的就叫复合索引，也称为组合索引。它是指在索引建立语句中同时包含多个字段名，最多 16 个字段。

9.2 索引的创建

根据索引的分类，SQL 中对于创建索引也提供了不同的创建语法。事实上，在第 8 章中提到的创建表的命令中，就可以为表创建索引。

9.2.1 示例数据表

为方便内容的讲解，本节给出数据示例如表 9.1、表 9.2 和表 9.3 所示。其中，表 9.1 为学生表 STUDENT，该表包含学号(SNO)、姓名(SNAME)、性别(SGENTLE)、年龄(SAGE)、出生年月(SBIRTH)和系部(SDEPT)六个字段。

表 9.1 学生表 STUDENT

SNO	SNAME	SGENTLE	SAGE	SBIRTH	SDEPT
990001	张三	男	20	1987-8-4	计算机
990002	陈林	女	19	1988-5-21	外语
990003	吴忠	男	21	1986-4-12	工商管理
990005	陈林	男	20	1987-2-16	体育
990012	张忠和	男	22	1985-8-28	艺术
990026	陈维加	女	21	1986-7-1	计算机
990028	李莎	女	21	1986-10-21	计算机

表 9.2 是一个课程表 COURSE，主要包含课程号(CNO)、课程名称(CNAME)和学分(CGRADE)三个字段。

表 9.2 课程表 COURSE

CNO	CNAME	CGRADE
001	计算机基础	2
003	数据结构	4
004	操作系统	4
006	数据库原理	4
007	软件工程	4

表 9.3 为一个学生选课表 SC，主要包含学号(SNO)、课程号(CNO)和成绩(GRADE)三个字段。

表 9.3　学生选课表 SC

SNO	CNO	GRADE
990001	003	85
990001	004	78
990003	001	95
990012	004	62
990012	006	74
990012	007	81
990026	001	
990026	003	77
990028	006	

9.2.2　创建索引基本语法

SQL 中提供的创建索引的命令是 CREATE INDEX 命令。CREATE INDEX 既可以创建一个可改变表的物理顺序的聚簇索引，也可以创建提高查询性能的非簇索引。其完整的语法格式如下：

```
CREATE [UNIQUE] [CLUSTERED | NONCLUSTERED]
INDEX index_name
ON {table | view } column([ ASC | DESC ] [,…n])
```

其中，各参数说明如下：

- UNIQUE——创建一个唯一索引，即索引的键值不重复。在列包含重复值时，不能建唯一索引。如要使用此选项，则应确定索引所包含的列均不允许 NULL 值，否则在使用时会经常出错。
- CLUSTERED——指明创建的索引为簇索引。如果此选项默认，则创建的索引为非簇索引。
- NONCLUSTERED——指明创建的索引为非簇索引。其索引数据页中包含了指向数据库中实际的表数据页的指针。
- index_name——指定所创建的索引的名称。索引名称在一个表中应是唯一的，但在同一数据库或不同数据库中可以重复。
- table——指定创建索引的表的名称。必要时还应指明数据库名称和所有者名称。
- view——指定创建索引的视图的名称。
- column——指定被索引的列。如果使用两个或两个以上的列组成一个索引，则为复合索引。一个索引中最多可以指定 16 个列。
- ASC | DESC——指定特定的索引列的排序方式。默认值是升序(ASC)。

事实上，除了上述创建索引的命令外，SQL 还提供了一种创建索引的语句：CREATE TABLE 语句。第 8 章提到，CREATE TABLE 语句在创建表结构的同时，可以对其字段设置许多约束条件，这就是创建不同的索引，主要约束如下：

- PRIMARY KEY——创建唯一索引来强制执行主键。
- UNIQUE——创建唯一索引。
- CLUSTERED——创建聚集索引。
- NONCLUSTERED——创建非聚集索引。

下面详细介绍这几种常用索引的创建方法和实现。

9.2.3 创建聚簇索引

前面提到过，聚簇索引中记录的索引顺序与物理顺序相同，一张表中只能有一个聚簇索引，其使用是最频繁的。创建聚簇索引的语法如下：

```
CREATE CLUSTERED
INDEX 索引名
ON {table | view }( 字段名 [ ASC | DESC ])
```

例如，在已存在的表 STUDENT 上，对学生学号字段 SNO 创建聚簇索引，索引名为 SNUM，要求该索引采取降序排列。其实现语句如下：

```
CREATE CLUSTERED
INDEX SNUM
ON STUDENT(SNO DESC)
```

在 SQL Server 2008 的查询分析器中执行上述语句后，即成功创建了一个索引，创建成功后，可通过企业管理器中对该表 STUDENT 的管理索引功能查看该索引，如图 9.1 所示。

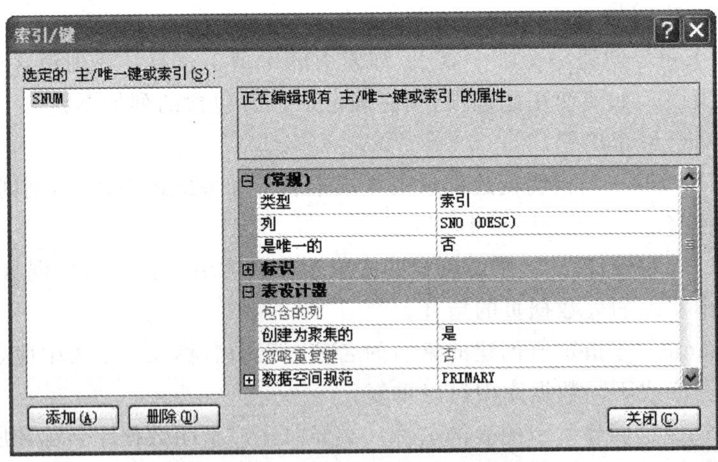

图 9.1 成功创建聚簇索引

此外，SQL Server 2008 还提供了一个存储过程用于查看一个表上的所有索引情况，该存储过程的语法格式如下所示：

```
sp_helpindex [@objname = ] 'name'
```

其中，[@objname =] 'name'子句指定当前数据库中的表的名称。例如，要查看上述示例中创建的聚簇索引 SNUM，实现语句为：

```
EXEC sp_helpindex STUDENT
```

其返回结果如图 9.2 所示。

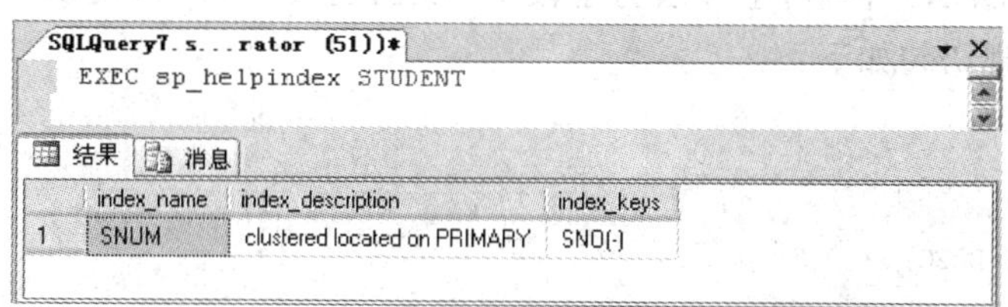

图 9.2 查看已建索引

可以看出，该存储过程显示 STUDENT 表上所有已经建立的索引，显示直观，其表中各字段的含义如下：

- index_name——索引名称。上述示例中为 SNUM。
- index_description——索引描述。上述示例中为聚簇索引。
- index_keys——建立索引的字段。上述示例中为 SNO 字段，括号中的"－"表示按照 SNO 字段降序排列。

鉴于其显示的直观性，本章节中显示已建的索引均采用该存储过程查看。创建成功 SNO 字段上的降序聚簇索引后，其表中数据如图 9.3 所示。

SNO	SNAME	SGENTLE	SAGE	SBIRTH	SDEPT
990028	李莎	女	21	1986-10-21 00:00:00	计算机
990026	陈维加	女	21	1986-07-01 00:00:00	计算机
990012	张忠和	男	22	1985-08-28 00:00:00	艺术
990005	陈林	女	20	1987-02-16 00:00:00	体育
990003	吴忠	男	21	1986-04-12 00:00:00	工商管理
990002	陈林	女	19	1988-05-21 00:00:00	外语
990001	张三	男	20	1987-08-04 00:00:00	计算机

图 9.3 在 SNO 字段上建立降序聚簇索引应用

需要注意的是，如果需要创建一个允许有重复记录的聚簇索引，则其创建语法后需要增加 WITH ALLOW_DUP_ROW 参数，如下所示：

```
CREATE CLUSTERED
INDEX 索引名
ON {table | view }( 字段名 [ ASC | DESC ])
[WITH
ALLOW_DUP_ROW
]
```

9.2.4 创建唯一索引

唯一索引是指索引的键值不重复，为表上的某字段创建唯一索引时，应确定该字段没有

NULL 值，否则在使用时会经常出错。唯一索引的创建语法如下：

```
CREATE UNIQUE
INDEX 索引名
ON {table | view }( 字段名 [ ASC | DESC ] )
```

在上述 STUDENT 表中，还可以为字段 SNO 创建唯一索引，使该字段的数值不能为 NULL 值。其实现语句如下：

```
CREATE UNIQUE
INDEX SUNIQUE
ON STUDENT(SNO DESC)
```

该语句在 SNO 字段上创建了一个索引名称为 SUNIQUE 的唯一索引。在企业管理器中对该表 STUDENT 的管理索引功能查看该索引，如图 9.4 所示。

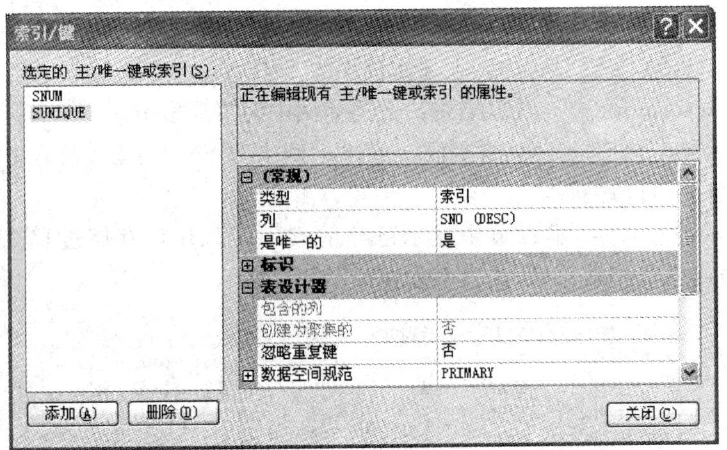

图 9.4　查看索引名称为 SUNIQUE 的唯一索引

从图 9.4 可以看出，其索引选项处选中唯一值，但是聚簇索引为不可选项，这是因为一个表只能有一个聚簇索引，STUDENT 表上已有聚簇索引 SNUM。同样地，也可以通过使用存储过程 sp_helpindex 查看该索引，实现语句同样为：EXEC sp_helpindex STUDENT，返回结果如图 9.5 所示。

2011-201109... dbo.STUDENT　2011-201109... dbo.STUDENT

```
EXEC sp_helpindex STUDENT
```

结果　消息

	index_name	index_description	index_keys
1	SNUM	clustered located on PRIMARY	SNO(-)
2	SUNIQUE	nonclustered, unique located on PRIMARY	SNO(-)

图 9.5　创建唯一索引

由图 9.5 可以看出，上述示例建立的 SUNIQUE 唯一索引是一个非聚簇索引，其在 SNO 字段上以降序排列。

当在实际应用中，对数据表 STUDENT 的 SNO 字段写入与已有字段值相同的重复值时，根据创建的唯一索引，系统将给出错误提示，如图 9.6 所示。

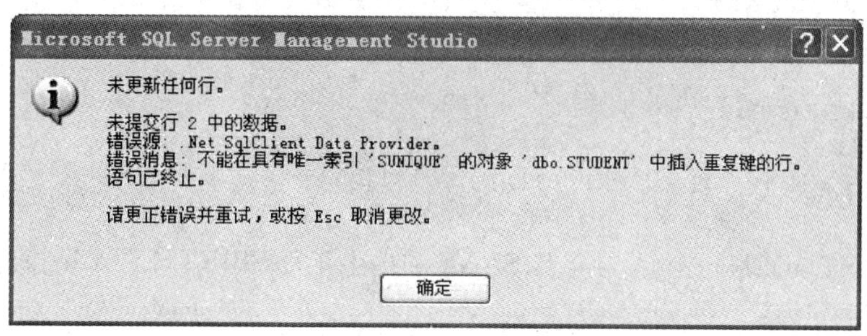

图 9.6 违反唯一索引错误提示

9.2.5 创建单字段非聚簇索引

为了加快对于不同查询条件的检索速度，为一个表建立聚簇索引后，一般还应对其余一些字段建立非聚簇索引。根据创建索引基本语法，创建单字段非聚簇索引的语法格式为：

```
CREATE NONCLUSTERED
INDEX 索引名
ON {table | view }( 字段名 [ ASC | DESC ] )
```

针对上述 STUDENT 表中，可以为字段 SDEPT 创建一个升序的非聚簇索引，使该字段的数值不能为 NULL 值。其实现语句如下：

```
CREATE NONCLUSTERED
INDEX SNONDEPT
ON STUDENT(SDEPT ASC)
```

执行该语句后，即在 SDEPT 字段上创建了一个升序非聚簇索引 SNONDEPT，通过存储过程 sp_helpindex 查看，如图 9.7 所示。

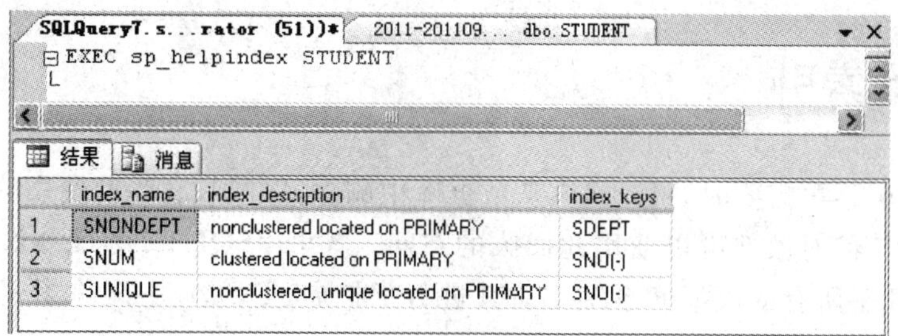

	index_name	index_description	index_keys
1	SNONDEPT	nonclustered located on PRIMARY	SDEPT
2	SNUM	clustered located on PRIMARY	SNO(-)
3	SUNIQUE	nonclustered, unique located on PRIMARY	SNO(-)

图 9.7 创建单字段的非聚簇索引

9.2.6 创建多字段非聚簇索引

创建多字段非聚簇索引也即创建复合索引。索引项是多个的称为复合索引，也称为组合索引。其是指在索引建立语句中同时包含多个字段名，最多能够含有 16 个字段。其创建语法格式与创建单字段非聚簇索引相似，只是可以包含多个字段，如下所示：

```
CREATE NONCLUSTERED
INDEX 索引名
ON {table | view }( 字段名 [ ASC | DESC ] )[,(…字段 n)]
```

例如，在 STUDENT 表中，对年龄 SAGE 和出生年月 SBIRTH 两个字段建立一个复合索引，其实现语句为：

```
CREATE NONCLUSTERED
INDEX SNONAGE
ON STUDENT(SAGE ASC,SBIRTH ASC)
```

该语句中，由于是升序排列，所以参数 ASC 可以省略。执行上述语句后，即为字段 SAGE 和 SBIRTH 创建了一个非聚簇索引 SNONAGE，如图 9.8 所示。

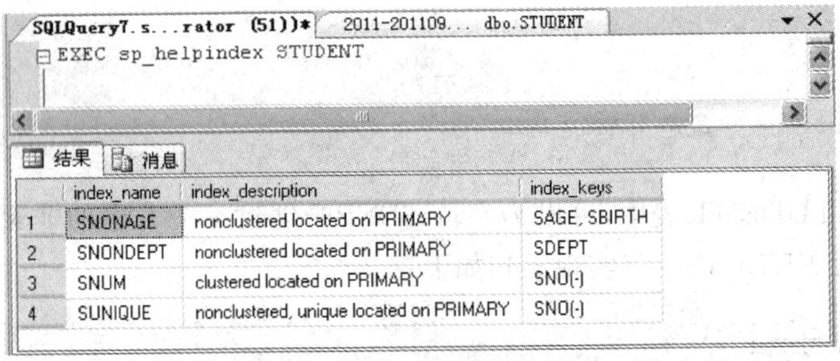

SQLQuery7.s...rator (51))* 2011-201109... dbo.STUDENT

```
EXEC sp_helpindex STUDENT
```

结果 消息

	index_name	index_description	index_keys
1	SNONAGE	nonclustered located on PRIMARY	SAGE, SBIRTH
2	SNONDEPT	nonclustered located on PRIMARY	SDEPT
3	SNUM	clustered located on PRIMARY	SNO(-)
4	SUNIQUE	nonclustered, unique located on PRIMARY	SNO(-)

图 9.8 创建多字段的非聚簇索引

需要注意的是，前面使用的 CREATE INDEX 命令都必须是针对一个已经存在的表创建索引，如果对于一个并不存在的表创建上述索引，则必须用 CREATE TABLE 命令来实现。

9.3 删除索引

当一个索引不再需要时，可以将其从数据库中删除，以回收它当前使用的磁盘空间。这样数据库中的任何对象都可以使用此回收的空间。ANSI SQL 92 标准并没有提供删除索引的命令，但几乎所有的数据库系统都对其进行了扩展，T-SQL 中删除索引的语法格式如下所示：

```
DROP INDEX table_name.index_name
```

其中，参数 table_name. index_name 指定要删除的索引是哪一个表或视图上的哪一个索引名称。例如，将上述 STUDENT 表上的 SUNIQUE 索引删除的实现语句如下：

```
DROP INDEX STUDENT.SUNIQUE
```

执行上述语句后，再使用存储过程命令 EXEC sp_helpindex STUDENT 查看在 STUDENT 表上的索引，如图 9.9 所示。

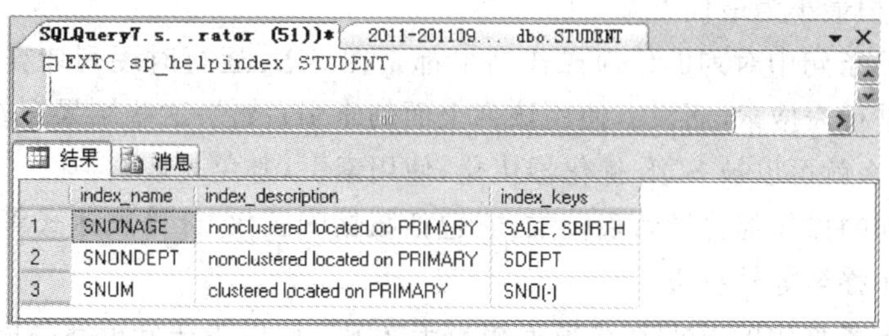

图 9.9　删除索引

不同的数据库系统提供的删除索引语句格式都有些差异，为方便读者对比，此处给出目前主流的数据库系统提供的删除索引语句如下：

- IBM DB2 和 Oracle 和语法——DROP INDEX index_name。
- MySQL 的语法——ALTER TABLE table_name DROP INDEX index_name。
- SQL Server 的语法——DROP INDEX table_name. index_name。
- Microsoft SQLJet 的语法(and Microsoft Access)——DROP INDEX index_name ON table_name。

需要注意的是，如果需要删除表的所有索引时，首先删除非聚集索引，最后删除聚集索引。这是因为删除聚集索引会花些时间，在这个过程中，除了删除聚集索引外，必须重新生成表的所有非聚集索引以替换带有指向堆的行指针的聚集索引键。删除聚集索引后，存储在聚集索引页集中的数据行将存储在未排序的表(堆)中。

9.4　索引的使用原则

前面提到了，使用索引可以极大地提高查询速度，这是引入索引的主要原因。对于数据量大的数据表或视图来说，索引是必不可少的。但是，大量使用索引也将引起许多问题，例如，当对一个经常需要更新数据的表创建大量索引时，将导致处理速度变慢。因此，下面给出使用索引时应该遵循的一些原则。

9.4.1　正确建立索引

建立一个正确的索引能够让用户对数据库的查询达到最优效果。一般来说，正确地建立索引主要考虑如下几个方面：

- 当字段数据更新频率较低，查询使用频率较高并且存在大量重复值时建议使用聚簇索引。

- 经常同时存取多列，且每列都含有重复值时可考虑建立组合索引。
- 复合索引的前导列一定要控制好，否则无法起到索引的效果。如果查询时前导列不在查询条件中，则该复合索引不会被使用，前导列一定是使用最频繁的列。
- 多表操作在被实际执行前，查询优化器会根据连接条件，列出几组可能的连接方并从中找出系统开销最小的最佳方案。连接条件要充分考虑带有索引的表、行数多的表；内外表的选择可由公式"外层表中的匹配行数×内层表中每一次查找的次数"确定，乘积最小为最佳方案。
- WHERE 子句中对列的任何操作结果都是在 SQL 运行时逐列计算得到的，因此它不得不进行表搜索，而没有使用该列上面的索引；如果这些结果在查询编译时就能得到，那么就可以被 SQL 优化器优化，使用索引，避免表搜索。
- 任何对列的操作都将导致表扫描，它包括数据库函数、计算表达式等，查询时要尽可能将操作移至等号右边。
- WHERE 条件中的"IN"在逻辑上相当于"OR"，所以语法分析器会将"IN ('0','1')"转化为"COLUMN='0' OR COLUMN='1'"来执行。IN、OR 子句常会使用工作表，使索引失效；如果不产生大量重复值，可以考虑把子句拆开；拆开的子句中应该包含索引。
- 要善于使用存储过程，其使 SQL 变得更加灵活和高效。

9.4.2 选择索引类型

索引的类型有聚簇索引和非聚簇索引的区分。聚簇索引使行的物理顺序和索引的顺序一致，一个表只能有一个聚簇索引。由于 UPDATE、DELETE 语句会要求相对多一些的读操作，因此聚簇索引常常能加速这样的操作。因此，在至少有一个索引的表中，应该有一个聚簇索引。那么在实际应用中，如何选择为一个字段建立聚簇索引还是非聚簇索引呢？一般来说，当出现如下的几种情况时可以考虑使用聚簇索引：

- 当某列包括的不同值的个数是有限的可以使用聚簇索引。

例如，一个学校的系部是有限的，而且各个系部的名称是不同的，因此 STUDENT 表中的 SDEPT 字段可以使用聚簇索引。

- 对返回一定范围内值的列可以使用聚簇索引。

例如，使用 BETWEEN…AND 范围运算符和>、>=、<、<=等比较运算符来对列进行操作，可以使用聚簇索引。

- 对查询时返回大量结果的列可以使用聚簇索引。
- 查询语句中用 ORDER BY 子句的列上可以考虑使用聚簇索引。

同样，在一个表中可以有多个非聚簇索引，非聚簇索引可以提高查询速度，但是并非任何情况都可以使用非聚簇索引，一般来说，在有很多不同值的列上可以考虑使用非聚簇索引。例如，在 STUDENT 表中的 SNAME 字段上可以建立非聚簇索引，因为在该字段上，姓名是有很多不同值的。

需要注意的是，一个表列如果设为主键，其会自动生成一个聚簇索引。如果在应用中需要删除该索引，不能直接使用语句：

```
DROP INDEX table_name.index_name
```

将其删除。首先必须删除主键约束，使用语句

```
ALTER TABLE TABLE1 DROP CONSTRAINT 约束名
```

来删除主键约束，再删除该索引即可。

总的来说，索引带来查询速度的大大提升，但索引也占用了额外的硬盘空间，而且向表中插入新记录时索引也要随着更新，这也需要一定时间。有些表如果经常进行 INSERT 或 UPDATE 等操作，而较少使用 SELECT 检索，就不用建立索引，否则每次写入数据都要重新改写索引。索引在实际中的具体使用视实际情况而定，通常情况下索引是必需的。

9.5 视图概述

在数据库中关系表中定义了基本表的结构和编排方式，此外，SQL 语言又提供另外一种数据组织方法，通过其用户可以按其他组织形式对原来表中的数据进行重新组织，这种方法就是视图。

9.5.1 视图的概念

视图的结构和内容是通过 SQL 查询获得的，它也称为试图名，可以永久地保存在数据库中。用户通过 SQL 查询语句，可以像其他普通关系表一样，对视图中的数据进行查询。

视图可以被看成是虚拟表或存储查询，可通过视图访问的数据不作为独特的对象存储在数据库内。数据库内存储的是 SELECT 语句，也即数据库内并没有存储视图这个表，而存储的是视图的定义。SELECT 语句的结果集构成视图所返回的虚拟表。用户可以用引用表时所使用的方法，在 SQL 语句中通过引用视图名称来使用虚拟表。使用视图可以实现下列任一或所有功能：

- 将用户限定在表中的特定行上。

例如，只允许雇员看见工作跟踪表内记录其工作的行。

- 将用户限定在特定列上。

例如，对于那些不负责处理工资单的雇员，只允许其看见雇员表中的姓名列、办公室列、工作电话列和部门列，而不能看见任何包含工资信息或个人信息的列。

- 将多个表中的列连接起来，使它们看起来像一个表。
- 聚合信息而非提供详细信息。

例如，显示一个列的和，或列的最大值和最小值。

当数据库管理系统 DBMS 在 SQL 语句中遇到视图引用时，会从数据库中找出所存储的相应视图的定义。然后把对视图的引用转换成对构成视图源表的等价请求，并且执行这个等价请求。利用这种方法，DBMS 在保持源表数据完整性的同时，也保持了视图的“可见性”。

对于简单视图，DBMS 通过快速查询，直接从源表中提取并构造出视图的每一行。而对一些比较复杂的视图，DBMS 则要根据该视图的定义中的查询语句，进行查询操作，并将

结果存储到一个临时表中。然后DBMS再从这个临时表中提取数据以满足对视图操作的需要，并在不需要的时候，抛弃所生成的临时表。但不论DBMS如何操作，对用户来讲，其结果都是相同的，即这个视图能够在SQL语句中引用，就好像一张真正的关系表。

通过定义SELECT语句以检索将在视图中显示的数据来创建视图。SELECT语句引用的数据表称为视图的基表。

9.5.2 视图的优缺点

在数据库中使用视图有很多优点，尤其是在定义用户使用的数据库结构和增强数据库的安全保密性方面，视图起到了一个中心的准则作用。使用视图的主要优点是：

- 安全保密性。通过视图用户只能查询和修改他们所能见到的数据。数据库中的其他数据则既看不见也取不到。数据库授权命令可以使每个用户对数据库的检索限制到特定的数据库对象上，但不能授权到数据库特定行和特定的列上。通过视图，用户可以被限制在数据的不同子集上。
- 查询简单性。视图能够从几个不同的关系表中提取数据，并且用一个单表表示出来，利用视图，将多表查询转换成视图的单表查询。
- 结构简单性。视图能够给用户一个"个人化"的数据库结构外观，用一组用户感兴趣的可见表来代表这个数据库的内容。
- 隔离变化。视图能够代表一个一个一致的、非变化的数据。即使是在作为视图基础的源表被分隔、重新构造或者重新命名的情况下，也是如此。
- 数据完整性。如果数据被存取，并通过视图来输入，那么，DBMS就能够自动地校验这个数据，以便确保数据满足所规定的完整性约束。
- 逻辑数据独立性。视图可以使应用程序和数据库表在一定程度上独立。如果没有视图，应用一定是建立在表上的。有了视图之后，程序可以建立在视图之上，从而程序与数据库表被视图分隔开来。

虽然视图存在上述的优点，但是，在定义数据库对象时，不能不加选择地来定义视图，因为视图也存在一些缺点，主要如下：

- 性能——数据库管理系统必须把视图的查询转化成对基本表的查询，如果这个视图是由一个复杂的多表查询所定义，那么，即使是对视图的一个简单查询，数据库管理系统也会将其变成一个复杂的结合体，需要花费一定的时间。
- 修改限制——当用户试图修改视图的某些记录行时，数据库管理系统必须将其转化为对基本表的某些行的修改。对于简单视图来说，这是很方便的，但是，对于比较复杂的视图，可能是不可修改的。

因此，在实际应用中，应该根据实际情况，权衡视图的优点和缺点，合理地定义视图。

9.6 视图的创建

视图的内容来源于一个SQL的SELECT查询，因此，视图并不是表，也不包含数据，视图可以说是仅仅在显示时才存在的虚表。

9.6.1 创建视图基本语法

在数据库中创建一个或者多个表之后，就可以创建视图了，可以使用视图这种数据库对象以指定的方式查询一个或者多个表中的数据。SQL 提供了创建视图的命令 CREATE VIEW，其完整语法格式如下所示：

```
CREATE VIEW [ < database_name > . ] [ < owner > . ] view_name [ ( column [ , …n ] ) ]
[ WITH < view_attribute > [ , …n ] ]
AS
select_statement
[ WITH CHECK OPTION ]
< view_attribute > : : =
{ ENCRYPTION | SCHEMABINDING | VIEW_METADATA }
```

其中，各参数说明如下：

- database_name——指定视图所属的数据库名称。
- owner——指定视图的所有者。
- view_name——指定视图名，视图名称必须符合标识符规则，可以选择是否指定视图所有者名称。
- column——列名或列列表。只有在下列情况下，才必须命名 CREATE VIEW 中的列：当列是从算术表达式、函数或常量派生的，两个或更多的列可能会具有相同的名称(通常是因为连接)，视图中的某列被赋予了不同于派生来源列的名称。如果未指定 column，则视图列将获得与 SELECT 语句中的列相同的名称。
- select_statement——SELECT 查询语句，视图的数据来源。
- WITH CHECK OPTION——强制视图上执行的所有数据修改语句都必须符合由 select_statement 设置的准则。通过视图修改数据行时，WITH CHECK OPTION 可确保提交修改后仍可通过视图看到修改的数据。
- ENCRYPTION——表示数据库管理系统加密时包含 CREATE VIEW 语句文本的系统表列。使用 WITH ENCRYPTION 可防止将视图作为数据库管理系统复制的一部分发布。
- SCHEMABINDING——将视图绑定到架构上。指定 SCHEMABINDING 时，select_statement 必须包含所引用的表、视图或用户定义函数的两部分名称。

此外，CREATE VIEW 语句还可以为新生成的视图的每一列指定一个列名。如果指定了列名，那么列名的数目必须与查询出的结果相同，每列的数据类型来自查询中的源表中列的定义。如果在创建视图时，没有指定列名，那么，视图中的列名来自源表中列的名称。如果查询中包含计算列，那么必须指定列名。

通过以上创建语法格式，可以看出，创建视图最关键的部分就在于其数据来源，也即 SELECT 语句的构成，下面将介绍几种视图的创建。

9.6.2 创建简单视图

所谓简单视图，也即其 SELECT 语句是简单的，不含连接查询、嵌套查询等复合查询的语句。当用户需要频繁地查询表中列的某种组合时，简单视图非常有用。

例如，对数据表 STUDENT 的学号、姓名、性别和所属系部这四个字段建立一个简单视图。其实现语句如下所示：

```
CREATE VIEW STU
AS
SELECT SNO,SNAME,SGENTLE,SDEPT
FROM STUDENT
```

在 SQL Server 2008 的查询分析器中执行上述语句后，即创建了一个名为 STU 的视图，该视图含有 SNO、SNAME、SGENTLE 和 SDEPT 四个字段。在 SQL Server 2008 的企业管理器中可以看到视图的结构如图 9.10 所示。

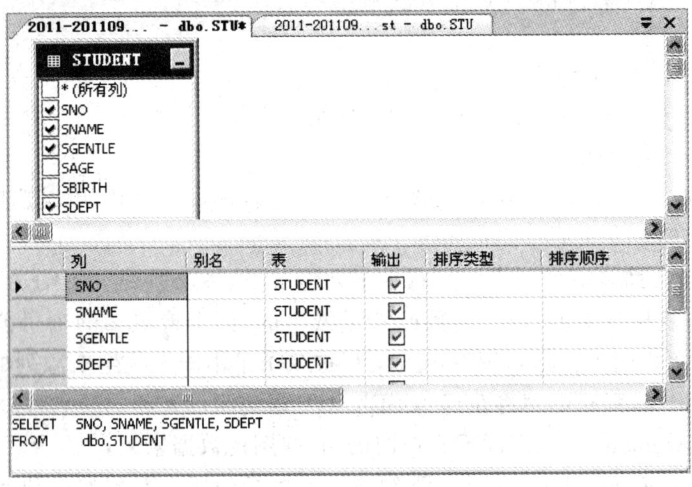

图 9.10　新建视图 STU 的结构

创建成功后的视图，可以像基本表一样对其进行操作。同样地，如果原来的 STUDENT 表上述字段中有数据，那么视图 STU 也相应地包含了数据，如图 9.11 所示。

2011-201109...st - dbo.STU　2011-201109... - dbo.STU*

SNO	SNAME	SGENTLE	SDEPT
990028	李莎	女	计算机
990026	陈维加	女	计算机
990012	张忠和	男	艺术
990005	陈林	女	体育
990003	吴忠	男	工商管理
990002	陈林	女	外语
990001	张三	男	计算机

图 9.11　新建视图 STU 的数据

需要注意的是，数据库中并不保存视图的数据，用户看到的数据是存储在基本表中，数据库中只存放视图的定义。又如，对于 STUDENT 表定义一个包含所有男生的视图，其实现语句如下：

```
CREATE VIEW STUMALE
AS
SELECT SNO,SNAME,SGENTLE,SDEPT
FROM STUDENT
WHERE SGENTLE = '男'
```

9.6.3　创建复杂视图

视图创建除了可以用 9.6.2 节中简单的 SELECT 语句外，还可以使用包含带有可选聚合的多表连接等的复杂 SELECT 语句。视图不必是具体某个表的行和列的简单子集。可以用具有任意复杂性的 SELECT 子句，使用多个表或其他视图来创建视图。若要从创建视图的 SELECT 子句所引用的对象中选择，必须具有适当的权限。

例如，对于 STUDENT 表和 SC 表，选取其中计算机系的所有学生选修课程的课程号和成绩，并为其创建一个视图 COMPUTER。实现语句如下：

```
CREATE VIEW COMPUTER
                (SNO,SNAME,CNO,GRADE)
AS
SELECT STUDENT.SNO,STUDENT.SNAME,SC.CNO,SC.GRADE
FROM STUDENT JOIN SC
ON STUDENT.SNO = SC.SNO
WHERE STUDENT.SDEPT = '计算机'
```

创建完成后，可以通过企业管理器的视图来查看其数据，也可以通过 SELECT 语句来查看，因为对视图的处理和对基本表是相同的。可以使用如下语句来查看视图 COMPUTER 中的数据：

```
SELECT *
FROM COMPUTER
```

其查询结果如图 9.12 所示。

	SNO	SNAME	CNO	GRADE
▶	990001	张三	003	85
	990001	张三	004	78
	990026	陈维加	001	NULL
	990026	陈维加	003	77
	990020	李莎	006	NULL

图 9.12　新建视图 COMPUTER 的数据

可以看出，针对复杂的连接查询或子查询，都可以将其以视图的方式存储在数据库中，要调用该复杂查询的结果时只需要从视图中获取数据即可。因此，使用视图可以极大地简化表的复杂查询。

不仅仅连接查询可以通过视图来简化，多表查询也同样可以采取创建视图来简化。例如，针对上述的学生表 STUDENT、课程表 COURSE、学生选课表 SC，选取计算机系学生选修了“数据结构”课程的学生基本信息和其成绩。其创建视图的语句如下：

```
CREATE VIEW COMDATA
AS
SELECT STUDENT.SNO 学号,STUDENT.SNAME 姓名,STUDENT.SGENTLE 性别,COURSE.CNAME 课程名,COURSE.
CGRADE 学分,SC.GRADE 成绩
FROM STUDENT JOIN SC
ON STUDENT.SNO = SC.SNO
JOIN COURSE
ON COURSE.CNO = SC.CNO
WHERE STUDENT.SDEPT = '计算机'
AND COURSE.CNAME = '数据结构'
```

成功执行上述命令后，即创建了名为 COMDATA 的视图。在以后调用数据时只要简单地使用 SELECT * FROM COMDATA 语句即可查询其数据，如图 9.13 所示。

	学号	姓名	性别	课程名	学分	成绩
▶	990001	张三	男	数据结构	4	85
	990026	陈維加	女	数据结构	4	77

图 9.13 新建视图 COMDATA 的数据

在实际应用中，经常通过创建视图来简化表之间的复杂连接查询和基于多表的查询。因此，视图的使用是很广泛的。

9.6.4 创建基于视图的视图

前面使用 CREATE VIEW 语句创建的视图都是基于基本表，也即其 SELECT 子句中的数据来源于基本表，是实实在在存在的数据。

SQL 支持创建基于视图的视图。例如，在上述示例中创建了 COMDATA 视图，在该视图上还可以创建视图，例如基于该视图上需要创建一个含有学号、姓名和成绩字段的视图 COMDATA1。其实现语句如下所示：

```
CREATE VIEW COMDATA1
AS
SELECT 学号,姓名,成绩
FROM COMDATA
```

上述语句创建了含有 COMDATA 视图中学号、姓名和成绩三个字段的视图 COMDATA1，使用下列语句可以查看该视图含有的数据，如图 9.14 所示。

```
SELECT *
FROM COMDATA1
```

在该创建过程中，COMDATA 称为父视图，其提供了 COMDATA1 视图创建的信息，其作用类似于基本表。而 COMDATA1 称为子视图。同时，SQL 还允许在 COMDATA1

	学号	姓名	成绩
▶	990001	张三	85
	990026	陈維加	77

图 9.14　创建基于视图的视图

视图上再创建新的视图，在该视图上，COMDATA1 就变成父视图了。在删除视图的时候，需要考虑其关系，这在 9.7 节介绍视图的删除时会提到。

9.6.5　创建视图的注意事项

在使用 CREATE VIEW 命令创建视图时，有如下几个事项是需要特别注意的，否则会导致创建操作失败：

- 创建视图时，需要保证视图定义语句中所有引用的数据库对象都存在。
- 视图的命名必须遵守标识符的命名规则，拥有者是可选的。建议使用一个一致的命名约定来区别表和视图。
- 执行 CREATE VIEW 语句的用户必须具有 CREATE VIEW 权限，在视图中引用的所有表和视图上，也要拥有 SELECT 权限。

此外，在是否需要指定列名处也要特别注意。一般来说，在下列情况之一时，必须指定 CREATE VIEW 中的列：

- 当列是从算术表达式、函数或常量派生的时候。例如，下列创建视图的语句就必须指定列名，这是因为 SELECT 语句中存在 COUNT 聚合函数。

```
CREATE VIEW STU
(SUM,SDEPT)
AS
SELECT COUNT( * ),SDEPT
FROM STUDENT
```

- 两个或更多的列可能会具有相同的名称(通常是因为连接)。例如，下列创建视图的语句就必须指定列名，这是因为 SELECT 语句中存在两个相同的 SNO 字段，如不指定列名，在视图中无法将其区分开来。

```
CREATE VIEW COUR
(SNO1,SNAME,SGENTLE,SAGE,SBIRTH,SDEPT,SNO2,CNO,GRADE)
AS
SELECT STUDENT. * ,SC. *
FROM STUDENT JOIN SC
ON STUDENT.SNO = SC.SNO
WHERE SC.GRADE > 80
```

- 视图中的某列被赋予了不同于派生来源列的名称。

同时，在创建视图时，对于视图定义 CREATE VIEW 语句中的 SELECT 子句，还需要注意该子句有几个限制，主要如下：

- SELECT 子句不能包含 COMPUTE 或 COMPUTE BY 子句。

- SELECT 子句不能包含 ORDER BY 子句，除非在 SELECT 语句的选择列表中也有一个 TOP 子句。
- SELECT 子句不能包含 INTO 关键字。
- SELECT 子句不能引用临时表或表变量。

9.7 视图的删除

当一个视图不再需要时，可以将其从数据库中删除，以回收其当前使用的磁盘空间。这样数据库中的任何对象都可以使用此回收的空间。SQL 语言所提供的视图删除命令是 DROP VIEW，其命令的使用语法格式如下：

```
DROP VIEW <视图名>[CASCADE | RESTRICT]
```

其中，各参数说明如下：

- 视图名——为当前数据库中已有的视图的名称。
- RESTRICT——确保只有不存在关联视图或整合约束的视图可以被删除。
- CASCADE——任何引用的视图和整合约束都将被删除。

由于在 SQL 数据库中，多个视图间也可以存在父/子联系，因此在删除视图时，仍需告诉 DBMS 如何处理有父/子联系的父视图，CASCADE 和 RESTRICT 选项，就是 DBMS 在处理有父/子联系的父视图时，应如何处理子视图。

例如，需要删除在 9.6.2 节中创建的 STU 视图，由于 STU 视图不存在父/子关系等关联视图，因此只需在查询分析器中输入如下语句即可。

```
DROP VIEW STU
```

执行上述语句后，STU 视图就从数据库的对象中被删除了。如果需要删除上述示例中的 COMDATA 视图，就需要使用参数 CASCADE 或 RESTRICT。例如，如果使用下列语句删除 COMDATA 视图，将会把其子视图 COMDATA1 一起删除。

```
DROP VIEW CASCADE
```

由此可见，视图的删除与普通关系表的删除是有一些区别的，删除基本表的话是不存在关联的。此外，删除视图与删除基本表的最大的不同点是删除视图仅仅是删除了视图的组织结构，用户以后就不能再用这个视图来进行操作，但组成视图内容的数据并没有被删除，其仍然保存在原来关系表中。同时其处理方式与关系表的相应处理方式类似。

9.8 小结

本章讨论了索引和视图的相关操作，主要是其创建和删除操作。索引是数据库中的常用对象，其用于加快数据表中数据的检索速度。本章介绍了创建索引的基本语法和几种索引的创建：聚簇索引、唯一索引和非聚簇索引，还简要介绍了聚簇索引和非聚簇索引的不同应用领域。视图也是数据库中的常用对象，它是另一种形式的数据组织，数据库中并没有存储视图的数据，而只是存储其定义。本章介绍了视图的创建和其作用，最后简单介绍了视图的删除操作及其与基本表的删除操作的不同之处。

第10章 数据插入操作

前面章节介绍的都是针对数据表数据的检索和表的结构操作，本章将介绍数据的添加操作。在一个数据表的结构建好之后，首先要做的就是添加数据。即使是在实际应用中的数据表，对其添加数据也是日常的操作之一。例如，一个企业的资产管理系统，每天都有资产流入流出，一旦有资产流入，就需要在资产数据表中添加一条新的记录。在几乎所有的数据库应用程序中，除了查询功能外，添加数据也是使用非常频繁的一个操作。

10.1 数据插入语句

由于添加数据是对于基本表的一个必不可少的操作，也由于该操作使用的频繁性，尤其是在日常的数据表使用中。因此，SQL 中包含了进行数据插入的 INSERT 命令。

10.1.1 示例数据表

为方便讲解，本节给出数据示例表 10.1、表 10.2 和表 10.3。其中，表 10.1 为学生表 STUDENT，该表包含学号(SNO)、姓名(SNAME)、性别(SGENTLE)、年龄(SAGE)和系部(SDEPT)五个字段。

表 10.1 学生表 STUDENT

SNO	SNAME	SGENTLE	SAGE	SDEPT
990001	张三	男	20	计算机
990002	陈林	女	19	外语
990003	吴忠	男	21	工商管理
990005	陈林	男	20	体育
990012	张忠和	男	22	艺术
990026	陈维加	女	21	计算机
990028	李莎	女	21	计算机

表 10.2 是一个课程表 COURSE，主要包含课程号(CNO)、课程名称(CNAME)和学分(CGRADE)三个字段。

表 10.2　课程表 COURSE

CNO	CNAME	CGRADE
001	计算机基础	2
003	数据结构	4
004	操作系统	4
006	数据库原理	4
007	软件工程	4

表 10.3 为一个学生选课表 SC，主要包含学号(SNO)、课程号(CNO)和成绩(GRADE)三个字段。

表 10.3　学生选课表 SC

SNO	CNO	GRADE
990001	003	85
990001	004	78
990003	001	95
990012	004	62
990012	006	74
990012	007	81
990026	001	
990026	003	77
990028	006	

10.1.2　插入语句基本语法

SQL 语言中，通过用 INSERT 命令向表或视图中插入新的数据行。插入语句 INSERT 的基本语法格式为：

```
INSERT [INTO] table_source
{[column_list]
VALUES ({DEFAULT | constant_expression} [,…n])
|DEFAULT VALUES
|select_statement
|execute_statement
}
}
```

其中，各参数说明如下：

- table_source——指定 INSERT 语句插入数据时所操作的表或视图。
- column_list 参数——指定新插入数据行中一列或多列列名列表。
- VALUES 子句——为新插入行中 column_list 参数所指定的列提供数据，这些数据可以以常量表达式的形式提供，或使用 DEFAULT 关键字说明向列中插入其默认值。

- DEFAULT VALUES——说明向表中所有列插入其默认值。对于没有设置默认值的列，如果其允许空值，数据库管理系统将插入空值 NULL，否则返回错误信息。
- select_statement——是标准的数据库查询语句，它是数据库管理系统为 INSERT 语句所提供的又一种数据插入方式。INSERT 语句将 select_statement 子句所返回的结果集合数据插入到指定表中。查询语句结果集合每行中的数据数量、数据类型和排列顺序也必须与表中所定义列或 column_list 参数中指定列的数量、数据类型和排列顺序完全相同。

通过上述语法格式读者可以看出，INSERT 插入语句为对数据表中的数据进行插入操作提供两种格式，如下所示：

- INSERT VALUSE 格式。
- INSERT SELECT 格式。

事实上，许多数据库关系系统都为 INSERT 语句提供了另一种数据插入方式：通过执行系统存储过程，其数据来自于存储过程执行后所产生的结果集合。所执行的过程可以为存储过程、系统存储过程或扩展存储过程，既可以为本地存储过程，又可以是远程服务器上的存储过程。

上述格式中的参数 table_source 说明了 INSERT 语句插入数据时所操作的表或视图，其语法格式可简单书写为：

```
{table_name [[AS] table_alias]
view_name [[AS] table_alias]}
```

其中，table_name 和 view_name 说明被插入数据的表或视图名称，table_alias 参数为表或视图设置别名。使用别名有两方面原因：

- 当表或视图名称较长时，使用别名可以简化书写工作。
- 在自连接或子查询中，使用别名可以区别同一个表或视图。

此外，上述语句格式如果使用了 column_list 参数，即说明该 INSERT 语句只为指定列插入数据。在给表或视图中部分列插入数据时，必须使用列名列表方式指出这部分列名。其余未指定列的列值要根据其默认值和空值属性情况而定，其可以取如下几种值：

- 对于需要计算的一些特殊数据类型，其列值由数据库管理系统计算后自动赋值。
- 对于在这些列有默认值或关联有默认数据库对象的，插入新列时其值为默认值。
- 对于没有设定默认值的，但这些列被允许空值时，给该列赋值为空。
- 对于这些列既没有设置默认值，也不允许空值的，则数据库管理系统在执行该 INSERT 语句时将产生错误，导致插入操作失败。

如果在使用 INSERT 语句中没有指定 column_list 参数时，为各列所提供的数据顺序则严格按照表中各列的定义顺序，而使用 column_list 参数则可以调整向表中所插入数据的列顺序，只要 VALUES 子句所提供的数据顺序与 column_list 参数中指定的列顺序相同即可。

在向表中插入数据时，如果所插入的数据与约束或规则的要求冲突，或是其数据类型不兼容时，将导致 INSERT 语句执行失败。当使用 SELECT 或 EXECUTE 子句向表中一次插入多行数据时，如果其中有任一行数据有误，将导致整个插入操作失败，系统将停止所有

数据行的插入操作。

根据 INSERT 语句的两种格式,将数据插入操作分为单行插入操作和多行插入操作,下面主要介绍这两种方式的实现方法。

10.2 单行插入操作

单行插入操作用于在数据表中添加单条记录,这是 INSERT 语句应用最多的情况。单行插入操作使用的语句格式为 INSERT VALUES,其语法如下:

```
INSERT [INTO] table_source
{[column_list]
VALUES ({DEFAULT | constant_expression} [,…n])
|DEFAULT VALUES
}
}
```

上述该语句的作用是向表中加入一个新的记录,其数值为用户所指定的数值。使用该语句向表中插入数据时必须遵循以下三条规则:

- 所要插入的数值与它所对应的字段必须具有相同的数据类型。
- 数据的长度必须小于字段的长度。例如不能向一个长 40 个字符的字段中插入一个长 80 个字符的字符串。
- 插入的数值列表必须与字段的列表相对应。也就是说,第一个数值在第一个字段,第二个数值在第二个字段,以此类推。

10.2.1 不指定字段的整行插入

不指定字段的整行插入是插入记录中最为简单的一种插入方式,采用该方式插入数据时需要用户对数据表中字段的数据类型、顺序非常清楚。其简单格式如下:

```
INSERT INTO 表名
VALUES(值 1,值 2,…,值 n)
```

例如,新增一个学生,需要对 STUDENT 表插入一条新记录,该学生的基本信息:学号为 990004,姓名为王成,性别为男,年龄为 22,所属系部为外语。

分析:根据 STUDENT 表的结构,可以看出该表的字段一共是 5 个,该示例中给出了需要插入记录的所有字段值,因此可以使用不指定字段的整行插入语句。

其语句实现如下:

```
INSERT INTO STUDENT
VALUES('990004','王成','男',22,'外语')
```

在 SQL Server 2008 的查询分析器中执行该语句,即完成了将该条记录插入到 STUDENT 表的操作,插入完成后的表数据如图 10.1 所示。

SNO	SNAME	SGENTLE	SAGE	SDEPT
990028	李莎	女	21	计算机
990026	陈维加	女	21	计算机
990012	张忠和	男	22	艺术
990005	陈林	女	20	体育
990004	王成	男	22	NULL
990003	吴忠	男	21	工商管理
990002	陈林	女	19	外语
990001	张三	男	20	计算机

图 10.1　不指定字段的整行插入

从上述语句中可以看出，对于字符型数据类型的字段，插入值时应该以''将值引用起来，例如 SNO 字段为字符型数据类型，因此需要插入的值 990004 在 VALUES 子句中必须表示为'990004'。而数值型的数据类型字段则不需要，例如 SAGE 年龄字段为数值型数据类型，为该字段插入值 22 就可以直接表示。如果 VALUES 中值的表示方法与字段的数据类型不一致，那么插入操作将失败，其返回错误信息如图 10.2 所示。

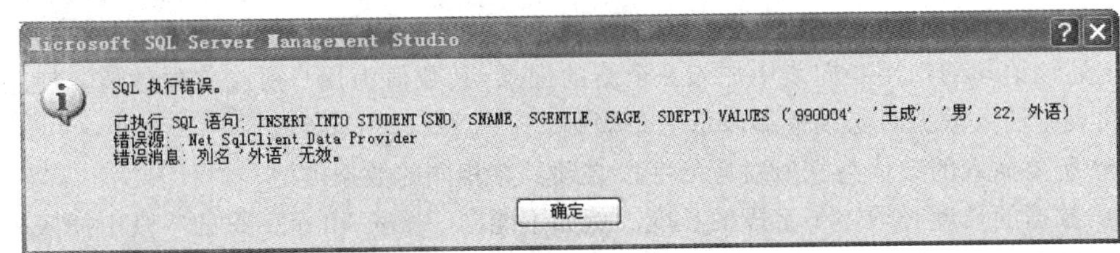

图 10.2　数据类型不匹配错误

由于该格式的 INSERT 语句中没有指定列名列表，系统默认其 VALUES 子句中的第一个值对应表的第一个字段，上述示例中为 SNO 字段，第二个值对应表的第二个字段，上述示例中为 SNAME 字段，依此类推。因此，对于不指定字段的整行插入格式，INSERT 语句中的 VALUES 子句中值的顺序必须要与待插入表的字段顺序一致。

10.2.2 指定字段的整行插入

在实际应用中，用户很难做到对每个表的字段顺序都很清楚，尤其是对于字段较多的表来说，较难做到值和字段的一一对应。此时，使用不指定字段的整行插入的格式就很有可能出现错误，可以使用指定字段的整行插入来实现。

指定字段的整行插入是指在待插入表后将表的所有字段全部列出，使得用户在 VALUES 子句中列出值时能够与其对应，其语法格式为：

```
INSERT INTO 表名
(字段名 1,字段名 2, …,字段名 n)
VALUES(值 1,值 2, …,值 n)
```

例如，针对上述示例，插入一条学号为 990004，姓名为“王成”，性别为“男”，年龄为 22，所属系部为“外语”的新的记录的语句如下：

```
INSERT INTO STUDENT
(SNO,SNAME,SGENTLE,SAGE,SDEPT)
VALUES ('990004','王成','男',22,'外语')
```

该语句执行后的返回结果与图 10.1 相同。采用该方式插入单行数据，可以减少插入时出现的语法错误和逻辑错误。

该格式由于列出了表的所有字段名，在具体的数据插入过程还可以对字段的顺序进行改变，只需将 VALUES 子句中相应值顺序改变即可。例如，可以将上述示例改写为：

```
INSERT INTO STUDENT
(SNO,SNAME,SDEPT,SGENTLE,SAGE)
VALUES ('990004','王成','外语','男',22)
```

该语句的执行效果是一样的，其返回结果与图 10.1 相同，新增加了一条学号为 990004，姓名为“王成”，性别为“男”，年龄为 22，所属系部为“外语”的记录。

此外，在指定字段的插入数据中，可以不将表的所有字段列出，而只列出其中一部分，列出的字段与 VALUES 子句中列出的值一一对应插入。而没有列出的字段或取默认值，或取空值。例如，在 STUDENT 表中插入一条学号为 990004，姓名为“王成”的记录，其实现语句如下：

```
INSERT INTO STUDENT
(SNO,SNAME)
VALUES('990004','王成')
```

执行该语句后，通过简单的查询命令 SELECT * FROM STUDENT 查看 STUDENT 的结果，如图 10.3 所示。

SNO	SNAME	SGENTLE	SAGE	SDEPT
990028	李莎	女	21	计算机
990026	陈維加	女	21	计算机
990012	张忠和	男	22	艺术
990005	陈林	女	20	体育
990004	王成	NULL	NULL	NULL
990003	吴忠	男	21	工商管理
990002	陈林	女	19	外语
990001	张三	男	20	计算机

图 10.3　插入部分指定字段值

从图 10.3 可看出，新插入的记录中只有 SNO 和 SNAME 字段是插入语句中指定的值，其他字段的值都默认为 NULL 值。这是因为这些字段没有定义 DEFAULT 默认值，如果定义了默认值，将默认插入的是该字段的默认值。

在实际的应用中，为了确保插入数据值能够与目标表的字段一一对应，一般都推荐使用指定字段的插入格式。

10.2.3 空值的插入

在前面学习的使用SQL的CREATE TABLE语句来创建一个表的时候，应该知道当一个列被创建以后，其可能有一定的规则限制。其中之一就是其应该或不应该包含空值的存在。空值的意思就是该处数值为空但不是空格，而是说在空值处根本就没有数据存在。

在SQL Server中插入空值，采用的是NULL值表示。例如，插入一条学号为990004，姓名为“王成”，性别为“男”，年龄为22，所属系部为空值的新记录，其实现语句如下：

```
INSERT INTO STUDENT
(SNO,SNAME,SGENTLE,SAGE,SDEPT)
VALUES ('990004','王成','男',22,NULL)
```

如上语句中需要插入的SDEPT字段值为空值，执行该语句后，使用简单的SELECT * FROM STUDENT语句查看其返回结果，如图10.4所示。

SNO	SNAME	SGENTLE	SAGE	SDEPT
990028	李莎	女	21	计算机
990026	陈维加	女	21	计算机
990012	张忠和	男	22	艺术
990005	陈林	女	20	体育
990004	王成	男	22	NULL
990003	吴忠	男	21	工商管理
990002	陈林	女	19	外语
990001	张三	男	20	计算机

图10.4 空值的插入

可以看到，在图10.4中插入的记录中，其SDEPT值为NULL，即插入成功。需要注意的是，如果列被定义为NOT NULL，这时列中不允许有空值存在，则当用户使用INSERT语句时必须在此列插入一个数值。如果违反了该规则用户将收到一个错误的信息，例如，上述STUDENT表的SNO字段定义了NOT NULL约束，如果使用NULL将出现如图10.5所示的错误信息。

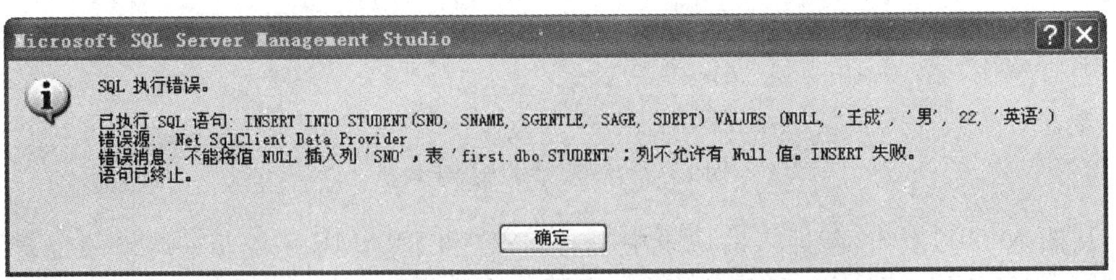

图10.5 对定义了NOT NULL约束的字段插入空值

在实际应用中，有时候空值的插入是有必要的。值得注意的是空值和空格的区别，在许多数据库管理系统中，插入空值和空格在表中显示的都是没有数据，此时就要仔细区分。

10.2.4　唯一值的插入

在许多数据库管理系统中，都允许用户建立一个具有唯一值属性的列。该属性是指在当前的表中当前列的内容不得出现重复，也即在前面内容中介绍过的 UNIQUE 约束。当一个字段定义了 UNIQUE 约束后，对该字段插入一个值的时候可能会导致错误。

例如，在 STUDENT 表中，SNO 字段定义了 UNIQUE 约束。对如图 10.3 所示的数据表添加一条新记录('990004','李力','男',19,'工商管理')，其插入语句如下：

```
INSERT INTO STUDENT
(SNO,SNAME,SGENTLE,SAGE,SDEPT)
VALUES ('990004','李力','男',19,'工商管理')
```

由于该表中已存在一条 SNO 值为 990004 的记录，且该字段上定义了 UNIQUE 约束。执行上述语句时将导致如图 10.6 所示的错误。

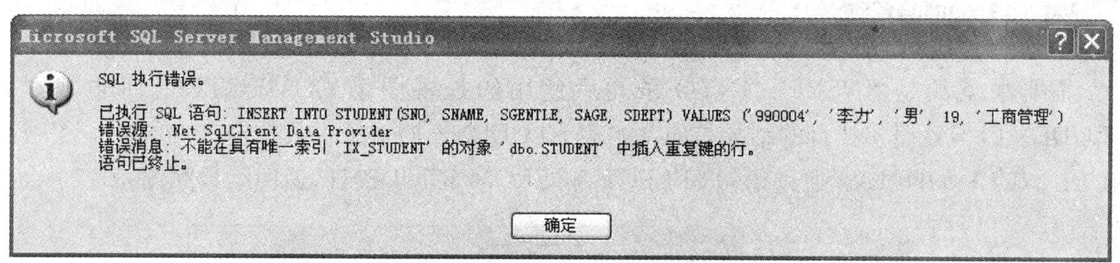

图 10.6　对定义了 UNIQUE 约束的字段插入唯一值

对于该问题，ANSI SQL 标准没有提供解决方法，但许多商业 SQL 解释器都对此进行了扩展。例如，先对其进行判断是否存在，如下语法为 SYBASE 所支持的。

```
IF NOT EXISTS
(SELECT * FROM STUDENT WHERE SNO = '990004')
INSERT INTO STUDENT
(SNO,SNAME,SGENTLE,SAGE,SDEPT)
VALUES ('990004','李力','男',19,'工商管理')
```

在实际应用中，如果针对定义了 PRIMARY KEY 约束或 UNIQUE 约束的字段插入值时，一定要先判断其是否可能造成重复值，才不会导致语句的错误。

10.2.5　通过视图插入行

第 9 章介绍了视图是基于基本表上的一个虚表，但是通过视图可以查询、修改和更新基本表中的数据记录。

需要注意的是，在通过视图插入数据时，必须保证未显示的列有值，该值可以是默认值或 NULL 值。假设在 TABLE1 上创建了一个视图，TABLE1 有三列：C1、C2 和 C3。视图是创建在 C1 和 C2 上。那么，通过视图对 TABLE1 插入数据时，必须保证 C3 有值(可以是默认值或 NULL 值)，否则不能向视图中插入行。

例如，在数据库中存在视图 COMPUTER，其是通过 STUDENT 表和 SC 表连接起来的取所有计算机系学生选修课成绩的视图。其创建语句如下：

```
CREATE VIEW COMPUTER
            (SNO,SNAME,CNO,GRADE)
AS
SELECT STUDENT.SNO,STUDENT.SNAME,SC.CNO,SC.GRADE
FROM STUDENT JOIN SC
ON STUDENT.SNO = SC.SNO
WHERE STUDENT.SDEPT = '计算机'
```

由于对视图的操作和对基本表的操作类似，现要通过该视图向 STUDENT 表插入一条记录('990004','王成')，其实现语句如下所示：

```
INSERT INTO COMPUTER
(SNO,SNAME)
VALUES ('990004','王成')
```

需要注意的是，INSERT INTO 子句后使用的是视图名 COMPUTER，而非基本表 STUDENT，但该语句执行的结果是向基本表 STUDENT 插入了一条数据('990004','王成',NULL,NULL,NULL)。通过语句 SELECT * FROM STUDENT，返回结果如图 10.7 所示。

SNO	SNAME	SGENTLE	SAGE	SDEPT
990028	李莎	女	21	计算机
990026	陈维加	女	21	计算机
990012	张忠和	男	22	艺术
990005	陈林	女	20	体育
990004	王成	NULL	NULL	NULL
990003	吴忠	男	21	工商管理
990002	陈林	女	19	外语
990001	张三	男	20	计算机

图 10.7 通过视图插入行

10.3 多行插入操作

单行插入语句在向表中插入几个数据的时候非常有用，但显然是不够的。如果用户想向表中插入大量行数据时，使用单行插入语句实现则效率太低。在这种情况下多行插入操作语句就非常有效了，它允许程序员复制一个或一组表的信息到另外一个表中。

10.3.1 使用 INSERT VALUES 语句进行多行插入

SQL 提供了使用 INSERT VALUES 进行多行插入的语句，其是在单行插入的语句后增加 VALUES 列表的数目，语法格式如下：

```
INSERT [INTO] table_source
{[column_list]
VALUES ({DEFAULT | constant_expression} [, … n]),
|DEFAULT VALUES
⋮
({DEFAULT | constant_expression} [, … n])
|DEFAULT VALUES
}
}
```

该格式的关键在于 VALUES 子句,其可以为表指定的 column_list 列表参数指定多个值,这些数据可以以常量表达式的形式提供,或使用 DEFAULT 关键字说明向列中插入其默认值。

例如,为基本表 STUDENT 插入三条记录,分别为('990004','王成','男',22,NULL)、('990008','李力','男',19,'工商管理')和('990011','刘灵','女',19,'艺术')。

此时,可以采用上述 INSERT VALUES 语句进行多行插入,其实现语句为:

```
INSERT INTO STUDENT
(SNO,SNAME.SGENTLE,SAGE,SDEPT)
VALUES(('990004','王成','男',22,NULL),
       ('990008','李力','男',19,'工商管理'),
       ('990011','刘灵','女',19,'艺术'))
```

需要注意的是,上述语句格式在 SQL Server 中并不支持。其余诸如 Oracle、SYBASE 等数据库都是支持该格式的。

10.3.2 使用 INSERT SELECT 语句进行多行插入

事实上,多行插入操作使用 INSERT SELECT 语句更频繁,其语法格式如下:

```
INSERT INTO <表名>
(列名列表)
(SELECT 语句)
```

在多行 INSERT 语句中,其数据来源是一个 SELECT 查询语句的结果。即多行 INSERT 语句与数据库内容的复制功能类似。

例如,在数据库中有一个 STU 表,其表结构和其中数据如图 10.8 所示。

在上述 STU 表中,需要从其中选取处所有男生的 SNO、SNAME、SGENTLE、SAGE 和 SDEPT 5 个字段的记录,将其插入到表 STUDENT 中。

分析:该示例需要插入到 STUDENT 表中的数据不是单条记录,因为在 STU 表中符合男生该条件的记录一共有 4 条记录。当然,此处可以是用 INSERT VALUES 列表的方式插入到 STUDENT 中,但是 SQL 提供了 INSERT SELECT 格式插入多行数据,其实现语句如下:

SNO	SNAME	SGENTLE	SAGE	SDEPT
990048	张三	男	21	计算机
990036	陈林	女	20	外语
990032	吴忠	男	22	工商管理
990030	王冰	女	21	体育
990024	张忠和	男	23	艺术
990022	陈維加	女	22	计算机
990018	李莎	女	22	计算机

图 10.8 示例表 STU

```
INSERT INTO STUDENT
SELECT SNO,SNAME,SGENTLE,SAGE,SDEPT
FROM STU
WHERE SGENTLE = '男'
```

在 SQL Server 2008 的查询分析器中执行上述语句，再使用 SELECT * FROM STUDENT 简单查询语句查看结果，如图 10.9 所示。

SNO	SNAME	SGENTLE	SAGE	SDEPT
990028	李莎	女	21	计算机
990026	陈維加	女	21	计算机
990012	张忠和	男	22	艺术
990005	陈林	女	20	体育
990048	张三	男	21	计算机
990003	吴忠	男	21	工商管理
990002	陈林	女	19	外语
990001	张三	男	20	计算机
990032	吴忠	男	22	工商管理
990024	张忠和	男	23	艺术

图 10.9 INSERT SELECT 语句插入多行记录

需要注意的是，上述语句中 SELECT 查询语句的结果中列的顺序应与列名列表中各列名相互对应，否则将产生错误。

此外，使用 INSERT SELECT 语句要求遵循如下规则：

- SELECT 语句不能从被插入数据的表中选择行。
- INSERT INTO 中的列数必须与 SELECT 语句返回的列数相等。
- INSERT INTO 中的数据类型要与 SELECT 语句返回的数据类型相同。

可以看出，使用 INSERT SELECT 可以实现数据的追加复制等功能。例如有一张总表 S，一张分表 C，其表的结构和字段顺序均一致。每隔一段时间需要将分表 C 中的数据全部复制到总表 S 中，其实现语句为：

```
INSERT INTO S
SELECT *
FROM C
```

上述语句即实现了将分表 C 中的数据全部追加复制到总表 S 的操作，INSERT SELECT 语句的这种用法在实际应用中使用较多。

10.4 数据的复制

由于插入到一个数据库中的数据经常来自其他计算机系统所卸载的数据，或者是从其他地方收集而来的数据，或是顺序文件中存储的数据等。为了把这些数据添加到关系表中，用户可以使用单行 INSERT 语句通过循环，将这些数据添加到数据库，然而让 DBMS 反复执行单行 INSERT 语句，系统开销相当大。如添加 50 000 行数据，常常会需要几小时。为此所有的商用 DBMS 系统都提供了批量加载的实用工具，来完成高度加载大量数据至数据库中的任务。

SQL Server 则提供了 BULK INSERT 命令，该命令以用户指定的格式复制一个数据文件至数据库表或视图中。其语法格式如下：

```
BULK INSERT[['database_name'.]['owner'].]{'table_name'FROM'data_file'}
[WITH
([BATCHSIZE[ = batch_size]]
[[,]CHECK_CONSTRAINTS]
[[,]CODEPAGE[ = 'ACP'|'OEM'|'RAW'|'code_page']]
[[,]DATAFILETYPE[ =
{'char'|'native'|'widechar'|'widenative'}]]
[[,]FIELDTERMINATOR[ = 'field_terminator']]
[[,]FIRSTROW[ = first_row]]
[[,]FIRE_TRIGGERS]
[[,]FORMATFILE = 'format_file_path']
[[,]KEEPIDENTITY]
[[,]KEEPNULLS]
[[,]KILOBYTES_PER_BATCH[ = kilobytes_per_batch]]
[[,]LASTROW[ = last_row]]
[[,]MAXERRORS[ = max_errors]]
[[,]ORDER({column[ASC|DESC]}[,…n])]
[[,]ROWS_PER_BATCH[ = rows_per_batch]]
[[,]ROWTERMINATOR[ = 'row_terminator']]
[,[TABLOCK]]
)
]
```

其中，各参数表示如下：

- database_name——表示包含指定表或视图的数据库的名称。如果未指定，则系统默认为当前数据库。
- owner——是表或视图所有者的名称。当执行大容量复制操作的用户拥有指定的表或视图时，owner 是可选项。
- table_name——是大容量复制数据于其中的表或视图的名称。只能使用那些所有的列引用相同基表所在的视图。
- data_file——是数据文件的完整路径，该数据文件包含要复制到指定表或视图的数据。BULKINSERT 从磁盘复制数据(包括网络、软盘、硬盘等)data_file 必须从运行 SQL Server 的服务器指定有效路径。如果 data_file 是远程文件，则请指定通用命名规则(UNC)名称。

- BATCHSIZE[=batch_size]——指定批处理中的行数。每个批处理作为一个事务复制至服务器。SQL Server 提交或回滚(在失败时)每个批处理的事务。默认情况下，指定数据文件中的所有数据是一个批处理。
- CHECK_CONSTRAINTS——指定在大容量复制操作中检查 table_name 的任何约束。默认情况下，将会忽略约束。
- CODEPAGE[='ACP'|'OEM'|'RAW'|'code_page']——指定该数据文件中数据的代码页。仅当数据含有字符值大于 127 或小于 32 的 char、varchar 或 text 列时，CODEPAGE 才是适用的。
- DATAFILETYPE[={'char'|'native'|'widechar'|'widenative'}]——指定 BULKINSERT 使用指定的默认值执行复制操作。
- char(默认值)——从含有字符数据的数据文件执行大容量复制操作。
- native——使用 native(数据库)数据类型执行大容量复制操作。要装载的数据文件由大容量复制数据创建，该复制是用 bcp 实用工具从 SQL Server 进行的。
- widechar 从含有 Unicode 字符的数据文件中执行大容量复制操作。
- widenative——执行与 native 相同的大容量复制操作，不同之处是 char、varchar 和 text 列在数据文件中存储为 Unicode。要装载的数据文件由大容量复制数据创建，该复制是用 bcp 实用工具从 SQL Server 进行的。该选项是对 widechar 选项的一个更高性能的替代，并且它用于使用数据文件从一个运行 SQL Server 的计算机向另一个计算机传送数据。当传送含有 ANSI 扩展字符的数据时，使用该选项以便利用 native 模式的性能。
- FIELDTERMINATOR[='field_terminator']——指定用于 char 和 widechar 数据文件的字段终止符。默认的字段终止符是\t(制表符)。
- FIRSTROW[ ] = first_row[ ]——指定要加载的第一行的行号。默认值是指定数据文件中的第一行。
- FIRE_TRIGGERS——指定将在大容量导入操作期间执行目标表中定义的所有插入触发器。如果在目标表中为 INSERT 操作定义了触发器，则会对每个完成的批处理触发触发器。如果没有指定 FIRE_TRIGGERS，将不执行任何插入触发器。
- FORMATFILE = 'format_file_path'——指定一个格式化文件的完整路径。格式化文件用于说明包含存储响应的数据文件，这些存储响应是使用 bcp 实用工具在相同的表或视图中创建的。
- KEEPIDENTITY——指定导入数据文件中的标识值用于标识列。如果没有指定 KEEPIDENTITY，则此列的标识值可被验证但不能导入，并且 SQL Server 将根据表创建时指定的种子值和增量值自动分配一个唯一的值。如果数据文件不包含该表或视图中标识列的值，请使用一个格式化文件指定在导入数据时表或视图中的标识列被忽略；SQL Server 自动为此列分配唯一的值。
- KEEPNULLS——指定在大容量导入操作期间空列应保留空值，而不插入用于列的任何默认值。

- KILOBYTES_PER_BATCH = kilobytes_per_batch——将每个批处理中数据的近似千字节数(KB)指定为 kilobytes_per_batch。默认情况下,KILOBYTES_PER_BATCH 未知。
- LASTROW[ ]= last_row[ ]——指定要加载的最后一行的行号。默认值为 0,表示指定数据文件中的最后一行。
- MAXERRORS[ ]= max_errors[ ]——指定允许在数据中出现的最多语法错误数,超过该数量后将取消大容量导入操作。大容量导入操作未能导入的每一行都将被忽略并且计为一个错误。如果未指定 max_errors,则默认值为 10。
- ORDER ({ column [ASC | DESC] } [,… n])——指定数据文件中的数据如何排序。如果根据表中的聚集索引(如果有的话)对要导入的数据排序,则可提高大容量导入的性能。如果数据文件按不同于聚集索引键的顺序排序,或者该表没有聚集索引,则忽略 ORDER 子句。提供的列名必须是目标表中有效的列名。默认情况下,大容量插入操作假设数据文件未排序。对于优化大容量导入,SQL Server 还将验证导入的数据是否已排序。
- ROWS_PER_BATCH[ ]= rows_per_batch[ ]——指示数据文件中近似的数据行数量。默认情况下,数据文件中所有的数据都作为单一事务发送到服务器,批处理中的行数对于查询优化器是未知的。如果指定了 ROWS_PER_BATCH(其值>0),则服务器将使用该值优化大容量导入操作。为 ROWS_PER_BATCH 指定的值应当与实际行数大致相同。
- ROWTERMINATOR = 'row_terminator'——指定对于 char 和 widechar 数据文件要使用的行终止符。默认行终止符为\r\n(换行符)。
- TABLOCK——指定为大容量导入操作持续时间获取一个表级锁。如果表没有索引并且指定了 TABLOCK,则该表可以同时由多个客户端加载。默认情况下,锁定行为由表选项 table lock on bulk load 确定。在大容量导入操作期间持有锁会减少表上的锁争用,从而显著提高操作性能。

例如,从指定的数据文件中导入订单详细信息,该文件使用竖杠(|)字符作为字段终止符,使用|\n 作为行终止符。其实现语句为:

```
BULK INSERT MASTER.OrderDetails
FROM'f:\orders\TEST.tbl'
WITH
FIELDTERMINATOR = '|',
ROWTERMINATOR = '|\n'
)
```

10.5 小结

本章主要介绍了对数据表中进行数据插入操作的实现。SQL 提供了 INSERT 命令用于插入数据,其中 INSERT VALUES 语句主要用于单行数据的插入,对于该语句,重点介绍了其 VALUES 子句指定的值出现不同情况下应该采取的处理措施。另外，INSERT SELECT 语句主要用于多行数据的插入，其中 SELECT 子句中返回的字段值必须与被插入的表的字段数据类型和顺序一一对应。最后简单介绍了追加复制数据和从数据文件复制数据到表的实现。

第11章 数据更新和删除

在实际的数据库应用中，必然会用到数据的更新和删除。尤其是在数据库应用程序中，对数据的更新和删除操作是必不可少的。因此，本章将介绍 SQL 提供的数据更新和删除语句。

11.1 数据更新基本语法

数据更新即修改已经存储在数据库中的数据行为。SQL 中，用户可以更新独立的行，也可以更新表中所有的行，或者可以更新其中的一部分行。同时，用户可以独立地更新每个字段，而其他的字段则不受影响。

要执行数据的更新，用户必须首先确定以下四个条件：

- 需要更新字段所属的表的名字。
- 需要更新的字段名。
- 字段的新数值。
- 需要更新的记录行。

在前面的章节中提到过，SQL 通常并不为数据行提供唯一标识。因此用户无法直接声明需要更新哪一行。但是，用户可以通过声明一个要更新的行必须满足的条件来确定所要更新的记录行。因此，只有在表中存在主键的时候，才能可靠地指定一个独立的行，其方法是选取一个匹配主键的行。因此，在实际使用中的数据表基本都定义了主键或是某字段的 UNIQUE 约束。

11.1.1 UPDATE 基本语法

SQL 提供数据更新的命令是 UPDATE，在不同的数据库管理系统中，UPDATE 的语法稍有差异，下面给出的是 ANSI SQL 对于 UPDATE 语句的完整句法：

```
UPDATE {table_name|view_name} SET [{table_name|view_name}]
{column_list|variable_list|variable_and_column_list}
[,{column_list2|variable_list2|variable_and_column_list2}…
[,{column_listN|variable_listN|variable_and_column_listN}]]
[WHERE clause]
```

其中，各参数的说明如下：

- table_name|view_name——指定需要更新的表名或视图名。
- column_list——指定需要更新的字段名列表。
- clause——指定条件,确定需更新的记录行。

根据 UPDATE 语句中 SET 子句后的参数个数,可以将其分为单字段和多字段更新。根据更新数据来源的不同,可以将其分为如下几种类型:

- 更新数据从外部输入,其 UPDATE 语句格式为:

```
UPDATE 表名
SET 字段名 1 = 值名 1[ … ,字段名 n = 值名 n]
[WHERE 条件]
```

- 更新数据为内部变量或函数,其 UPDATE 函数格式为:

```
UPDATE 表名
SET 字段名 1 = 函数 1[ … ,字段名 n = 函数 n]
[WHERE 条件]
```

- 更新数据为字段本身的算术运算值,其 UPDATE 函数格式为:

```
UPDATE 表名
SET 字段名 1 = 字段名 1 算术运算符 常量 [ … ,字段名 n = 字段名 n 算术运算符 常量]
[WHERE 条件]
```

- 更新数据为同一记录的其他字段值,其 UPDATE 函数格式为:

```
UPDATE 表名
SET 字段名 1 = 字段名 m [ … ,字段名 m = 字段名 n]
FROM 表名 1,表名 AS 别名
[WHERE 条件]
```

- 更新数据为不同表的字段值,该方式要求更新数据的目标表和源表有相同的字段。其 UPDATE 函数格式为:

```
UPDATE 表名 1
SET 表名 1.字段名 1 = 表名 2.字段名 1 [ … , 表名 1.字段名 n = 表名 2.字段名 n]
FROM 表名 1,表名 2
[WHERE 条件]
```

- 更新数据为同一个表中的某些字段值,其 UPDATE 函数格式为:

```
UPDATE 表名 1
SET 表名 1. 字段名 1 = 表别名.字段名 1[ … 表名 1. 字段名 n = 表别名.字段名 n]
FROM 表名 1,表名 AS 别名
[WHERE 条件]
```

下面根据上述这几种类型的格式,结合实际应用中的具体示例,向读者介绍其具体的实现方法和语句格式。

11.1.2 示例数据表

为方便本章后续内容的讲解，该节引入几个数据表，其中，表11.1是一个学生表STUDENT，其中包含学号(SNO)、姓名(SNAME)、性别(SGENTLE)、年龄(SAGE)、出生年月(SBIRTH)和系部(SDEPT)六个字段。

表11.1 学生表STUDENT

SNO	SNAME	SGENTLE	SAGE	SBIRTH	SDEPT
990001	张三	男	20	1987-8-4	计算机
990002	陈林	女	19	1988-5-21	外语
990003	吴忠	男	21	1986-4-12	工商管理
990005	陈林	男	20	1987-2-16	体育
990012	张忠和	男	22	1985-8-28	艺术
990026	陈维加	女	21	1986-7-1	计算机
990028	李莎	女	21	1986-10-21	计算机

表11.2为一个学生选课表SC，主要包含学号(SNO)、课程号(CNO)和成绩(GRADE)三个字段。

表11.2 学生选课表SC

SNO	CNO	GRADE
990001	003	85
990001	004	78
990003	001	95
990012	004	62
990012	006	74
990012	007	81
990026	001	
990026	003	77
990028	006	

表11.3是一个课程表COURSE，主要包含课程号(CNO)、课程名称(CNAME)和学分(CGRADE)三个字段。

表11.3 课程表COURSE

CNO	CNAME	CGRADE
001	计算机基础	2
003	数据结构	4
004	操作系统	4
006	数据库原理	4
007	软件工程	4

11.2 更新单个字段值

使用 UPDATE 语句更新单个字段值是指在 UPDATE 语句的 SET 子句后只有一个表达式，该表达式给表中的字段赋一个新的值。其中，该新赋的值可以是外部输入的，即用户指定的字符串，也可以是 SQL 的内部函数，还可以是 NULL 值、字段本身进行算术运算后的结果值，甚至可以是其他表中相应的字段值和自身表中其他记录的字段值。

11.2.1 更新数据为外部输入

UPDATE 语句更新单个字段值的操作非常简单，其中更新数据为外部数据，且该外部数据是由用户指定的字符数据是最普通的使用。例如，在 STUDENT 表中将学号为 990001 的学生的所属系部改为“外语系”。使用 UPDATE 语句如下：

```
UPDATE STUDENT
SET SDEPT = '外语系'
WHERE (SNO = '990001')
```

该语句在 SQL Server 2008 的查询分析器中执行后，其返回结果如图 11.1 所示。

图 11.1 更新数据为外部输入

如果需要查看更新之后的 STUDENT 表记录，可以通过简单的查询命令 SELECT * FROM STUDENT 来查看，其返回结果如图 11.2 所示。

	SNO	SNAME	SGENTLE	SAGE	SBIRTH	SDEPT
▶	990001	张三	男	20	1987-08-04 00:00:00	外语系
	990002	陈林	女	19	1988-05-21 00:00:00	外语
	990003	吴忠	男	21	1986-04-12 00:00:00	工商管理
	990005	陈林	男	20	1987-02-16 00:00:00	体育
	990012	张忠和	男	22	1985-08-28 00:00:00	艺术
	990026	陈维加	女	21	1986-07-01 00:00:00	计算机
	990028	李莎	女	21	1986-10-21 00:00:00	计算机

图 11.2 更新记录返回结果

可以看到，图 11.2 中最后一条记录就是使用上述语句修改之后的结果，其 SDEPT 字段由原来的“计算机”被修改成了“外语系”。其中，“外语系”字段值是由用户明确指定的值，

这种形式的更新操作是 UPDATE 语句使用最多的形式。

11.2.2 更新数据为内部函数

SQL 包含许多内部函数，提供了丰富的功能，许多字段值都可以通过内部函数来实现。例如，将 STUDENT 表中学号为 990001 的学生的 SBIRTH 字段改为当前日期，其实现语句如下：

```
UPDATE STUDENT
SET SBIRTH = GETDATE()
WHERE SNO = '990001'
```

上述语句中使用了 SQL 的内部函数 GETDATE()，用于获取系统当前的日期。同样地，执行上述语句后，使用简单查询命令查看返回结果如图 11.3 所示。

	SNO	SNAME	SGENTLE	SAGE	SBIRTH	SDEPT
▶	990001	张三	男	20	2014-09-30 22:52:00	外语系
	990002	陈林	女	19	1988-05-21 00:00:00	外语
	990003	吴忠	男	21	1986-04-12 00:00:00	工商管理
	990005	陈林	男	20	1987-02-16 00:00:00	体育
	990012	张忠和	男	22	1985-08-28 00:00:00	艺术
	990026	陈維加	女	21	1986-07-01 00:00:00	计算机
	990028	李莎	女	21	1986-10-21 00:00:00	计算机

图 11.3 更新数据为内部函数

需要注意的是，使用 SQL 的内部函数作为更新数据，一定要保证该函数返回值的数据类型与该字段的数据类型一致，或者其返回的数据类型与字段数据类型能够进行隐性类型转换，否则将导致错误，UPDATE 操作将失败。例如，将上述语句改成将当前日期赋值给 SAGE 字段，即将上述示例的 UPDATE 语句改写如下：

```
UPDATE STUDENT
SET SAGE = GETDATE()
WHERE SNO( = '990001')
```

执行该语句，SQL Server 2008 的查询分析器将给出如图 11.4 所示的错误信息。

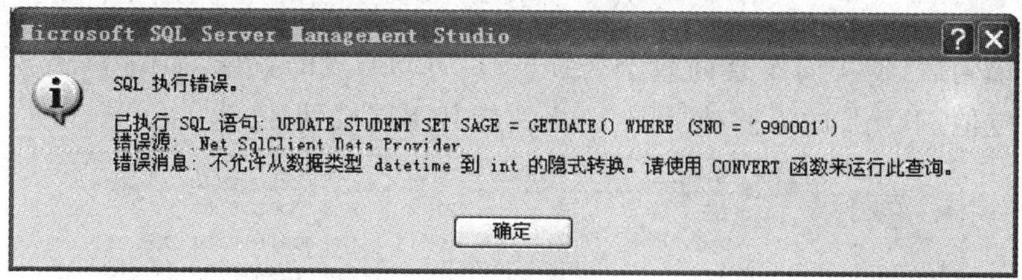

图 11.4 数据类型不匹配

从图 11.4 中可以看出，函数 GETDATE()返回的是当前日期，是日期时间型数据类型，而字段 SAGE 是整型数据类型，在 SET 子句后对其进行赋值是错误的，上述 UPDATE 语句执行失败。因此，读者在使用内部函数作为更新数据时，一定要特别注意其返回值的数据类型与字段数据类型是否匹配。

11.2.3 更新数据为空值

在许多实际应用中，经常需要将一些字段的值设置为空值，除了可以在前面提到的INSERT语句中为新增加的记录设置空值外，使用UPDATE语句可以为已经存在的字段值设置空值。例如，将STUDENT表中学号为990001的学生的系部字段设置为空值，其实现语句如下：

```
UPDATE STUDENT
SET SDEPT = NULL
WHERE SNO = '990001'
```

执行上述语句后，使用命令SELECT * FROM STUDENT，可查看该命令的执行结果，STUDENT表的返回结果如图11.5所示。

	SNO	SNAME	SGENTLE	SAGE	SBIRTH	SDEPT
▶	990001	张三	男	20	2014-09-30 22:52:00	NULL
	990002	陈林	女	19	1988-05-21 00:00:00	外语
	990003	吴忠	男	21	1986-04-12 00:00:00	工商管理
	990005	陈林	男	20	1987-02-16 00:00:00	体育
	990012	张忠和	男	22	1985-08-28 00:00:00	艺术
	990026	陈維加	女	21	1986-07-01 00:00:00	计算机
	990028	李莎	女	21	1986-10-21 00:00:00	计算机
*	NULL	NULL	NULL	NULL	NULL	NULL

图11.5 更新数据为空值

从图11.5中可以看出，最后一条记录的SDEPT字段经过执行上述UPDATE语句后已经修改为空值。需要注意的是，空值并不是零值，也不是空格值。SQL Server中空值用NULL表示，空格值则没有任何数据显示。例如，将STUDENT表中学号为990001的学生的系部字段设置成空格值的实现语句如下：

```
UPDATE STUDENT
SET SDEPT = ''
WHERE SNO = '990001'
```

执行该语句后，使用简单查询命令查看STUDENT表的数据，如图11.6所示，读者可将其与插入空值NULL的返回结果图11.5比较其不同之处。

	SNO	SNAME	SGENTLE	SAGE	SBIRTH	SDEPT
▶	990001	张三	男	20	2014-09-30 22:52:00	
	990002	陈林	女	19	1988-05-21 00:00:00	外语
	990003	吴忠	男	21	1986-04-12 00:00:00	工商管理
	990005	陈林	男	20	1987-02-16 00:00:00	体育
	990012	张忠和	男	22	1985-08-28 00:00:00	艺术
	990026	陈維加	女	21	1986-07-01 00:00:00	计算机
	990028	李莎	女	21	1986-10-21 00:00:00	计算机

图11.6 更新数据为空格值

11.2.4 更新数据为字段本身运算值

在有些情况下，UPDATE 语句的更新字段为字段本身经过算术运算后得到的值。例如，在工资表 SALARY 中，需要为每个员工的工资 SALARY 上涨 15%，就可以使用表达式 SALARY＝SALARY＊1.15 来得到上涨工资后的值。

同样，在表 STUDENT 中，为学号为 990001 的学生年龄加 1。该操作可以通过 UPDATE 语句实现，但其更新数据为字段本身加 1 的结果。实现语句如下：

```
UPDATE STUDENT
SET SAGE = SAGE + 1
WHERE SNO = '990001'
```

执行该语句后，使用简单查询命令查看 STUDENT 表的数据，如图 11.7 所示。

SNO	SNAME	SGENTLE	SAGE	SBIRTH	SDEPT
990001	张三	男	21	2014-09-30 22:52:00	
990002	陈林	女	19	1988-05-21 00:00:00	外语
990003	吴忠	男	21	1986-04-12 00:00:00	工商管理
990005	陈林	男	20	1987-02-16 00:00:00	体育
990012	张忠和	男	22	1985-08-28 00:00:00	艺术
990026	陈維加	女	21	1986-07-01 00:00:00	计算机
990028	李莎	女	21	1986-10-21 00:00:00	计算机

图 11.7 更新数据为字段本身运算值

可从图 11.7 中最后一条记录中看到，学号为 990001 的学生 SAGE 字段已经实现了加 1 操作。需要注意的是，如果更新数据为字段本身的运算值，也需要考虑字段本身的数据类型，因为很多数据类型是不能进行算术运算的。此处需要注意的是 SBRITH 字段，它是日期时间型数据类型，该数据类型是可以进行算术运算的。例如，将学号为 990001 的学生 SBIRTH 字段值减 5000，也可以采用该形式的 UPDATE 语句来实现，如下所示：

```
UPDATE STUDENT
SET SBIRTH = SBIRTH - 5000
WHERE SNO = '990001'
```

执行该语句后，STUDENT 表的数据返回如图 11.8 所示。

SNO	SNAME	SGENTLE	SAGE	SBIRTH	SDEPT
990001	张三	男	21	2001-01-21 22:52:00	
990002	陈林	女	19	1988-05-21 00:00:00	外语
990003	吴忠	男	21	1986-04-12 00:00:00	工商管理
990005	陈林	男	20	1987-02-16 00:00:00	体育
990012	张忠和	男	22	1985-08-28 00:00:00	艺术
990026	陈維加	女	21	1986-07-01 00:00:00	计算机
990028	李莎	女	21	1986-10-21 00:00:00	计算机

图 11.8 日期时间型数据类型字段的算术运算

从图 11.8 中可以看出,对日期时间型的数据类型进行减 5000 的算术运算后,其日期减了 5000,表示其日期向后推迟了 5000 天。因此,使用 UPDATE 语句对更新数据为字段本身进行一定算术运算后值的字段进行更新时,需要注意该字段的数据类型能否进行算术运算。

11.2.5 更新数据为本表字段值

在数据库的实际使用中,经常会遇到如下情况:要更新记录的字段值来自于本表中另一记录的同一字段值,这就需要 SQL 在更新目标记录的字段的同时取得源记录的字段值。

例如,在 STUDENT 表中,需要将学号为 990001 的学生所在系部修改成与学号为 990002 的学生系部一致。

分析:该更新中,目标记录字段的更新数据来源于本表其他记录的相同字段,必须先取得源记录在该字段中的值,再对目标记录的字段进行赋值。因此,该更新涉及对表 STUDENT 的两次操作,应使用表别名,避免字段值混淆。同时,需要两次取数据表 STUDENT 的内容,符合使用连接查询的条件,可以采用连接查询来获取源更新数。据其实现语句如下:

```
UPDATE STUDENT
SET SDEPT = STU.SDEPT
FROM STUDENT,STUDENT AS STU
WHERE STUDENT.SNO = '990001' AND STU.SNO = '990002'
```

如上语句中,使用了连接查询同一个表 STUDENT,为避免混淆,使用了表别名 STU。获取更新目标记录的条件为 STUDENT.SNO='990001',获取源更新数据的获取条件为 STU.SNO='990002'。在 SQL Server 2008 的查询分析器中执行上述语句,然后使用简单查询语句获取 STUDENT 表的记录,如图 11.9 所示。

	SNO	SNAME	SGENTLE	SAGE	SBIRTH	SDEPT
▶	990001	张三	男	21	2001-01-21 22:...	外语
	990002	陈林	女	19	1988-05-21 00:...	外语
	990003	吴忠	男	21	1986-04-12 00:...	工商管理
	990005	陈林	男	20	1987-02-16 00:...	体育
	990012	张忠和	男	22	1985-08-28 00:...	艺术
	990026	陈維加	女	21	1986-07-01 00:...	计算机
	990028	李莎	女	21	1986-10-21 00:...	计算机

图 11.9 更新数据为本表字段值

在图 11.9 中,最后一条记录学号为 990001 的学生 SDEPT 字段就与学号为 990002 学生的 SDEPT 字段值相同,达到了更新要求。

需要注意的是,上述语句格式 SQL Server 的标准写法,不同的数据库系统对该类问题的支持可能稍有不同,但基本上都支持上述写法。例如,Oracle 和 DB2 等数据库支持如下的写法:

```
UPDATE STUDENT
SET SDEPT = (SELECT SDEPT
            FROM STUDENT
            WHERE SNO = '990002')
WHERE STUDENT.SNO = '990001'
```

同样，如果更新数据为本表同一记录的其他字段值，其实现类似，只需要将上述语句的源更新数据字段修改，并取出 WHERE 子句后的条件即可。例如，将学号为 990001 的学生所在系部修改成其姓名的字段值，实现语句如下所示：

```
UPDATE STUDENT
SET SDEPT = STU.SNAME
FROM STUDENT ,STUDENT AS STU
WHERE STUDENT.SNO = '990001'
```

但这种情况在具体应用中一般使用较少。因此，在更新数据为本表字段值的 UPDATE 语句应用中，读者应该掌握的是使用表别名和连接查询的方式实现。

11.2.6　更新数据为外表字段值

与 11.2.5 节中的问题相同，具体应用中很有可能需要更新记录的字段值来自于其他表中记录的字段值，这就需要 SQL 在更新目标记录的字段的同时取得源记录的字段值。与上述示例不同的是，源更新数据为其他表，而不是同一个表。

例如，在 STUDENT 表和 STU 表中，都由相同字段 SDEPT，现根据需要将 STUDENT 表中学号为 990001 的学生所在系部修改成与 STU 表中学号为 990002 的学生系部一致。

分析：该更新的实现与更新数据为本表字段值的实现相似，只不过其源更新数据来源与其他表，同样可以使用连接查询来实现。实现语句如下：

```
UPDATE STUDENT
SET SDEPT = STU.SDEPT
FROM STUDENT ,STU
WHERE STUDENT.SNO = '990001' AND STU.SNO = '990002'
```

上述语句中，获取目标数据记录的条件是 STUDENT.SNO='990001'，获取源数据的条件是 STU.SNO='990002'，此处加入 STU 表中学号为 990002 学生的 SDEPT 字段值为“艺术”，则上述语句执行后，STUDENT 表中数据记录如图 11.10 所示。

同样，如果数据库系统为 Oracle 或 DB2，可将上述语句改写如下：

```
UPDATE STUDENT
SET SDEPT = (SELECT SDEPT
            FROM STU
            WHERE SNO = '990002')
WHERE STUDENT.SNO = '990001'
```

很明显，上述格式使用了单值比较子查询。需要注意的是，在 UPDATE 语句实现更新

SNO	SNAME	SGENTLE	SAGE	SBIRTH	SDEPT
990001	张三	男	21	2001-01-21 22:...	艺术
990002	陈林	女	19	1988-05-21 00:...	外语
990003	吴忠	男	21	1986-04-12 00:...	工商管理
990005	陈林	男	20	1987-02-16 00:...	体育
990012	张忠和	男	22	1985-08-28 00:...	艺术
990026	陈维加	女	21	1986-07-01 00:...	计算机
990028	李莎	女	21	1986-10-21 00:...	计算机

图 11.10　更新数据为外表字段值

数据为外表字段值时，要特别注意源更新数据的数据类型是否与目标字段的数据类型一致，或可以隐性转换，否则将出现错误，UPDATE 语句将执行失败。

11.2.7　更新多记录的单个字段值

在前面示例中提到的都是针对一条记录的字段值进行更新。然而在实际应用中经常需要一次对多条记录的某个字段值进行更新。例如，在 STUDENT 表中，将所有女生的所属系部都修改为“外语”。其实现语句如下：

```
UPDATE STUDENT
SET SDEPT = '外语'
WHERE SGENTLE = '女'
```

上述语句中，其实现与前面提到的更新单记录的字段值没有区别，只是该语句的操作结果针对所有女生，修改的值可能针对不止一条记录。执行上述语句后，通过如下语句：

```
SELECT * FROM STUDENT
```

可查看上述语句的运行结果，如图 11.11 所示。

SNO	SNAME	SGENTLE	SAGE	SBIRTH	SDEPT
990001	张三	男	21	2001-01-21 22:...	艺术
990002	陈林	女	19	1988-05-21 00:...	外语
990003	吴忠	男	21	1986-04-12 00:...	工商管理
990005	陈林	男	20	1987-02-16 00:...	体育
990012	张忠和	男	22	1985-08-28 00:...	艺术
990026	陈维加	女	21	1986-07-01 00:...	外语
990028	李莎	女	21	1986-10-21 00:...	外语

图 11.11　更新多记录的单个字段值

从图 11.11 中可以看出，所有性别为女的学生的所属系部 SDEPT 字段均被修改为“外语”了。此外，在具体应用中，有时需要对表中所有记录的某个字段进行修改。例如，在 STUDENT 表中，将所有学生的年龄都加 1，其实现语句如下：

```
UPDATE STUDENT
SET SAGE = SAGE + 1
```

可以看出，对表中所有记录进行操作只需要将 WHERE 子句去掉即可。该语句执行后

STUDENT 表的数据更新如图 11.12 所示。

SNO	SNAME	SGENTLE	SAGE	SBIRTH	SDEPT
990001	张三	男	22	2001-01-21 22:...	艺术
990002	陈林	女	20	1988-05-21 00:...	外语
990003	吴忠	男	22	1986-04-12 00:...	工商管理
990005	陈林	男	21	1987-02-16 00:...	体育
990012	张忠和	男	23	1985-08-28 00:...	艺术
990026	陈维加	女	22	1986-07-01 00:...	外语
990028	李莎	女	22	1986-10-21 00:...	外语

图 11.12 更新所有记录的单个字段值

从上述示例中可以得出，更新多条记录的单个字段值，其实现与其他更新单记录的单字段值类似，唯一的区别在于 WHERE 子句选取的记录个数。如果操作的对象是表中所有记录，则不需要添加 WHERE 子句。

11.3 更新多个字段值

UPDATE 语句除了可以更新单个字段值外，还可以一次更新表中的多个字段值，其实现是在 SET 子句后连接多个字段即可。

11.3.1 更新单记录的多个字段值

使用 UPDATE 语句可以一次更新一条记录中的多个字段值，其实现是在 SET 语句后追加多个赋值表达式即可。例如，在 STUDENT 表中，需要将学号为 990001 的学生的性别改为“女”，其年龄改为 20，其所属系部改为“计算机”。

分析：在该查询中，首先定位该记录，使用 WHERE 子句可以实现，修改该记录的多个字段，在 SET 子句后追加赋值表示。其实现语句如下：

```
UPDATE STUDENT
SET SGENTLE = '女',SAGE = 20,SDEPT = '计算机'
WHERE SNO = '990001'
```

从上述语句可以看出，更新单记录的多个字段值与更新单个字段值类似，其区别只在于 SET 后的表达式个数。执行上述语句后，通过如下语句：

```
SELECT * FROM STUDENT
```

可查看上述语句的运行结果，如图 11.13 所示。

图 11.13 中最后一条记录中，其字段值已经修改，达到了更新要求。需要注意的是，SET 子句后给多个表达式赋值时，一定要保证赋的值与字段数据类型匹配。同样，在 SET 子句后的多个表达式中，不但可以使用外部输入更新数据，也可以使用内部函数、空值、同一表中的字段值或其他表中的字段值等源更新数据。这些与更新单字段的实现相同。因此，更新单记录的多个字段值是通过增加 UPDATE 语句中的 SET 子句后的表达式个数实现的。

SNO	SNAME	SGENTLE	SAGE	SBIRTH	SDEPT
990001	张三	女	20	2001-01-21 22:52:00	计算机
990002	陈林	女	20	1988-05-21 00:00:00	外语
990003	吴忠	男	22	1986-04-12 00:00:00	工商管理
990005	陈林	男	21	1987-02-16 00:00:00	体育
990012	张忠和	男	23	1985-08-28 00:00:00	艺术
990026	陈維加	女	22	1986-07-01 00:00:00	外语
990028	李莎	女	22	1986-10-21 00:00:00	外语

图 11.13 更新单记录的多个字段值

11.3.2 更新多记录的多个字段值

同样，针对表中的多条记录，也可以使用 UPDATE 语句来实现。使用 WHERE 子句选取多条记录，使用 SET 子句追加多个复制表达式。例如，在 STUDENT 表中，需要将所有计算机系的学生的年龄改为空值，其出生年月改为当前日期。

分析：在该查询中，可以使用 UPDATE 语句，其中 WHERE 子句后的条件选出所有计算机系的学生，SET 子句设置年龄为空值，出生年月为当前日期。其实现语句如下：

```
UPDATE STUDENT
SET SAGE = NULL, SBIRTH = GETDATE()
WHERE SDEPT = '计算机'
```

需要注意的是，该语句的源更新数据为 NULL 和内部函数，需要注意其返回值的数据类型是否与字段匹配。执行上述语句后，通过如下语句：

```
SELECT * FROM STUDENT
```

可查看上述语句的运行结果，如图 11.14 所示。

SNO	SNAME	SGENTLE	SAGE	SBIRTH	SDEPT
990001	张三	女	NULL	2014-09-30 23:17:00	计算机
990002	陈林	女	20	1988-05-21 00:00:00	外语
990003	吴忠	男	22	1986-04-12 00:00:00	工商管理
990005	陈林	男	21	1987-02-16 00:00:00	体育
990012	张忠和	男	23	1985-08-28 00:00:00	艺术
990026	陈維加	女	22	1986-07-01 00:00:00	外语
990028	李莎	女	22	1986-10-21 00:00:00	外语

图 11.14 更新多记录的多个字段值

同样，在具体应用中，有时需要对表中所有记录的多个字段进行修改。例如，在 STUDENT 表中，将所有学生的年龄都设置为 20，其系部都设置为“计算机”，其实现语句如下：

```
UPDATE STUDENT
SET SAGE = 20, SDEPT = '计算机'
```

可以看出，对表中所有记录进行操作只需要将 WHERE 子句去掉即可。该语句执行后 STUDENT 表的数据更新如图 11.15 所示。

	SNO	SNAME	SGENTLE	SAGE	SBIRTH	SDEPT
▶	990001	张三	女	20	2014-09-30 23:17:00	计算机
	990002	陈林	女	20	1988-05-21 00:00:00	计算机
	990003	吴忠	男	20	1986-04-12 00:00:00	计算机
	990005	陈林	男	20	1987-02-16 00:00:00	计算机
	990012	张忠和	男	20	1985-08-28 00:00:00	计算机
	990026	陈维加	女	20	1986-07-01 00:00:00	计算机
	990028	李莎	女	20	1986-10-21 00:00:00	计算机

图 11.15　更新所有记录的多个字段值

通过上述示例的介绍，读者可以看出，对数据表中的数据更新，SQL 使用的只有 UPDATE 语句，该语句可根据不同的更新要求对其子句做出相应改变。因此，在数据库的实际操作中，读者对 UPDATE 语句的理解是很重要的。

11.4 数据删除

数据的删除和更新类似，SQL 提供的删除命令为 DELETE，该命令的语句格式较简单，其在具体应用中的使用方法也较为简单。

11.4.1 数据删除语句基本语法

当数据库中的数据不需要了可以对其进行删除操作，以释放表的存储空间。在实际应用中，尤其是数据库应用系统中，数据删除操作也是非常频繁的操作。

SQL 提供了用于删除数据的标准命令 DELETE，用于删除表中记录。该命令的语句格式十分简单，主要语法如下：

```
DELETE [FROM] TABLE_NAME
[WHERE SEARCH_CONDITIONS]
```

其中，参数说明如下：

- TABLE_NAME——是指需要删除数据的表的名称。
- SEARCH_CONDITIONS——是指 WHERE 子句后指定的条件。

上述语句中，WHERE 子句是可选的，如果在 DELETE 语句中没有指定 WHERE 子句，那么就将表中所有的记录全部删除。在 DELETE 语句中如果使用了 WHERE 子句，那么就从指定的表中删除满足 WHERE 子句条件的数据行。

使用 DELETE 语句时，应注意以下几点。

- DELETE 语句不能删除单个字段的值，只能删除整行数据。要删除单个字段的值，可以采用 11.3.2 节介绍的使用 UPDATE 语句，将其更新为 NULL。
- 使用 DELETE 语句用来删除表中的数据而不是删除表，其只能删除已经存在的数据，不能删除表结构。要删除表结构，需要使用前面介绍的 DROP TABLE 语句。

- 同 INSERT 和 UPDATA 语句一样，从一个表中删除记录将引起其他表的参照完整性问题。这是一个潜在问题，需要时刻注意。

11.4.2 删除单行数据

在实际应用中，使用 DELETE 语句删除单行数据是最常见的一种操作。例如，在学生管理系统中，当其中某个学生意外退学了，那么就需要将该学生的所有信息从学生基本表中删除。删除单行数据的关键在于使用正确的 WHERE 子句。

例如，在 STUDENT 表中，将学号为 990001 的学生信息从其中删除。根据 DELETE 的语句格式，其实现语句如下：

```
DELETE
FROM STUDENT
WHERE SNO = '990001'
```

从上述语句可以看出，DELETE 语句的语法相当简单，其后的 FROM 子句用来标识需要删除的数据所属的数据表名，WHERE 子句用户指定删除记录的条件。在 SQL Server 2008 的查询分析器中执行该语句后，通过如下语句：

```
SELECT * FROM STUDENT
```

可查看上述语句的运行结果，如图 11.16 所示。

	SNO	SNAME	SGENTLE	SAGE	SBIRTH	SDEPT
▶	990002	陈林	女	20	1988-05-21 00:00:00	计算机
	990003	吴忠	男	20	1986-04-12 00:00:00	计算机
	990005	陈林	男	20	1987-02-16 00:00:00	计算机
	990012	张忠和	男	20	1985-08-28 00:00:00	计算机
	990026	陈维加	女	20	1986-07-01 00:00:00	计算机
	990028	李莎	女	20	1986-10-21 00:00:00	计算机

图 11.16 删除单行数据

从图 11.16 中可看出，学号为 990001 的学生记录被删除了。使用 DELETE 语句删除单行数据首先是保证在表中符合 WHERE 子句后限制条件的记录只有一条。

11.4.3 删除多行数据

使用 DELETE 语句删除多行数据的实现语法与删除单行数据的语法相同，其不同点在于在目标表中符合 WHERE 子句限制条件的记录有多条。例如，在如表 11.1 所示的 STUDENT 表中，计算机系的学生记录数有 3 条，如果需要一次删除所有计算机系学生的记录，可以使用 DELETE 语句来实现，只需在 WHERE 子句使用同时获取这 3 条记录的条件即可。其语句实现如下：

```
DELETE
FROM STUDENT
WHERE SDEPT = '计算机'
```

上述语句中，WHERE 子句后的条件表达式为 SDEPT='计算机'，在表 11.1 中，符合该条件的记录一共就有 3 条，因此，上述语句即实现了一次删除多行数据。在 SQL Server 2008 的查询分析器中执行该语句后，通过如下语句：

```
SELECT *
FROM STUDENT
```

可查看上述语句的运行结果，如图 11.17 所示。

	SNO	SNAME	SGENTLE	SAGE	SBIRTH	SDEPT
	990002	陈林	女	19	1988-05-21 00:...	艺术
	990003	吴忠	男	21	1986-04-12 00:...	工商管理
	990005	陈林	男	20	1987-02-16 00:...	体育
▶	990012	张忠和	男	22	1985-08-28 00:...	艺术

图 11.17　删除多行数据

从图 11.17 中可看出，所有 SDEPT 字段值为"计算机"的记录都被删除了，因而达到了删除多行数据的目的。因此，使用 DELETE 语句删除多行数据关键是其 WHERE 子句中的条件，需要能在表中找到至少两条符合该条件的记录。

11.4.4　删除所有行

在许多应用中，需要将数据表中的数据记录全部删除，只保留表的结构。例如，在一个考试安排系统中，当某一门考试考完后，其安排表中的所有记录需要清空，以安排下一门考试。在 SQL 的 DELETE 语句中，删除所有行的实现是不含 WHERE 子句的语句。

例如，在 STUDENT 表中，需要删除该表所有记录，其实现语句如下：

```
DELETE
FROM STUDENT
```

上述语句中不含 WHERE 子句，针对的对象是表中的所有数据。在 SQL Server 2008 的查询分析器中执行该语句后，通过如下语句：

```
SELECT *
FROM STUDENT
```

可查看上述语句的运行结果，如图 11.18 所示。

	SNO	SNAME	SGENTLE	SAGE	SBIRTH	SDEPT

图 11.18　删除所有行

从图 11.18 中可看出，执行不含 WHERE 子句的 DELETE 语句将删除表中所有数据，而且在删除前不会给出任何提示。因此，在使用该语句删除表中所有数据时，一定要确认是否真的要删除所有数据，数据一旦删除，就不能再恢复了。

此外，在删除表中的全部数据时，SQL Server 中还提供了 TRUNCATE TABLE 语句。该语句的语法格式如下所示：

```
TRUNCATE TABLE table_name
```

如上述示例在 STUDENT 表中，需要删除该表所有记录。使用 TRUNCATE TABLE 语句的实现如下：

```
TRUNCATE TABLE STUDENT
```

该语句的执行结果与图 11.18 所示相同，所有数据记录都被删除，但是其与 DROP TABLE 的区别在于表结构并未被删除。

虽然使用 DELETE 语句和 TRUNCATE TABLE 语句都能够删除表中的所有数据，但是使用 TRUNCATE TABLE 语句比用 DELETE 语句快得多，表现为以下两点：

- 使用 DELETE 语句，系统将一次一行地处理要删除的表中的记录，在从表中删除行之前，在事务处理日志中记录相关的删除操作和删除行中的列值，以防止删除失败时，可以使用事务处理日志来恢复数据。
- TRUNCATE TABLE 则一次性完成删除与表有关的所有数据页的操作。另外，TRUNCATE TABLE 语句并不更新事务处理日志。由此，在 SQL Server 中，使用 TRUNCATE TABLE 语句从表中删除行后，将不能再用取消行的删除操作。

11.5 通过视图更新表

由于视图是一张虚表，所以对视图的更新，最终实际上是转换成对视图的基本表的更新。因此，可以通过更新视图的方式实现对表中数据的更新。视图的更新操作包括插入、修改和删除数据，而通过视图向表中插入数据在上章已经介绍过，这里主要讨论通过更新视图修改和删除表中的数据。

11.5.1 通过视图更新表数据

与更新基本表相似，通过视图更新表数据也是通过 UPDATE 语句，其实现语法只是将表名替换为视图名，其他与更新表中数据的语法完全相同，如下所示：

```
UPDATE View_name
SET column1 = value1,
[column2 = value2,]
⋮
[WHERE search_condition]
```

在 UPDATE 语句中，使用视图代替基本表的两个好处是：

- 可以限制用户可更新的基本表中的字段。
- 使列名具有更好的描述性。

例如，要求实现用户只能更新 STUDENT 表中的 NAME、SGENTLE、SAGE 和 SDEPT 共 4 个字段的值，不能更新其余的字段值。那么就可以使用在 STUDENT 表上创建一个含有 SNAME、SGENTLE、SAGE 和 SDEPT 字段的视图 STU 来实现，其视图创建语句如下：

```
CREATE VIEW STU
AS
SELECT SNAME, SGENTLE, SAGE, SDEPT
FROM STUDENT
```

其创建完成的视图数据如图 11.19 所示。

	SNAME	SGENTLE	SAGE1	SDEPT
▶	张三	男	21	计算机
	陈林	女	20	外语
	吴忠	男	22	工商管理
	王冰	女	21	体育
	张忠和	男	23	艺术
	陈維加	女	22	计算机
	李莎	女	22	计算机

图 11.19　视图 STU 的数据

创建好上述视图 STU 后，将表 STUDENT 的权限设置为不可修改。此后用户就只能通过视图 STU 修改 STUDENT 中的数据。由于 STU 视图中不包含 SNO、SBIRTH 等字段，因此用户不能更新这些字段值，就达到了上述示例中的要求。

例如，将表 STUDENT 中所有男学生的年龄加 1。其实现语句如下：

```
UPDATE STU
SET SAGE = SAGE + 1
WHERE SGENTLE = '男'
```

运行上述语句后，系统根据视图 STU 中的字段，并不是对视图 STU 的数据进行更新，而是对基本表 STUDENT 进行更新，上述语句相当于：

```
UPDATE STUDENT
SET SAGE = SAGE + 1
WHERE SGENTLE = '男'
```

对表 STUDENT 进行更新后，再读取视图数据时，视图 STU 中的数据才会随着基本表 STUDENT 更新。执行对视图的更新后，使用 SELECT * FROM STU 查询语句可以看到视图数据如图 11.20 所示。

需要注意的是，上述更新后的视图数据是从基本表 STUDENT 中读者而来的。其中，STUDENT 中所有男学生的年龄都加了 1，更新后的 STUDENT 表的数据如图 11.21

SNAME	SGENTLE	SAGE1	SDEPT
张三	男	22	计算机
陈林	女	20	外语
吴忠	男	23	工商管理
王冰	女	21	体育
张忠和	男	24	艺术
陈維加	女	22	计算机
李莎	女	22	计算机

图 11.20 更新后视图 STU 的数据

SNO	SNAME	SGENTLE	SAGE	SBRITH	SDEPT
990001	张三	男	22	1987-08-04 00:00:00	计算机
990002	陈林	女	19	1988-05-21 00:00:00	外语
990003	吴忠	男	23	1986-04-12 00:00:00	工商管理
990005	陈林	男	20	1987-02-16 00:00:00	体育
990012	张忠和	男	24	1985-08-28 00:00:00	艺术
990026	陈維加	女	21	1986-07-01 00:00:00	计算机
990028	李莎	女	21	1986-10-21 00:00:00	计算机

图 11.21 更新后的基本表 STUDENT 数据

所示。

从图 11.21 可以看出，基本表 STUDENT 中所有数据都更新了。这就是通过视图更新基本表数据的具体实现。

11.5.2 通过视图删除表数据

通过视图也可以从表中删除行。与 UPDATE 语句相同，该视图不必显示底层表中的所有列，此处需要注意的是该视图的数据必须来源于一个单表，也即视图的 SELECT 语句必须只引用单个表，即 DELETE 语句的目标基本表只能是单表。

通过视图，使用 DELETE 语句删除表中数据的基本语法如下：

```
DELETE FROM View_name
WHERE search_condition
```

需要注意的是，当使用视图作为 DELETE 语句的目标表时，只能删除那些在视图的 SELECT 子句中满足搜索条件，即满足视图选择标准的那些行。假如，通过上节创建的 STU 视图，删除 STUDENT 表中的所有女学生的记录。其实现语句如下：

```
DELETE
FROM
STU
WHERE SGENTLE = '女'
```

使用上述语句更新后，视图 STU 中的数据显示如图 11.22 所示。

同样，删除视图 STU 中的数据后，其实被删除数据是属于基本表 STUDENT 的，因为视图是建立在基本表上的虚表。因此，执行上述语句后，通过语句 SELECT * FROM

	SNAME	SGENTLE	SAGE	SDEPT
▶	张三	男	22	计算机
	吴忠	男	23	工商管理
	张忠和	男	23	艺术

图 11.22　删除数据后的视图 STU

STUDENT 可以看到基本表 STUDENT 的数据如图 11.23 所示。

	SNO	SNAME	SGENTLE	SAGE	SBIRTH	SDEPT
▶	990001	张三	男	33	1987-08-04 00:00:00	艺术
	990003	吴忠	男	21	1986-04-12 00:00:00	工商管理
	990005	陈林	男	20	1987-02-16 00:00:00	体育
	990012	张忠和	男	22	1985-08-28 00:00:00	艺术

图 11.23　删除数据后的基本表 STUDENT

需要注意的是，对视图使用 DELETE 语句可以删除底层表中的数据，这一点与前面介绍的使用 DROP VIEW 语句删除视图是不同的。使用 DROP VIEW 语句删除视图后，只会删除该视图在数据字典中的定义，而与该视图有关的基本表中的数据不会受任何影响，而 DELETE 语句则将底层表中的相应的数据行也删除了，在实际应用中要特别注意其使用。

11.5.3　使用视图更新删除数据的注意事项

从 11.5.1 节和 11.5.2 节中可以看出，使用视图是可以对基本表中的数据进行更新或删除的。视图中的数据不是存放在视图中的，即视图没有相应的存储空间，对视图的一切操作最终都要转换成对基本表的操作，使用视图有如下几个主要优点：

- 利于数据保密，可以为不同的用户定义不同的视图，使用户只能看到与自己有关的数据。例如，对 STUDENT 表创建了 STU 视图，可以设定用户只能修改学生的特定的几列信息，而无法更改别的数据，从而保证了数据的安全性。
- 简化查询操作，为复杂的查询建立一个视图，用户不必输入复杂的查询语句，只需针对此视图做简单的查询即可。
- 保证数据的逻辑独立性。对于视图的操作，例如查询，只依赖于视图的定义。当构成视图的基本表要修改时，只需修改视图定义中的子查询部分，而基于视图的查询不用改变。

虽然使用视图更新删除数据有如上优点，但是，在实际使用中，不是所有的视图都是可更新可删除的。一般来说，可更新删除的视图必须满足如下条件：

- SELECT 子句中的目标列不能包含聚集函数。
- SELECT 子句中不能使用 DISTINCT 关键字。
- 不能包括 GROUP BY 子句。
- 不能包括经算术表达式计算出来的列。
- 视图必须是基于单表的，即由单个基本表使用选择、投影操作导出，并且要包含了基本表的主码。

只有在创建视图时，满足了上面几点，才可以对视图进行更新删除，即对创建视图的基本表进行更新删除操作。

11.6 小结

本章主要介绍了 SQL 中的 DML 语句中 UPDATE 语句和 DELETE 语句。其中，UPDATE 语句用于对数据进行更新修改，该语句功能非常强大，其源更新数据可以是外部用户的输入、SQL 的内部函数、NULL 值、本表数据和外表数据等。同时，UPDATE 可以同时对表中的一条记录或多条记录进行更新。而 DELETE 语句用于对基本表中数据进行删除，也同样可以一次性对表中的一条记录或多条记录进行删除操作，其实现取决于其中 WHERE 子句的条件。如果不使用 WHERE 子句，DELETE 语句可以删除基本表中所有数据。本章最后通过视图对基本表进行更新和删除操作的实现和注意事项，使用视图进行更新和删除数据能够保证数据的逻辑独立性和安全性，是较好的一种数据更新删除方法。

第12章 数据控制

前面章节介绍的数据定义(DDL)、数据操纵(DML)是 SQL 的主要功能。除此之外，SQL 还提供了数据控制语句(DCL)。数据控制也称为数据保护，是通过对数据库用户的使用权限加以限制而保证数据安全的重要措施。SQL 语言提供一定的数据控制功能，能在一定程度上保证数据库中数据的安全性和完整性，并提供了一定的并发控制及恢复能力。

12.1 数据库安全模式

数据的安全性几乎是每一个用户在使用一个数据库管理系统时，最关心的问题之一。在一个 SQL 数据库管理系统中，安全性就显得格外重要，因为通过交互式的 SQL 语句，很容易对数据库中的数据进行存取。

实现一种安全方案和实施一些安全性约束，都是数据库管理系统的责任和义务。SQL 为数据库安全性定义了一个总体框架，并且提供了相应的语句来定义其安全性约束。SQL 的安全性方案中包含以下三种重要因素：

- 用户(Users)。
- 数据库对象(Database Objects)。它包括数据库中所有的关系表和视图等操作项，它们是用户操作的目标。
- 权限(Privileges)。它是用来描述用户对数据库对象的操作的权力。

下面对 SQL 的 DBMS 安全性的总体框架的三种重要因素，以及所涉及的 SQL 安全性中基本内容进行描述。

12.1.1 用户

用户是数据库的操作者，所有对数据库的操作都是用户进行的。因此，保证用户的安全性是保证 SQL 安全的首要问题。

一般来说，用户包括以下三方面内容：

(1) 用户标识符(UserID)。在基于 SQL 的数据库管理系统中，每个用户都被授予一个用户标识符(UserID)。它是 DBMS 识别每个用户的一个简短名称，通常都是由数据库管理员授予每个用户的。用户标识符是 SQL 安全性的核心。

在 ANSI SQL 92 标准中，CURRENT_USER 或 SESSION_USER 函数，都是用来获得与当前连接关联的数据库用户名。在支持 T-SQL 的 SQL Server 中，这些函数实现为

USER_NAME()(不指定 database_user_ID 参数的 USER_NAME)的同义词。T-SQL 中，函数 USER()也作为 USER_NAME()的同义词。

例如，连接到 SQL Server 2008 后，使用 USER_ID，用来获得与数据库用户名关联的数据库用户 ID；使用 USER_ID()，用来获得与当前连接关联的数据库用户 ID。

SQL 92 允许在这样的 SQL 模块中对 SQL 语句进行编码：该模块的授权标识符与已连接到 SQL 数据库的用户的授权标识符可以相互独立。SQL 92 指定 SESSION_USER 总是返回进行连接的用户的授权标识符。对于从 SQL 模块执行的任何语句，CURRENT_USER 返回 SQL 模块的授权标识符；如果 SQL 语句不是从 SQL 模块执行的，则返回进行连接的用户的授权标识符。如果 SQL 模块没有单独的授权标识符，则 SQL 92 指定 CURRENT_USER 返回与 SESSION_USER 相同的值。Microsoft SQL Server 没有单独用于 SQL 模块的授权标识符，因此，CURRENT_USER 和 SESSION_USER 总是返回相同的值。USER 函数是由 SQL 92 为向后兼容性而定义的函数，用于为早期版本的标准所编写的应用程序。USER 被指定为与 CURRENT_USER 返回相同的值。

在 SQL Server 中，返回登录名或账户的函数以下面的方式操作：

```
USER_ID('database_user_name')
```

USER_ID 返回与指定数据库用户名关联的数据库用户 ID。如果未指定 database_user_name，则 USER_ID 返回与当前连接关联的数据库用户 ID。

(2) 用户口令(Password)。在基于 SQL 的数据库管理系统与用户进行任何交互之前，DBMS 都需要对用户的身份进行确认。通过用户口令，DBMS 可以验证当前用户是否有权使用相应的用户标识符。

例如，进入 SQL Server 2008 的查询分析器需要验证用户的口令和用户标识符，如图 12.1 所示。在图 12.1 中，还涉及不同的登录模式，这将在后续章节中专门介绍。

图 12.1 验证用户口令

(3) 用户组(Group)。基于 SQL 的数据库管理系统通常将对数据库中数据具有相似需要的用户，组成一个群体，在这个群体中的每一个用户都具有相同的数据存取需要，并且都有相同的权限。SQL 安全性方案中提供了两种对用户组的处理方法。

- 通过为用户组中每个用户授予相同的用户标识符，来实现上述目标。这种方法可以简化安全性管理。但在 DBMS 对用户使用情况的报告中，将无法区别用户组中的每个具体用户。
- 通过为用户组中每个用户授予不相同的用户标识符和权限，来实现上述目标。这种方法比较灵活，但将会使安全性管理变得比较复杂且容易出错。在 Sybase 和 SQL Server 中，提供了第三种选择方法，它容许权限既能够授予单个用户标识符，也能够被授予用户组标识符。一个被授予用户权限，或者被授予用户组权限的用户，都可以对数据库进行有关操作。

在许多应用广泛的关系数据库管理系统中，用户组已被角色的概念所替代。例如在 SQL Server 中，角色作为用户组的代替物大大地简化了安全性管理，这将在以后的章节中提到。

12.1.2 数据库对象

数据库对象是指 SQL 安全性保护数据库中所包含的规定的目标对象。简单来说，在关系数据库中，数据库对象是指关系表和视图，其中每个关系表和视图都能够被独立地保护。存取关系表和视图，对某些用户标识符来讲，是容许的；但对另一些用户标识符来则是不行的。

数据库对象是数据库的重要组成部分，数据库的安全性是针对数据库对象而言的，在数据库中设置权限的对象也是数据库对象。一般来说，常见的数据库对象有以下几种：

- 表(Table)。

数据库中的表与日常生活中使用的表格类似，它也是由行(Row)和列(Column)组成的。列由同类的信息组成，每列又称为一个字段，每列的标题称为字段名。行包括了若干列信息项。一行数据称为一个或一条记录，其表达有一定意义的信息组合。一个数据库表由一条或多条记录组成，没有记录的表称为空表。每个表中通常都有一个主关键字，用于唯一地确定一条记录。

- 索引(Index)。

索引是根据指定的数据库表列建立起来的顺序。它提供了快速访问数据的途径，并且可监督表的数据，使其索引所指向的列中的数据不重复。

- 视图(View)。

视图看上去同表似乎一模一样，具有一组命名的字段和数据项，但它其实是一个虚拟的表，在数据库中并不实际存储。在视图是由查询数据库表产生的，其限制了用户能看到和修改的数据。由此可见，视图可以用来控制用户对数据的访问，并能简化数据的显示，即通过视图只显示那些需要的数据信息。

- 图表(Diagram)。

图表其实就是数据库表之间的关系示意图。利用图表可以编辑表与表之间的关系。

- 默认值(Default)。

默认值是当在表中创建列或插入数据时，对没有指定其具体值的列或列数据项赋予事先设定好的值。

• 规则(Rule)。

规则是对数据库表中数据信息的限制，其限定的是表的列。

• 触发器(Trigger)。

触发器是一个用户定义的 SQL 事务命令的集合。当对一个表进行插入、更改、删除时，这组命令就会自动执行。

• 存储过程(Stored Procedure)。

存储过程是为完成特定的功能而汇集在一起的一组 SQL 程序语句，经编译后存储在数据库中的 SQL 程序。

其中，表、索引、视图、默认值和规则在前面章节中都介绍过，触发器和存储过程这两种数据库对象将在后续章节中介绍。

12.1.3 权限

用户能够对某个数据库对象所进行的操作，被称为对这个目标对象的权限。SQL 安全性措施提供了以下四种权限：

- SELECT 权限，其容许拥有这个权限的用户，对所指定的关系表或者视图中的数据进行查询操作。
- INSERT 权限，其容许拥有这个权限的用户，可以对所指定的关系表或者视图进行添加数据的操作。
- DELETE 权限，其容许拥有这个权限的用户，可以对所指定的关系表或者视图进行数据删除操作。
- UPDATE 权限，其容许拥有这个权限的用户，可以对所指定的关系表或者视图进行数据修改操作。UPDATE 权限甚至可以对关系表或者视图中的列进行修改和说明。

在 SQL 安全性措施中，还涉及一个所有者权限，它是指当一个用户用 CREATE 语句创建了一张新表时，该用户就是所创建这张表的所有者，并拥有这张表的所有者权限，即 SELECT、INSERT、DELETE 和 UPDATE 权限，以及数据库管理系统所支持对这张表的操作权限。

而其他用户在这张表刚创建时，对这张表没有任何权限。此时，如果这些用户需要对这张表进行操作，就必须给其进行明确的授权。当一个用户用 CREATE 语句创建了一张视图时，该用户就是其所创建这张视图的所有者，但其必须首先要具有对产生这张视图的源表的 SELECT 权限方可进行视图创建工作。因此当用户拥有一张视图的所有者权限时，该用户也只有 SELECT 权限，而对 INSERT、DELETE 和 UPDATE 权限来说，只有当用户拥有产生这张视图的所有源表的相应权限时，才会拥有对这个视图相应的操作权限。

12.2 数据控制语句

SQL 提供了数据控制语句(DCL)，该语句是 SQL 中有关安全性操作的语句，主要是 GRANT 和 REVOKE 这两种语句。

12.2.1　GRANT 语句

GRANT 语句被用来对特定的用户授予关于数据库对象安全性的权限。通常 GRANT 语句由表或视图的拥有者来使用，以授权其他用户对相应表或视图中数据进行存取操作。其使用格式如下：

```
GRANT [SELECT(列名序列)]/[,INSERT(列名序列)]/[,DELETE(列名序列)]/[,UPDATE(列名序列)]|
ALL PRIVILEGES
ON <表名>
TO 用户标识符|PUBLIC
[WITH GRANT OPTION]
```

上述语句格式中，GRANT 语句包括一组被授予的权限、一个权限所作用的表以及一个被授予权限的用户标识符。

其中，参数说明如下：

- SELECT(列名序列)——指的是授予用户对表的 SELECT 权限，即能够对所指定的关系表或者视图中的数据进行查询操作。
- INSERT(列名序列)——指的是授予用户对表的 INSERT 权限，即可对所指定的关系表或者视图进行添加数据的操作。
- DELETE(列名序列)——指的是授予用户对表的 DELETE 权限，即可对所指定的关系表或者视图进行数据删除操作。
- UPDATE(列名序列)——指的是授予用户对表的 DELETE 权限，即可对所指定的关系表或者视图进行数据修改操作。
- ALL PRIVILEGES 选项——指的是上述 SELECT、INSERT、DELETE 和 UPDATE 四种授权，且作用于表中所有列。
- PUBLIC 选项——表示对所有的用户进行授权。
- WITH GRANT OPTION 选项——说明其他被授权的用户是否可以将其所获得的权限转授给其他用户。

这里需说明的是，SELECT、INSERT、DELETE 和 UPDATE 四种授权可以在结合在一起进行授权，其功能相当于 ALL PRIVILEGES。

例如，将 STUDENT 表中所有列的查询和修改权限授予所有用户，但不允许这些用户将该权限转授其他用户。其实现语句如下：

```
GRANT SELECT,UPDATE
ON STUDENT
TO PUBLIC
```

在 SQL Server 的查询分析器中执行上述语句后，通过其提供的存储过程 sp_helprotect 可以查看执行结果，其语句执行如下：

```
EXEC sp_helprotect STUDENT
```

上述语句列出 STUDENT 表中用户的所有权限，其返回如图 12.2 所示。

	Owner	Object	Grantee	Grantor	ProtectType	Action	Column
1	dbo	STUDENT	public	dbo	Grant	Select	(All+New)
2	dbo	STUDENT	public	dbo	Grant	Update	(All+New)

图 12.2　GRANT 语句对角色授权

如图 12.2 所示，所有用户获得了对表 STUDENT 中所有列进行 SELECT 操作和 UPDATE 操作的权限。同时，该表只授予了这两种权限。此外，SQL Server 中还可以通过图形化的企业管理器来打开表 STUDENT 的属性窗口来查看其权限，如图 12.3 所示。

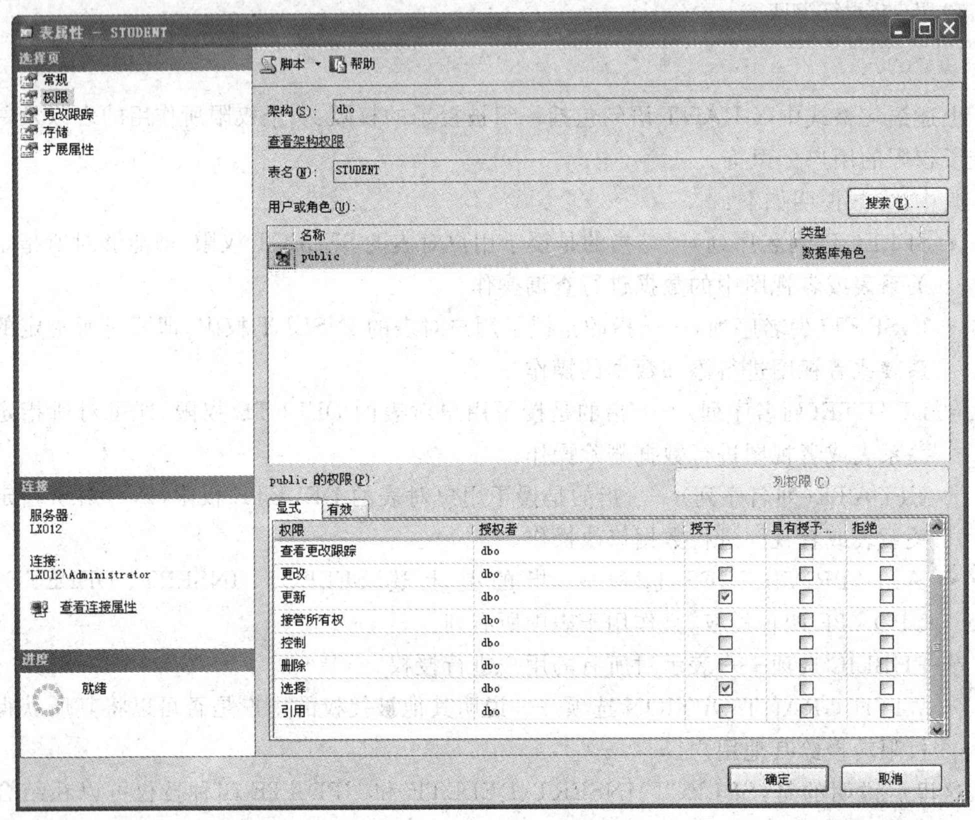

图 12.3　表 STUDENT 的权限

图 12.3 比较直观地给出了 STUDENT 表上的所有权限，从图中可以看出，PUBLIC 用户拥有的是上述语句授予的 SELECT 和 UPDATE 权限。

需要注意的是，GRANT 语句必须对已经创建的用户或角色授权，因此，在对用户或角色授权时，需要明确当前有哪些已存在的用户或角色。在 SQL Server 中，可以通过存储过程 sp_helpuser 来查看用户的基本情况，执行语句如下：

```
EXEC sp_helpuser
```

执行上述语句后，SQL Server 将列出目前在数据库中已经存在的用户列表及其详细信息，如图 12.4 所示。

	UserName	RoleName	LoginName	DefDBName	DefSchemaName	UserID
1	dbo	db_owner	LX012\Administrator	master	dbo	1
2	guest	public	NULL	NULL	guest	2

图 12.4　查看用户

可以看出，当前数据库中有两个用户：dbo 和 guest，这两个用户都是数据库默认创建的，各属于不同的角色。

上述示例的授权对象是具体的用户组，或者称为角色，下面语句将对具体的用户授权。例如，将 STUDENT 表中对学号、姓名、性别、年龄和出生年月的查询权限和对所属系部的修改权限授予 guest 用户，且允许其将该权限转授其他用户。其实现语句如下：

```
GRANT SELECT(SNO,SNAME,SGENTLE,SAGE,SBIRTH),UPDATE(SDEPT)
ON STUDENT
TO GUEST
```

执行上述语句后，同样使用 EXEC SP_HELPROTECT STUDENT 存储过程来查看授权后的 STUDENT 表上的所有权限，其返回结果如图 12.5 所示。

	Owner	Object	Grantee	Grantor	ProtectType	Action	Column
1	dbo	STUDENT	guest	dbo	Grant	Select	SNO
2	dbo	STUDENT	guest	dbo	Grant	Select	SNAME
3	dbo	STUDENT	guest	dbo	Grant	Select	SGENTLE
4	dbo	STUDENT	guest	dbo	Grant	Select	SAGE
5	dbo	STUDENT	guest	dbo	Grant	Select	SBIRTH
6	dbo	STUDENT	guest	dbo	Grant	Update	SDEPT
7	dbo	STUDENT	public	dbo	Grant	Select	(All+New)
8	dbo	STUDENT	public	dbo	Grant	Update	(All+New)

图 12.5　GRANT 语句对用户授权

同样，可以通过图形化界面来查看 STUDENT 表上的权限。在企业管理器中打开表 STUDENT 的属性窗口，如图 12.6 所示。

在该窗口中，切换到不同的用户，可查看该表所有用户对其的访问权限，此时该表的权限如图 12.7 所示。

对比图 12.7 和图 12.3 可以发现，此时用户 guest 拥有了对 SELECT 和 UPDATE 权限，但并不是对所有列的 SELECT 和 UPDATE 权限，而是特定列。如果需要查看具体的对列的授权，可单击图 12.7 中的"列权限"按钮进入列授权对话框。

由此可见，数据控制语句 GRANT 语句对于数据库中对象的授权功能是非常强大的。此外，GRANT 语句还可以对其他对象授权。

12.2.2　REVOKE 语句

通常在 SQL 数据库中，用 GRANT 语句已经授予的权限都可以用 REVOKE 语句来进行取消。REVOKE 语句的使用格式如下：

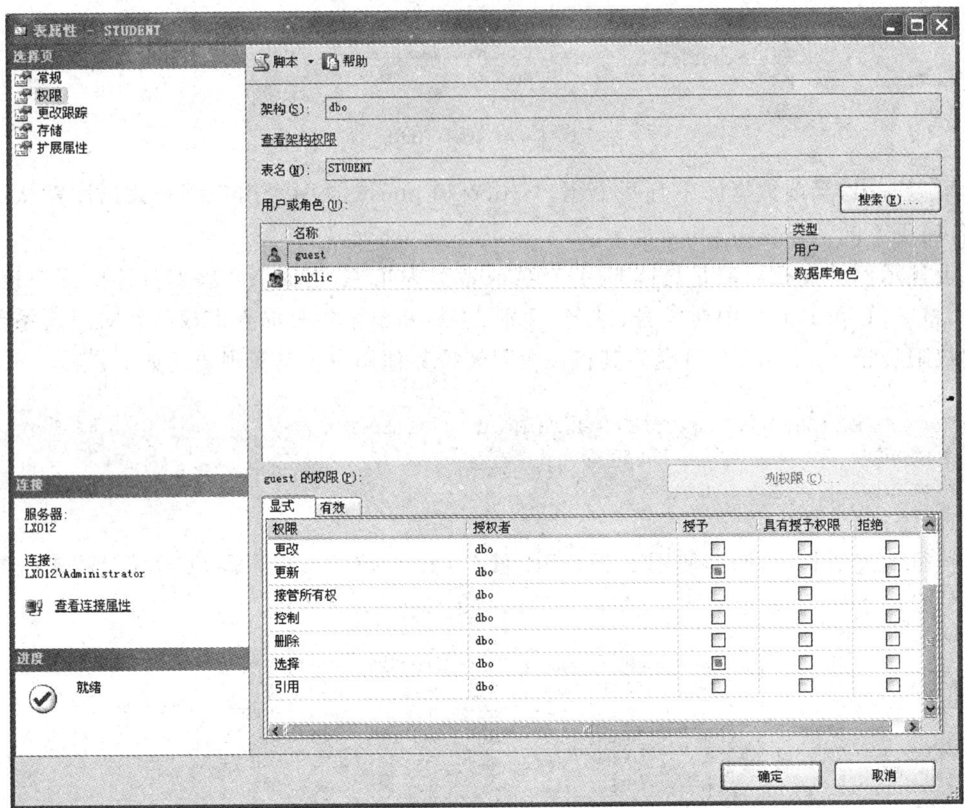

图 12.6　表 STUDENT 的属性窗口

guest 的权限(P):　　列权限(C)...

显式　有效

权限	授权者	授予	具有授予权限	拒绝
查看更改跟踪	dbo	☐	☐	☐
更改	dbo	☐	☐	☐
更新	dbo	☑	☐	☐
接管所有权	dbo	☐	☐	☐
控制	dbo	☐	☐	☐
删除	dbo	☐	☐	☐
选择	dbo	☑	☐	☐
引用	dbo	☐	☐	☐

图 12.7　表 STUDENT guest 用户的权限

```
REVOKE [SELECT(列名序列)]/[,INSERT(列名序列)]/[,DELETE(列名序列)]/[,UPDATE(列名序列)]|
ALL PRIVILEGES
ON <表名>
FROM 用户标识符|PUBLIC
```

其中，各参数说明与 GRANT 语句的参数说明类似。需要注意的是，REVOKE 语句没有参数 WITH GRANT OPTION 选项。

REVOKE 语句与 GRANT 语句结构相似，其针对一个特定的数据库目标，规定了一组特定的将被取消的权限，以及将被取消权限的若干用户标识符。REVOKE 语句可以帮助取消用户以前授予每个用户标识符的所有权限或某些特权。

例如，将 12.2.1 节示例中授予 guest 用户对 STUDENT 表的 SNAME 列查询权限和 SDEPT 列的修改权限取消。其实现语句如下：

```
REVOKE SELECT(SNAME),UPDATE(SDEPT)
ON STUDENT
FROM GUEST
```

执行上述语句后，同样使用 EXEC SP_HELPROTECT STUDENT 存储过程来查看授权后的 STUDENT 表上的所有权限，其返回结果如图 12.8 所示。

	Owner	Object	Grantee	Grantor	ProtectType	Action	Column
1	dbo	STUDENT	guest	dbo	Grant	Select	SNO
2	dbo	STUDENT	guest	dbo	Grant	Select	SGENTLE
3	dbo	STUDENT	guest	dbo	Grant	Select	SAGE
4	dbo	STUDENT	guest	dbo	Grant	Select	SBIRTH
5	dbo	STUDENT	public	dbo	Grant	Select	(All+New)
6	dbo	STUDENT	public	dbo	Grant	Update	(All+New)

图 12.8　REVOKE 语句取消权限

从图 12.8 中可以看出，REVOKE 语句取消了 GRANT 语句授予 GUEST 用户的部分权限。同时，SQL Server 中可以通过图形化界面来查看其权限变化，如图 12.9 所示。

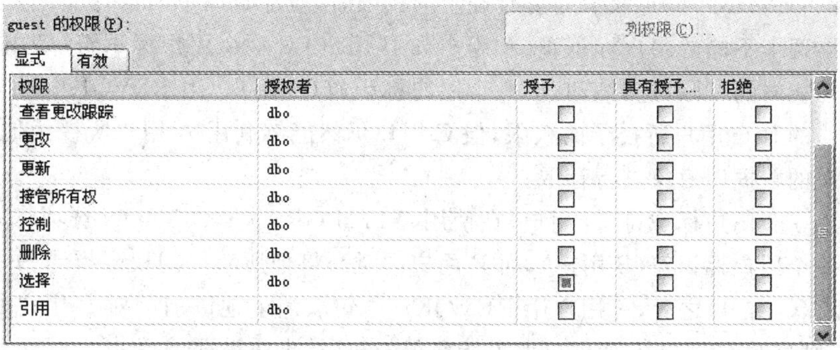

guest 的权限(P):　　列权限(C)...

显式　有效

权限	授权者	授予	具有授予...	拒绝
查看更改跟踪	dbo			
更改	dbo			
更新	dbo			
接管所有权	dbo			
控制	dbo			
删除	dbo			
选择	dbo			
引用	dbo			

图 12.9　REVOKE 取消对用户的列授权

此外，REVOKE 语句还可以取消用户对表的所有权限。例如，取消 STUDENT 表中 GUEST 用户对它的访问权限。其实现语句如下：

```
REVOKE ALL PRIVILEGES
ON STUDENT
FROM GUEST
```

上述语句取消了用户 GUEST 对表 STUDENT 的所有访问权限。在 SQL Server 2008 中，ALL 权限已不再推荐使用，并且只保留用于兼容性的目的，它并不表示对实体定义了 ALL 的权限。

同时，REVOKE 语句也可以针对角色进行操作。例如，取消 PUBLIC 对 STUDENT

表的所有访问权限,实现语句如下:

```
REVOKE SELECT,UPDATE
ON STUDENT
FROM PUBLIC
```

由于角色 PUBLIC 对 STUDENT 表的访问权限只有 SELECT 和 UPDATE 两种,上述语句全部列出,或者采用 ALL PRIVILEGES,此处效果相同。取消所有权限后,使用 EXEC SP_HELPROTECT STUDENT 查看 STUDENT 表上的权限,其返回如图 12.10 所示。

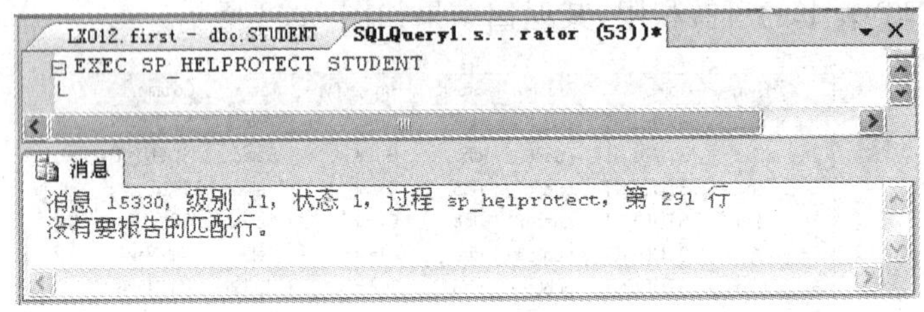

图 12.10　取消了所有权限

由于表 STUDENT 中没有任何用户对它的访问权限,没有符合条件的权限显示,因此系统给出如图 12.10 所示的错误信息。

在使用 REVOKE 语句取消先前所授予的权限时,应注意以下两点:

- 如果两个不同的用户标识符(A 用户和 B 用户)对一个用户标识符(C 用户)同时授予了相同的权限,这时若其中一个用户标识符(B 用户)用 REVOKE 语句取消了他以前的对 C 用户所授予的权限,但 C 用户仍然能够利用 A 用户所授予他的权限,对原来的数据库对象进行存取。
- 如果一个用户标识符(A 用户)在使用 WITH GRANT OPTION 选项将某些权限授予一个用户标识符(B 用户),而 B 用户同时又将他所获得的权限授予另一个用户标识符(C 用户)之后,A 用户用 REVOKE 语句取消了他以前的对 B 用户所授予的权限,则这时 C 用户从 B 用户那里所获得的权限,也将被取消。

12.3 角色管理

在上述介绍 GRANT 语句和 REVOKE 语句中,经常会提到角色的概念。简单来说,角色是 SQL 安全方案中的重要组成部分,它是用户组的扩展。在数据库系统中,角色是一个强大的工具,通过角色可以将用户集中到一个单元中,然后对该单元应用权限,对一个角色授予、拒绝或废除的权限也适用于该角色的任何成员。

在实际应用中,可以建立一个角色来代表单位中一类工作人员所执行的工作,然后给这个角色授予适当的权限。当工作人员开始工作时,只需将其添加为该角色成员,当其离开工作时,将其从该角色中删除,而不必在每个人接受或离开工作时,反复授予、拒绝和废除其权限。授予的权限在用户成为角色成员时自动生效。

在数据库系统中引入角色的概念的好处是，如果根据工作职能定义了一系列角色，并给每个角色指派了适合这项工作的权限，则很容易在数据库中管理这些权限。之后，不用管理各个用户的权限，而只需在角色之间移动用户即可。如果工作职能发生改变，则只需更改一次角色的权限，并使更改自动应用于角色的所有成员，操作比较容易。

12.3.1 创建角色

一般来说，现在商业数据库系统中都含有系统定义的多个角色，如 SQL Server 中就包含了数据库角色、应用程序角色等多种角色。除了系统定义的角色外，大部分的数据库系统都支持用户自己创建角色。SQL 标准定义了创建角色的语句如下：

```
CREATE ROLE name
[ [ WITH ] [SUPERUSER | NOSUPERUSER]
[| CREATEDB | NOCREATEDB]
[| CREATEROLE | NOCREATEROLE]
[| CREATEUSER | NOCREATEUSER]
[| INHERIT | NOINHERIT]
[| LOGIN | NOLOGIN]
[| CONNECTION LIMIT]
[| [ ENCRYPTED | UNENCRYPTED ] PASSWORD 'password']
[| VALID UNTIL 'timestamp']
[| IN ROLE rolename [, … ]]
[| IN GROUP rolename [, … ]]
[| ROLE rolename [, … ]]
[| ADMIN rolename [, … ]]
[| USER rolename [, … ]]
[| SYSID uid]]
```

其中，参数说明如下：

- name——指需要创建的新角色的名称。
- SUPERUSER、NOSUPERUSER、NOSUPERUSER——这些子句决定一个新角色是否“超级用户”，这种用户可以超越数据库中的所有访问权限。超级用户状态是非常危险的，除非真正需要，否则不应该使用。如果没有声明，用户自己必须是一个超级用户才能创建一个新的超级用户。
- CREATEDB、NOCREATEDB——这些子句定义一个角色是否能创建数据库。如果声明了 CREATEDB，那么正在创建的角色可以创建新数据库。声明 NOCREATEDB 将不会赋予新角色创建数据库的能力。如果没有声明，默认为 NOCREATEDB。
- CREATEROLE、NOCREATEROLE——这些子句决定一个角色是否可以创建新角色(也就是说，执行 CREATE ROLE 语句)。一个拥有 CREATEROLE 权限的角色也可以修改和删除其他角色，如果没有声明，则默认为 NOCREATEROLE。
- CREATEUSER、NOCREATEUSER——这些子句已经过时了，但是仍然接受，拼法为 SUPERUSER 和 NOSUPERUSER。请注意，它并不等于 CREATEROLE。
- INHERIT、NOINHERIT——这些子句决定一个角色是否“继承”其所在组的角色的权限。一个带有 INHERIT 属性的角色可以自动使用已经赋予其直接或间接所在的组的任何权限。没有 INHERIT,其他角色的成员关系只赋予该角色 SET ROLE 成为其他角色的能力;其他角色的权限只是在这么做了之后才能获得。如果没有声明,则默认为 INHERIT。

- LOGIN、NOLOGIN——这些子句决定一个角色是否可以登录;也就是说,该角色在客户端连接的时候是否可以被给予用户名。一个拥有 LOGIN 属性的角色可以认为是一个用户,没有这个属性的角色可以用于管理数据库权限,但是并不是平常概念的用户。如果没有声明,NOLOGIN 是默认的,除非是通过调用 CREATE ROLE 的别名 CREATE USER。
- CONNECTION LIMIT——如果角色可以登录,这个参数声明该角色可以使用的并发连接数量。-1(默认)意味着没有限制。
- PASSWORD 'password'——设置角色的口令(口令只是对那些拥有 LOGIN 属性的角色有用,不过用户也可以给没有这个属性的用户定义)。如果不准备使用口令认证,可以忽略这个选项。
- ENCRYPTED、UNENCRYPTED——这些关键字控制存储在系统表中的口令是否加密。如果目前的口令字串已经是用 MD5 加密的格式,那么那就会继续照此存放,而不管是否声明了 ENCRYPTED 或者 UNENCRYPTED(因为系统无法对指定的口令字串进行解密)。这样就允许在转储/回复的时候重载加密的口令。
- VALID UNTIL 'timestamp'——VALID UNTIL 子句设置角色的口令不再有效的一个日期和时间。如果忽略了这个口令,那么口令将永远有效。
- IN ROLE rolename——IN ROLE 子句列出一个或多个现有的角色,新角色将立即加入这些角色,成为其成员(请注意没有任何选项可以把新角色添加为管理员,这需要使用独立的 GRANT 命令实现这个功能)。
- ROLE rolename——ROLE 子句列出一个或多个现有的角色,其将自动添加为这个新角色的成员(该动作实际上就是把新角色做成一个"组")。
- ADMIN rolename——ADMIN 子句类似 ROLE,只是给出的角色被增加到新角色 WITH ADMIN OPTION,给它把这个角色的成员权限赋予其他角色的权力。

事实上,SQL Server 提供了创建角色的图形化操作界面,单击"企业管理器"→"数据库"→"角色"命令,通过右键快捷菜单可以选择新建角色。例如,在数据库中新建一个角色 STUCOM,使用 CREATE ROLE 语句的实现如下:

```
CREATE ROLE STUCOM
```

而使用企业管理器的创建如图 12.11 所示。

创建完成后,可以通过存储过程 sp_helprole 来查看数据库系统目前含有的所有角色,其具体的实现代码如下所示:

```
EXEC sp_helprole
```

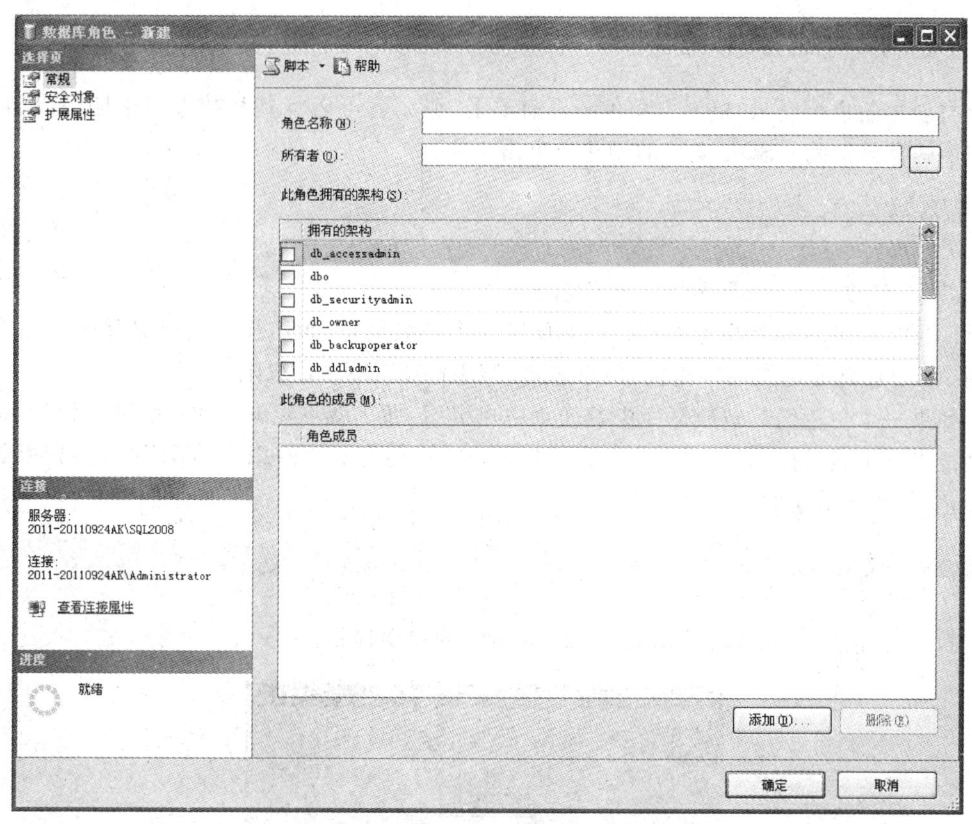

图 12.11 创建角色

执行上述语句后,其返回结果如图 12.12 所示。

SQLQuery1.s...rator (52))*

```
EXEC sp_helprole
```

结果 消息

	RoleName	RoleId	IsAppRole
1	public	0	0
2	STUCOM	5	0
3	db_owner	16384	0
4	db_accessadmin	16385	0
5	db_securityadmin	16386	0
6	db_ddladmin	16387	0
7	db_backupoperator	16389	0
8	db_datareader	16390	0
9	db_datawriter	16391	0
10	db_denydatareader	16392	0
11	db_denydatawriter	16393	0

图 12.12 角色列表

由图 12.12 可以看出,SQL 中的角色是一个可以拥有数据库对象并且拥有数据库权限的记录。在 SQL 中创建角色使用的命令是 CREATE ROLE 语句。

12.3.2 删除角色

与创建角色相反，如果一个角色不再需要了，那么就可以将其从数据库中删除，以释放数据库的存储空间。SQL 支持的删除角色语句为：

```
DROP ROLE name [, … ]
```

其中，参数 name 为要删除的角色名字。

DROP ROLE 删除指定的角色。要删除一个超级用户角色，用户自己必须也是一个超级用户；要删除非超级用户角色，用户必须有 CREATEROLE 权限。

如果一个角色仍然被数据库中的任意用户引用，那么就不能删除它；如果想删除它，系统会给出一个错误提示。例如，当角色 STUCOM 中还有应用的用户 GUEST 时，如果删除该角色，其实现语句如下所示：

```
DROP ROLE STUCOM
```

执行上述语句，系统将给出如图 12.13 所示的错误提示。

图 12.13 删除非空角色

因此，在删除一个角色之前，必须删除其拥有的所有对象(或者重新赋予其新的所有者)，并且撤销赋予该角色的任何权限。不过，没有必要删除涉及该角色的角色成员关系；DROP ROLE 自动撤销目标角色在任何其他角色中的成员关系，以及其他角色在目标角色中的成员关系。其他角色不会被删除，也不会受到其他影响。

同样，给一个当作组来使用的角色添加或删除成员的比较好的方法是使用 GRANT 语句和 REVOKE 语句。具体实现读者可参考相关数据库说明手册。

12.4 SQL Server 的数据安全控制

SQL Server 作为一种成熟的数据库管理系统，在保证数据的安全性方面，其通过身份验证、用户管理、权限管理和角色管理等功能来实现。

12.4.1 SQL Server 的身份验证

一般来说，SQL Server 提供了两种身份验证形式：

- Windows 身份验证。
- SQL Server 身份验证。

在登录 SQL Server 的查询分析器前，需要先连接到该服务器。连接中需要验证用户身份，SQL Server 提供如图 12.14 所示的两种验证形式。

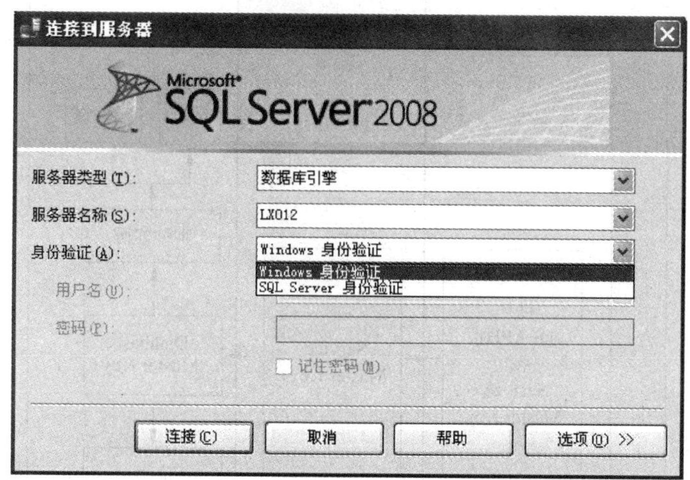

图 12.14 SQL Server 的身份验证

其中，Windows 身份验证定义了一个存在于操作系统层次上的用户账户，它使用的是 Windows 安全子系统，该子系统具体指定了在操作系统层次上的安全系统，即用户使用其 Windows 用户账户连接到 Windows 的方式。

SQL Server 身份验证则是在 SQL Server 内部中创建的一个登录，并且与口令有关，其使用的是 SQL Server 安全子系统。而 SQL Server 安全系统则是指 SQL Server 系统层次上所必需的附加安全系统，即已经登录到操作系统的用户随后该如何连接到 SQL Server。

此外，SQL Server 还通过使用层次结构加密层以及键管理的基础结构。每一层都使用证书、非对称键以及对称键的组合来保护其下面的一层，如图 12.15 所示。

下面介绍 SQL Server 中提供的数据安全方案中三个主要因素：用户、权限和角色的实现和管理，其在 SQL 标准上做了相应的扩展。

12.4.2 SQL Server 的用户管理

此处的用户管理指的是 SQL Server 中的用户标识符（USERID）的管理。在 SQL Server 的查询分析器中，使用 sp_helpuser 存储过程可以查看当前数据库的用户 ID，语句如下：

```
EXEC sp_helpuser
```

执行该语句后，其返回结果为数据库内的用户基本信息，如图 12.16 所示。

从图 12.16 可以看到，该数据库包含三个用户：computer、dbo 和 guest。其中，用户 dbo 和 guest 是系统默认的用户，computer 是用户自定义的用户。图 12.16 中还包含了用户所属的角色（GROUPNAME）和登录名（LOGINNAME）。

事实上，在 SQL Server 的企业管理器中，也提供了用户管理的图形界面。单击“企业管理器”|“数据库”|“用户”命令，可查看当前用户，如图 12.17 所示。

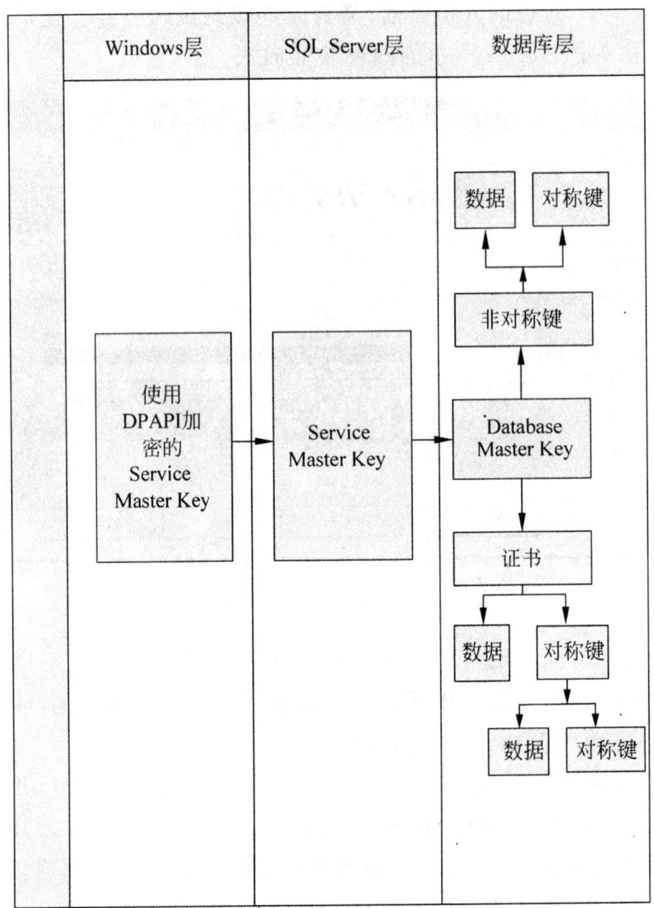

图 12.15 SQL Server 安全结构

	UserName	GroupName	LoginName	DefDBName	UserID	SID
1	computer	public	computer	master	5	0x5B95BA5503CAB14D913B22B74CA70ACF
2	dbo	db_owner	sa	master	1	0x01
3	guest	STUCOM	NULL	NULL	2	0x00

图 12.16 当前用户信息

图 12.17 用户管理图形界面

如果需要详细显示每个用户的具体信息，可选中用户，通过右键快捷命令查看属性。以 dbo 用户为例，选中该用户，右击选择“属性”命令，弹出对话框如图 12.18 所示。

如果用户需要创建用户，在企业管理器的用户框中单击右键选择“新建数据库用户名”命令即可，如图 12.19 所示。

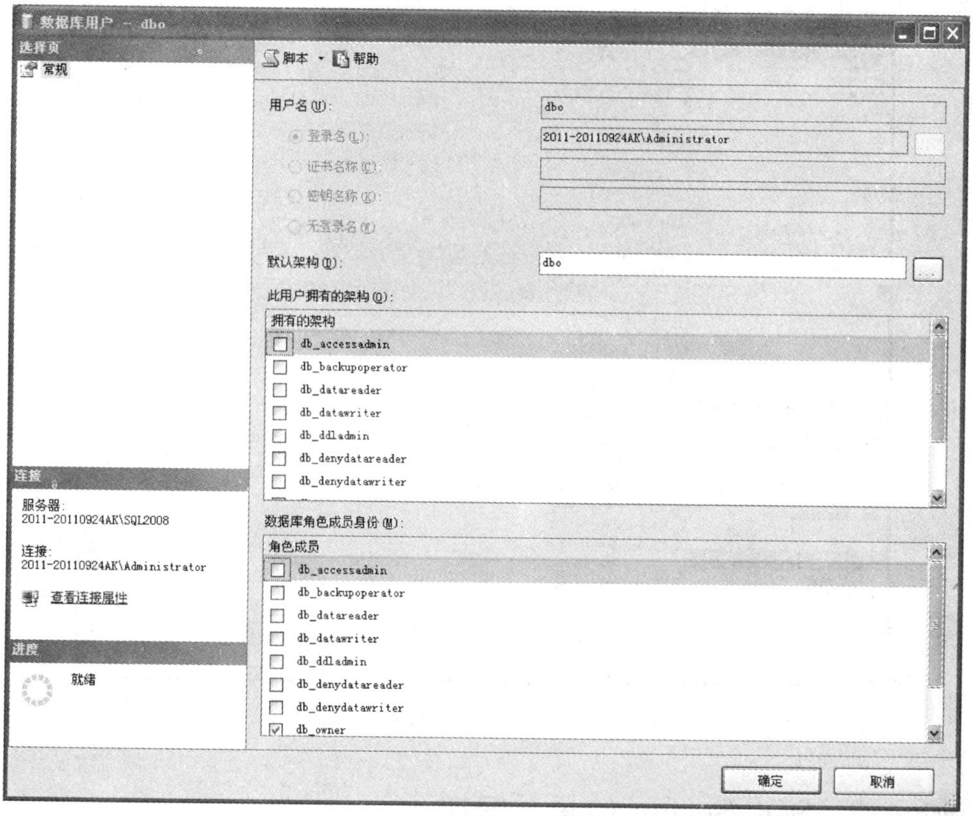

图 12.18 用户详细信息

在如图 12.19 中选择登录名和输入用户名后，即可在数据库角色中选取该用户所属的角色。

在 SQL Server 的查询分析器中也可以实现新建用户和新建登录的功能，其实现新建用户的功能为使用存储过程 sp_adduser，其语法如下：

```
sp_adduser [ @loginame = ] 'login'
[ , [ @name_in_db = ] 'user' ]
[ , [ @grpname = ] 'group' ]
```

其中，参数说明如下：

- [@loginame =] 'login '——用户的登录名称。login 的数据类型是 sysname，没有默认值。login 必须是现有 Microsoft SQL Server 登录或 Microsoft Windows NT 用户。
- [@name_in_db =] 'user '——新用户的名称。user 的数据类型为 sysname，其默认值为 NULL。如果没有指定 user，则用户的名称默认为 login 名称。指定 user 即为新用户在数据库中给予一个不同于 SQL Server 上的登录 ID 的名称。
- [@grpname =] 'group '——组或角色，新用户自动地成为其成员。group 的数据类型为 sysname，默认值为 NULL。group 必须是当前数据库中有效的组或角色。

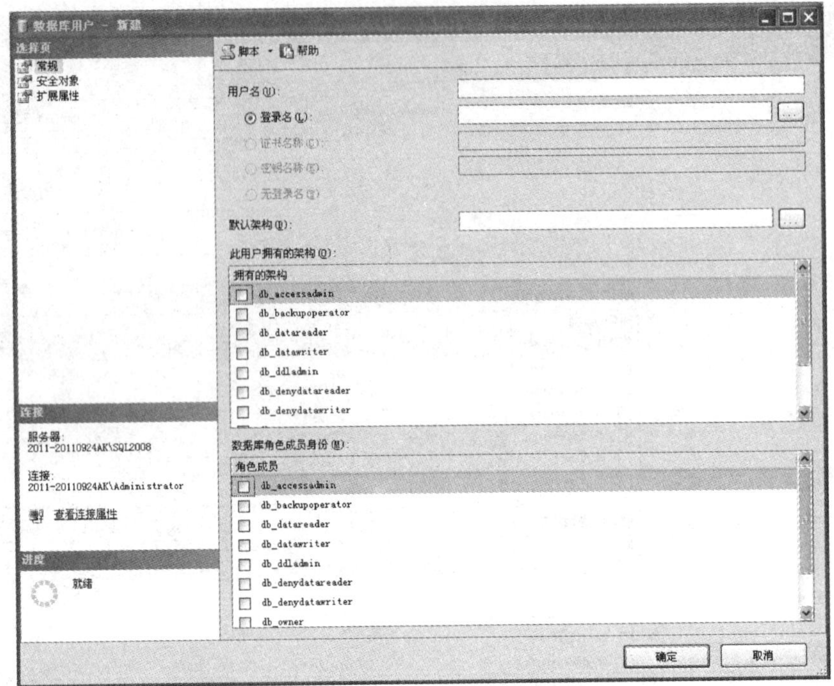

图 12.19 新建用户

12.4.3 SQL Server 的角色管理

当几个用户需要在某个特定的数据库中执行类似的动作时，就可以向该数据库中添加一个角色(role)。数据库角色指定了可以访问相同数据库对象的一组数据库用户。SQL Server 的安全体系结构中包括了几个含有特定隐含权限的角色。除了数据库拥有者创建的角色之外，还有两类预定义的角色。这些可以创建的角色可以分为如下几类：

- 固定服务器角色。
- 固定数据库角色。
- 用户自定义角色。

其中，固定服务器是在服务器层次上定义的，因此其位于从属于数据库服务器的数据库外面。表 12.1 列出了所有现有的固定服务器角色。

表 12.1 固定服务器角色

固定服务器角色	说　明
sysadmin	执行 SQL Server 中的任何动作
serveradmin	配置服务器设置
setupadmin	安装复制和管理扩展过程
securityadmin	管理登录和 CREATE DATABASE 的权限以及阅读审计
processadmin	管理 SQL Server 进程
dbcreator	创建和修改数据库
diskadmin	管理磁盘文件

需要注意的是，用户不能添加、修改或删除固定服务器角色。另外，只有固定服务器角色的成员才能执行上述两个系统过程来从角色中添加或删除登录账户。固定服务器角色在 SQL Server 2008 的企业管理器中可以看到其详细信息，如图 12.20 所示。关于固定服务器角色及其权限，读者可参考 SQL Server 的联机帮助。

图 12.20　固定服务器角色

固定数据库角色是在数据库层上进行定义，因此其存在于属于数据库服务器的每个数据库中。表 12.2 列出了所有的固定数据库角色。

表 12.2　固定数据库角色

固定数据库角色	说　明
db_owner	可以执行数据库中技术所有动作的用户
db_accessadmin	可以添加、删除用户的用户
db_datareader	可以查看所有数据库中用户表内数据的用户
db_datawriter	可以添加、修改或删除所有数据库中用户表内数据的用户
db_ddladmin	可以在数据库中执行所有 DDL 操作的用户
db_securityadmin	可以管理数据库中与安全权限有关所有动作的用户
db_backoperator	可以备份数据库的用户（并可以发布 DBCC 和 CHECKPOINT 语句，这两个语句一般在备份前都会被执行）
db_denydatareader	不能看到数据库中任何数据的用户
db_denydatawriter	不能改变数据库中任何数据的用户

除了表 12.2 中列出的固定数据库角色之外，还有一种特殊的固定数据库角色 public。public 角色是一种特殊的固定数据库角色，数据库的每个合法用户都属于该角色，其为数据库中的用户提供了所有默认权限。这样就提供了一种机制，即给予那些没有适当权限的所有用户以一定的（通常是有限的）权限。public 角色为数据库中的所有用户都保留了默认的权限，因此是不能被删除的。一般情况下，public 角色允许用户进行如下操作：

- 使用某些系统过程查看并显示 master 数据库中的信息。
- 执行一些不需要权限的语句。

用户自定义的数据库角色是由用户自己定义的角色。一般来说，通过 CREATE ROLE 语句可以在当前数据库中创建一个新的数据库角色。该语句的语法格式为：

```
CREATE ROLE role_name[AUTHORIZATION owner_name]
```

其中 role_name 是创建的用户自定义的角色的名称，owner_name 指定了即将拥有这个新角色的数据库用户或角色（如果没有指定用户，那么该角色将由执行 CREATE ROLE 语句的用户所拥有）。

CREATE ROLE 语句可以修改用户自定义的数据库角色的名称。类似地，DROP ROLE 语句可以从数据库中删除角色。拥有数据库对象（可保护对象）的角色不能从数据库中删除。要想删除这类角色，必须首先转换那些对象的从属关系。DROP ROLE 语句的语法形式如下所示：

```
DROP ROLE role_name
```

这和前面介绍的SQL的角色创建和删除操作是类似的。

除此之外，SQL Server还提供了一种特殊的角色：应用程序角色。应用程序角色可以加强对某个特定的应用程序的安全，其允许应用程序自己代替SQL Server接管用户身份验证的职责。应用程序角色与其他的角色类型有着显著不同。

- 应用程序角色只使用应用程序，因而不需要把权限直接赋予用户，所以应用程序角色没有任何成员。
- 需要为应用程序设置一个口令来激活它。

创建应用程序角色有两种方法：

- 使用CREATE APPLICATION ROLE语句。
- 使用系统过程sp_addapprole。

向当前数据库中添加了一个角色之后，就可以使用系统过程sp_addrolemember来添加该角色的成员。角色的成员可以是任何SQL Server中的合法用户、Windows用户组或用户，或另一个SQL Server角色。只有数据库角色db_owner的成员才能执行该系统过程。另外，角色拥有者也可以执行sp_addrolemember来向它所拥有的任何角色中添加成员。

12.4.4 SQL Server的权限管理

用户在登录到SQL Server之后，其安全账号(用户账号)所归属的NT组或角色所被授予的权限决定了该用户能够对哪些数据库对象执行哪种操作以及能够访问、修改哪些数据。在SQL Server中包括两种类型的权限，即对象权限和语句权限。

1. 对象权限

对象权限总是针对表、视图、存储过程等数据库对象而言，其决定了能对表、视图、存储过程执行哪些操作(如UPDATE、DELETE、INSERT、EXECUTE)。如果用户想要对某一对象进行操作，其必须具有相应的操作的权限。例如，当用户要成功修改表中数据时，则前提条件是其已经被授予表的UPDATE权限。不同类型的对象支持不同的针对它的操作例，如不能对表对象执行EXECUTE操作。现将针对各种对象的可能操作列举如表12.3所示。

表12.3 对象权限表

数据库对象	操 作
基本表	SELECT、INSERT、UPDATE、DELETE、REFERENCE
视图	SELECT、INSERT、UPDATE、DELETE
存储过程	EXECUTE
列	SELECT、UPDATE

2. 语句权限

语句权限主要指用户是否具有权限来执行某一语句，这些语句通常是一些具有管理性的操作,如创建数据库、表、存储过程等。这种语句虽然仍包含有操作如(CREATE)的对象,但这些对象在执行该语句之前并不存在于数据库中如创建一个表,在 CREATE TABLE 语句未成功执行前数据库中没有该表),所以将其归为语句权限范畴。表 12.4 是所有的语句权限清单。

表 12.4 语句权限表

语 句	含 义
CREATE DATABASE	创建数据库
CREATE TABLE	创建表
CREATE VIEW	创建视图
CREATE RULE	创建规则
CREATE DEFAULT	创建默认
CREATE PROCEDURE	创建存储过程
BACKUP DATABASE	备份数据库
BACKUP LOG	备份事务日志

在 SQL Server 中通过两种途径可实现对语句权限和对象权限的管理,从而实现对用户权限的设定。根据数据库对象的不同,SQL Server 的权限设置分为对单表和对数据库的权限管理。其中,单表的权限设置方法有两种:

- 打开“企业管理器”|“数据库”|“表”命令,右击目标表,选择“属性”命令。以表 STUDENT 为例,其表属性如图 12.21 所示。

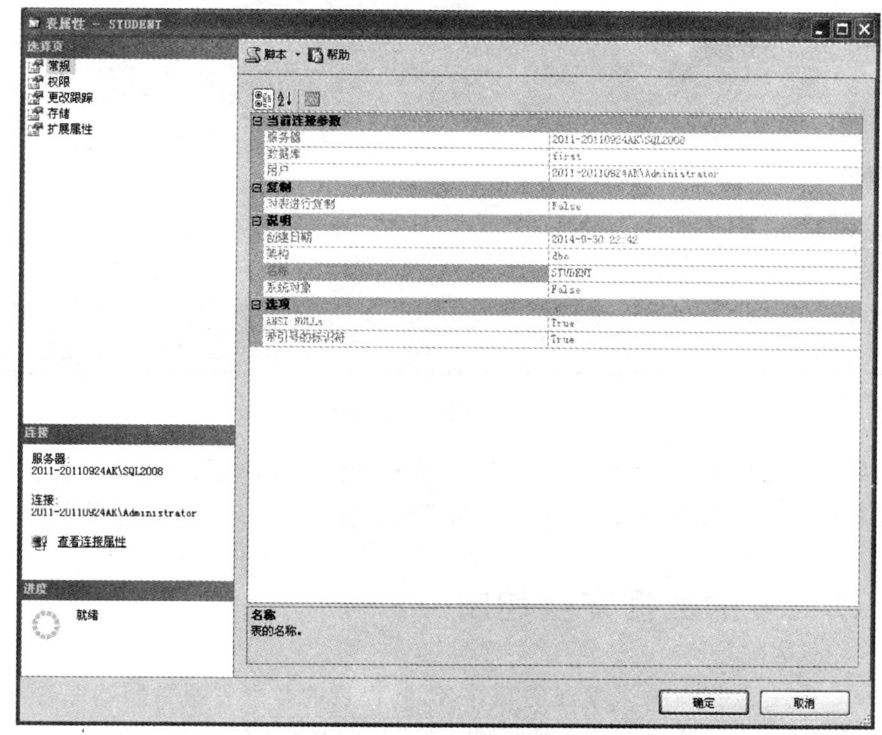

图 12.21 表属性

• 在查询分析器中使用数据控制语句 GRANT,其使用格式为:

```
GRANT 权限
ON 表名|对象名
TO 用户名|角色名
```

此外,还可以对数据库进行权限管理,其实现方法为:单击"企业管理器"|"数据库"命令,右键单击目标数据库,选择"属性"命令。在"数据库属性"对话框中,选择"权限"选项,如图 12.22 所示。在其中选择不同用户或角色对其的权限,主要有创建数据库、创建表、创建视图、创建存储过程、创建默认值、创建规则等权限。

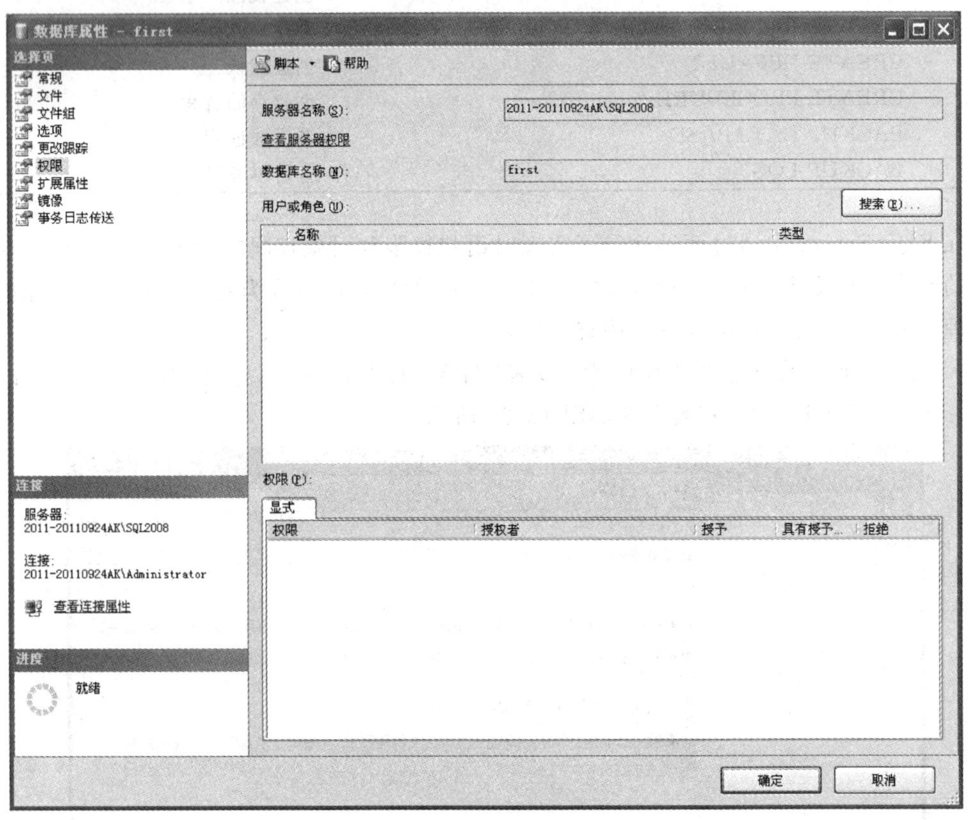

图 12.22 数据库权限管理

前面主要对 SQL Server 的登录认证、用户、角色和权限管理做了简要介绍。关于 SQL Server 更详细的数据安全控制读者可参考联机帮助手册。

12.5 Oracle 的数据安全控制

Oracle 一直是数据库技术发展的领导者,其提供的数据安全机制是非常严密的。Oracle 数据库系统在实现数据库安全性管理方面采取的基本措施主要有:

• 通过验证用户名称和口令,防止非 Oracle 用户注册到 Oracle 数据库,对数据库进行非法存取操作。

- 授予用户一定的权限，例如 connect、resource 等，限制用户操纵数据库的权力。
- 授予用户对数据库实体(如表、表空间、过程等)的存取执行权限，阻止用户访问非授权数据。
- 提供数据库实体存取审计机制，使数据库管理员可以监视数据库中数据的存取情况和系统资源的使用情况。
- 采用视图机制，限制存取基表的行和列集合。

与 SQL Server 相同，本节就 Oracle 的用户管理、权限管理和角色管理几个方面做简要介绍。

12.5.1 Oracle 的用户管理

用户管理是保护数据库系统安全的重要手段之一，其通过建立不同的用户组和用户口令验证，可以有效地防止非法的 Oracle 用户进入数据库系统。其中，Oracle 默认的主要用户如表 12.5 所示。

表 12.5 Oracle 默认用户

用户名	口令	登录身份及说明
sys	change_on_install	SYSDBA 或 SYSOPER，但不能以 NORMAL 登录，可作为默认的系统管理员
system	Manager	SYSDBA 或 NORMAL，但不能以 SYSOPER 登录，可作为默认的系统管理员
scott	Tiger	NORMAL，普通用户
aqadm	aqadm	SYSDBA 或 NORMAL，高级队列管理员
Dbsnmp	dbsnmp	SYSDBA 或 NORMAL，复制管理员

Oracle 中创建用户的基本 SQL 语句为：

```
CREATE USER USERNAME
IDENTIFIED BY PASSWORD;
```

例如，需要创建一个用户名为 TEST，密码为 admin 的用户，可以在 Oracle 的 SQL * PLUS 中执行如下语句：

```
CREATE USER TEST
IDENTIFIED BY admin
```

创建完成后，使用如下语句可以查看 Oracle 中所有已存在的用户：

```
SELECT * FROM ALL_USERS
```

此外，Oracle 还提供了一个图形操作界面：Oracle Enterprise Manager。在该界面中，通过单击“数据库”|“安全性”|“用户”命令，可以看到该系统内已有的用户。右键单击“用户”选项，选择“创建”命令即可创建用户，如图 12.23 所示。

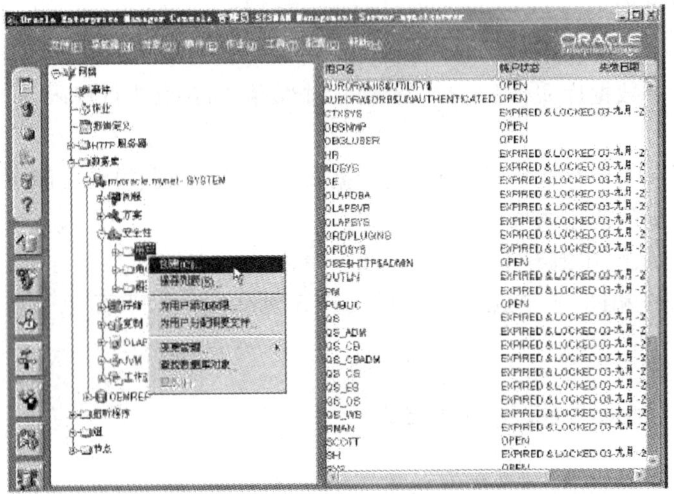

图 12.23 Oracle Enterprise Manager 中创建用户

Oracle 中删除用户的语句是 DROP USER 语句。例如，将上述示例中创建的 TEST 用户删除，其实现语句如下：

```
DROP USER TEST CASCADE
```

该语句中使用了参数 CASCADE，表示的是删除用户的同时删除其建立的实体。同样，也可以在 Oracle Enterprise Manager 中删除用户。

12.5.2 Oracle 的权限管理

权限允许用户访问属于其他用户的对象或执行程序，Oracle 系统提供三种权限：

- Object 对象级。
- System 系统级。
- Role 角色级。

这些权限可以授予用户、特殊用户 Public 或角色，如果授予一个权限给特殊用户（用户 Public 是 Oracle 预定义的，每个用户享有这个用户享有的权限），那么就意味作将该权限授予了该数据库的所有用户。

对管理权限而言，角色是一个工具，权限能够被授予一个角色，角色也能被授予另一个角色或用户。对象权限和系统权限都通过 GRANT 语句授予用户或角色。

对象权限是指在表、视图、序列、过程、函数或包等对象上执行特殊动作的权利。Oracle 提供了 9 种不同类型的权限可以授予用户或角色。

- SELECT：对数据对象进行查询操作的权限。
- INSERT：对数据对象进行插入操作的权限。
- UPDATE：对数据对象进行更新操作的权限。
- EXECUTE：对数据对象进行执行操作的权限。
- DELETE：对数据对象进行删除操作的权限。

- INDEX：对数据对象进行索引操作的权限。
- READ：对数据对象进行读操作的权限。
- ALTER：对数据对象进行修改结构操作的权限。
- REFERENCE：允许被授权者创建引用该表的参照完整性约束。

需要注意的是，并不是 Oracle 中所有的对象都可以授予上述权限，Oracle 中数据对象与权限的对应关系如表 12.6 所示。

表 12.6 数据对象与权限的对应关系

对象/权限	ALTER	DELETE	EXECUTE	INDEX	INSERT	READ	REFERENCE	SELECT	UPDATE
Directory 目录	no	no	no	no	no	yes	no	no	no
Function 函数	no	no	yes	no	no	no	no	no	no
Procedure 子程序	no	no	yes	no	no	no	no	no	no
Package 包	no	no	yes	no	no	no	no	no	no
DB Object 数据库对象	no	no	yes	no	no	no	no	no	no
Library 库	no	no	yes	no	no	no	no	no	no
Operation 操作符	no	no	yes	no	no	no	no	no	no
Sequence 序列	yes	no	no	no	no	no	no	no	no
Table 表	yes	yes	no	yes	yes	no	yes	yes	yes
Type 类型	no	no	yes	no	no	no	no	no	no
View 视图	no	yes	no	no	yes	no	no	yes	yes

在表 12.6 中，no 表示的是该对象不支持使用该权限，yes 表示支持。如数据对象 TABLE 的权限就包括 SELECT、INSERT、UPDATE、DELETE、INDEX、ALTER 和 REFERENCE 等权限。

系统权限需要授予者有进行系统级活动的能力，如连接数据库，更改用户会话、建立表或建立用户等。用户可以在数据字典视图 SYSTEM_PRIVILEGE_MAP 上获得完整的系统权限。对象权限和系统权限都通过 GRANT 语句授予用户或角色。需要注意的是在授予对象权限时语句应该是 WITH GRANT OPTION 子句，但在授予系统权象时语句是 WITH ADMIN OPTION，所以在试图授予系统权限时，使用语句 WITH GRANT OPTION 系统会报告一个错误：ONLY ADMIN OPTION can be specified。学习时要特别注意这个语法和错误信息。

与 SQL Server 相似，Oracle 中给用户或者角色授予权限也使用 GRANT 语句，其语法与标准 SQL 中的授权语句稍有区别，如下所示：

```
GRANT 系统权限
TO 用户|角色|Public
[WITH ADMIN OPTION]
```

需要注意的是，对象权限被授予 WITH GRANT OPTION 参数。同样，用户的权限可使用 REVOKE 语句删除，其语句语法格式如下：

```
REVOKE privilege
FROM user/PUBLIC
```

如果是要删除授给用户的对象权限，则上述语句改为如下格式：

```
REVOKE privilege
ON object FROM user/PUBLIC
CASCADE CONSTRAINTS
```

12.5.3 Oracle 的角色管理

Oracle 角色是一个权限的有名集。尽管可以直接授予用户账户权限，但使用角色可以极大地简化用户管理，尤其是需要管理大量用户时。创建易管理的小角色，然后根据用户的安全级别授予用户一个或多个角色，这样做的效率非常高。此外，修改权限也变得更加简单了：只需修改角色关联的角色即可，无须修改每个用户账户。

为了简化新用户创建初期的工作，Oracle 自带了三个预定义的角色。

- CONNECT 角色：该角色使用户可以连接数据库以及执行基本的操作，如创建自己的表。默认情况下，该角色不能访问其他用户的表。
- RESOURCE 角色：RESOURCE 角色与 CONNECT 角色相似，但其允许用户拥有较多的系统权限，如创建触发器或存储过程。
- DBA 角色：允许用户拥有所有系统权限。

此外，用户还可以定义自己的角色。一般来说，创建用户的角色步骤如下。

(1) 使用 CREATE ROLE 语句创建角色，其语法如下所示：

```
CREATE ROLE role_name
```

(2) 使用 ALTER ROLE 语句为角色分配密码。其语法如下所示：

```
ALTER ROLE role
DENTIFIED BY password;
```

(3) 使用 GRANT 语句为其分配权限。定义了角色后，通常需要为角色分配可以使用的权限。其语法格式为：

```
GRANT privilege
TO role
```

(4) 使用 GRANT 语句指派用户。创建拥有地一定权限的角色后，就可以将角色指派给用户了。需要注意的是，一个角色可指派给多个用户，类似的，一个用户也可具有多个角色。其语法如下：

```
GRANT role
TO user;
```

如果不需要使用某个角色了，可以使用 DROP ROLE 语句除去角色。其语法如下：

```
DROP ROLE role_name
```

在 Oracle 提供的 Oracle Enterprise Manager 图形化工具中，也可以对角色进行操作管理。右击左边的"数据库"|"安全性"|"角色"选项，可打开角色的快捷菜单，就可以根据快捷菜单对角色进行创建、管理等操作，如图 12.24 所示。

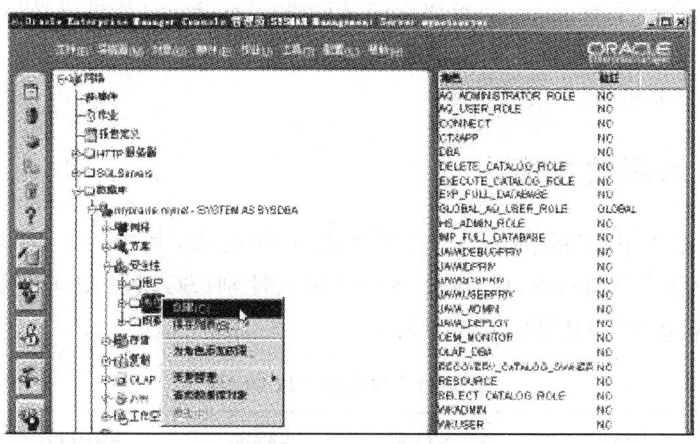

图 12.24 Oracle Enterprise Manager 创建角色

12.6 小结

本章主要介绍了 SQL 中的数据控制语句 DCL，该语句中包含 GRANT 和 REVOKE 两条语句。为了让读者更好地理解 DCL 的作用，本章开始简要介绍了 SQL 的安全性解决方案及其三个因素：用户标识符、用户密码和用户组。在许多商业数据库系统中，上述三个因素也即用户管理、权限管理和角色管理三个组成部分。本章重点介绍了 GRANT 语句和 REVOKE 语句的功能和具体实现，并详细讲解了 SQL Server 和 Oracle 数据库系统的数据安全控制机制。读者读完本章后，应该对 SQL Server 和 Oracle 数据库系统的安全保证有大致了解。

第13章 完整性控制

前面提到了，在数据库中除了对数据经常要进行查询操作外，实际应用中还需对数据进行频繁的插入、删除和更新操作。而这些操作很有可能损坏正确的数据，如何防止这些操作对数据库中的数据造成破坏就是通过数据的完整性控制来实现的。

13.1 数据完整性

数据完整性(Data Integrity)是指数据的精确性(Accuracy)和可靠性(Reliability)，该概念是应防止数据库中存在不符合语义规定的数据，和防止因错误信息的输入输出造成无效操作或错误信息而提出的。

13.1.1 示例数据表

为方便本章后续内容的讲解，本节引入几个数据表，其中，表13.1是一个学生表STUDENT，其中包含学号(SNO)、姓名(SNAME)、性别(SGENTLE)、年龄(SAGE)、出生年月(SBIRTH)和系部(SDEPT)六个字段。

表 13.1 学生表 STUDENT

SNO	SNAME	SGENTLE	SAGE	SBIRTH	SDEPT
990001	张三	男	20	1987-8-4	计算机
990002	陈林	女	19	1988-5-21	外语
990003	吴忠	男	21	1986-4-12	工商管理
990005	陈林	男	20	1987-2-16	体育
990012	张忠和	男	22	1985-8-28	艺术
990026	陈维加	女	21	1986-7-1	计算机
990028	李莎	女	21	1986-10-21	计算机

表13.2为一个学生选课表SC，主要包含学号(SNO)、课程号(CNO)和成绩(GRADE)三个字段。

表 13.2 学生选课表 SC

SNO	CNO	GRADE
990001	003	85
990001	004	78
990003	001	95
990012	004	62
990012	006	74
990012	007	81
990026	001	
990026	003	77
990028	006	

表 13.3 是一个课程表 COURSE，主要包含课程号(CNO)、课程名称(CNAME)和学分(CGRADE)三个字段。

表 13.3 课程表 COURSE

CNO	CNAME	CGRADE
001	计算机基础	2
003	数据结构	4
004	操作系统	4
006	数据库原理	4
007	软件工程	4

13.1.2 完整性的引入

数据库中的数据是从外界输入的，而数据的输入由于种种原因，会发生输入无效或错误信息。保证输入的数据符合规定，成为了数据库系统，尤其是多用户的关系数据库系统首要关注的问题。此外，在使用 INSERT、DELETE 和 UPDATE 等 SQL 中 DML 语句对数据库内容进行更改时，数据的完整性就可能遭到破坏。数据完整性因此而被引入。

一般来说，对数据库的数据造成完整性破坏的主要有如下几种情况：

• 无效数据被添加至数据库中。

例如，在如表 13.2 所示的学生选课表 SC 中，添加一条记录(990030,007,85)。单独看起来，该操作使用 INSERT 语句实现，语句如下：

```
INSERT INTO SC
VALUES(990030,007,85)
```

执行上述语句后，该记录添加成功。然而，读者可以发现，在学生 STUDENT 表中并没有学号为 990030 的学生信息。如果添加到 SC 表中的话，该记录就成为无效数据，因为没有学生信息可以与之对应。因此，该记录的添加破坏了数据的完整性。

• 将已有的数据更改成无效值。

例如，在如表 13.1 所示的学生表 STUDENT 中，执行如下语句：

```
UPDATE STUDENT
SET SAGE = 200
WHERE SNO = '990001'
```

可以看到，上述语句将学号为990001的学生年龄改成了200，这在数据表中是没有错误的。但在实际生活中，这是一个无效的数据。因此，上述操作也破坏了数据的完整性。

• 删除某些已有的数据而造成数据库内容出现不确定现象。

例如，在如表13.1所示的学生表STUDENT中，删除学号为990001的学生记录，使用DELETE语句实现如下：

```
DELETE
FROM STUDENT
WHERE SNO = '990001'
```

执行该语句后，记录成功被删除。但是，读者可以从如表13.2所示的学生选课表SC中发现，记录(990001,003,85)和记录(990001,004,78)已经成为无效数据，因为其对应的学生记录已经不存在了。因此，需要删除SC表中的这两条记录，而上述删除语句并没有实现该功能。所以数据的完整性也被破坏了。

在数据库中，上述情况是经常可能发生的。因此，数据库引入了数据完整性的概念，用于确保数据库中数据的正确性和一致性。

13.1.3 完整性的分类

关系数据库的数据库管理系统的主要任务之一就是最大限度地保持数据库内容的完整性。关系数据库理论中将数据的完整性分为如下三类：

• 实体完整性(Entity Integrity)。
• 参照完整性(Referential Integrity)。
• 用户自定义的完整性(User-defined Integrity)。

其中，实体完整性用于约束关系表的主关键字不能为空，参照完整性用于约束主键和外键的数据应对应一致，用户自定义完整性用于对实际情况中数据的取值、范围等作出规范。在数据库中，要保证数据的正确性，就必须遵循上述三种数据完整性规范。

在有的数据库资料中，将数据完整性分为实体完整性、引用完整性、用户自定义完整性和域完整性四类。此处的引用完整性指的就是参照完整性，而域完整性指的是对字段的约束条件，在关系数据库理论中，其包含在实体完整性中。

13.2 实体完整性

前面提到过，主关键字是标识记录的唯一标志。数据库里各关系表中必须有主关键字，且主关键字在各行中的值应该是唯一的。否则作为外部世界的模型，数据库将失去其意义。因此，将主关键字的值具有唯一性的特性称为实体完整性的约束。

此外，SQL还提供非主关键字的列的值具有唯一性的定义功能（在定义关系表时加以说明)。在使用 INSERT 或 UPDATE 语句,进行数据输入或修改时,数据库管理系统将自动地检查主关键字和其他具有唯一性约束的非关键字的值,任何导致这些列具有重复值的操作,都将会出错。

由于对具有空值的列,数据库管理系统在进行是否重复值的判断时,可能会出现不确定的判断结果。因此 SQL 通常都要求关键字和其他具有唯一性约束的非关键字的列必须被定义具有 NOT NULL 的强制数据约束。

在 SQL 中,提供了实体完整性约束来解决上述问题,主要包括针对主关键字的 PRIMARY KEY 约束、针对非主关键字唯一性的 UNIQUE 约束和非空的 NOT NULL 约束。

13.2.1 PRIMARY KEY 约束

在实际应用中,保障主关键字的值具有唯一性只需为该主关键字设置 PRIMARY KEY 约束。定义 PRIMARY KEY 约束可以在创建或修改表时来设置。

在创建一个基本表中,可以使用 CREATE TABLE 语句中的 PRIMARY KEY 参数,在创建的同时为该表某字段指定 PRIMARY KEY 约束。实现语句的语法格式如下:

```
CREATE TABLE <表名>
(<字段名 1><类型>[(<字段宽度>[,<小数位数>])]
[PRIMARY KEY]
(<字段名 2><类型>[(<字段宽度>[,<小数位数>])]
[PRIMARY KEY]
⋮
(<字段名 n><类型>[(<字段宽度>[,<小数位数>])]
[PRIMARY KEY]
```

例如,创建一个表 STUDENT,为学号字段 SNO 设置 PRIMARY KEY 约束的 SQL 语句为:

```
CREATE TABLE STUDENT (
    SNO varchar (10)
        PRIMARY KEY ,
    SNAME varchar (10),
    SGENTLE varchar (2),
    SAGE int,
    SBIRTH smalldatetime ,
    SDEPT varchar (20) )
```

此外,针对一个已经存在的表,也可以通过 ALTER TABLE 语句中的 ADD CONSTRAINT 参数来为特定字段设置 PRIMARY KEY 约束。其语法格式为:

```
ALTER TABLE 表名
ADD CONSTRAINT 约束名
PRIMARY KEY [CLUSTERED|NONCLUSTERED]
```

其中,关键字 CLUSTERED 表示的是聚簇索引,NONCLUSTERED 表示的是非聚簇索引。

例如,为已经存在的学生表 STUDENT 指定 SNO 字段为主关键字,其实现语句为:

```
ALTER TABLE STUDENT
ADD CONSTRAINT stu_sno
PRIMARY KEY CLUSTERED (SNO)
```

上述语句中 stu_sno 为一个已经定义的约束,PRIMARY KEY 约束定义的语法格式为:

```
[CONSTRAINT 约束名]
PRIMARY KEY [CLUSTERED|NONCLUSTERED]
```

需要注意的是,一个表只能定义一个 PRIMARY KEY 约束,并且 PRIMARY KEY 约束中的列不能接受空值。由于 PRIMARY KEY 约束可保证数据的唯一性,因此经常对标识列定义该约束。

13.2.2 NOT NULL 约束

NOT NULL 约束检查列的每条记录是否为非空,阻止所有为空的数据进入到表中。NOT NULL 约束应用在单一的数据列上,并且其保护的数据列必须要有数据值。在默认情况下,SQL Server 和 Oracle 等数据库都允许任何列都可以有 NULL 值,其要求某数据列必须要有值,NOT NULL 约束将确保该列的所有数据行都有值。

同样,在创建一个基本表中,可以使用 CREATE TABLE 命令在创建同时为该表的字段指定 NOT NULL 约束。其语法格式如下:

```
CREATE TABLE <表名>
(<字段名 1><类型>[(<字段宽度>[,<小数位数>])]
[NOT NULL]
(<字段名 2><类型>[(<字段宽度>[,<小数位数>])]
[NOT NULL]
⋮
(<字段名 n><类型>[(<字段宽度>[,<小数位数>])]
[NOT NULL]
```

例如,在上述创建基本表 STUDENT 中,为字段 SNO、SNAME、SGENTLE 和 SDEPT 指定 NOT NULL 约束,其实现语句如下:

```
CREATE TABLE STUDENT (
    SNO varchar (10)
        NOT NULL,
    SNAME varchar (10)
        NOT NULL,
    SGENTLE varchar (2)
        NOT NULL,
    SAGE int,
    SBIRTH smalldatetime ,
    SDEPT varchar (20)
        NOT NULL )
```

需要注意的是，NOT NULL 约束和 PRIMARY KEY 约束不同的是，在一个表中可以为多个字段创建 NOT NULL 约束，而 PRIMARY KEY 约束只能指定一个。

13.2.3　UNIQUE 约束

UNIQUE 约束即唯一性约束。在 SQL 基本表中，可以使用 UNIQUE 约束确保在非主键列中不输入重复的值。尽管 UNIQUE 约束和 PRIMARY KEY 约束都强制唯一性，但想要强制一列或多列组合（不是主关键字）的唯一性时应使用 UNIQUE 约束而不是 PRIMARY KEY 约束。

同样，在创建一个基本表中，可以使用 CREATE TABLE 命令在创建同时为该表的字段指定 UNIQUE 约束。其语法格式如下：

```
CREATE TABLE <表名>
(<字段名 1><类型>[(<字段宽度>[,<小数位数>])]
[UNIQUE]
(<字段名 2><类型>[(<字段宽度>[,<小数位数>])]
[UNIQUE]
⋮
(<字段名 n><类型>[(<字段宽度>[,<小数位数>])]
[UNIQUE]
```

例如，在上述创建基本表 STUDENT 中，为字段 SNO 和 SNAME 指定 UNIQUE 约束，也即该表的学号和名字不能有重复值，其实现语句为：

```
CREATE TABLE STUDENT (
    SNO varchar (10)
        UNIQUE,
    SNAME varchar (10)
        UNIQUE,
    SGENTLE varchar (2),
    SAGE int,
    SBIRTH smalldatetime ,
    SDEPT varchar (20) )
```

针对一个已经存在的表，也可以通过 ALTER TABLE 语句中的 ADD CONSTRAINT 参数来为特定字段设置 UNIQUE 约束。其语法格式为：

```
ALTER TABLE 表名
ADD CONSTRAINT 约束名
UNIQUE [CLUSTERED|NONCLUSTERED] (列名 1,列名 2,…,列名 n)
```

例如，为已经存在的学生表 STUDENT 指定 SNAME 字段值不能有重复，也即学生的姓名不能重名，可以添加 UNIQUE 约束。其实现语句为：

```
ALTER TABLE STUDENT
ADD CONSTRAINT stu_sname
UNIQUE CLUSTERED (SNAME)
```

上述语句中 stu_sname 为一个已经定义的约束，UNIQUE 约束定义的语法格式为：

```
[CONSTRAINT 约束名]
UNIQUE [CLUSTERED|NONCLUSTERED](列名)
```

使用 UNIQUE 约束时需要注意的是，UNIQUE 约束允许 NULL 值，这一点与 PRIMARY KEY 约束不同，不过，当与参与 UNIQUE 约束的任何值一起使用时，每列只允许有一个空值。此外，可以对一个表定义多个 UNIQUE 约束，但只能定义一个 PRIMARY KEY 约束。

在数据库中，实体完整性是每个数据表都必须满足的。在如上的 PRIMARY KEY 约束、NOT NULL 约束和 UNIQUE 约束中，如果数据表违反了其中的任一个约束，都是不允许的。

13.3 参照完整性

参照完整性也称为引用完整性，是指两个表的主关键字和外关键字的数据应对应一致。它确保了有主关键字的表中对应其他表的外关键字的行存在，即保证了表之间的数据的一致性，防止了数据丢失或无意义的数据在数据库中扩散。参照完整性是建立在外关键字和主关键字之间或外关键字和唯一性关键字之间的关系上的。

13.3.1 参照完整性概述

在数据库中，如果两张或更多关系表之间存在父/子联系(即一张表中的某列是该表的主关键字，而同时它又是另一张或几张表中的某一列即外部关键字)，那么数据库管理系统就要求其任何一个子表中外部关键字的值必须是父表中的主关键字的某个值，即满足参照完整性。

在实际应用中，数据库内容的更新很可能引用完整性的约束。例如，若从 OFFICE 表中删除某销售点而不对属于它的销售员作相应的处理，则在 SALESREPS 表中就会有一些销售员属于一个已不存在的销售点，这显然是错误的；同样如果修改 OFFICE 中某销售点的编号而不对属于它的销售员记录作相应的处理的话。则在 SALESREPS 表中就会有一些销售员，他们属于一个并不存在的销售点编号，这显然也是错误的。

在前面提到的，如果从删除学生表 STUDENT 中学号为 990001 的学生记录，读者可以从表 13-2 所示的学生选课表 SC 中发现，有一些选课记录属于一个并不存在的学生选修的，因为其对应的学生记录已经被删除。因此，其破坏了数据的参照完整性。

例如，对于图 13.1 中的 sales 和 titles 表，参照完整性基于 sales 表中的外键(title_id)与 titles 表中的主键(title_id)之间的关系。或者说，表 sales 中的 title_id 字段值必须完全来源于表 titles 中的 title_id 字段值。如果不满足，则不符合数据的参照完整性。

在 SQL 中主要通过 FOREIGN KEY 约束来对关系表的参照完整性进行保证。

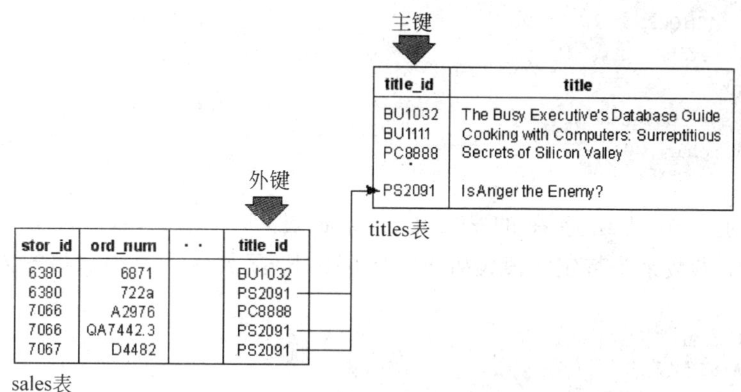

图 13.1 参照完整性

13.3.2 FOREIGN KEY 约束

FOREIGN KEY 约束为表中的一列或者多列数据提供数据完整性参照，通常是与 PRIMARY KEY 约束或者 UNIQUE 约束同时使用的。外键(FK)是用于建立和加强两个表数据之间的链接的一列或多列，当创建或修改表时可通过定义 FOREIGN KEY 约束来创建外键。

FOREIGN KEY 约束的定义与其他约束定义有些不同，因为其关系到两个表的操作。一般来说，定义 FOREIGN KEY 约束的语法格式如下：

```
[CONSTRAINT 约束名]
FOREIGN KEY (从表外键)
REFERENCES 主表(主表主键)
```

在创建一个基本表中，可以使用 CREATE TABLE 命令在创建同时为该表的字段指定 FOREIGN KEY 约束。其语法格式如下：

```
CREATE TABLE <表名>
(<字段名 1><类型>[(<字段宽度>[,<小数位数>])]
    FOREIGN KEY
    REFERENCES 表名(字段名),
(<字段名 2><类型>[(<字段宽度>[,<小数位数>])]
⋮
(<字段名 n><类型>[(<字段宽度>[,<小数位数>])]
```

例如，在数据库中有一个 STU 表，其主键为 SNO 字段，新创建一个表 STUDENT，指定 SNO 字段为其外键。其实现语句如下：

```
CREATE TABLE STUDENT (
    SNO varchar (10)
        NOT NULL FOREIGN KEY
        REFERENCES STU(SNO),
    SNAME varchar (10)
```

```
          UNIQUE,
    SGENTLE varchar (2),
    SAGE int,
    SBIRTH smalldatetime ,
    SDEPT varchar (20))
```

同样，针对一个已经存在的表，也可以通过 ALTER TABLE 语句中的 ADD CONSTRAINT 参数来为特定字段设置 FOREIGN KEY 约束。其语法格式为：

```
ALTER TABLE 表名
ADD CONSTRAINT 约束名
FOREIGN KEY(列名) REFERENCES 表名(列名)
```

例如，为已经存在的学生表 STUDENT 设置 SNO 字段满足 FOREIGN KEY 约束，可以使用 ADD CONSTRAINT 参数。其实现语句为：

```
ALTER TABLE STUDENT
ADD CONSTRAINT stu_snofor
FROEIGN KEY(SNO) REFERENCES STUDENT(SNO)
```

在外键引用中，当一个表的列被引用作为另一个表的主键值的列时，就在两表之间创建了链接。这个列就成为第二个表的外键。

FOREIGN KEY 约束并不仅仅可以与另一表的 PRIMARY KEY 约束相链接，还可以定义为引用另一表的 UNIQUE 约束。FOREIGN KEY 约束可以包含空值，但是，如果任何组合 FOREIGN KEY 约束的列包含空值，则将跳过组成 FOREIGN KEY 约束的所有值的验证。若要确保验证了组合 FOREIGN KEY 约束的所有值，请将所有参与列指定为 NOT NULL。

通过 FOREIGN KEY 约束，就可以实现两个表之间的参照完整性，避免 13.3 节中所提到的，对一个表进行操作后，另一个表的某些记录错误的问题。

13.4 用户自定义的完整性

不同的关系数据库系统根据其应用环境的不同，往往还需要一些特殊的约束条件。用户自定义的完整性即是针对某个特定关系数据库的约束条件，它反映某一具体应用所涉及的数据必须满足的语义要求。其他的完整性类型都支持用户定义的完整性。

在不同的数据库系统中，其提供自定义完整性工具有所不同。在 SQL 标准中，提供了 DEFAULT 约束和 CHECK 约束来实现用户自定义的完整性。

13.4.1 DEFAULT 约束

在 SQL 中，DEFAULT 约束用来指定某个字段的默认值。指定后，用户在插入新的数据行时如未指定该列值，系统自动将该列值赋为默认值（默认值可以是空值）。SQL 中定义

DEFAULT 约束的实现语句如下所示：

```
[CONSTRAINT 约束名]
DEFAULT 默认约束值 FOR 列名
```

DEFAULT 约束一般在表创建的时候定义，每个列中只能有一个 DEFAULT 约束。使用 CREATE TABLE 语句创建含有 DEFAULT 约束的表实现语句如下：

```
CREATE TABLE <表名>
(<字段名 1><类型>[(<字段宽度>[,<小数位数>])]
[DEFAULT 值]
(<字段名 2><类型>[(<字段宽度>[,<小数位数>])]
[DEFAULT 值]
⋮
(<字段名 n><类型>[(<字段宽度>[,<小数位数>])]
[DEFAULT 值]
```

例如，在创建一个基本表 STUDENT 中，指定 SGENTLE 字段的默认值为“男”，其 SDEPT 字段的默认值为“计算机”，其实现语句如下：

```
CREATE TABLE STUDENT (
    SNO varchar (10) ,
    SNAME varchar (10),
    SGENTLE varchar (2)
         DEFAULT '男',
    SAGE int,
    SBIRTH smalldatetime ,
    SDEPT varchar (20)
DEFAULT '计算机')
```

通过上述语句创建 STUDENT 表后，在该表中输入数据，如果在 SGENTLE 字段没有输入数据，系统默认其值为“男”。同样，若没有在 SDEPT 字段输入数据，则默认其值为“计算机”。

同样，针对一个已经存在的表，也可以通过 ALTER TABLE 语句中的 ADD CONSTRAINT 参数来为特定字段设置 DEFAULT 约束。其语法格式为：

```
ALTER TABLE 表名
ADD CONSTRAINT 约束名
DEFAULT 默认值 FOR 列名
```

例如，为已经存在的学生表 STUDENT 设置 SGENTLE 字段默认值为“男”，可以使用 ADD CONSTRAINT 参数。其实现语句为：

```
ALTER TABLE STUDENT
ADD CONSTRAINT stu_sgentle
DEFAULT '男' FOR SGENTLE
```

值得注意的是,并不是所有数据类型的数据值都可以作为默认值。在SQL中,DEFAULT关键字后的值只能为下列三种值中的一种:

- 常量值(如字符串)。
- 系统函数(如DATE())。
- NULL。

13.4.2 CHECK约束

CHECK约束用于限制输入到一列或多列的值的范围,用户想输入的数据值如果不满足CHECK约束中的条件(逻辑表达式)将无法正常输入。CHECK约束的语法格式如下:

```
[CONSTRAINT 约束名]
CHECK(逻辑表达式)
```

在创建表的同时,可以通过任何基于逻辑运算符返回结果TRUE或FALSE的逻辑(布尔)表达式来创建CHECK约束。对单独一列可使用多个CHECK约束。按约束创建的顺序对其取值。通过在表一级上创建CHECK约束,可以将该约束应用到多列上。使用CREATE TABLE语句创建含有DEFAULT约束的表实现语句如下:

```
CREATE TABLE <表名>
(<字段名 1><类型>[(<字段宽度>[,<小数位数>])]
(<字段名 2><类型>[(<字段宽度>[,<小数位数>])]
⋮
(<字段名 n><类型>[(<字段宽度>[,<小数位数>])]
[CONSTRAINT 约束名 1]
CHECK(逻辑表达式)
⋮
[CONSTRAINT 约束名 n]
CHECK(逻辑表达式)
```

可以看出,在创建表时,可以在其中设定多个CHECK约束。例如,在创建表STUDENT时,指定SGENTLE字段的输入只能为“男”或“女”,指定SAGE字段的输入只能在10~90之间。实现语句如下所示:

```
CREATE TABLE STUDENT (
    SNO varchar (10) ,
    SNAME varchar (10),
    SGENTLE varchar (2),
    SAGE int,
    SBIRTH smalldatetime ,
    SDEPT varchar (20),
CONSTRAINT GENTLE CHECK(SGENTLE = '男' OR SGENTLE = '女'),
CONSTRAINT AGE CHECK(SAGE > 10 AND SAGE < 90))
```

执行如上语句后,在STUDENT表中SGENTLE或SAGE字段输入超过CHECK约束的数据时,系统将给出错误提示并拒绝接受输入。

针对一个已经存在的表，也可以通过 ALTER TABLE 语句中的 ADD CONSTRAINT 参数来为特定字段设置 CHECK 约束。其语法格式为：

```
ALTER TABLE 表名
ADD CONSTRAINT 约束名
CHECK (条件表达式)
```

例如，为已经存在的学生表 STUDENT 设置 SNGENTLE 字段的取值只能为“男”或“女”，可以使用 ADD CONSTRAINT 参数。其实现语句为：

```
ALTER TABLE STUDENT
ADD CONSTRAINT stu_sgentle
CHECK(SGENTLE = '男' OR SGENTLE = '女'),
```

CHECK 约束通过限制输入到列中的值来强制保证域的完整性。这与 FOREIGN KEY 约束控制列中数值相似。区别在于其如何判断哪些值有效：FOREIGN KEY 约束从另一个表中获得有效数值列表，CHECK 约束从逻辑表达式判断而非基于其他列的数据。

13.5 规则

数据库管理系统在保障参照完整性时，常采用的删除规则和更新规则中约定的处理方法来完成确保参照完整性的操作。对于每一个由外部关键字的值所产生的父/子联系，都可以在定义该表时，为其同时定义一个删除规则和更新规则。下面将简要介绍有关这两种规则的基本知识。

13.5.1 删除规则

删除规则是告诉数据库管理系统，当删除父表中的一行数据时，可以选择删除规则所提供的四种方法中的一种进行处理。

1. RESTRICT 删除方法

若选用此方法，数据库管理系统将禁止删除父表中任何有相应子表记录存在的行。此时试图删除父表记录的 DELETE 操作将被拒绝，并返回错误信息。这样删除父表数据的操作就被限制在那些没有后代记录的行上。例如，在如表 13.1 所示的 STUDENT 表和如表 13.2 所示的 SC 表中，只要 SC 表还有 SNO 为 990001 的学生选课记录，就不能删除 STUDENT 表中 SNO 为 990001 的学生记录。

2. CASCADE 删除方法

若选择此方法，数据库管理系统在删除父表中任何记录的同时，将自动删除其相应的所有子表记录。例如，在如表 13.1 所示的 STUDENT 表和如表 13.2 所示的 SC 表中，如果删除了 STUDENT 表中 SNO 为 990001 的学生记录，那么 SC 表中所有 SNO 为 990001 的学生选课记录也随着一起被删除。CASCADE 方法在实际中是应用较多的一种方法。

3. SET NULL 删除方法

若选用此方法，数据库管理系统在删除父表中任何记录的同时，自动将子表中相应的子记录中的外部关键字设为空值(NULL)。父表中的删除操作将导致子表中相关的记录进行更新操作。例如，在如表 13.1 所示的 STUDENT 表和如表 13.2 所示的 SC 表中，如果删除了 STUDENT 表中 SNO 为 990001 的学生记录，那么 SC 表中所有 SNO 为 990001 的学生选课记录的 SNO 值自动设置为 NULL 值，此处的 NULL 值表示不确定。

4. SET DEFAULT 删除方法

若选用此方法，数据库管理系统在删除父表中任何记录的同时，自动将子表中相应的子记录中的外部关键字设置为某个默认值。父表中的删除操作将导致子表中相关的记录进行“设置默认值”的更新操作。例如，在如表 13.1 所示的 STUDENT 表和如表 13.2 所示的 SC 表中，如果删除了 STUDENT 表中 SNO 为 990001 的学生记录，那么 SC 表中所有 SNO 为 990001 的学生选课记录的 SNO 值自动设置为默认值，该默认值是 DEFAULT 约束所定义的。

例如，创建一个学生表 STUDENT，创建 SNO 字段为外关键字，并且应用 CASCADE 删除规则。其实现语句如下：

```
CREATE TABLE STUDENT (
    SNO varchar (10)
    SNAME varchar (10),
    SGENTLE varchar (2),
    SAGE int,
    CONSTRAINT STU_SAGE CHECK(SAGE > 0 AND SAGE < 100)
    SBIRTH smalldatetime ,
    SDEPT varchar (20)
    CONSTRAINT STU_SNO FOREIGN KEY (SNO) REFERENCES STUDENT(SNO)
    ON DELETE CASCADE)
```

13.5.2 更新规则

同删除规则类似，更新规则是告诉数据库管理系统，当用户更新父表中的一个主关键字的值时，可以选择更新规则所提供的四种方法中的一种进行处理。

1. RESTRICT 更新方法

若选用此方法，数据库管理系统将拒绝更新父表中任何有相应子表记录存在的行中的主关键字的操作，并返回错误信息。这样更新父表主关键字值的操作就被限制在那些没有后代记录的行上。例如，在如表 13.1 所示的 STUDENT 表和如表 13.2 所示的 SC 表中，只要 SC 表还有 SNO 为 990001 的学生选课记录，就不能更新 STUDENT 表中 SNO 为 990001 的学生记录 SNO 字段值。

2. CASCADE 更新方法

若选择此方法，数据库管理系统在更新父表中任何记录的主关键字值的同时，将自动更新其相应的所有子表记录中的外部关键字的值，使得它与主关键字值保持一致。例如，在如表 13.1 所示的 STUDENT 表和如表 13.2 所示的 SC 表中，如果更新了 STUDENT 表中 SNO 为 990001 的学生记录 SNO 字段值，那么 SC 表中所有 SNO 为 990001 的学生选课记录中 SNO 字段也随着一起被更新。

3. SET NULL 更新方法

若选用此方法，数据库管理系统在更新父表中任何记录中的主关键字值同时，自动将子表中相应的子记录中的外部关键字设为空值(NULL)。父表中的更新操作将导致子表中相关记录中的外部关键字的列进行"设置空值"的更新操作。例如，在如表 13.1 所示的 STUDENT 表和如表 13.2 所示的 SC 表中，如果更新了 STUDENT 表中 SNO 为 990001 的学生记录 SNO 字段值，那么 SC 表中所有 SNO 为 990001 的学生选课记录的 SNO 值自动设置为 NULL 值，此处的 NULL 值表示不确定。

4. SET DEFAULT 更新方法

若选用此方法，数据库管理系统在更新父表中任何记录的同时，自动将子表中相应的子记录中的外部关键字设置为某个默认值。父表中的更新操作将导致子表中相关记录进行"设置默认值"的更新操作。例如，在如表 13.1 所示的 STUDENT 表和如表 13.2 所示的 SC 表中，如果更新了 STUDENT 表中 SNO 为 990001 的学生记录中的 SNO 字段值，那么 SC 表中所有 SNO 为 990001 的学生选课记录的 SNO 值自动设置为默认值，该默认值是 DEFAULT 约束所定义的。

例如，创建一个学生表 STUDENT，创建 SNO 字段为外关键字，并且应用 CASCADE 更新规则。其实现语句如下：

```
CREATE TABLE STUDENT (
    SNO varchar (10)
    SNAME varchar (10),
    SGENTLE varchar (2),
    SAGE int,
     CONSTRAINT STU_SAGE CHECK(SAGE > 0 AND SAGE < 100)
    SBIRTH smalldatetime ,
    SDEPT varchar (20)
    CONSTRAINT STU_SNO FOREIGN KEY (SNO) REFERENCES STUDENT(SNO)
    ON UPDATE CASCADE)
```

13.5.3 MATCH 子句

在关系数据库中，与主关键字不同，外部关键字是容许含有空值的。例如在如图 13.1 所示的 SALE 表中，容许某个销售员的销售点为空值(表示该销售员尚未指派任何工作地点）。而这种情况，就给主关键字/外部关键字联系的参照完整性带来一个问题，即空值究竟与某个主关键字的值是否匹配，答案是不确定的。为了解决这个问题，SQL 在定义关系表时提供了两种选项，具体说明如下：

1. MATCH FULL（全匹配）

此选项要求子表中的外部关键字值要和父表中的主关键字的值完全匹配。也就是说，外部关键字的值不容许为空值。这样 DBMS 在利用删除规则或更新规则中的方法时，就不会进行涉及空值的判断处理问题了。

2. MATCH PARTIAL（部分匹配）

此选项容许子表中的外部关键字值部分出现空值。只要不为空值的外部关键字值和父表中的主关键字的值中相应的部分匹配即可。这种情况下，DBMS 在利用删除规则或更新规则中的方法时，将自动假定含有空值的外部关键字满足引用完整性约束。但是在输入或修改数据时，要尽量避免外部关键字值部分为空，部分非空的情况，至少要做到要么全为空，要么全为非空。否则很容易引起问题。

13.6 SQL Server 中的完整性控制

SQL Server 提供了一些工具来帮助用户实现数据完整性，其中最主要的是：规则（Rule）、默认值（Default）、约束（Constraint）和触发器（Trigger）。其中约束在前面已经介绍，触发器将在后续章节中介绍。

13.6.1 创建规则

规则（rule）就是数据库中对存储在表中的列或用户自定义数据类型中的值的规定和限制。规则是单独存储的独立的数据库对象。规则与其作用的表或用户自定义数据类型是相互独立的，即表或用户自定义对象的删除、修改不会对与之相连的规则产生影响。

规则和约束可以同时使用，表的列可以有一个规则及多个 CHECK 约束。规则与 CHECK 约束很相似，相比之下，使用在 ALTER TABLE 或 CREATE TABLE 语句中的 CHECK 约束是更标准的限制列值的方法，但 CHECK 约束不能直接作用于用户自定义数据类型。

在 SQL Server 中，创建规则的命令是 CREATE RULE。在当前数据库中创建规则的语句语法格式如下所示：

```
CREATE RULE RULE_NAME
AS CONDITION_EXPRESSION
```

其中 CONDITION_EXPRESSION 子句是规则的定义。CONDITION_EXPRESSION 子句是能用于 WHERE 条件子句中的任何表达式，其可以包含算术运算符、关系运算符和谓词（如 IN、LIKE、BETWEEN 等）。需要注意的是，在 SQL Server 中，CONDITION_

EXPRESSION 子句中的表达式必须以字符“@”开头。

在 SQL Server 2000 的企业管理器中创建规则的操作很简单，选中“数据库”|“目标数据库”|“规则”命令，右击，从快捷菜单中选择“新建规则”选项，即会弹出如图 13.2 所示的创建规则属性对话框。输入规则名称和表达式之后，单击“确定”按钮，即完成规则的创建。

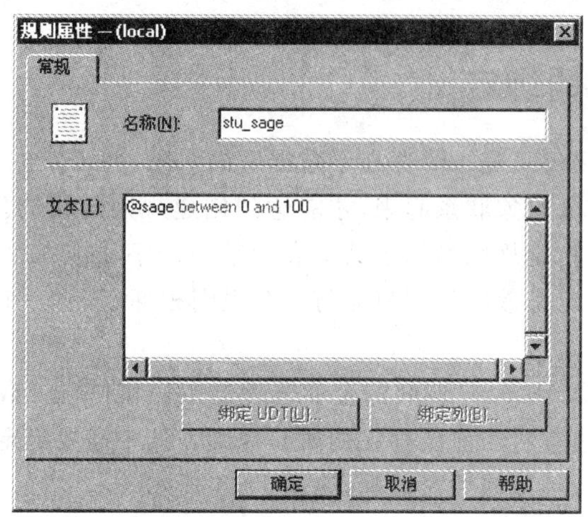

图 13.2　创建规则

在 SQL Server 2008 中，不能使用界面新建规则，在 2008 之后的版本将删除规则这个功能，继而用约束 CHECK 来代替。

同样，可以使用 SQL 提供的创建规则语句 CREATE RULE 在 SQL Server 的查询分析器中执行。如要创建一个如图 13.2 所示的规则，实现语句如下：

```
CREATE RULE stu_sage
AS
@sage BETWEEN 0 AND 100
```

执行上述企业管理器中的操作或查询分析器中的上述语句后，即创建了一个 stu_sage 规则，该规则判断其值必须在 0～100 之间。如果需要查看规则的详细信息，可以使用存储过程 sp_helptext 来实现。其语法如下：

```
sp_helptext [@objname = ] 'name'
```

其中，[@objname =]'name'子句指明对象的名称。用 sp_helptext 存储过程查看的对象可以是当前数据库中的规则、默认值、触发器、视图或未加密的存储过程等。因此，使用该存储过程查看上述示例创建的 stu_sage 规则的语句如下：

```
EXEC sp_helptext stu_sage
```

执行上述语句后，可查看到 stu_sage 规则的细节，如图 13.3 所示。同时，在企业管理器中，可以右击已存在的规则，选择“属性”命令查看该规则细节。

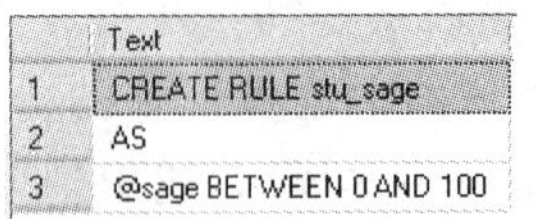

	Text
1	CREATE RULE stu_sage
2	AS
3	@sage BETWEEN 0 AND 100

图 13.3 查看规则

13.6.2 规则的绑定

创建规则后，规则仅仅只是一个存在于数据库的对象，并未发生作用。需要将规则与数据库中的表或用户自定义对象联系起来，才能达到创建规则的目的。建立联系的方法称为“绑定”。所谓绑定就是指定规则作用于某个表的某一个字段或哪个用户自定义数据类型。表的一列或一个用户自定义数据类型只能与一个规则相绑定，而一个规则可以绑定多对象，这正是规则的魅力所在。

绑定规则可以在 SQL Server 2008 的企业管理器中操作，单击“数据库”|“目标数据库”|“规则”命令，即可在右边查看当前已存在的所有规则。选中需要绑定的规则，右击并选择快捷菜单中的“属性”命令，打开属性对话框，如图 13.4 所示。

图 13.4 规则属性

单击右下角的“绑定列”按钮，进入如图 13.5 所示对话框。在该对话框中，选择对应表的对应列后，单击“添加”按钮后即可实现绑定。同新建规则一样，SQL Server 2008 已经取消了规则绑定的界面。

同时，SQL Server 提供了存储过程 sp_bindrule 来绑定规则。sp_bindrule 可以绑定一个规则到表的一个列或一个用户自定义数据类型上。其语法如下：

```
sp_bindrule [@rulename = ] 'rule',
[@objname = ] 'object_name'
[, 'futureonly']
```

其中，各参数说明如下：

- [@rulename =]'rule'——指定规则名称。

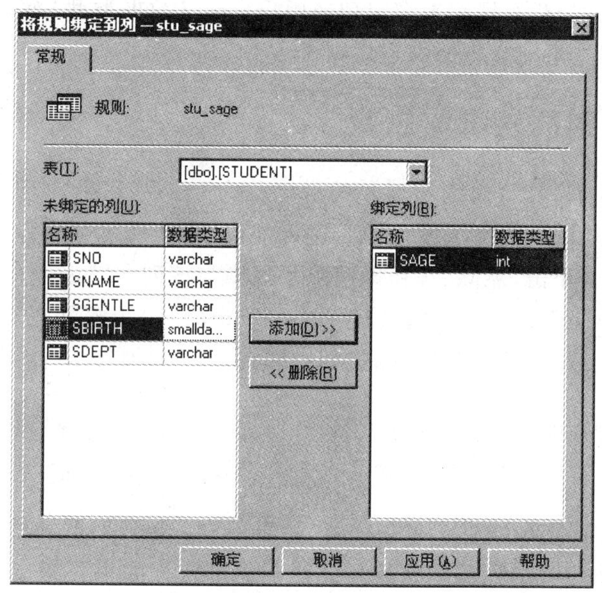

图 13.5 绑定规则

- [@objname =] 'object_name'——指定规则绑定的对象。
- 'futureonly'——此选项仅在绑定规则到用户自定义数据类型上时才可以使用。当指定此选项时，仅以后使用此用户自定义数据类型的列会应用新规则，而当前已经使用此数据类型的列则不受影响。

例如，将上述创建的 stu_sage 规则绑定到 STUDENT 表的 SAGE 字段中，在查询分析器中使用存储过程实现的语句如下：

```
EXEC sp_bindrule stu_sage,'STUDENT.SAGE'
```

执行该语句后，其返回结果如图 13.6 所示。

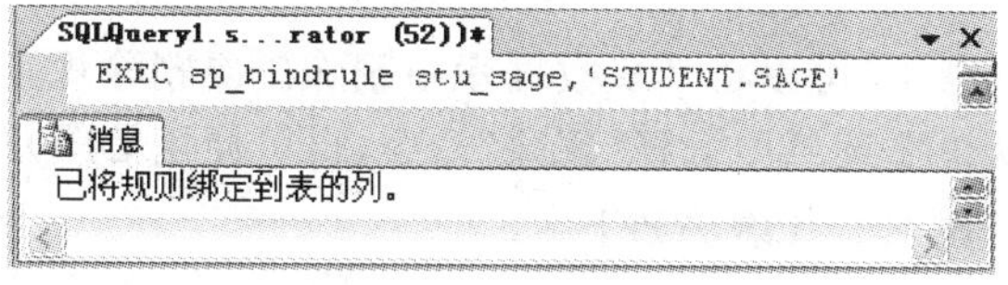

图 13.6 绑定规则

经过上述操作，规则的绑定就已经实现了。在对数据库中表的字段绑定规则的时候，需要注意如下几个事项：

- 规则对已经输入表中的数据不起作用。
- 规则所指定的数据类型必须与所绑定的对象的数据类型一致，且规则不能绑定一个数据类型为 text、mage 或 timestamp 的列。
- 与表的列绑定的规则优先于与用户自定义数据类型绑定的列，因此，如果表的列的数据类型与规则 a 绑定，同时列又与规则 b 绑定，则以规则 b 为列的规则。

- 可以直接用一个新的规则来绑定列或用户自定义数据类型，而不需要先将其原来绑定的规则解除，系统会将原绑定规则覆盖。

13.6.3 规则的松绑与删除

与规则的绑定相似，解除规则与对象的绑定称为“松绑”。在 SQL Server 2008 中的企业管理器中，对规则松绑的操作非常简单。进入如图 13.4 所示的绑定规则对话框，选中右边列表框中的绑定列，单击“删除”按钮即解除了规则与该列的绑定。

同样，SQL Server 还提供了存储过程 sp_unbindrule 用于解除规则的绑定。该存储规则可以解除规则与列或用户自定义数据类型的绑定，其语法如下：

```
sp_unbindrule [@objname = ] 'object_name'
[,'futureonly']
```

其中，'futureonly'选项同绑定时一样，仅用于用户自定义数据类型，其指定现有的用此用户自定义数据类型定义的列仍然保持与此规则的绑定。如果不指定此项，那么所有由此用户自定义数据类型定义的列也将随之解除与此规则的绑定。

例如，将上述绑定在 STUDENT 表的 SAGE 字段上的 stu_sage 规则松绑，在查询分析器中使用存储过程实现的语句如下：

```
exec sp_unbindrule 'STUDENT.SAGE'
```

执行上述语句后，其返回值如图 13.7 所示。

```
SQLQuery1.s...rator (52))*
exec sp_unbindrule 'STUDENT.SAGE'
消息
已解除了表列与规则之间的绑定。
```

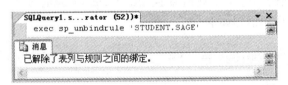

图 13.7 解除规则绑定

如果不需要某一规则了，可以将其从数据库中删除。要删除规则，可以在企业管理器中选择规则，单击右键，从快捷菜单中选择“删除”命令，也可使用 DROP RULE 命令删除当前数据库中的一个或多个规则。其语法如下：

```
DROP RULE {rule_name} [, …n]
```

需要注意的是，在删除一个规则前，必须先将与其绑定的对象解除绑定。例如，需要删除前面示例中创建的 stu_sage 规则，其语句如下：

```
DROP RULE stu_sage
```

13.6.4 创建默认值

默认值(Default)是向用户输入记录时没有指定具体数据的列中自动插入的数据。默认值对象与 ALTER TABLE 或 CREATE TABLE 命令操作表时用 DEFAULT 选项指定的默认值功能相似，但默认值对象可以用于多个列或用户自定义数据类型，其管理和应用与规则有许多相似之处。表的一列或一个用户自定义数据类型也只能与一个默认值相绑定。

在 SQL Server 中，创建默认值的命令是 CREATE DEFAULT。在当前数据库中创建默认值的语句语法格式如下所示：

```
CREATE DEFAULT default_name
AS constant_expression
```

其中，constant_expression 子句是默认值的定义。constant_expression 子句可以是数学表达式或函数，也可以包含表的列名或其他数据库对象。

例如，创建一个性别默认值 stu_sgentle，该默认值为“男”。使用 CREATE DEFAULT 语句的实现如下：

```
CREATE DEFAULT stu_sgentle
AS '男'
```

绑定默认值后，可以采用前面提到的存储过程 sp_helptext 来查看已经创建的默认值 stu_sgentle，其实现语句如下：

```
EXEC sp_helptext stu_sgentle
```

执行该语句后，返回结果如图 13.8 所示。

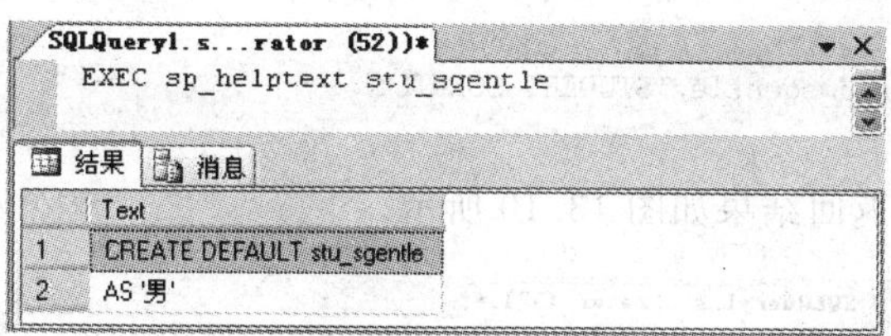

图 13.8 查看创建的默认值

在查询分析器中执行上述语句，即创建了一个默认值为“男”的 stu_sgentle。同样，在 SQL Server 2000 企业管理器中，可以选中“数据库”|“目标数据库”|“默认值”，单击右键从快捷菜单中选择“新建默认值”选项，即会弹出如图 13.9 所示的创建默认值属性对话框。输入默认值名称和值之后，单击“确定”按钮，即完成规则的创建。

与规则类似，在 SQL Server 2008 中不能在界面新建默认值，只能通过 SQL 语言来处理。

13.6.5 默认值的绑定与松绑

创建默认值后，默认值仅仅只是一个存在于数据库中的对象，并未发生作用。同规则一样，需要将默认值与数据库表或用户自定义对象绑定。

SQL Server 中，提供了存储过程 Sp_bindefault 用于绑定默认值。该存储过程可以绑

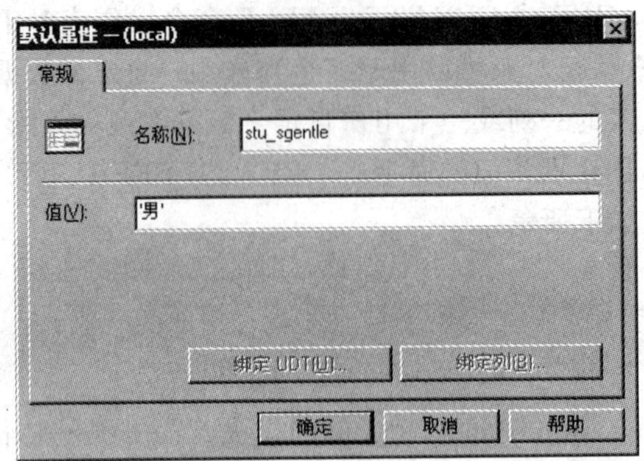

图 13.9　创建默认值

定一个默认值到表的一个列或一个用户自定义数据类型上。其语法如下：

```
sp_bindefault [@defname = ] 'default',
[@objname = ] 'object_name'
[, 'futureonly']
```

其中，参数'futureonly'选项仅在绑定默认值到用户自定义数据类型上时才可以使用。当指定此选项时，仅以后使用此用户自定义数据类型的列会应用新默认值，而当前已经使用此数据类型的列则不受影响。

例如，将上述创建的 stu_sgentle 默认值绑定到 STUDENT 表的 SGENTLE 字段中，在查询分析器中使用存储过程实现的语句如下：

```
EXEC sp_bindefault stu_sgentle,'STUDENT.SGENTLE'
```

执行该语句后，其返回结果如图 13.10 所示。

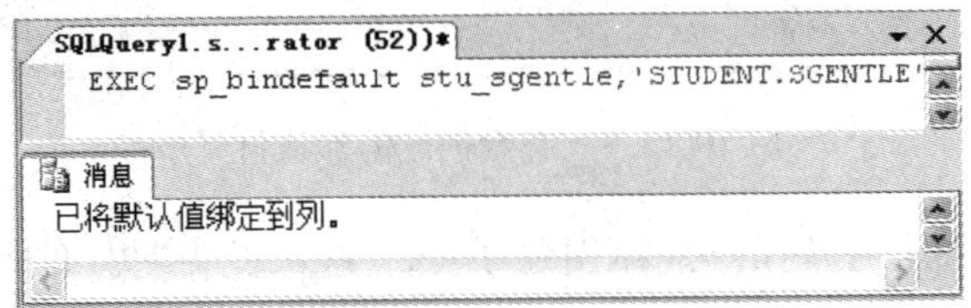

图 13.10　绑定默认值

在 SQL Server 2000 可以使用企业管理器来绑定默认值，单击“数据库”|“目标数据库”|“默认值”，即可在右边查看当前已存在的所有规则。选中需要绑定的规则，右击其并选择快捷菜单中的“属性”选项，打开属性对话框，如图 13.11 所示。

单击右下角的“绑定列”按钮，进入对话框如图 13.12 所示。在该对话框中，选择对应表的对应列后，单击“添加”按钮后即可实现绑定。

绑定默认值时需要注意如下事项：

- 如果列同时绑定了一个规则和一个默认值，那么默认值应该符合规则的规定。
- 不能绑定默认值到一个用 CREATE TABLE 或 ALTER TABLE 命令创建或修改

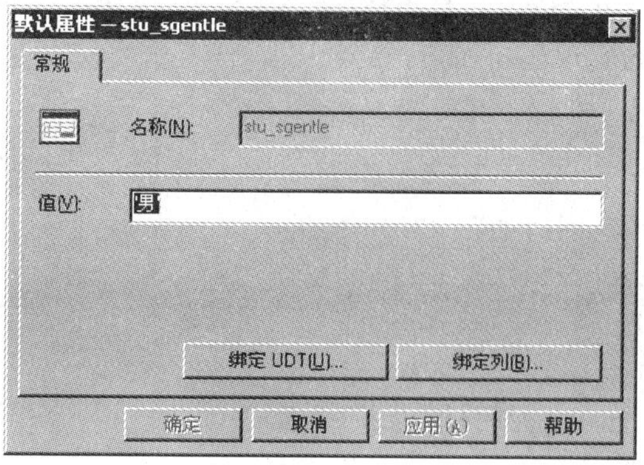

图 13.11 默认值属性

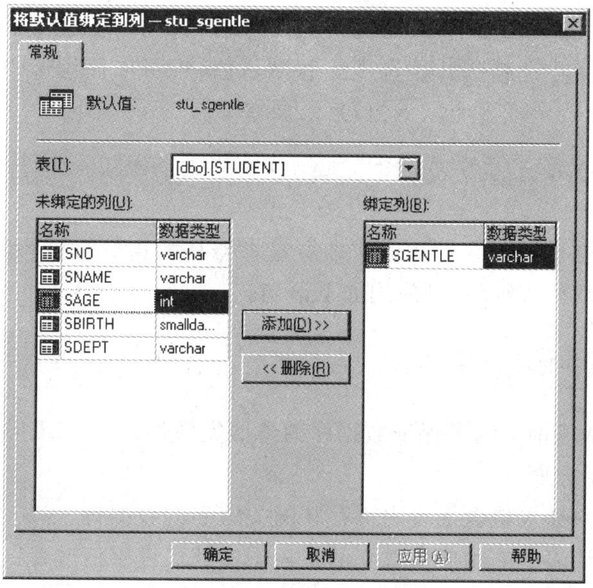

图 13.12 绑定默认值

表时用 DEFAULT 选项指定了的默认值的列上。

13.6.6 默认值的松绑和删除

与规则的松绑类似，不需要再与对象绑定的默认值进行松绑操作。在查询分析器中可以使用存储过程 sp_unbindefault 解除默认值的绑定，其语法如下：

```
sp_unbindefault [@objname = ] 'object_name'
[,'futureonly']
```

其中，'futureonly'选项同绑定时一样，仅用于用户自定义数据类型，其指定现有的用此用户自定义数据类型定义的列仍然保持与此默认值的绑定。如果不指定此项，所有由此用户自定义数据类型定义的列也将随之解除与此默认值的绑定。

例如，解除默认值 stu_sgentle 与 STUDENT 表中 SGENTLE 字段的绑定，采用 sp_unbindefault 存储过程的实现语句如下：

```
EXEC sp_unbindefault 'STUDENT.SGENTLE'
```

执行上述语句后，其返回值如图 13.13 所示。

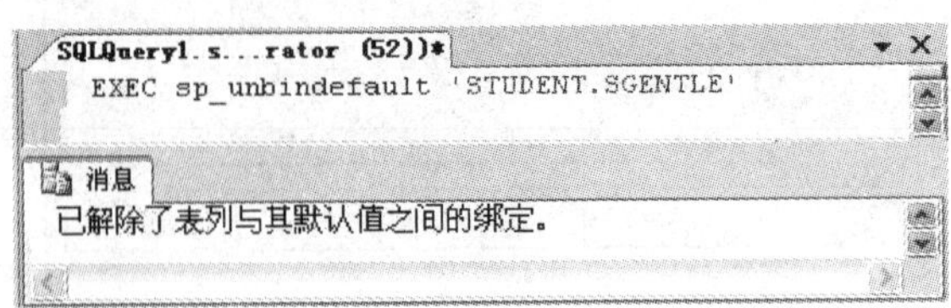

图 13.13 默认值的松绑

当该默认值不需要再使用了，可以将其从数据库中删除。在企业管理器中选择默认值，单击右键，从快捷菜单中选择“删除”选项删除默认值，也可以使用 DROP DEFAULT 命令删除当前数据库中的一个或多个默认值，其语法如下：

```
DROP DEFAULT {default_name} [, …n]
```

需要注意的是，在删除一个默认值前必须先将与其绑定的对象解除绑定。要将上述示例中的 stu_sgentle 默认值删除，可采用如下语句：

```
DROP DEFAULT stu_sgentle
```

上述规则和默认值都是为了保证数据库的参照完整性。在 SQL Server 中，参照完整性作用表现在如下几个方面：

- 禁止在从表中插入包含主表中不存在的关键字的数据行。
- 禁止会导致从表中的相应值孤立的主表中的外关键字值改变。
- 禁止删除在从表中的有对应记录的主表记录。

规则和默认值都可以部分实现上述功能，在 SQL Server 中，还提供了触发器的概念，用于保证数据完整性和一致性，这将在后续章节中提到。

13.7 Oracle 的数据完整性的实现

鉴于 Oracle 数据库系统在实际中应用的广泛性，本节简要介绍 Oracle 数据库在保证数据完整性方面的实现。该节将主要从实体完整性、参照完整性和用户自定义的完整性三个方面来介绍 Oracle 实现数据完整性的强大功能。

13.7.1 Oracle 中的实体完整性

实体完整性规则要求主属性非空。Oracle 在 CREATE TABLE 语句中提供了 PRIMARY KEY 子句，供用户在建表时指定关系的主关键字列。例如：在学生表中，要定义 STUDENT 表的 SNO 属性为主关键字，可使用如下语句：

```
CREATE TABLE STUDENT (
    SNO varchar (10)
    SNAME varchar (10),
    SGENTLE varchar (2),
    SAGE int,
    SBIRTH smalldatetime ,
    SDEPT varchar (20)
    CONSTRAINT PK_SNO PRIMARY KEY (SNO))
```

上述语句中，PRIMARY KEY(SNO)表示 SNO 是 STUDENT 表的主关键字。PK_SNO 是该主关键字的约束名。

在用 PRIMARY KEY 语句定义了关系的主码后，每当用户程序对主码列进行更新操作时，系统自动进行完整性检查，凡操作使主码值为空值或使主码值在表中不唯一，系统拒绝此操作，从而保证了实体完整性。

13.7.2 Oracle 中的参照完整性

Oracle 的 CREATE TABLE 语句不仅可以定义关系的实体完整性规则，也可以定义参照完整性规则，即用户可以在建表时用 FOREIGN KEY 子句定义哪些列为外关键字列，用 REFERENCES 子句指明这些外关键字相应于哪个表的主关键字，用 ON DELETE CASCADE 子句指明在删除被参照关系的元组时，同时删除参照关系中外关键字值等于被删除的被参照关系的元组中主关键字值中的元组。

同样，创建一个实现了参照完整性的 STUDENT 表的实现语句如下：

```
CREATE TABLE STUDENT (
    SNO varchar (10)
    SNAME varchar (10),
    SGENTLE varchar (2),
    SAGE int,
    SBIRTH smalldatetime ,
    SDEPT varchar (20)
    CONSTRAINT FK_SNO FOREIGN KEY (SNO) REFERENCES STUDENT(SNO)
    ON DELETE CASCADE))
```

需要注意的是，上述语句使用了 CASCADE 子句，该子句实现了删除规则中的 CASCADE 删除方法，表示在删除父表中任何记录的同时，将自动删除其相应的所有子表记录。

13.7.3 Oracle 中的用户自定义完整性

除实体完整性和参照完整性外、应用系统中往往还需要定义与应用有关的完整性约束。例如：要求某一列的值能取空值；某一列的值在表中是唯一的；某一列的值要在某个范围中等。Oracle 允许用户在建表时定义下列完整性约束。

• 例如，创建一个学生表 STUDENT，保证学生姓名不能重名。其实现语句如下：

```
CREATE TABLE STUDENT (
    SNO varchar (10)
    SNAME varchar (10),
    CONSTRAINT STU_SNAME UNIQUE
    SGENTLE varchar (2),
    SAGE int,
    SBIRTH smalldatetime ,
    SDEPT varchar (20)
    CONSTRAINT STU_SNO PRIMARY KEY(SNO))
```

该语句在创建表的 CREATE 语句中引用了两个约束：一个是 UNIQUE 约束，用于保证学生姓名唯一；另一个是 PRIMARY KEY 约束，用于指定主关键字。

- 例如，创建一个学生表 STUDENT，保证其中学生年龄大于 0 小于等于 100（也即检查列值是否满足一个布尔表达式）。其实现语句如下：

```
CREATE TABLE STUDENT (
    SNO varchar (10)
    SNAME varchar (10),
    SGENTLE varchar (2),
    SAGE int,
     CONSTRAINT STU_SAGE CHECK(SAGE > 0 AND SAGE < 100)
    SBIRTH smalldatetime ,
    SDEPT varchar (20)
    CONSTRAINT FK_SNO FOREIGN KEY (SNO) REFERENCES STUDENT(SNO)
    ON DELETE CASCADE)
```

同样，该语句在创建表的 CREATE 语句中引用了两个约束：一个是 CHECK 约束，用于保证学生年龄在 0～100 之间；另一个是 FOREIGN KEY 约束，用于指定外关键字以及删除规则。

总的来说，Oracle 提供了 CREATE TABLE 语句定义完整性约束条件，完整性约束条件一旦定义好，Oracle 会自动执行相应的完整性检查，对于违反完整性约束条件的操作，则执行事先定义的操作。此外，Oracle 还提供了触发器，用于定义复杂的完整性约束条件。这是后续章节需要介绍的。

13.8 小结

本章主要介绍了数据的完整性控制，数据的完整性是防止数据库中存在不符合语义规定的数据，和防止因错误信息的输入输出造成无效操作或错误信息而提出的。本章重点介绍了关系数据库的三类完整性：实体完整性、参照完整性和用户自定义的完整性。针对每一种完整性，给出 SQL 中实现该完整性的几种约束。此外，简要介绍了规则的概念和应用。最后就目前常见的两种数据库系统 SQL Server 和 Oracle，简要介绍其实现数据完整性的方法和手段。

第14章 存储过程

存储过程是数据库中的一个重要数据对象，其集合了流程控制语句和 SQL 语句，提供了解决某一个具体问题的实现方法。本章将介绍 SQL Server 和 Oracle 两种数据库系统的存储过程的创建、调用等内容，其他数据库系统对存储过程的操作都类似。

14.1 存储过程的概念

存储过程(stored procedure)是一组为了完成特定功能的 SQL 语句集，经编译后存储在数据库中。存储过程由 SQL 语句和流程控制语句组成。用户通过指定存储过程的名字并给出参数(如果该存储过程带有参数)来执行它。

14.1.1 示例数据表

为方便本章内容的讲解，本节给出数据示例如表 14.1、表 14.2 和表 14.3 所示。其中，表 14.1 为学生表 STUDENT，该表包含学号(SNO)、姓名(SNAME)、性别(SGENTLE)、年龄(SAGE)、出生年月(SBIRTH)和系部(SDEPT)六个字段。

表 14.1 学生表 STUDENT

SNO	SNAME	SGENTLE	SAGE	SBIRTH	SDEPT
990001	张三	男	20	1987-8-4	计算机
990002	陈林	女	19	1988-5-21	外语
990003	吴忠	男	21	1986-4-12	工商管理
990005	王冰	女	20	1987-2-16	体育
990012	张忠和	男	22	1985-8-28	艺术
990026	陈维加	女	21	1986-7-1	计算机
990028	李莎	女	21	1986-10-21	计算机

表 14.2 是一个课程表 COURSE，主要包含课程号(CNO)、课程名称(CNAME)和学分(CGRADE)三个字段，其数据记录如下所示。

表 14.2 课程表 COURSE

CNO	CNAME	CGRADE
001	计算机基础	2
003	数据结构	4
004	操作系统	4
006	数据库原理	4
007	软件工程	4

表 14.3 为一个学生选课表 SC,主要包含学号(SNO)、课程号(CNO)和成绩(GRADE)三个字段,其数据记录如下所示。

表 14.3 学生选课表 SC

SNO	CNO	GRADE
990001	003	85
990001	004	78
990003	001	95
990012	004	62
990012	006	74
990012	007	81
990026	001	
990026	003	77
990028	006	

14.1.2 存储过程概述

存储过程的出现类似于编程时的函数,将常用的或很复杂的工作,预先用 SQL 语句写好并用一个指定的名称存储起来,那么以后要让数据库提供与已定义好的存储过程的功能相同的服务时,只需调用即可自动完成命令。

存储过程之所有广泛应用于各个商业数据库系统中,作为这些数据库系统中极其重要的数据库对象,存储过程有如下优点:

- 存储过程只在创造时进行编译,以后每次执行存储过程都不需再重新编译,而一般 SQL 语句每执行一次就编译一次,所以使用存储过程可提高数据库执行速度。
- 当对数据库进行复杂操作时(如对多个表进行 Update、Insert、Query、Delete 时),可将此复杂操作用存储过程封装起来与数据库提供的事务处理结合一起使用。
- 存储过程可以重复使用,可减少数据库开发人员的工作量。
- 安全性高,可设定只有某些用户才具有对指定存储过程的使用权。

此外,存储过程与图形用户界面(GUI)中的嵌入查询相比,提供了一些与众不同的优势。存储过程与图形界面中的嵌入查询比较,其主要优点在于:

- 存储过程是模块化的。从维护的角度来说,这是很大的一个优点。当应用程序中查询出现麻烦的时候,解决存储过程中的问题比在图形用户界面的许多行代码中间解决嵌入查询中的问题要容易得多。

- 存储过程是可调的。存储过程通过过程来代替用户界面完成数据库任务，就可以不用再修改图形用户界面源代码，照样可以改善查询的性能。存储过程也可以进行修改——涉及连接方法、不一致的表——这些问题对于前端界面来说是透明的。
- 存储过程抽象或者隔离了客户端与服务器端的函数。这样编写图形用户界面的应用程序的时候，调用一个过程就比通过图形用户界面代码构建一个查询要容易得多。
- 存储过程通常是由数据库开发人员或者管理人员编写的。那些拥有这些角色的人们通常在编写有效率的查询和 SQL 语句方面拥有更多的经验。这就将图形用户界面应用程序开发人员解放出来，不用费心思在应用程序的功能和图形表现方面了。

由于存储过程由流程控制和 SQL 语言组成，下面介绍存储过程的创建时需简单介绍 SQL Server 和 Oracle 的流程控制语句。

14.2　SQL Server 的流程控制语句

SQL Server 采用的是 T-SQL 语言，该部分内容在第 3 章中已经详细介绍过。本节只简要介绍其中用于存储过程的流程控制语句。

14.2.1　顺序控制语句

在 SQL Server 的流程控制语句中，顺序结构的控制语句主要有 BEGIN…END 语句和 GOTO 语句。其中，BEGIN…END 可以定义语句块，使得 SQL Server 中的语句可以按顺序分别执行，通常用在存储过程或触发器中。BEGIN…END 语句的语法格式为：

```
BEGIN
{
sql_statement
| statement_block
}
END
```

其中，参数 sql_statement 指的是 SQL 语句，参数 statement_block 表示的是 SQL 语句的集合，即 SQL 语句块。

例如，下列在 BEGIN…END 中的语句块将在一起执行。该程序段实现回滚事务，并给出“不能删除当前单位！”的错误信息。

```
BEGIN
ROLLBACK TRANSACTION
PRINT '不能删除当前单位!'
END
```

GOTO 语句将执行流变更到标签处，跳过 GOTO 之后的 T-SQL 语句，在标签处继续处理。GOTO 语句和标签可在存储过程、批处理或语句块中的任何位置使用。下列程序段是一个求 100 以内素数的代码,读者应仔细理解。

```
DECLARE @A INT,@B INT,@I INT
SET @I = 1
WHILE @I < 100
BEGIN
SET @A = 2
SET @B = 0
WHILE @A <= @I/2
BEGIN
IF @I % @A = 0
BEGIN
SET @B = 1
BREAK
END
SET @A = @A + 1
END
IF @B = 0 PRINT @I  -- @B 为 0 说明之前没有比@I 小的数字可以把@I 整除
SET @I = @I + 1
END
```

14.2.2 条件控制语句

条件控制语句包括 IF…ELSE 条件分支语句、CASE 语句等。其中,使用 IF…ELSE 实现有条件的分支时,如果条件满足(布尔表达式返回 TRUE 时),则在 IF 关键字及其条件之后执行 SQL 语句。可选的 ELSE 关键字引入备用的 SQL 语句,当不满足 IF 条件时(布尔表达式返回 FALSE),就执行这个语句,其语法如下:

```
IF Boolean_expression
{sql_statement | statement_block }
[ ELSE
{sql_statement | statement_block } ]
```

例如,在学生表 STUDENT 中,如果学号为 990001 的学生年龄大于 20 岁则显示 YES,否则显示 NO。其实现语句为:

```
IF (SELECT SAGE FROM STUDENT WHERE SNO = '990001')> 20
PRINT '学生年龄大于 20 岁'
ELSE
PRINT '学生年龄小于或等于 20 岁'
```

在查询分析器中,上述语句的返回结果如图 14.1 所示。

此外,CASE 语句也是条件控制语句之一,其可以嵌套到 SQL 命令中,是多条件的分支语句,在 SQL Server 中,CASE 命令有两种语句格式:

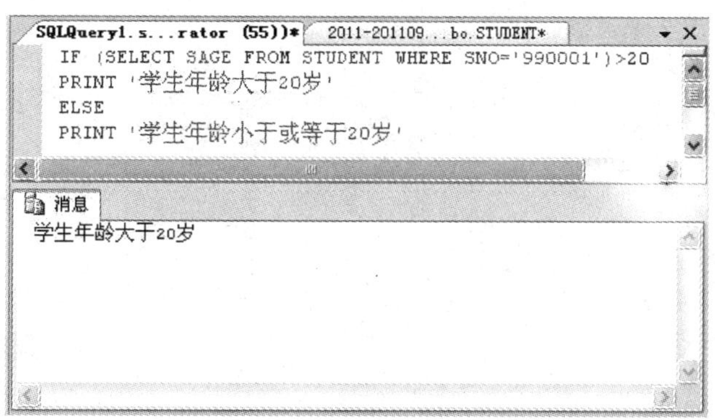

图 14.1 条件控制语句

```
CASE < input_expression >
WHEN < when_expression > THEN < result_expression >
 ⋮
WHEN < when_expression > THEN < result_expression >
[ELSE < else_result_expression >]
END
```

例如，下列程序为调整员工工资，工作级别为“1”的上调 8%，工作级别为“2”的上调 7%，工作级别为“3”的上调 6%，其他上调 5%。程序代码如下：

```
use pangu
update employee
set e_wage =
case
when job_level = '1' then e_wage * 1.08
when job_level = '2' then e_wage * 1.07
when job_level = '3' then e_wage * 1.06
else e_wage * 1.05
end
```

14.2.3 循环控制语句

用 WHILE 可以实现循环操作，只要指定的条件为真，就重复执行语句。可以使用 BREAK 和 CONTINUE 关键字在循环内部控制 WHILE 循环中语句的执行。语法如下：

```
WHILE Boolean_expression
{sql_statement | statement_block }
[ BREAK ]
{sql_statement | statement_block }
[ CONTINUE ]
```

下列程序段循环输出几个值。该程序中除了使用到 WHILE…CONTINUE…BREAK 结构外，还使用了定义变量的 DECLARE 命令。

```
declare @x int, @y int, @c int
select @x = 1, @y=1
while @x<3
begin
print @x --打印变量x的值
while @y<3
begin
select @c = 100*@ x+ @y
print @c --打印变量c的值
select @y = @y + 1
end
select @x = @x + 1
select @y = 1
end
```

上述代码中，给变量 x 和 y 赋值后进入循环，首先输出的是 x 的初值，接下来输出变量 c 的值。其中 x 和 y 分别可以取值 1 和 2。程序执行结果如图 14.2 所示。

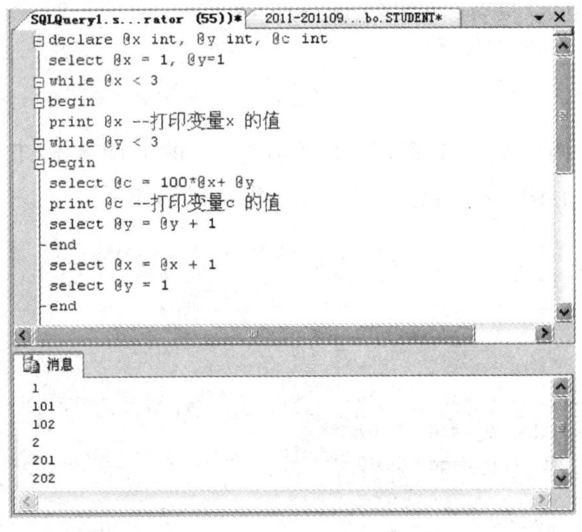

图 14.2　循环控制语句

14.3 SQL Server 的存储过程

在 SQL Server 中，存储过程的使用非常频繁，SQL Server 中的存储过程有其自身的特点，本节将介绍其不同点，以及创建存储过程等内容。

14.3.1 SQL Server 的存储过程概述

在 SQL Server 的系列版本中存储过程分为如下两类：

- 系统提供的存储过程。

系统过程主要存储在 Master 数据库中并以 sp_为前缀，并且系统存储过程主要是从系统表中获取信息，从而为系统管理员管理 SQL Server 提供支持。通过系统存储过程，MS

SQL Server 中的许多管理性或信息性的活动(如了解数据库对象、数据库信息)都可以被顺利有效地完成。尽管这些系统存储过程被放在 Master 数据库中,但是仍可以在其他数据库中对其进行调用,在调用时不必在存储过程名前加上数据库名。而且当创建一个新数据库时,一些系统存储过程会在新数据库中被自动创建。

• 用户自定义存储过程。

用户自定义存储过程是由用户创建并能完成某一特定功能(如查询用户所需数据信息)的存储过程。在这里所涉及的存储过程主要是指用户自定义存储过程。

当利用 MS SQL Server 创建一个应用程序时,T-SQL 是一种主要的编程语言。若运用 T-SQL 来编程,有两种方法:

• 在本地存储 T- SQL 程序,并创建应用程序向 SQL Server 发送命令来对结果进行处理。
• 将部分用 T-SQL 编写的程序作为存储过程存储在 SQL Server 中,并创建应用程序来调用存储过程,对数据结果进行处理存储过程能够通过接收参数向调用者返回结果集,结果集的格式由调用者确定;返回状态值给调用者,指明调用是成功或是失败;包括针对数据库的操作语句,并且可以在一个存储过程中调用另一存储过程。

一般来说,用户通常更偏爱于使用第二种方法,即在 SQL Server 中使用存储过程而不是在客户计算机上调用 T-SQL 编写的一段程序,原因在于 SQL Server 中存储过程具有以下优点:

• 存储过程允许标准组件式编程。

存储过程在被创建以后可以在程序中被多次调用,而不必重新编写该存储过程的 SQL 语句。而且数据库专业人员可随时对存储过程进行修改,但对应用程序源代码毫无影响(因为应用程序源代码只包含存储过程的调用语句),从而极大地提高了程序的可移植性。

• 存储过程能够实现较快的执行速度。

如果某一操作包含大量的 T-SQL 代码或分别被多次执行,那么存储过程要比批处理的执行速度快很多。因为存储过程是预编译的,在首次运行一个存储过程时,查询优化器对其进行分析、优化,并给出最终被存在系统表中的执行计划。而批处理的 T-SQL 语句在每次运行时都要进行编译和优化,因此速度相对要慢一些。

• 存储过程能够减少网络流量。

对于同一个针对数据数据库对象的操作(如查询、修改),如果这一操作所涉及的 T-SQL 语句被组织成一存储过程,那么当在客户计算机上调用该存储过程时,网络中传送的只是该调用语句,否则将是多条 SQL 语句,从而大大增加网络流量,降低了网络负载。

• 存储过程可被作为一种安全机制来充分利用。

系统管理员通过对执行某一存储过程的权限进行限制,从而能够实现对相应的数据访问权限的限制,避免非授权用户对数据的访问,保证数据的安全。

需要注意的是,存储过程虽然既有参数又有返回值,但是其与函数不同。存储过程的返回值只是指明执行是否成功,并且其不能像函数那样被直接调用,也就是在调用存储过程时,在存储过程名字前一定要有 EXEC 保留字。

在大型数据库系统中,存储过程和触发器具有很重要的作用。无论是存储过程还是触发器,都是 SQL 语句和流程控制语句的集合。存储过程在运算时生成执行方式,所以,以后对其再运行时其执行速度很快。SQL Server 2008 不仅提供了用户自定义存储过程的功能，而且提供了许多可作为工具使用的系统存储过程。

14.3.2 系统存储过程

SQL Server系统存储过程是为管理员而提供的，SQL Server安装时在master数据库中创建并由系统管理员拥有。使用户可以很容易地从系统表中取出信息、管理数据库，并执行涉及更新系统表的其他任务。

系统存储过程命令均以sp_开头，其作用主要是用于帮助用户进行数据库管理。值得注意的是，当系统存储过程的参数是保留字或数据库对象名时，且对象名由数据库或拥有者名字限定时，名字必须包含在单引号中。

用户也可以自己创建系统存储过程（只需以sp_作为过程名的开头）。一旦创建，该过程就有以下性质，这也是系统存储过程的性质：

- 可在任何数据库中执行。
- 若在当前数据库中找不到，SQL Server就在master数据库中查找。
- 存储过程中引用的表如果不能在当前数据库中解析出来，将在master数据库查找。

由于系统存储过程的功能强大，为了保证数据库的安全性，在使用SQL Server的系统存储过程时，需要一定的执行权限。一般来说，使用系统存储过程时需注意如下事项：

- 一个用户要有在所有数据库中执行一个系统存储过程的许可权，否则，将不能执行该系统存储过程。
- 数据库拥有者在自己的数据库中不能直接控制系统存储过程的执行。
- 系统存储过程可以在任意一个数据库中执行。
- SQL Server的系统存储过程可以对系统表进行操作，其提供了许多系统存储过程以方便检索和操纵存放在系统表中的信息。

系统存储过程的数目有数百个，在前面的内容也提到了一些。例如，sp_helprule用户查看规则的细节，sp_helpuser用于查看用户等。表14.4列出了常用的一些系统存储过程。

表14.4 常用的系统存储过程

系统存储过程名称	功能说明
sp_helpdb(database_name)	返回指定数据库的信息
sp_help(object)	返回指定数据库对象的信息
sp_helpindex(table_name)	返回指定表的索引信息
sp_helptext	显示存储过程定义文本
sp_depends	列出依赖于存储过程的对象或依赖于对象的存储过程
sp_addlogin	建立SQL Server用户账号
sp_columns	返回当前环境中可以查询的指定对象的列信息。返回的列属于一个表或视图
sp_database	列出SQL Server安装的或通过数据库网关可访问的数据库名及相关信息
sp_datatype_info	返回由当前环境支持的数据类型的信息
sp_monitor	按一定格式显示的系统全局变量的当前值
sp_stored_procedures	用于返回当前数据库中的存储过程的清单
sp_configure	用于管理服务器配置选项设置
sp_rename	用于修改当前数据库中用户对象的名称

14.3.3 存储过程创建及删除语法

在 SQL Server 中，除了数百个系统存储过程外，还支持用户自定义存储过程。SQL Server 中创建存储过程可以使用 CREATE PROCEDURE 语句，其语法形式如下：

```
CREATE PROC[EDURE] procedure_name[;number]
[{@parameter data_type}[VARYING][ = default][OUTPUT]
]],…n]
[WITH{RECOMPILE|ENCRYPTION|RECOMPILE,ENCRYPTION}]
[FOR REPLICATION]
AS sql_statement[…n]
```

在上面的 CREATE PROCEDURE 语句中，CREATE PROCEDURE 是关键字，也可以写成 CREATE PROC。上述语句格式中，方括号"[ ]"中的内容是可选的，花括号"{}"中的内容是必须出现的，不能省略，[,…n]表示前面的参数样式，可以重复出现。竖线"|"表示两边的选项可以任选一个。其中，各参数的说明如下：

- procedure_name——是指该存储过程的名称，名称可以是任何符合命名规则的标识符。名称后的"[; number]"参数表示可以定义一系列的存储过程名称，这些存储过程的数量由 number 指定。
- @parameter data_type——用来指定参数名称。在 SQL Server 使用的 T-SQL 语言中，用户定义的参数名称前面加"@"符号，这些数据类型是 T-SQL 语言允许的各种数据类型，包括系统提供的数据类型和用户定义的数据类型。
- 当参数类型为游标(将在后续章节介绍)时，必须使用关键字 VARYING 和 OUTPUT。VARYING 表示结果集可以是一个输出参数，其内容是动态的。该关键字只能在使用游标作为数据类型时使用。关键字 OUTPUT 表示这是一个输出参数，可以把存储过程执行的结果信息返回应用程序。default 用于指定参数的默认值。
- RECOMPILE 选项——表示重新编译该存储过程。该选项只是在需要的时候才使用，例如，经常需要改变数据库模式时。
- ENCRYPTION 选项——用来加密创建存储过程的文本，防止他人查看。
- FOR REPLICATION 选项——主要用于复制过程中。注意，该选项不能和选项 RECOMPILE 同时使用。
- AS——是一个关键字，表示其后的内容是存储过程的语句。参数 sql-statement[…n] 表示在一个存储过程中可以包含多个 T-SQL 语句。

一个创建成功的存储过程是数据库中的一个数据对象，如果存储过程不需要再使用了，可以使用 DROP PROCEDURE 语句将其删除，其语法如下：

```
DROP PROCEDURE <存储过程名组>
```

SQL Server 中创建存储过程根据其返回值，可以分为带有参数的存储过程和不带参数的存储过程，14.3.4 节将介绍这两种存储过程的实现。

14.3.4 创建不带参数的存储过程

不带参数的存储过程通常实现功能较为简单，不需要与具体使用环境进行交互。在该类型的存储过程中，不含有参数，只执行 AS 子句后的 SQL 语句。

例如，建立一个选取学生表 STUDENT 中所有数据记录的存储过程 STU_ALL。使用创建存储过程的语法实现如下：

```
CREATE PROCEDURE STU_ALL
AS
SELECT *
FROM STUDENT
```

在 SQL Server 中的查询分析器中执行上述语句，即创建了该存储过程 STU_ALL。创建完成后，可以使用系统存储过程 sp_helptext 来查看该过程的细节，使用语句：

```
EXEC sp_helptext STU_ALL
```

其返回结果如图 14.3 所示。

	Text
1	CREATE PROCEDURE STU_ALL
2	AS
3	SELECT *
4	FROM STUDENT
5	

图 14.3 查看存储过程细节

创建该存储过程后，其作为一个数据对象保存在数据库内，当用户需要使用的时候调用其即可。SQL Server 中调用存储过程的语句为 EXECUTE 语句，通常简写为 EXEC，其格式为：

```
EXEC 存储过程名
```

例如，调用上述创建的存储过程 STU_ALL，其语句为：EXEC STU_ALL，在查询分析器中执行后，如图 14.4 所示。

SQLQuery2.s...rator (55))* | 2011-201109... dbo.STUDENT

```
EXEC STU_ALL
```

结果 | 消息

	SNO	SNAME	SGENTLE	SAGE	SBIRTH	SDEPT
1	990002	陈林	女	19	1988-05-21 00:00:00	外语
2	990001	张三	男	20	1987-08-04 00:00:00	计算机
3	990003	吴忠	男	21	1986-04-12 00:00:00	工商管理
4	990005	王冰	女	20	1987-02-16 00:00:00	体育
5	990012	张忠和	男	22	1985-08-28 00:00:00	艺术
6	990026	陈维加	女	21	1986-07-01 00:00:00	计算机
7	990028	李莎	女	21	1986-10-21 00:00:00	计算机

图 14.4 调用不带参数的存储过程

上述语句实现的是创建一个简单的存储过程并调用，实用性不强。通常情况下，存储过程中的 SQL 语句都比较复杂，实现的功能比较多，实用性强。例如，在学生表 STUDENT、学生选课表 SC 和课程表 COURSE 中，要选取出选修了课程“数据结构”的所有学生的信息。

分析：该示例中需要建立连接查询或子查询，先找出 COURSE 表中符合课程名为“数据结构”的课程对应的课程号，再在 SC 表中找出选修了该课程的学生学号，最后在 STUDENT 中找出这些学号所对应的其余字段值并显示。创建语句如下：

```
CREATE PROCEDURE STU_DS
AS
SELECT *
FROM STUDENT
WHERE SNO IN (SELECT SNO
              FROM SC
              WHERE CNO = (SELECT CNO
                           FROM COURSE
                           WHERE CNAME = '数据结构'))
```

同样，在查询分析器中执行上述语句后，可以使用 sp_helptext 系统存储过程来查看 STU_DS 存储过程的细节，此处不再赘述。使用 EXECUTE 语句调用上述存储过程后，可以得到预定查询结果：选修了课程“数据结构”的所有学生的信息，返回结果如图 14.5 所示。

	SNO	SNAME	SGENTLE	SAGE	SBIRTH	SDEPT
▶	990001	张三	男	20	1987-08-04 00:00:00	计算机
	990026	陈维加	女	21	1986-07-01 00:00:00	计算机

图 14.5　调用存储过程

可以看出，创建不带参数的存储过程较为简单，其实际上是一组 SQL 语句或一些 SQL 语句的集合，调用这些存储过程也即执行其中的 SQL 语句。

14.3.5　创建带参数的存储过程

存储过程中还可以有参数，与 SQL 的函数类似，带有参数的存储过程能够使得该过程与 T-SQL 语言中的其他语句进行交互。简单来说，创建带参数的存储过程的语法格式如下：

```
CREATE PROCEDURE 存储过程名
变量声明
AS
SQL 语句
```

例如，创建一个存储过程 STU_SNO，其需要根据用户指定的学号，返回 STUDENT 表中与学号对应的该记录的所有学生信息。其实现语句为：

```
CREATE PROCEDURE STU_SNO
@SNO VARCHAR(10)
AS
SELECT *
FROM STUDENT
WHERE SNO = @SNO
```

上述语句中，@SNO VARCHAR(10)为声明变量 SNO，该变量为一个不定长的字符串数据类型，最大长度为 10。在最后的 WHERE 子句中，SNO＝@SNO 为返回 STUDENT 表中字段 SNO 与变量 SNO 值相等的数据记录。

需要注意的是，调用带参数的存储过程也是使用 EXECUTE 语句，但与前面不同的是，此处的调用需要提供参数。例如，上述存储过程的功能是根据用户指定学号返回对应记录的学生信息，在调用该过程时需提供学号参数。如需返回学号为 990001 的学生的所有信息，调用该存储过程的实现语句为：

```
EXEC STU_SNO '990001'
```

返回结果如图 14.6 所示。

SQLQuery2.s...rator (55))* 2011-201109...bo.STUDENT*

EXEC STU_SNO '990001'

结果 消息

	SNO	SNAME	SGENTLE	SAGE	SBIRTH	SDEPT
1	990001	张三	男	20	1987-08-04 00:00:00	计算机

图 14.6 调用带参数的存储过程

可以看出，使用 EXECUTE 语句调用带参数和不带参数的存储过程，其形式大致相同，只是调用带参数的存储过程需要附加指定的参数。如果在调用带参数的存储过程时没有指定参数，SQL Server 将返回错误信息，如图 14.7 所示。

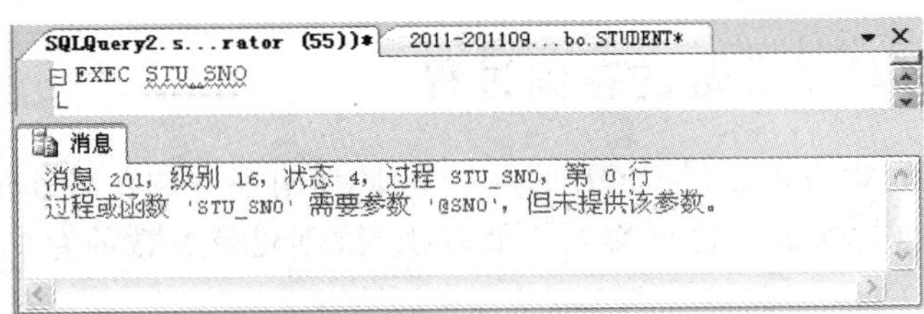

图 14.7 调用错误提示

此外，在实际应用中，存储过程通常都含有两个或两个以上的参数，其创建方法和调用也都类似。例如，针对表 14.1、表 14.2 和表 14.3 的学生表 STUDENT、课程表 COURSE、学生选课表 SC，创建一个存储过程 STU_GRADE，其功能为选取指定的系学生选修了某一门课程的学生基本信息和其成绩，并按成绩降序排列。

分析：该存储过程实现的功能较为复杂，可以先将其 SQL 语句写出。它涉及三个表，可以使用表的等值连接来实现。其中两个条件如下：

- 指定的系的学生——也即 SDEPT 字段值由用户指定，那么在创建存储过程时需定义一个参数，用于传递该信息。
- 某一门课程——也即 SNAME 字段由用户指定，那么在创建存储过程时需定义一个参数，用于传递课程信息。

综合以上分析，写出创建该存储过程的语句如下：

```
CREATE PROCEDURE STU_GRADE
@SDEPT VARCHAR(50),
@CNAME VARCHAR(10)
AS
SELECT STUDENT.SNO 学号,STUDENT.SNAME 姓名,STUDENT.SGENTLE 性别,COURSE.CNAME 课程名,COURSE.
CGRADE 学分,SC.GRADE 成绩
FROM STUDENT JOIN SC
ON STUDENT.SNO = SC.SNO
JOIN COURSE
ON COURSE.CNO = SC.CNO
WHERE STUDENT.SDEPT = @SDEPT
AND COURSE.CNAME = @CNAME
ORDER BY SC.GRADE DESC
```

在查询分析器中执行上述语句，即创建了该存储过程。创建完成后，可以采用 EXECUTE 语句调用。例如，需要找出计算机系的学生选修了“数据结构”这门课程的学生基本信息和成绩，调用上述存储过程的实现如下：

```
EXEC STU_GRADE '计算机','数据结构'
```

需要注意的是，针对有多个参数的存储过程调用，参数之间采用逗号“,”将其隔开。上述语句在 SQL Server 的查询分析器中的执行如图 14.8 所示。

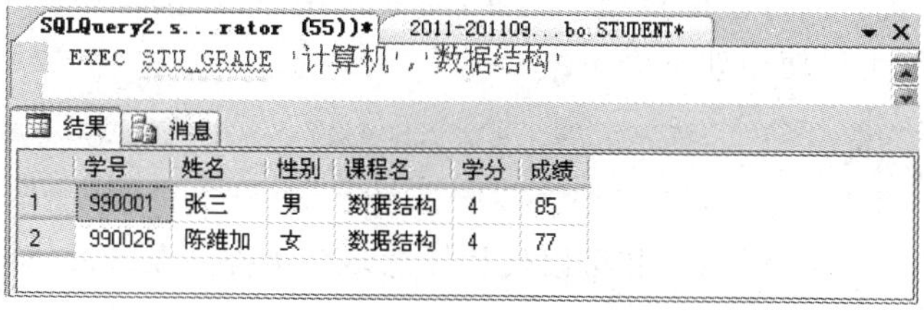

SQLQuery2.s...rator (55))*　2011-201109...bo.STUDENT*

EXEC STU_GRADE '计算机','数据结构'

结果　消息

	学号	姓名	性别	课程名	学分	成绩
1	990001	张三	男	数据结构	4	85
2	990026	陈維加	女	数据结构	4	77

图 14.8　调用多参数的存储过程

创建了 STU_GRADE 存储过程后，以后需要查询某个系的某一门课程的选修学生和成绩等信息，只需要直接调用该过程即可。

14.3.6　创建带通配符参数的存储过程

在具体应用中，由于待查询的条件不够充分，常常需要用到模糊查询。同样，存储过程的创建也支持带通配符参数的存储过程创建。

例如，创建一个存储过程 STU_SNAME，要实现在 STUDENT 表中找出所有姓"张"的同学的记录并将其返回。创建该存储过程的实现语句为：

```
CREATE PROCEDURE STU_SNAME
@SNAME VARCHAR(10) = '张%'
AS
SELECT *
FROM STUDENT
WHERE SNAME LIKE @SNAME
```

执行上述存储过程，其返回值如图 14.9 所示。

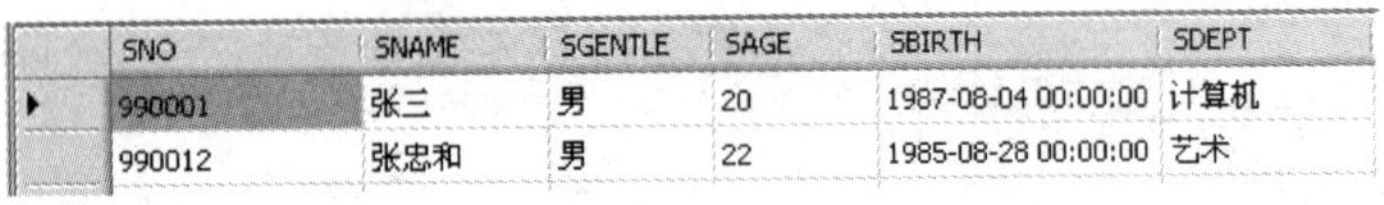

SNO	SNAME	SGENTLE	SAGE	SBIRTH	SDEPT
990001	张三	男	20	1987-08-04 00:00:00	计算机
990012	张忠和	男	22	1985-08-28 00:00:00	艺术

图 14.9　带通配符参数的存储过程

可以看出，上述示例实现了在存储过程使用通配符和 LIKE 运算符进行模糊查询。然而，在许多应用中，需要找出所有指定姓氏的所有学生，而不是某一个姓氏的学生。例如，如果需要在 STUDENT 表中找出所有姓李的同学的记录，又需要重新创建存储过程，这不符合存储过程的初衷。因此，可以对上述存储过程进行修改如下：

```
CREATE PROCEDURE STU_SNAME
@SNAME VARCHAR(10)
AS
SELECT *
FROM STUDENT
WHERE SNAME LIKE @SNAME
```

使用了上述语句创建存储过程，事实上就是一个带参数的存储过程。其区别在于调用的时候可以输入通配符进行模糊查询。例如，需要调用 STU_SNAME 存储过程找出所有姓"张"的同学记录，可以使用如下语句：

```
EXEC STU_SNAME '张%'
```

上述语句中的"%"为通配符，其可以代替任意多个字符。在 SQL Server 的查询分析器中的执行如图 14.10 所示。

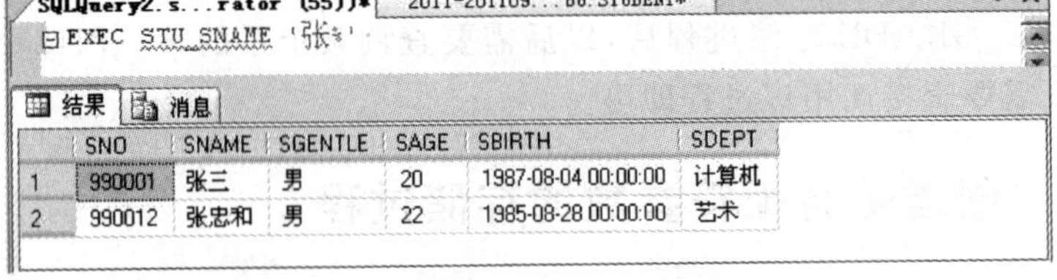

SQLQuery2.s...rator (55))*　2011-201109...bo.STUDENT*

EXEC STU_SNAME '张%'

结果　消息

	SNO	SNAME	SGENTLE	SAGE	SBIRTH	SDEPT
1	990001	张三	男	20	1987-08-04 00:00:00	计算机
2	990012	张忠和	男	22	1985-08-28 00:00:00	艺术

图 14.10　带通配符参数的存储过程

通过上述存储过程，以后需要查找某个姓氏的同学记录，只需直接调用该存储过程，并在参数中使用通配符即可。

14.3.7 在企业管理器中操作存储过程

上述小节中介绍存储过程的创建、调用都是在 SQL Server 的查询分析器中操作。事实上，SQL Server 提供了图形操作界面操作存储过程。

在企业管理器中，选中“数据库”|“可编程性”|“存储过程”，右击该菜单项，在弹出的快捷菜单中选择“新建存储过程”菜单项，如图 14.11 所示。

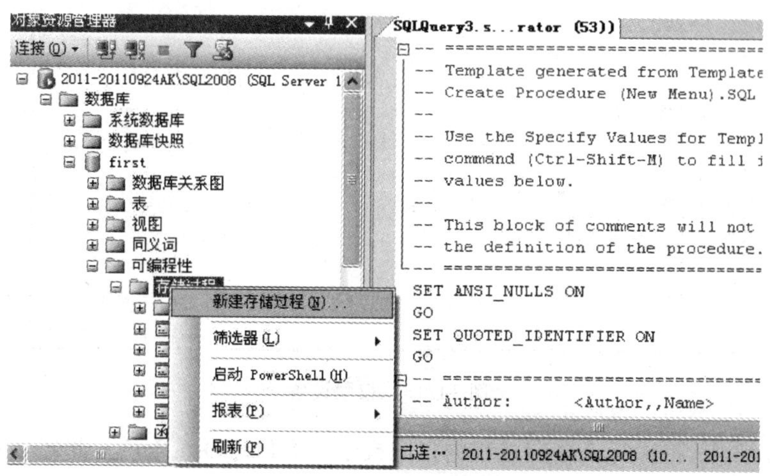

图 14.11 创建存储过程

可以看到，图 14.11 中已经给出了存储过程的框架，只需要用户在 create PROCEDURE 后输入存储过程的名字，紧跟着的就是定义存储过程的参数，接下来就可以编写自己所需要组装的存储过程语句。

如果需要对已经存在的存储过程进行修改，可在企业管理器的右边列表框中选中目标存储过程，单击右键选择“修改”菜单项即可。例如，上述小节中创建的 STU_SNAME 存储过程，其属性对话框如图 14.12 所示。

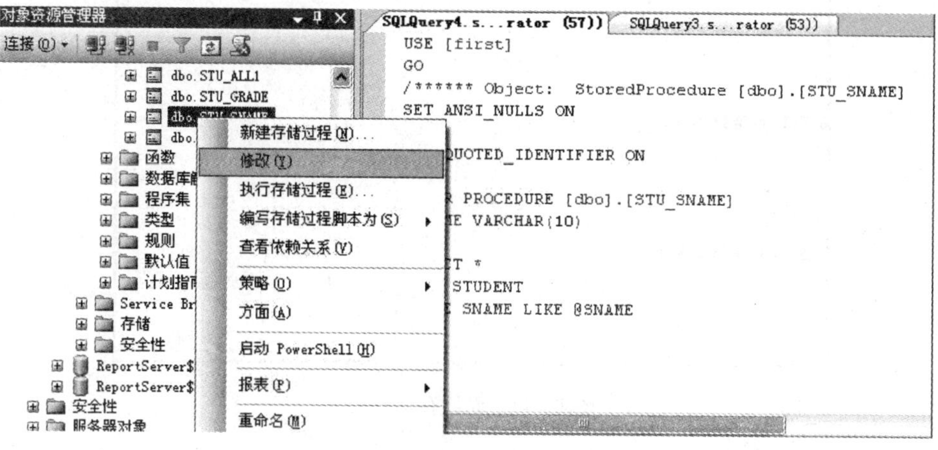

图 14.12 修改存储过程

在图 14.12 中，可以对存储过程的文本进行修改，还可以在属性中查看该存储过程使用者的权限。单击属性中的“权限”按钮，进入如图 14.13 所示的对话框。

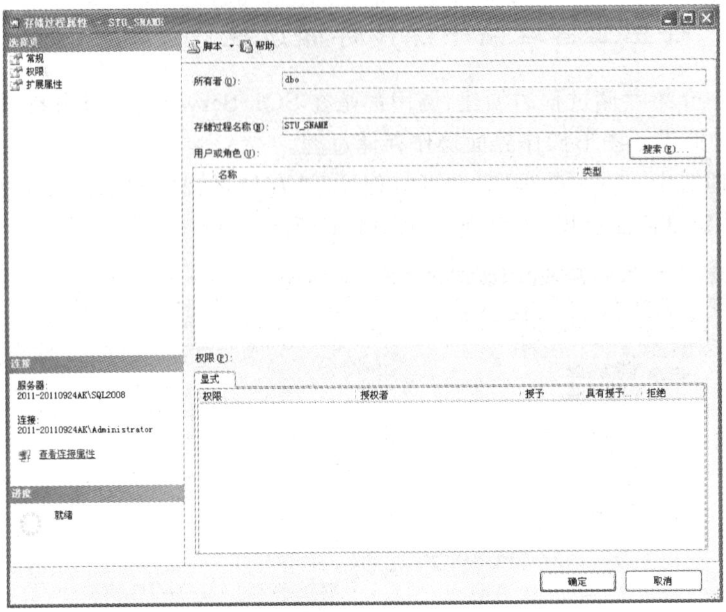

图 14.13　权限设置

在图 14.13 中，将执行该存储过程的权限授予了 STUCOM 角色。此外，还可以在企业管理器中对存储过程进行删除操作。选中目标存储过程，此处为 STU_SNAME 存储过程，单击右键选择“删除”菜单项，弹出如图 14.14 所示的对话框。

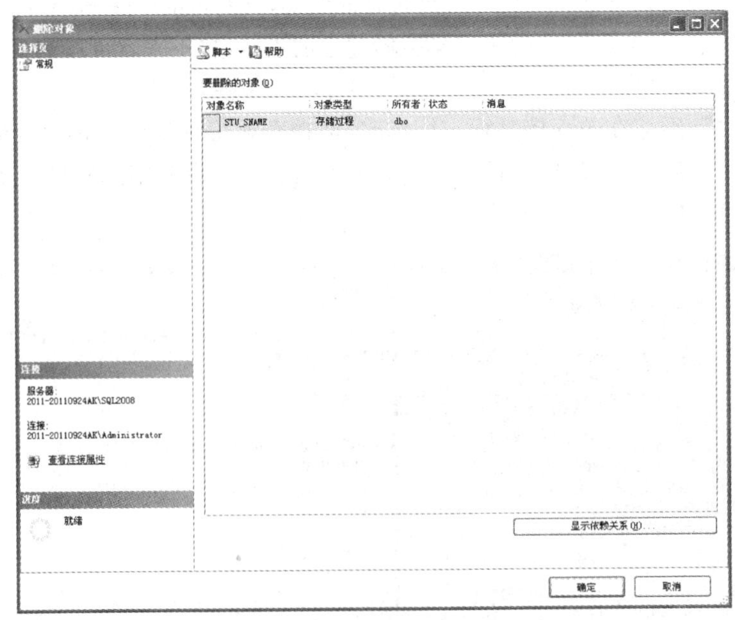

图 14.14　删除存储过程

在 SQL Server 中,存储过程作为一个重要的数据对象,其使用非常广泛。此处给出的存储过程示例都较简单,在实际应用中,需要用到 SQL 语句和流程控制语句的结合,读者需掌握其在查询分析器和企业管理器中的创建和删除等操作。

14.4 Oracle 的流程控制语句

前面内容提到过,Oracle 使用的是 PL/SQL 语言。因此,Oracle 程序中的流程控制语句借鉴了许多高级语言的流程控制思想,但又有自己的特点。简单来说,Oracle 的流程控制语句与 SQL Server 的大部分相似,也分为顺序、条件和循环结构。鉴于 Oracle 的顺序结构与 SQL Server 的相似,此处不再赘述。14.4.1 节和 14.4.2 节主要介绍条件和循环控制语句。

14.4.1 条件控制语句

Oracle 的条件控制语句包括如下三种:

- if…then…end if 条件控制——单条件控制,其语法结构如下所示:

```
if 条件 then
  语句段;
end if;
```

- if…then…else…end if 条件控制:双条件控制,其语法结构如下所示:

```
if 条件 then
  语句段 1;
else
  语句段 2;
end if;
```

- if 嵌套条件控制——即在条件语句中还包含条件控制,其语法结构如下所示:

```
if 条件 1 then
  if 条件 2 then
    语句段 1;
  else
    语句段 2;
  end if;
else
  语句段 3;
end if
```

14.4.2 循环控制语句

循环结构是按照一定逻辑条件执行一组命令,Oracle 中有 4 种基本循环结构,在其基础上又可以演变出许多嵌套循环控制，这里介绍最基本的循环控制语句。

图 14.15 是 LOOP…EXIT…END LOOP 循环控制的流程控制图，其余控制语句如 WHILE LOOP、FOR LOOP 等语句读者可参考第 3.4 节。

```
loop
  循环语句段;
 if 条件语句then
   exit;
 else
   退出循环的处理语句
 end if
end loop
```

图 14.15　循环控制语句

14.5 Oracle 中的存储过程

Oracle 中的存储过程是一个 PL/SQL 程序块，接受零个或多个参数作为输入(INPUT)或输出(OUTPUT)，或既作输入又作输出(INOUT)。与函数不同，存储过程没有返回值，存储过程不能由 SQL 语句直接使用，只能通过 EXECUT 命令或 PL/SQL 程序块内部调用。

14.5.1 Oracle 的存储过程结构

在 Oracle 中定义存储过程的语法如下：

```
PROCEDURE name [(parameter[,parameter, … ])] IS
[local declarations]
BEGIN
execute statements
[EXCEPTION
exception handlers ]
END [name]
```

由上可看出，Oracle 使用的是 PL/SQL 语言，存储过程包含三部分：声明部分、执行部分和异常处理部分，其语法结构如下所示：

```
[DECLARE]
--- declaration statements
BEGIN
--- executable statements
[EXCEPTION]
--- exception statements
END
```

其中,流程控制语句都出现在执行部分。PL/SQL 块中的每一条语句都必须以分号结束,SQL 语句可以是多行的,但分号表示该语句的结束。一行中可以有多条 SQL 语句,它们之间以分号分隔。需要注意的是,由于本书的示例代码均采用 T-SQL,因此没有使用到分号。读者在使用 PL/SQL 时,才要注意分号的使用。每一个 PL/SQL 块由 BEGIN 或 DECLARE 开始,以 END 结束。注释由--标示。PL/SQL 块的总体结构如图 14.16 所示,流程控制语句出现在 BEGIN 语句和 END 语句之间。

```
Declare
    定义语句段
Begin
    执行语句段
Exception
    异常处理语句段
End
```

图 14.16 Oracle 程序块结构

14.5.2 创建存储过程

与 SQL Server 中的存储过程一样,Oracle 中的存储过程也可以分为带参数和不带参数的存储过程。其中,创建不带参数的存储过程的语法结构如下:

```
CREATE OR REPLACE PROCEDURE 存储过程名
AS
BEGIN
…;
EXCEPTION
      ;
END;
```

例如,建立一个选取学生表 STUDENT 中所有数据记录的存储过程 STU_ALL。使用创建存储过程的语法实现如下:

```
CREATE OR REPLACE PROCEDURE STU_ALL
AS
BEGIN
SELECT *
FROM STUDENT;
END;
```

上述语句实现的功能为返回 STUDENT 表中所有数据记录。同样,Oracle 创建带参数的存储过程的语法结构如下:

```
CREATE OR REPLACE PROCEDURE (参数 1 [, … 参数 n])存储过程名
AS
BEGIN
…;
EXCEPTION
      ;
END;
```

例如,创建一个存储过程 STU_TEST,其根据用户输入的字符,将用户输入原样输出。

其实现语句为：

```
CREATE OR REPLACE PROCEDURE STU_TEST
(a IN VARCHAR2,b OUT VARCHAR2)
AS
b: = a;
END;
```

同样，在调用上述存储过程时，需给出参数，如：

```
SQL> var c varchar2(10);
SQL> exec STU_TEST('01',:c)
```

上述语句中，输入为字符 01，输出也是字符 01。这只是最简单的存储过程调用，在 Oracle 的存储过程创建和调用中，还有许多语法，读者可参考 Oracle 的相关手册。

14.6 小结

本章主要介绍了存储过程的概念和相关使用。存储过程是数据库中很重要的一个数据对象，其由流程控制语句和 SQL 语句组成，实现特定的功能。本章介绍了 SQL Server 和 Oracle 两种数据库的存储过程创建和调用，其中重点介绍了 SQL Server 的存储过程实现，主要包括其流程控制语句、存储过程的创建和调用以及在企业管理器中操作存储过程的方法。由于相似性，本章只对 Oracle 的流程控制语句和存储过程做简要介绍。

第15章 触发器

在第 15 章数据完整性控制中，提到了保护数据完整性的方法有约束、规则等。此外，本章要介绍的触发器也是保护完整性的一种重要方法。简单来说，触发器是一种特殊类型的存储过程，当有操作影响到触发器保护的数据时，触发器就自动执行。

15.1 触发器基本概念

在现实世界中，有许多完整性规则是和具体的应用背景有关。例如一个小型商业销售公司中，可能就会有这样起码的要求：拿到一份订单后，负责这个订单的销售员的 SALES 值应该增加，同时该销售员所属销售点的 SALES 值也应该增加。而要满足这样的要求已超出了 SQL 语言的工作范围。基于 SQL 的数据库管理系统只能负责数据的存储、组织并保证其基本的完整性，维护与具体的应用有关的应用规则则应是存取数据库的具体应用程序的责任。

目前许多 SQL 的数据库管理系统都提供了触发器的功能，以支持在关系数据库中含有应用规则。本节简要介绍有关触发器的基本概念。

15.1.1 触发器概述

触发器是一种特殊的存储过程，类似于其他编程语言中的事件函数，其不同于前面介绍过的存储过程。触发器主要是通过事件进行触发而被执行的，而存储过程可以通过存储过程名字而被直接调用。当对某一表进行诸如 UPDATE、INSERT、DELETE 这些操作时，数据库管理系统就会自动执行触发器所定义的 SQL 语句，从而确保对数据的处理必须符合由这些 SQL 语句所定义的规则。

触发器的主要作用就是其能够实现由主键和外键所不能保证的复杂的参照完整性和数据的一致性。除此之外，触发器还有其他许多不同的功能。

- 强化约束(Enforce restriction)：触发器能够实现比 CHECK 语句更为复杂的约束。
- 跟踪变化(Auditing changes)：触发器可以侦测数据库内的操作，从而不允许数据库中未经许可的指定更新和变化。
- 级联运行(Cascaded operation)：触发器可以侦测数据库内的操作，并自动地级联影响整个数据库的各项内容。例如，某个表上的触发器中包含对另外一个表的数据操作(如删除、更新、插入)而该操作又导致该表上触发器被触发。

- 存储过程的调用(Stored procedure invocation)：为了响应数据库更新，触发器可以调用一个或多个存储过程，甚至可以通过外部过程的调用而在数据库管理系统本身之外进行操作。

由此可见，触发器可以解决高级形式的业务规则或复杂行为限制以及实现定制记录等一些方面的问题。例如，触发器能够找出某一表在数据修改前后状态发生的差异，并根据这种差异执行一定的处理。此外一个表的同一类型(INSERT、UPDATE、DELETE)的多个触发器能够对同一种数据操作采取多种不同的处理。

触发器是在特定表上进行定义的，该表也称为触发器表。触发器的类型有数据插入、数据修改和数据删除三种。当有操作针对触发器表时，如果该表有相应操作类型的触发器，那么触发器就能自动引发执行。

可以看出，触发器比数据库本身标准的功能有更精细和更复杂的数据控制能力。具体来说，数据库触发器有以下的作用：

- 安全性。可以基于数据库的值使用户具有操作数据库的某种权利。
- 可以基于时间限制用户的操作，例如不允许下班后和节假日修改数据库数据。
- 可以基于数据库中的数据限制用户的操作，例如不允许股票的价格的升幅一次超过10%。
- 审计。可以跟踪用户对数据库的操作。
- 审计用户操作数据库的语句。
- 把用户对数据库的更新写入审计表。
- 实现复杂的数据完整性规则。
- 实现非标准的数据完整性检查和约束。触发器可产生比规则更为复杂的限制。与规则不同，触发器可以引用列或数据库对象。例如，触发器可回退任何企图吃进超过自己保证金的期货。
- 提供可变的默认值。
- 实现复杂的非标准的数据库相关完整性规则。触发器可以对数据库中相关的表进行连环更新。例如，在STUDENT表中SNO字段上的删除触发器可导致相应删除在其他表中如学生选课表SC上与之匹配的行。
- 在修改或删除时级联修改或删除其他表中的与之匹配的行。
- 在修改或删除时把其他表中的与之匹配的行设成NULL值。
- 在修改或删除时把其他表中的与之匹配的行级联设成默认值。
- 触发器能够拒绝或回退那些破坏相关完整性的变化，取消试图进行数据更新的事务。当插入一个与其主键不匹配的外部键时，这种触发器会起作用。例如，可以在学生选课表SC的SNO字段上生成一个插入触发器，如果插入新值与学生表STUDENT中SNO字段中的某值不匹配时，插入被回退。
- 同步实时地复制表中的数据。
- 自动计算数据值，如果数据的值达到了一定的要求，则进行特定的处理。例如，如果公司的账号上的资金低于5万元则立即给财务人员发送警告数据。

总体而言，触发器性能通常比较低。当运行触发器时，系统处理的大部分时间花费在参照其他表的这一处理上，因为这些表既不在内存中也不在数据库设备上，而删除表和插入表总是位于内存中。可见触发器所参照的其他表的位置决定了操作要花费的时间长短。

15.1.2 触发器原理

一个触发器函数可以在一个 INSERT、UPDATE 和 DELETE 命令之前或者之后执行。如果发生触发器事件，那么将在合适的时刻调用触发器的函数以处理该事件。

触发器函数必须在创建触发器之前，作为一个没有参数并且返回 TRIGGER 类型的函数定义（触发器函数通过特殊的 TriggerData 结构接收其输入，而不是用普通函数参数那种形式）。一旦创建了一个合适的触发器函数，就可以用触发器的创建语句 CREATE TRIGGER 来创建，同一个触发器函数可以用于多个触发器。

一般来说，有两种类型的触发器。

- 按行触发的触发器：也称为行级别的触发器。在按行触发的触发器里，触发器函数是为触发触发器的语句影响的每一行执行一次。
- 按语句触发的触发器：也称为语句级别的触发器。按语句触发的触发器是在每执行一次合适的语句执行一次，而不管影响的行数。因此，一个影响零行的语句将仍然导致任何适用的按语句触发的触发器的执行。

其中，每种类型的触发器都有 BEFORE 触发器和 AFTER 触发器两种，其区别在于：

- 语句级别的 BEFORE 触发器通常在语句开始做任何事情之前触发，而语句级别的 AFTER 触发器在语句的最后触发。
- 行级别的 BEFORE 触发器在对特定行进行操作的时候马上触发，而行级别的 AFTER 触发器在语句结束的时候触发（但是在任何语句级别的 AFTER 触发器之前）。

按语句触发的触发器应该总是返回 NULL 值。如果必要，按行触发的触发器函数可以给调用它的执行者返回一个数据行，那些在操作之前触发的触发器有以下选择：

- 可以返回 NULL 以忽略对当前行的操作。这就指示执行器不要执行调用该触发器的行级别操作（对特定行的插入或者更改）。
- 只用于 INSERT 和 UPDATE 触发器：返回的行将成为被插入的行或者是成为将要更新的行。这样就允许触发器函数修改被插入或者更新的行。
- 一个无意导致任何这类行为的在操作之前触发的行级触发器必须返回那个被当作新行传进来的同一行（也就是说，对于 INSERT 和 UPDATE 触发器而言，是新的一条记录，对于 DELETE 触发器而言，是已存在的记录）。
- 对于在操作之后触发的行级别的触发器，其返回值会被忽略，因此它们可以返回 NULL。

需要注意的是，如果多于一个触发器为同样的事件定义在同样的关系上，触发器将按照由名字的字母顺序排序的顺序触发。如果是事件之前触发的触发器，每个触发器返回的可能已经被修改过的行成为下一个触发器的输入。如果任何事件之前触发的触发器返回 NULL 指针，那么其操作被丢弃并且随后的触发器不会被触发。

通常，行的 BEFORE 触发器用于检查或修改将要插入或者更新的数据。例如，一个 BEFORE 触发器可以用于把当前时间插入一个时间戳字段，或者跟踪该行的两个元素是否一致。行的 AFTER 触发器多数用于填充或者更新其他表，或者对其他表进行一致性检查。

这么区分工作的原因是：AFTER 触发器肯定可以看到该行的最后数值，而 BEFORE 触发器不能；还可能有其他的 BEFORE 触发器在其后触发。如果没有具体的原因定义触发器是 BEFORE 还是 AFTER，那么 BEFORE 触发器的效率高些，因为操作相关的信息不必保存到语句的结尾。

如果一个触发器函数执行 SQL 命令，然后这些命令可能再次触发触发器。这就是所谓的级联触发器。对级联触发器的级联深度没有明确的限制，有可能出现级联触发器导致同一个触发器的递归调用的情况；例如，一个 INSERT 触发器可能执行一个命令，把一个额外的行插入同一个表中，导致 INSERT 触发器再次激发，避免这样的无穷递归的问题是触发器程序员的责任。

在定义一个触发器的时候，可以声明一些参数。在触发器定义里面包含参数的目的是允许类似需求的不同触发器调用同一个函数，例如，可能有一个通用的触发器函数，接收两个字段名字，把当前用户放在第一个，而当前时间戳在第二个。只要写得恰当，那么这个触发器函数就可以和触发它的特定表无关。这样同一个函数就可以用于有着合适字段的任何表的 INSERT 事件，实现自动跟踪交易表中的记录创建之类的问题。如果定义成一个 UPDATE 触发器，还可以用其跟踪最后更新的事件。

每种支持触发器的编程语言都有自己的方法让触发器函数得到输入数据。这些输入数据包括触发器事件的类型（比如，INSERT 或者 UPDATE）以及所有在 CREATE TRIGGER 里面列出的参数。语句级别的触发器目前没有任何方法检查该语句修改的独立行。

15.1.3 示例数据表

为方便本章后续内容的讲解，本节引入了几个数据表，其中，表 15.1 是一个学生表 STUDENT，其中包含学号(SNO)、姓名(SNAME)、性别(SGENTLE)、年龄(SAGE)、出生年月(SBIRTH)、系部(SDEPT)和 SCNUM(选修课程门数)共 7 个字段。

表 15.1 学生表 STUDENT

SNO	SNAME	SGENTLE	SAGE	SBIRTH	SDEPT	SCNUM
990001	张三	男	20	1987-8-4	计算机	2
990002	陈林	女	19	1988-5-21	外语	0
990003	吴忠	男	21	1986-4-12	工商管理	1
990005	陈林	男	20	1987-2-16	体育	0
990012	张忠和	男	22	1985-8-28	艺术	3
990026	陈维加	女	21	1986-7-1	计算机	2
990028	李莎	女	21	1986-10-21	计算机	1

表 15.2 为一个学生选课表 SC，主要包含学号(SNO)、课程号(CNO)和成绩(GRADE)三个字段。

表 15.2 学生选课表 SC

SNO	CNO	GRADE
990001	003	85
990001	004	78
990003	001	95
990012	004	62
990012	006	74
990012	007	81
990026	001	
990026	003	77
990028	006	

表 15.3 是一个课程表 COURSE，主要包含课程号(CNO)、课程名称(CNAME)和学分(CGRADE)三个字段。

表 15.3 课程表 COURSE

CNO	CNAME	CGRADE
001	计算机基础	2
003	数据结构	4
004	操作系统	4
006	数据库原理	4
007	软件工程	4

15.2 SQL Server 中的触发器

SQL Server 允许为 INSERT、UPDATE、DELETE 创建触发器，当在表(视图)中插入、更新、删除记录时，触发一个或一系列 SQL 语句。

15.2.1 创建及删除触发器语法

SQL 中，使用 CREATE TRIGGER 语句来创建触发器。一般来说，SQL Server 中创建触发器的语法格式如下：

```
CREATE TRIGGER trigger_name
ON{table|view}
[WITH ENCRYPTION]
{
{{FOR|AFTER|INSTEADOF}{[INSERT][,][UPDATE]}
[WITH APPEND]
[NOT FORREPLICATION]
AS
[{IF UPDATE(column)
[{AND|OR}UPDATE(column)]
```

```
[ …n]
|IF(COLUMNS_UPDATED(){bitwise_operator}updated_bitmask)
{comparison_operator}column_bitmask[ …n]
}]
sql_statement[ …n]
}
}
```

其中,各参数说明如下:

- trigger_name——是触发器的名称。触发器名称必须符合标识符规则,并且在数据库中必须唯一,可以选择是否指定触发器所有者名称。
- table|view——是在其上执行触发器的表或视图,有时称为触发器表或触发器视图,可以选择是否指定表或视图的所有者名称。
- WITH ENCRYPTION——加密 syscomments 表中包含 CREATE TRIGGER 语句文本的条目。使 WITH ENCRYPTION 可防止将触发器作为 SQL Server 复制的一部分发布。
- AFTER——指定触发器只有在触发 SQL 语句中指定的所有操作都已成功执行后才激发。所有的引用级联操作和约束检查也必须成功完成后,才能执行此触发器。如果仅指定 FOR 关键字,则 AFTER 是默认设置。不能在视图上定义 AFTER 触发器。
- INSTEADOF——指定执行触发器而不是执行触发 SQL 语句,从而替代触发语句的操作。在表或视图上,每个 INSERT、UPDATE 或 DELETE 语句最多可以定义一个 INSTEADOF 触发器。然而,可以在每个具有 INSTEADOF 触发器的视图上定义视图。INSTEADOF 触发器不能在 WITH CHECK OPTION 的可更新视图上定义。如果向指定了 WITH CHECK OPTION 选项的可更新视图添加 INSTEADOF 触发器,SQL Server 将产生一个错误。用户必须用 ALTER VIEW 删除该选项后才能定义 INSTEADOF 触发器。
- {[INSERT][,][UPDATE]}——是指定在表或视图上执行哪些数据修改语句时将激活触发器的关键字,至少指定一个选项。在触发器定义中允许使用以任意顺序组合的这些关键字。如果指定的选项多于一个,需用逗号分隔这些选项。对于 INSTEADOF 触发器,不允许在具有 ON DELETE 级联操作引用关系的表上使用 DELETE 选项。同样,也不允许在具有 ON UPDATE 级联操作引用关系的表上使用 UPDATE 选项。
- WITH APPEND——指定应该添加现有类型的其他触发器。只有当兼容级别是 65 或更低时,才需要使用该可选子句。如果兼容级别是 70 或更高,则不必使用 WITH APPEND 子句添加现有类型的其他触发器。
- WITH APPEND 不能与 INSTEAD OF 触发器一起使用,或者,如果显式声明 AFTER 触发器,也不能使用该子句。只有出于向后兼容目的而指定 FOR 时(没有 INSTEAD OF 或 AFTER),才能使用 WITH APPEND。
- NOT FORREPLICATION——表示当复制进程更改触发器所涉及的表时,不应执行该触发器。

- AS——是触发器要执行的操作。
- sql_statement——是触发器的条件和操作。触发器条件指定其他准则，以确定 DELETE、INSERT 或 UPDATE 语句是否导致执行触发器操作。

此外，删除触发器的语法格式比较简单，使用 DROP TRIGGER 语句，加上待删除触发器的名称即可。一次可以删除多个触发器，其语法如下所示：

```
DROP TRIGGER 触发器名称 1[,…触发器名称 n]
```

需要注意的是，当尝试 DELETE、INSERT 或 UPDATE 操作时，T-SQL 语句中指定的触发器操作将生效。触发器可以包含任意数量和种类的 T-SQL 语句。

此外，触发器旨在根据数据修改语句检查或更改数据，不应将数据返回给用户。触发器中的 T-SQL 语句常常包含控制流语言。

15.2.2 创建 INSERT 触发器

INSERT 触发器是指在对数据表或视图进行插入操作的时候会触发的触发器。在创建该触发器时，只需在上述 CREATE TRIGGER 创建语法中指定 INSERT 参数即可。为了简化触发器的格式，下列给出的是简单的 INSERT 触发器的创建语句格式：

```
CREATE TRIGGER 触发器名
ON 表名|视图名
FOR INSERT
AS
SQL 语句块
```

当触发 INSERT 触发器时，新的数据行就会被插入到触发器表和 inserted 表中。inserted 表是一个逻辑表，它包含了已经插入的数据行的一个副本。inserted 表包含了 INSERT 语句中已记录的插入动作。inserted 表还允许引用由初始化 INSERT 语句而产生的日志数据。触发器通过检查 inserted 表来确定是否执行触发器动作或如何执行它。inserted 表中的行总是触发器表中一行或多行的副本。此外，inserted 表允许引用由 INSERT 语句引起的日志变化，这样就可以将插入数据与发生的变化进行比较，来验证它们或采取进一步的动作。也可以直接引用插入的数据，而不必将它们存储到变量中。

例如，创建一个 INSERT 触发器 STU_IN，当向学生选课表 SC 中插入一条记录后，变更在学生表 STUDENT 对应学生的选课门数。

分析：该示例要求当用户向学生选课表 SC 插入一条记录后，在 STUDENT 表中找到对应学生记录，并将其 SCNUM 字段值加 1。因此，此处涉及了两个数据表之间的连接操作，可以通过连接查询来实现其对应记录的更新。实现语句如下：

```
CREATE TRIGGER STU_IN
ON SC
FOR INSERT
```

```
AS
UPDATE STUDENT
SET SCNUM = SCNUM + 1
FROM STUDENT INNER JOIN SC
ON STUDENT.SNO = SC.SNO
```

从上述语句可以看出，更新语句 UPDATE 是针对 STUDENT 表的 SCNUM 字段，而获取需更新的记录是采用了内连接 INNER JOIN，以 SNO 字段作为连接关键字。

在 SQL Server 的查询分析器中执行上述语句，系统提示完成该命令后，可以使用存储过程 sp_helptext 来查看其细节，如图 15.1 所示。

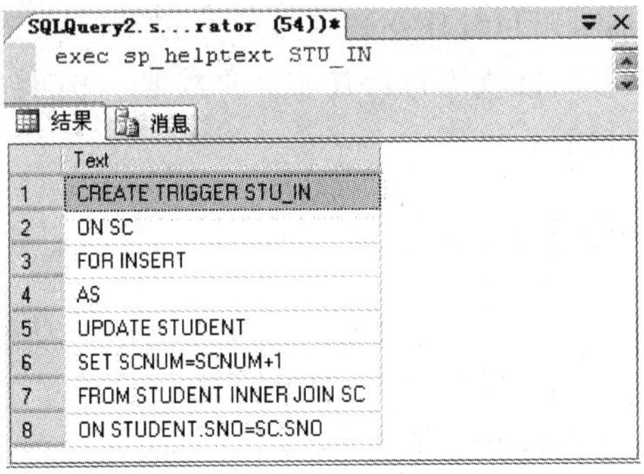

SQLQuery2.s...rator (54))*

```
exec sp_helptext STU_IN
```

结果 消息

	Text
1	CREATE TRIGGER STU_IN
2	ON SC
3	FOR INSERT
4	AS
5	UPDATE STUDENT
6	SET SCNUM=SCNUM+1
7	FROM STUDENT INNER JOIN SC
8	ON STUDENT.SNO=SC.SNO

图 15.1　查看触发器细节

建立该触发器后，在 SC 表中新增加一条学生的选课记录，STUDENT 表中对应学生的选课门数就自动加 1。此处先给出 STUDENT 表的原记录如图 15.2 所示。

SNO	SNAME	SGENTLE	SAGE	SBIRTH	SDEPT	SCNUM
990002	陈林	女	19	1988-05-21 00:...	外语	2
990001	张三	男	20	1987-08-04 00:...	计算机	0
990003	吴忠	男	21	1986-04-12 00:...	工商管理	1
990005	王冰	女	20	1987-02-16 00:...	体育	0
990012	张忠和	男	22	1985-08-28 00:...	艺术	3
990026	陈維加	女	21	1986-07-01 00:...	计算机	2
990028	李莎	女	21	1986-10-21 00:...	计算机	1

图 15.2　触发 STU_IN 触发器前的 STUDENT 表

此时，在 SC 表中插入一条记录(990001,001,99)，来查看 STU_IN 触发器的触发效果。插入记录实现语句为：

```
INSERT INTO SC
VALUES('990001','001',99)
```

在查询分析器中执行上述语句完成后，通过简单查询语句 SELECT * FROM SC 可以看到该 SC 表已经增加了一条记录，如图 15.3 所示。

可以看出，SC 表中新插入了记录。再通过简单查询语句 SELECT * FROM STUDENT 可以看到学生表 STUDENT 的变化，如图 15.4 所示。

对比图 15.2，可以发现，学号为 990001 的学生的 SCNUM 字段值增加了 1，这就是触发

SNO	CNO	GRADE
990001	003	85
990001	004	78
990003	001	95
990012	004	62
990012	006	74
990012	007	81
990026	001	NULL
990026	003	77
990028	006	NULL
990001	001	99

图 15.3 插入记录后的 SC 表

SNO	SNAME	SGENTLE	SAGE	SBIRTH	SDEPT	SCNUM
990002	陈林	女	19	1988-05-21 00:...	外语	2
990001	张三	男	20	1987-08-04 00:...	计算机	1
990003	吴忠	男	21	1986-04-12 00:...	工商管理	2
990005	王冰	女	20	1987-02-16 00:...	体育	0
990012	张忠和	男	22	1985-08-28 00:...	艺术	4
990026	陈维加	女	21	1986-07-01 00:...	计算机	3
990028	李莎	女	21	1986-10-21 00:...	计算机	2

图 15.4 触发 STU_IN 触发器后的 STUDENT 表

器 STU_IN 的实现效果。

在实际应用中，INSERT 触发器的使用很频繁。因为实际应用中的数据库数据基本上都不是独立的，都与其他表中的数据有联系。例如，一个通用的图书管理系统中，如果某读者借了一本数，那么除了在借阅表中增加该读者的借阅记录外，在该读者的基本信息表中，还需要将其所借的书的数目加 1。这就可以定义一个无论何时用 INSERT 语句向表中插入数据时都会执行的触发器，通过 INSERT 触发器来实现其自动加 1。

15.2.3 创建 UPDATE 触发器

UPDATE 触发器是指在对数据表或视图进行更新操作的时候将会触发的触发器。在创建该触发器时，只需在上述 CREATE TRIGGER 创建语法中指定 UPDATE 参数即可。为了简化触发器的格式，下面给出的是简单的 UPDATE 触发器的创建语句格式：

```
CREATE TRIGGER 触发器名
ON 表名|视图名
FOR UPDATE
AS
SQL 语句块
```

事实上，可以将 UPDATE 语句看成两步操作：即捕获数据前像的 DELETE 语句，和捕获数据后像的 INSERT 语句。当在定义有触发器的表上执行 UPDATE 语句时，原始行（前像）被移入到 deleted 表，更新行（后像）被移入到 inserted 表。

UPDATE 触发器检查 deleted 表和 inserted 表以及被更新的表，来确定是否更新了多行以及如何执行触发器动作。可以使用 IF UPDATE 语句定义一个监视指定列的数据更新的触发器。这样,就可以让触发器容易隔离出特定列的活动。当它检测到指定列已经更新时,触发器就会进一步执行适当的动作,例如,发出错误信息指出该列不能更新,或者根据新的更新的列值执行一系列的动作语句。IF UPDATE 语句的语法为:

```
IF Update (<column_name>)
```

例如,在 STUDENT 表中,不允许用户对 SNO 字段进行修改,因为 SNO 字段为主关键字,如果修改了该字段,SC 表中相应的选课记录就失去了意义。

分析:该示例需要判断的触发是 SNO 字段是否被修改,可以使用 IF UPDATE 语句来实现。此时,还需要在该 AS 子句中加入处理条件语句的流程控制语句。同时,当用户进行修改 SNO 字段的操作时,将其所有操作都取消,因此,该示例需要用到 16.1 节中要介绍的事务的概念。此处读者先了解事务的使用方法。实现语句如下:

```
CREATE TRIGGER STU_UP
ON STUDENT
FOR UPDATE
AS
IF UPDATE(SNO)
BEGIN
RAISERROR ('不能对 SNO 字段进行更新', 10, 1)
ROLLBACK TRANSACTION
END
```

可以看到,上述语句中使用了 BEGIN…END 语句,用于将处理语句包含在该块中。同时,RAISERROR 语句用于显示错误信息,ROLLBACK TRANSACTION 语句用于回滚事务,在后续章节中都将介绍。

在 SQL Server 的触发器中执行上述语句后,即建立了 UPDATE 触发器 STU_UP,该触发器在用户企图修改 SNO 字段时触发。例如,下列语句实现将学号为 990001 的学生的 SNO 字段值修改为 990002:

```
UPDATE STUDENT
SET SNO = '990002'
WHERE SNO = '990001'
```

执行该语句后,SQL Server 的查询分析器将给出如图 15.5 所示的信息。

可以看出,当用户企图对 STUDENT 表中的 SNO 字段值进行修改时,定义在其中的 STU_UP 触发器将被触发,给出如上的错误提示,并阻止对 UPDATE 语句对学号为 990001 的学生的 SNO 值进行修改,如图 15.6 所示。

在 STUDENT 表中的数据记录与图 15.4 相同,并没有受到上述 UPDATE 语句的影响,这就是 STU_UP 触发器的作用。

在实际应用中,UPDATE 触发器的应用是很广泛的。因为在许多数据表中,主关键字是不允许被修改的,而约束和规则无法对修改主键的操作进行阻止,这就需要用到 UPDATE 触发器来实现了。

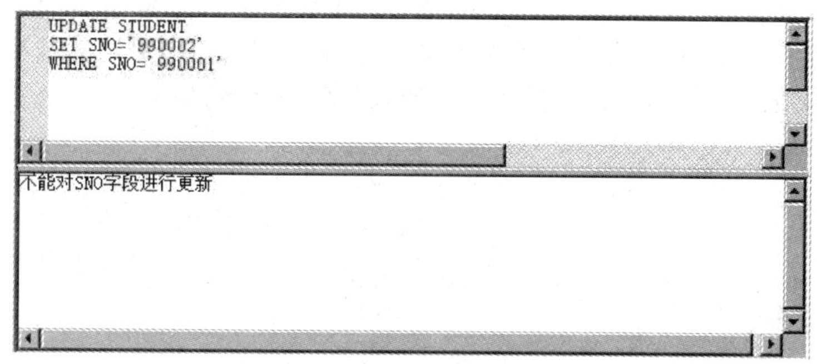

图 15.5 触发 STU_UP 触发器

SNO	SNAME	SGENTLE	SAGE	SBIRTH	SDEPT	SCNUM
990002	陈林	女	19	1988-05-21 00:...	外语	2
990002	张三	男	20	1987-08-04 00:...	计算机	1
990003	吴忠	男	21	1986-04-12 00:...	工商管理	2
990005	王冰	女	20	1987-02-16 00:...	体育	0
990012	张忠和	男	22	1985-08-28 00:...	艺术	4
990026	陈维加	女	21	1986-07-01 00:...	计算机	3
990028	李莎	女	21	1986-10-21 00:...	计算机	2

图 15.6 触发 STU_UP 触发器后的 STUDENT 表

15.2.4 创建 DELETE 触发器

DELETE 触发器是指在对数据表或视图进行删除操作的时候将会触发的触发器。在创建该触发器时，只需在上述 CREATE TRIGGER 创建语法中指定 DELETE 参数即可。为了简化触发器的格式，下列给出的是简单的 DELETE 触发器的创建语句格式：

```
CREATE TRIGGER 触发器名
ON 表名|视图名
FOR DELETE
AS
SQL 语句块
```

当触发 DELETE 触发器后，从受影响的表中删除的行将被放置到一个特殊的 deleted 表中。deleted 表是一个逻辑表，其保留已被删除数据行的一个副本。deleted 表还允许引用由初始化 DELETE 语句产生的日志数据。

使用 DELETE 触发器时，需要考虑以下的事项和原则：

- 当某行被添加到 deleted 表中时，它就不再存在于数据库表中；因此，deleted 表和数据库表没有相同的行。
- 创建 deleted 表时，空间是从内存中分配的。deleted 表总是被存储在高速缓存中。
- 为 DELETE 动作定义的触发器并不执行 TRUNCATE TABLE 语句，原因在于日志不记录 TRUNCATE TABLE 语句。

例如，如果删除了学生表 STUDENT 中的任意一条记录，在学生选课表 SC 中都需要将对应的选课记录删除。创建一个 DELETE 触发器 STU_DEL 实现该功能。

分析：该示例要求当用户删除STUDENT表中任一学生记录时，将SC表中对应学生的选课记录都删除。因此，此处涉及两个数据表之间的连接操作，可以通过连接查询或子查询来实现其对应记录的连接。此处使用子查询来实现，其语句如下：

```
CREATE TRIGGER STU_DEL
ON STUDENT
FOR DELETE
AS
DELETE
FROM SC
WHERE SC.SNO IN(SELECT SNO
FROM DELETED)
```

需要注意的是，由于待删除的记录是在DELETED表中，因此，此处使用了IN谓词来获取DELETED表中存储的STUDENT中被删除的记录的SNO字段值。此处不能用WHERE SC.SNO=STUDENT.SNO连接查询来实现，因为STUDENT表中的SNO值在进行DELETE操作后就没有了，只能从DELETED表中取出其副本。如果需要连接查询，可以改为如下语句：

```
CREATE TRIGGER STU_DEL
ON STUDENT
FOR DELETE
AS
DELETE
FROM SC
WHERE SC.SNO = DELETED.SNO
```

此处通过在STUDENT表中删除一条记录来查看STU_DEL触发器的触发效果。例如，在STUDENT表中删除SNO为990001的学生记录，其语句实现为：

```
DELETE
FROM STUENT
WHERE SNO = '990001'
```

在SQL Server的查询分析器中执行上述语句后，通过简单查询语句SELECT * FROM STUDENT可看到STUDENT表的数据记录变化如图15.7所示。

	SNO	SNAME	SGENTLE	SAGE	SBIRTH	SDEPT	SCNUM
▶	990002	张三	男	20	1987-08-04 00:...	计算机	1
	990003	吴忠	男	21	1986-04-12 00:...	工商管理	2
	990005	王冰	女	20	1987-02-16 00:...	体育	0
	990012	张忠和	男	22	1985-08-28 00:...	艺术	4
	990026	陈維加	女	21	1986-07-01 00:...	计算机	3
	990028	李莎	女	21	1986-10-21 00:...	计算机	2

图15.7 执行DELETE语句后的STUDENT表

可以看到，STUDENT 表中 SNO 为 990001 的记录被删除了，此时创建在 STUDENT 表中的 DELETE 触发器 STU_DEL 被触发，自动删除 SC 表中 SNO 为 990001 的学生所有选课记录，以保持数据的可移植性，如图 15.8 所示。

SNO	CNO	GRADE
990003	001	95
990012	004	62
990012	006	74
990012	007	81
990026	001	NULL
990026	003	77
990028	006	NULL

图 15.8　触发 STU_DEL 触发器后的 SC 表

对比图 15.8 和图 15.3，可以发现，SC 表中 SNO 字段值为 990001 的记录已经全部被删除了，这就是 STU_DEL 触发器触发的结果。

与 INSERT 触发器相似，由于数据库中的数据不是独立存在的，删除某一个表中的一条记录后，其他与之相关的表的相关记录都需要进行修改。因此，可以在 DELETE 触发器保证数据的一致性。例如，SC 表中删除一条记录后，STUDENT 表中的 SCNUM 字段也需做相应修改。例如删除 SC 表中的(990003,001,95)记录，那么 STUDENT 表中的 SNO 值为 990003 的学生的选课门数就需要减 1。这就可以用 DELETE 触发器来实现，语句如下：

```
CREATE TRIGGER SC_DEL
ON SC
FOR DELETE
AS
UPDATE STUDENT
SET SCNUM = SCNUM - 1
WHERE STUDENT.SNO IN (SELECT SNO
FROM DELETED)
```

同样，上述语句也用到了从 DELETED 表取出被删除记录的 SNO 副本，将其值与 STUDENT 表中的 SNO 值比较，为其对应记录的 SCNUM 值减 1。创建该触发器后，在 SC 表中删除学号为 990003 的选课记录，如下所示：

```
DELETE
FROM SC
WHERE SNO = '990003'
```

执行上述语句后，通过简单查询语句 SELECT * FROM SC 可以看到学生选课表 SC 中学号为 990003 的学生选课记录被删除了，如图 15.9 所示。

此时，定义在 SC 表中的 DELETE 触发器 SC_DEL 被触发，其实现在 STUDENT 表中将对应 SNO 值为 990003 记录的 SCNUM 值减 1，如图 15.10 所示。

可以发现，学号为 990003 的学生的 SCNUM 字段值已实现减 1 的操作。需要注意的是，此处必须保证在 SC 表上的 DELETE 操作只删除一条记录，否则减 1 的操作将导致数据错误。该示例只是为了说明 DELETE 触发器不仅可以对其他表进行 DELETE 操作，也

	SNO	CNO	GRADE
▶	990012	004	62
	990012	006	74
	990012	007	81
	990026	001	NULL
	990026	003	77
	990028	006	NULL

图 15.9 执行删除语句后的 SC 表

	SNO	SNAME	SGENTLE	SAGE	SBIRTH	SDEPT	SCNUM
▶	990002	陈林	女	19	1988-05-21 00:00:00	外语	2
	990003	吴忠	男	21	1986-04-12 00:00:00	工商管理	1
	990005	王冰	女	20	1987-02-16 00:00:00	体育	0
	990012	张忠和	男	22	1985-08-28 00:00:00	艺术	4
	990026	陈维加	女	21	1986-07-01 00:00:00	计算机	3
	990028	李莎	女	21	1986-10-21 00:00:00	计算机	2

图 15.10 触发 SC_DEL 触发器后的 STUDENT 表

可以对其他表进行 UPDATE 操作，同样需要使用到存储删除记录副本的 deleted 表。

15.2.5 INSTEAD OF 触发器

在 15.2.3 节和 15.2.4 节中介绍视图的更新和删除操作时提到，只有基于单表的视图才是可以更新的，也即数据来源于一个表的视图才是可更新的。通过 INSTEAD OF 触发器，可以实现所有视图都是可更新的，也即数据来源于多个表的视图也是可更新的。

为了简化触发器的格式，下列给出的是简单的 INSTEDA OF 触发器的创建语句格式：

```
CREATE TRIGGER 触发器名
ON 表名|视图名
INSTEAD OF [INSERT|UPDATE|DELETE]
AS
SQL 语句块
```

INSTEAD OF 触发器指定执行触发器而不是执行触发 SQL 语句，从而替代触发语句的操作。在表或视图上，每个 INSERT、UPDATE 或 DELETE 语句最多可以定义一个 INSTEAD OF 触发器。然而，可以在每个具有 INSTEAD OF 触发器的视图上定义视图。INSTEAD OF 触发器不能在 WITH CHECK OPTION 的可更新视图上定义。

使用 INSTEAD OF 触发器的主要优点是可以使不能更新的视图支持更新操作。基于多个基表的视图必须使用 INSTEAD OF 触发器来支持引用多个表中数据的插入、更新和删除操作。INSTEAD OF 触发器的另一个优点是使程序员得以编写这样的逻辑代码：在允许批处理的其他部分成功的同时拒绝批处理中的某些部分。

INSTEAD OF 触发器可以进行以下操作：

- 忽略批处理中的某些部分。
- 不处理批处理中的某些部分并记录有问题的行。
- 如果遇到错误情况则采取备用操作。

例如，创建一个基于 STUDENT 表和 SC 表的视图 COMPUTER，选取其中计算机系的所有学生选修课程的课程号和成绩，实现语句如下：

```
CREATE VIEW COMPUTER
          (SNO,SNAME,CNO,GRADE)
AS
SELECT STUDENT.SNO,STUDENT.SNAME,SC.CNO,SC.GRADE
FROM STUDENT JOIN SC
ON STUDENT.SNO = SC.SNO
WHERE STUDENT.SDEPT = '计算机'
```

创建完成后，可以通过企业管理器的视图来查看器数据，也可以通过 SELECT 语句来查看，因为对视图的处理和对基本表是相同的。可以使用如下语句来查看视图 COMPUTER 中的数据：

```
SELECT *
FROM COMPUTER
```

其查询结果如图 15.11 所示。

结果 | 消息

	SNO	SNAME	CNO	GRADE
1	990001	张三	003	85
2	990001	张三	004	78
3	990026	陈维加	001	NULL
4	990026	陈维加	003	77
5	990028	李莎	006	NULL

图 15.11 新建视图 COMPUTER 的数据

如果需要对上述视图进行更新，例如，将学号为 990028 的学生成绩修改为 95，如果没有创建触发器，这是不允许的，因为上述视图是基于两个表的。此时，就可以使用创建 INSTEAD OF 触发器来实现，如果更新的是 SNAME 字段，那么将更新写入 STUDENT 表中，如果更新的是 CNO 或 GRADE 字段，将更新写入 SC 表中。

此处，使用了 IF UPDATE 语句判断更新的字段，使用 INSERTED 表存储更新的内容。其实现语句如下所示：

```
CREATE TRIGGER COM_UP
ON COMPUTER
INSTEAD OF UPDATE
AS
IF UPDATE(SNAME)
BEGIN
UPDATE STUDENT
SET SNAME = INSERTED.SNAME
FROM STUDENT INNER JOIN INSERTED
ON STUDENT.SNO = INSERTED.SNO
END
ELSE
```

```
BEGIN
UPDATE SC
SET CNO = INSERTED.CNO,
GRADE = INSERTED.GRADE
FROM SC INNER JOIN INSERTED
ON SC.SNO = INSERTED.SNO
END
```

创建如上 COM_UP 触发器后，再执行下列更新语句：

```
UPDATE COMPUTER
SET GRADE = 95
WHERE SNO = '990028'
```

在 SQL Server 的查询分析器中执行该语句，其返回如图 15.12 所示。

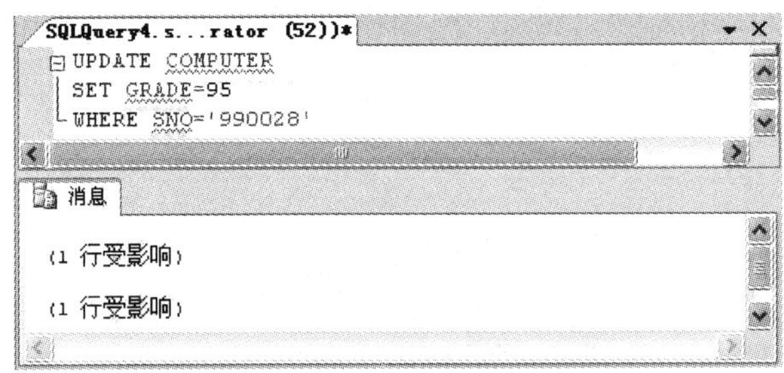

图 15.12　执行基于多表的视图更新语句

可以看出，图 15.12 给出了两个提示语句，其中一个为更新视图 COMPUTER 的更新，另一个为原始表 SC 的更新结果。执行上述语句后，使用 SELECT * FROM COMPUTER 语句查看视图 COMPUTER 的数据更新，如图 15.13 所示。

结果　消息

	SNO	SNAME	CNO	GRADE
1	990001	张三	003	85
2	990001	张三	004	78
3	990026	陈維加	001	NULL
4	990026	陈維加	003	77
5	990028	李莎	006	95

图 15.13　触发 COM_UP 触发器后的 COMPUTER 视图

同时，使用 SELECT * FROM SC 语句查看原始表 SC 的数据更新，可以看到其学号为 990028 的学生的 GRADE 字段已被修改，如图 15.14 所示。

由此可以看出，INSTEAD OF 触发器的使用非常方便，由于该触发器的应用，使得所有视图都变成可更新的。

15.2.6　嵌套触发器

如果一个触发器在执行操作时引发了另一个触发器，而这个触发器又接着引发下一个触发器，如此循环，这些触发器就是嵌套触发器。触发器可嵌套至 32 层，并且可以控制是否

	SNO	CNO	GRADE
1	990001	003	85
2	990001	004	78
3	990003	001	95
4	990012	004	62
5	990012	006	74
6	990012	007	81
7	990026	001	NULL
8	990026	003	77
9	990028	006	95

图 15.14 触发 COM_UP 触发器后的 SC 表

可以通过“嵌套触发器”服务器配置选项进行触发器嵌套。如果允许使用嵌套触发器，且链中的一个触发器开始一个无限循环，则超出嵌套级，而且触发器将终止。

可使用嵌套触发器执行一些有用的日常工作，如保存前一触发器所影响行的一个备份。例如，可以在 STUDENT 上创建一个触发器，以保存由 STU_DEL 触发器所删除的行的备份。在使用 STU_DEL 触发器时，从 SC 表中删除了 SNO 字段值为 990001 的选课记录，要保存这些数据，可在 STUDENT 上创建 DELETE 触发器，该触发器的作用是将被删除的数据保存到另一个单独创建的名为 DEL_SAVE 的表中。例如：

```
CREATE TRIGGER STU_DELSAVE
ON STUDENT
FOR DELETE
AS
INSERT DEL_SAVE
SELECT * FROM deleted
```

不推荐按依赖于顺序的序列使用嵌套触发器。应使用单独的触发器层叠数据修改。需要注意的是，由于触发器在事务中执行，如果在一系列嵌套触发器的任意层中发生错误，则整个事务都将取消，且所有的数据修改都将回滚。

15.2.7 递归触发器

一般来说，触发器不会以递归方式自行调用，除非设置了 RECURSIVE_TRIGGERS 数据库选项。触发器有两种不同的递归方式。

- 直接递归：即触发器激发并执行一个操作，而该操作又使同一个触发器再次激发。例如，在一个应用程序中，更新了表 T3，从而引发触发器 Trig3。Trig3 再次更新表 T3，使触发器 Trig3 再次被引发。
- 间接递归：即触发器激发并执行一个操作，而该操作又使另一个表中的某个触发器激发。第二个触发器使原始表得到更新，从而再次引发第一个触发器。例如，一应用程序更新了表 T1，并引发触发器 Trig1。Trig1 更新表 T2，从而使触发器 Trig2 被引发。Trig2 转而更新表 T1，从而使 Trig1 再次被引发。

当将 RECURSIVE_TRIGGERS 数据库选项设置为 OFF 时，仅防止直接递归。若禁用间接递归，请将 nestedtriggers 服务器选项设置为 0。

用下面语句可以设置允许直接递归：

```
ALTER DATABASE 数据库名
SET RECURSIVE_TRIGGERS ON
```

或者用以下语句禁止递归：

```
EXEC sp_configure ''nestedtriggers'',0 RECONFIGURE WITH OVERRIDE
```

用以下语句允许递归：

```
EXECsp_configure''nestedtriggers'',1 RECONFIGURE WITH OVERRIDE
```

其中 RECONFIGURE WITH OVERRIDE 参数指定该修改立即生效。

15.2.8 用企业管理器管理触发器

15.2.7 节的内容都是在查询分析器中使用 SQL 语句对触发器进行操作，此外，SQL Server 2000 还提供了图形界面的操作，但在 SQL Server 2008 中已经取消了管理触发器的操作界面。

在企业管理器中，单击"数据库"|"目标数据库"|"表"选项，在其中选择需要操作触发器的目标表，单击右键选择"所有任务"|"管理触发器"命令，如图 15.15 所示。

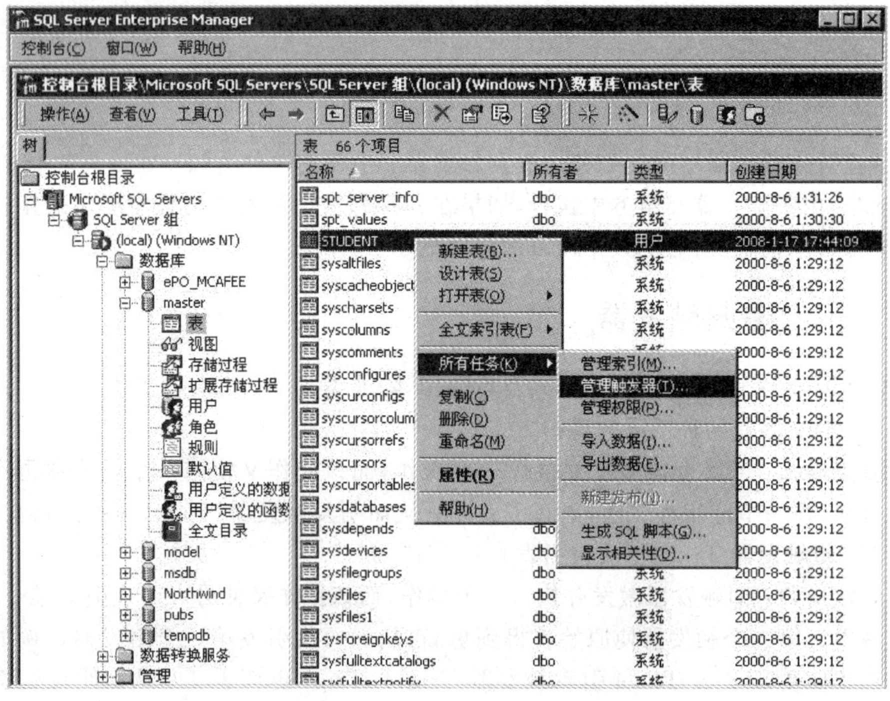

图 15.15 SQL Server 2000 用企业管理器管理触发器

选择图中的"管理触发器"命令后，即进入了该表的触发器属性界面，在该界面中，可以创建各种类型触发器，如图 15.16 所示。

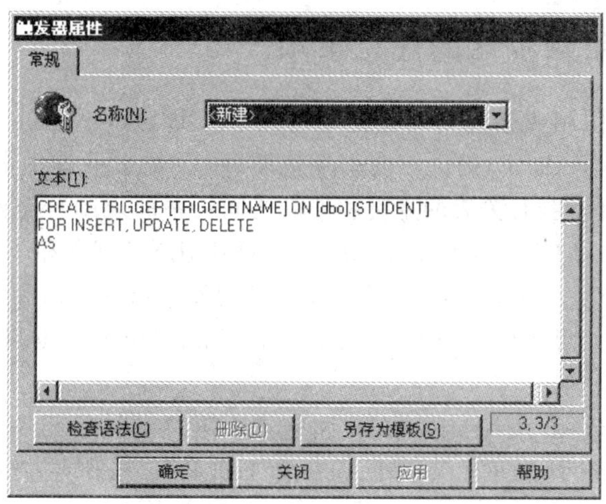

图 15.16 用 SQL Server 2000 创建触发器

在图 15.16 中，给出了创建触发器的基本框架，只需用户自己填写触发器的类型，在 AS 子句后填充触发器的功能即可，填写完成后单击“确定”按钮即创建了一个触发器。

如果在该属性框的组合框中选择已有的触发器，文本中将显示该触发器的细节，可以在其中对已存在的触发器进行修改，如图 15.17 所示。

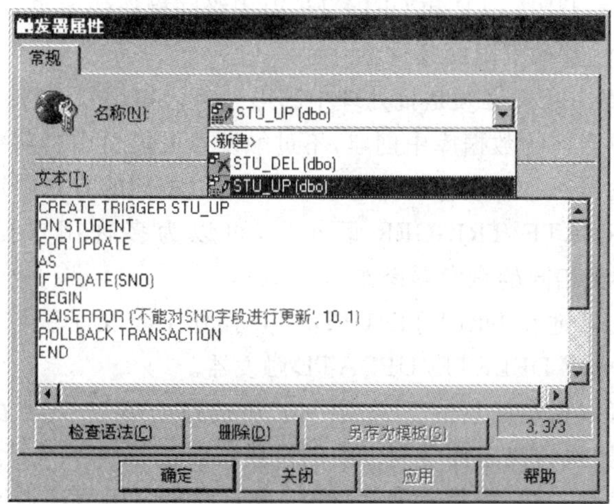

图 15.17 用 SQL Server 2000 修改已存在触发器

在选中的触发器的文本中修改后，单击“确定”按钮即可完成触发器的修改。此外，选中已存在的触发器，单击“删除”按钮可删除该触发器。如果需要对触发器重命名，可以在显示的文本中修改 CREATE TRIGGER 后的触发器名称，或者使用存储过程 sp_rename 来实现，语句如下：

```
exec sp_rename 原名称,新名称
```

15.2.9 使用触发器的注意事项

触发器常常用于强制业务规则和数据完整性。SQL Server 通过表创建语句(ALTER TABLE 和 CREATE TABLE)提供声明引用完整性,但是它不提供数据库间的引用完整性。若要强制引用完整性(有关表的主键和外键之间关系的规则),需要使用主键和外键约束(ALTER TABLE 和 CREATE TABLE 的 PRIMARY KEY 和 FOREIGN KEY 关键字)。如果触发器表存在约束,则在 INSTEAD OF 触发器执行之后和 AFTER 触发器执行之前检查这些约束。如果违反了约束,则回滚 INSTEAD OF 触发器操作且不触发 AFTER 触发器。

可用系统存储过程 sp_settriggerorder 指定表上第一个和最后一个执行的 AFTER 触发器。在表上只能为每个 NSERT、UPDATE 和 DELETE 操作各指定一个第一个执行和最后一个执行的 AFTER 触发器。如果同一表上还有其他 AFTER 触发器,则这些触发器将以随机顺序执行。

如果 ALTER TRIGGER 语句更改了第一个或最后一个触发器,则将除去已修改触发器上设置的第一个或最后一个特性,而且必须用 sp_settriggerorder 存储过程重置排序值。

只有当触发 SQL 语句(包括所有与更新或删除的对象关联的引用级联操作和约束检查)成功执行后,AFTER 触发器才会执行。AFTER 触发器检查触发语句的运行效果,以及所有由触发语句引起的 UPDATE 和 DELETE 引用级联操作的效果。

使用触发器需要注意如下限制条件:

- CREATE TRIGGER 必须是批处理中的第一条语句,并且只能应用到一个表中。
- 触发器只能在当前的数据库中创建,不过触发器可以引用当前数据库的外部对象。
- 如果指定触发器所有者名称以限定触发器,请以相同的方式限定表名。
- 在同一条 CREATE TRIGGER 语句中,可以为多种用户操作(如 INSERT 和 UPDATE)定义相同的触发器操作。
- 如果一个表的外键在 DELETE/UPDATE 操作上定义了级联,则不能在该表上定义 INSTEAD OF DELETE/UPDATE 触发器。
- 在触发器内可以指定任意的 SET 语句。所选择的 SET 选项在触发器执行期间有效,并在触发器执行完后恢复到以前的设置。
- 与使用存储过程一样,当触发器激发时,将向调用应用程序返回结果。若要避免由于触发器激发而向应用程序返回结果,请不要包含返回结果的 SELECT 语句,也不要包含在触发器中进行变量赋值的语句。包含向用户返回结果的 SELECT 语句或进行变量赋值的语句的触发器需要特殊处理;这些返回的结果必须写入允许修改触发器表的每个应用程序中。如果必须在触发器中进行变量赋值,则应该在触发器的开头使用 SET NOCOUNT 语句以避免返回任何结果集。
- DELETE 触发器不能捕获 TRUNCATE TABLE 语句。尽管 TRUNCATE TABLE 语句实际上是没有 WHERE 子句的 DELETE(删除所有行),但它是无日志记录的,因而不能执行触发器。因为 TRUNCATE TABLE 语句的权限默认授予表所有者且不可转让,所以只有表的所有者才需要考虑无意中用 TRUNCATE TABLE 语句规避 DELETE 触发器的问题。

此外，需要注意的是，触发器中不允许以下 T-SQL 语句：

- ALTER DATABASE——即修改数据库结构。
- CREATE DATABASE——即创建数据库。
- DISK INIT——即创建数据库设备。
- DISK RESIZE。
- DROP DATABASE——即删除数据库。
- LOAD DATABASE——即装载数据库。
- LOAD LOG——装载日志。
- RECONFIGURE。
- RESTORE DATABASE——即还原数据库。
- RESTORE LOG——即还原日志备份。

需要注意的是，由于 SQL Server 不支持系统表中的用户定义触发器，因此建议不要在系统表中创建用户定义触发器。

15.3 Oracle 中的触发器

与 SQL Server 相同，Oracle 中的触发器也是在特定事件出现的时候自动执行的代码块。类似于存储过程，但是用户不能直接调用，其主要功能为：

- 允许/限制对表的修改。
- 自动生成派生列，例如自增字段。
- 强制数据一致性。
- 提供审计和日志记录。
- 防止无效的事务处理。
- 启用复杂的业务逻辑。

15.3.1 Oracle 触发器类型

与 SQL Server 不同的是，Oracle 提供了如下 5 种类型的触发器。

- 语句触发器：是在表上或者某些情况下的视图上执行的特定语句或者语句组上的触发器。能够与 INSERT、UPDATE、DELETE 或者组合上进行关联。但是无论使用什么样的组合，各个语句触发器都只会针对指定语句激活一次。例如，无论 update 多少行，也只会调用一次 update 语句触发器。
- 行触发器：是指为受到影响的各个行激活的触发器，定义与语句触发器类似，有以下两个例外：定义语句中包含 for each row 子句，或是在 before…for each row 触发器中，用户可以引用受到影响的行值。
- INSTEAD OF 触发器：在视图上创建的触发器。
- 系统条件触发器：在系统事件上触发的触发器，系统事件一般包括数据库启动、关闭，服务器错误。
- 用户事件触发器：在系统事件上触发的触发器，用户事件一般包括用户登录、注销、修改结构等。

15.3.2 创建及删除 Oracle 触发器

Oracle 中创建触发器的语句语法为：

```
CREATE [or replace] TRIGGER trigger_name
  {BEFORE|AFTER|INSTEAD OF}
  [OR {INSERT|DELETE|UPDATE [OF column[,column] … ]}]
  ON [schema.]table_or_view_name
  [REFERENCING [NEW AS new_row_name] [OLD AS old_row_name]]
  [FOR EACH ROW]
  [WHEN (condition)]
  [DECLARE
    variable_declation]
  BEGIN
    statements;
  [EXCEPTION
    exception_handlers]
  END [trigger_name];
```

上述格式中，包含了 PL/SQL 的结构：声明部分、执行部分和异常处理部分。其中，各参数的说明如下：

- 触发器名——触发器对象的名称。由于触发器是数据库自动执行的，因此该名称只是一个名称，没有实质的用途。
- 触发时间——指明触发器何时执行，该值可取。
- before——表示在数据库动作之前触发器执行。
- after——表示在数据库动作之后触发器执行。
- 触发事件——指明哪些数据库动作会触发此触发器。
- insert——数据库插入会触发此触发器。
- update——数据库修改会触发此触发器。
- delete——数据库删除会触发此触发器。
- 表名——数据库触发器所在的表。
- for each row——对表的每一行触发器执行一次。如果没有这一选项，则只对整个表执行一次。

例如，下面的触发器在更新表 STUDENT 之前触发，目的是不允许在周末修改表：

```
CREATE TRIGGER STU_SECURE
BEFORE INSERT OR UPDATE OR DELETE //对整表更新前触发
ON STUDENT
BEGIN
IF(TO_CHAR(SYSDATE,'DY') = 'SUN'
RAISE_APPLICATION_ERROR( - 20600,'不能在周末修改表 AUTHS');
END IF;
END
```

在创建 Oracle 触发器时需要注意如下事项：

- 触发器的作用范围要清晰。
- 不要让触发器去完成 Oracle 后台能够完成的功能。
- 限制触发器代码的行数。
- 不要创建递归的触发器。
- 触发器仅在被触发语句触发时进行集中的、全局的操作，同用户和数据库应用无关。
- 触发器可以声明为在对记录进行操作之前，在之前（检查约束之前和 INSERT、UPDATE 或 DELETE 执行前）或之后（在检查约束之后和完成 INSERT、UPDATE 或 DELETE 操作）触发。
- 一个 FOR EACH ROW 执行指定操作的触发器为操作修改的每一行都调用一次。
- SELECT 并不更改任何行，因此不能创建 SELECT 触发器. 这种场合下规则和视图更适合。
- 触发器和某一指定的表格有关，当该表格被删除时，任何与该表有关的触发器同样会被删除。
- 在一个表上的每一个动作只能有一个触发器与之关联。
- 在一个单独的表上，最多只能创建三个触发器与之关联：一个 INSERT 触发器、一个 DELETE 触发器和一个 UPDATE 触发器。

一个触发器由三部分组成：触发事件或语句、触发限制和触发器动作。触发事件或语句是指引起激发触发器的 SQL 语句，可为对一指定表的 INSERT、UNPDATE 或 DELETE 语句。触发限制是指定一个布尔表达式，当触发器激发时该布尔表达式必须为真。触发器作为过程，是 PL/SQL 块，当触发语句发出、触发限制计算为真时该过程被执行。

删除触发器的语句格式为：

```
DROP TRIGGER name
ON table;
```

其中，name 参数为触发器的名称，table 参数为该触发器所属的表名。

15.4 小结

本章主要介绍了触发器及其相关应用。触发器是数据库中的一个重要数据对象，它与前面章节提到的约束、规则等用于维护数据的完整性。简单来说，触发器是一种特殊的存储过程，不过它并不显示调用，而是当用户对数据表进行数据操作时自动执行。根据用户的操作，一般分为 INSERT 触发器、UPDATE 触发器和 DELETE 触发器。其分别在用户对数据进行插入、更新、删除时自动触发，执行其中的语句，维护数据的完整性。此外，INSTEAD OF 触发器还可以使得任意视图都变成可更新的。本章介绍了 SQL Server 和 Oracle 的存储过程的实现。

第16章 事务处理与并发控制

前面提到了事务的概念，当需要一次性执行 SQL 语句块中的所有语句时，可以采用事务的方式，用于保证数据的一致性和完整性。并发控制是指当同时对数据库中的数据进行写操作时，数据库的控制方式。事务处理和并发控制都是数据库处理数据的重要手段。

16.1 SQL 事务

事务是单个的工作单元。如果某一事务成功，则在该事务中进行的所有数据更改均会提交，成为数据库中的永久组成部分。如果事务遇到错误且必须取消或回滚，则所有数据更改均被清除。这就是 SQL 事务的定义，也是它在数据库中的功能。

16.1.1 示例数据库

为方便本章后续内容的讲解，该节引入几个数据表，其中，表 16.1 是一个学生表 STUDENT，其中包含学号(SNO)、姓名(SNAME)、性别(SGENTLE)、年龄(SAGE)、出生年月(SBIRTH)、系部(SDEPT)和选修课程门数(SCNUM)共 7 个字段。

表 16.1 学生表 STUDENT

SNO	SNAME	SGENTLE	SAGE	SBIRTH	SDEPT	SCNUM
990001	张三	男	20	1987-8-4	计算机	2
990002	陈林	女	19	1988-5-21	外语	0
990003	吴忠	男	21	1986-4-12	工商管理	1
990005	陈林	男	20	1987-2-16	体育	0
990012	张忠和	男	22	1985-8-28	艺术	3
990026	陈维加	女	21	1986-7-1	计算机	2
990028	李莎	女	21	1986-10-21	计算机	1

表 16.2 为一个学生选课表 SC，主要包含学号(SNO)、课程号(CNO)和成绩(GRADE)三个字段。

表 16.2　学生选课表 SC

SNO	CNO	GRADE
990001	003	85
990001	004	78
990003	001	95
990012	004	62
990012	006	74
990012	007	81
990026	001	
990026	003	77
990028	006	

表 16.3 是一个课程表 COURSE，主要包含课程号(CNO)、课程名称(CNAME)和学分(CGRADE)三个字段。

表 16.3　课程表 COURSE

CNO	CNAME	CGRADE
001	计算机基础	2
003	数据结构	4
004	操作系统	4
006	数据库原理	4
007	软件工程	4

16.1.2　事务的引入

在现实世界中，数据库的更新通常都是由客观世界的所发生的事件引起的。例如，收到一份新订单，绝不是简单地执行一条向 ORDERS 表中添加一条记录的 SQL 语句就可以完成的，这时所要进行的操作，至少还要包括更新负责这份订单的销售员的 SALES 值和更新该销售员所在销售点的 SALES 值这两个操作。为了使数据库内容保证一致，就要使上述三个操作作为一个整体进行，要么全部成功完成，要么全部失败退出。否则由于故障或其他原因而使这三个操作中有一些完成，有一些未完成，则必然会使得数据库中的数据出现不一致，从而使数据库的完整性受到破坏。因此更新操作序列必须作为一个整体在数据库管理系统执行时出现，即“要么全做，要么全不做”。SQL 提供了事务处理的机制，来帮助数据库管理系统实现上述功能。

事务处理(Transaction)是由一个或多个 SQL 语句序列结合在一起所形成的一个逻辑处理单元。事务处理中的每个语句都是完成整个任务的一部分工作，所有的语句组织在一起能够完成某一特定的任务。数据库管理系统在对事务处理中的语句进行处理时，是按照下面的约定来进行的，这就是“事务处理中的所有语句被作为一个原子工作单元，所有的语句既可成功地被执行，也可以没有任何一个语句被执行”。数据库管理系统负责完成这种约定，即使在事务处理中应用程序异常退出，或者是硬件出现故障等各种意外情况下，也是如此。在任何意外情况下，DBMS 都负责确保在系统恢复正常后，数据库内容决不会出现“部分事务处理中的语句被执行完”的情况。

例如，在学生选课表 SC 中新增加一条记录(990001,001,99)，数据库管理系统 DBMS 需要完成如下两个步骤：

(1) 在 SC 中插入该记录。

(2) 在 STUDENT 表中的对应学生的 SCNUM 值加 1。

如果这两个步骤只完成一个，例如只在 SC 表中插入了记录而没有在 STUDENT 表中将 SCNUM 字段值加 1，那么将造成 SC 表的实际记录数和 STUDENT 中的 SCNUM 字段值不一致，这些数据就是错误的，或者称为脏数据。

又如，在学生表 STUDENT 中删除了一条 SNO 值为 990001 的学生记录，那么对应的需要在学生选课表 SC 中删除该学生所有的选课记录。同样，如果只在 STUDENT 表中删除了记录，而没有在 SC 表中删除对应选课记录，那么这些选课记录没有对应的学生信息，这些数据就成为脏数据。

这些问题的解决通过事务的引入来解决。在上述示例中，事务将两个操作放在一起，如果事务执行成功则两个更新或删除操作均完成，如果事务执行失败则两个更新或删除操作均取消，这样就不会造成数据的不一致性。

16.1.3 事务的原理

事实上，在数据库管理系统中的事务处理也即将事务的操作写到事务日志中，并设立检查点机制，检查点用于检查事务是否完成，如果没有完成，则不写入事务日志，表示该事务没有执行成功。事务的工作原理如图 16.1 所示。

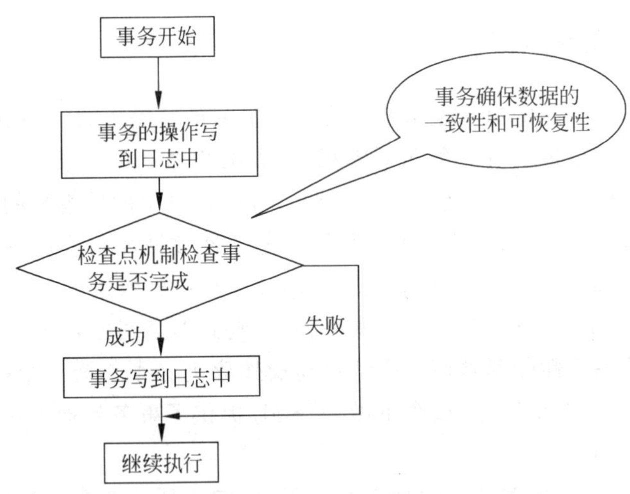

图 16.1 事务的原理

当事务的执行出现故障时，可以将其恢复，恢复中需要使用到检查点，用于保护数据的完整性。事务的恢复以及检查点保护系统的完整和可恢复关系如图 16.2 所示。

其中，在图 16.2 中各个时刻代表的含义如下所示：

- T1——在检查点之前提交，不必执行 REDO 操作。
- T2——在检查点前开始执行，检查点之后故障点之前提交。

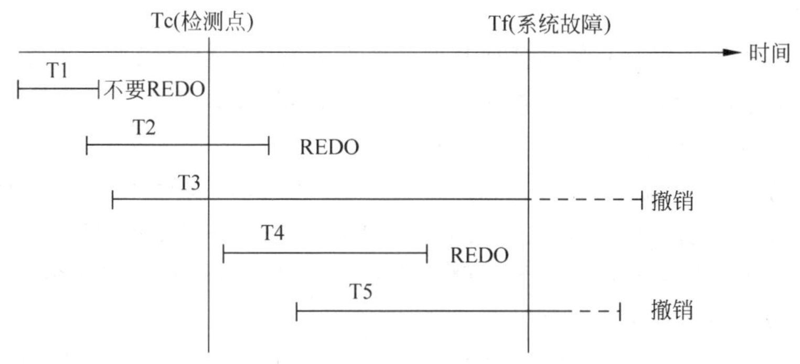

图 16.2　事务恢复

- T4——在检查点之后开始执行，在故障点之前提交。

在上述三个检查点，数据是在检查点后提交，对数据库的修改可能还在缓冲区中，尚未写入数据库，需进行 REDO 操作。

- T3——在检查点之前开始执行，在故障点时还未完成。
- T5——在检查点之后开始执行，在故障点时还未完成。

在 T3 和 T5 检查点，故障发生时还未完成，需撤销该事务。

16.1.4　事务的特性

事务处理可以确保除非事务性单元内的所有操作都成功完成，否则不会永久更新面向数据的资源。通过将一组相关操作组合为一个要么全部成功要么全部失败的单元，可以简化错误恢复并能够使应用程序更加可靠。一个逻辑工作单元要成为事务，必须满足事务的特性，即所谓的 ACID(原子性、一致性、隔离性和持久性)属性。

- 原子性(Atomicity)：事务的原子性是指事务是数据库的逻辑工作单位，事务中包括的诸操作要么都做，要么都不做。

事务必须是原子工作单元；对于其数据修改，要么全都执行，要么全都不执行。通常，与某个事务关联的操作具有共同的目标，并且是相互依赖的。如果系统只执行这些操作的一个子集，则可能会破坏事务的总体目标。原子性消除了系统处理操作子集的可能性。

- 一致性(Consistency)：事务的一致性是指事务执行的结果必须是使数据库从一个一致性状态变到另一个一致性状态。如果数据库系统运行中发生故障，有些事务尚未完成就被迫中断，系统将事务中对数据库的所有已完成的操作全部撤销，回滚到事务开始时的一致状态。

事务在完成时，必须使所有的数据都保持一致状态。在相关数据库中，所有规则都必须应用于事务的修改，以保持所有数据的完整性。事务结束时，所有的内部数据结构(如 B 树索引或双向链表)都必须是正确的。某些维护一致性的责任由应用程序开发人员承担，其必须确保应用程序已强制执行所有已知的完整性约束。例如，当开发用于转账的应用程序时，应避免在转账过程中任意移动小数点。

- 隔离性(Isolation)：事务的隔离性是指一个事务的执行不能被其他事务干扰。即一个事务内部的操作及使用的数据对其他并发事务是隔离的，并发执行的各个事务之间不能互相干扰。

由并发事务所做的修改必须与任何其他并发事务所做的修改隔离。事务查看数据时数据所处的状态，要么是另一并发事务修改它之前的状态，要么是另一事务修改它之后的状态，事务不会查看中间状态的数据。这称为可串行性，因为它能够重新装载起始数据，并且重播一系列事务，以使数据结束时的状态与原始事务执行的状态相同。当事务可序列化时将获得最高的隔离级别。在此级别上，从一组可并行执行的事务获得的结果与通过连续运行每个事务所获得的结果相同。由于高度隔离会限制可并行执行的事务数，所以一些应用程序降低隔离级别以换取更大的吞吐量。

- 持续性(Durability)：事务的持续性是指事务完成之后，其对于系统的影响是永久性的。该修改即使出现系统故障也将一直保持。

事务完成之后，它对于系统的影响是永久性的。该修改即使出现致命的系统故障也将一直保持。因此，数据库管理系统和数据管理员有责任保证事务的正确性。

企业级的数据库管理系统都有责任提供一种保证事务的物理完整性的机制。就常用的SQL Server 2008 系统而言，其具备锁定设备隔离事务、记录设备保证事务持久性等机制。因此，通常情况下数据库管理员不必关心数据库事务的物理完整性，而应该关注在什么情况下使用数据库事务、事务对性能的影响、如何使用事务等。

16.1.5 SQL 的事务处理语句

SQL 语言为事务处理提供了两个重要的语句，其分别是 COMMIT 和 ROLLBACK 语句。它们的使用格式是 COMMIT WORK 和 ROLLBACK WORK。COMMIT 语句用于告诉 DBMS，事务处理中的语句被成功执行。成功被执行完成后，数据库内容将是完整的。而 ROLLBACK 语句则是用于告诉 DBMS，事务处理中的语句不能被执行。这时 DBMS 将恢复本次事务处理期间对数据库所进行的修改，使之恢复到本次事务处理之前的状态。

此外，SQL 语言定义了 COMMIT 和 ROLLBACK 语句的工作准则，根据这个准则，一个用户或者一个应用程序执行第一个 SQL 语句时，SQL 的事务处理将自动开始，通过其后的一系列 SQL 语句一直运行下去，直到遇到以下四种情况之一时才结束：

- 一条 COMMIT 语句，这时将成功地结束这次事务处理，使数据库的更改永久保持下去。在 COMMIT 语句之后，新的事务处理立即开始。
- 一条 ROLLBACK 语句，这时将异常地结束这次事务处理，并放弃这次事务处理中对数据库所进行的更改。在 ROLLBACK 语句之后，新的事务处理立即开始。
- 成功的程序终止。它同样能够成功结束这次事务处理，就像 COMMIT 语句已经被执行一样。因为这条程序已经终结，所以没有新的事务开始。
- 异常的程序终止(对于嵌入式 SQL 来说)。它同样能够使这次事务处理异常结束，就像 ROLLBACK 语句已经被执行一样。因为这条程序已经终结，所以没有新的事务开始。

在嵌入式 SQL 中，事务处理起了一个重要的准则作用，因为即使是一个简单的应用程序，常常也是由若干个 SQL 语句结合在一起才能完成某项任务。由于用户能够改变他们的想法，或者由于其他一些意外情况(如客户想订购的某产品缺货)，因此应用程序必须有能力通过事务处理的办法，使应用程序继续运行下去。然后选择异常结束或继续运行。而 SQL

事务处理语句 COMMIT 和 ROLLBACK 语句准确地提供了这种能力。

同样,COMMIT 和 ROLLBACK 语句在交互式 SQL 中也能够使用,但由于在交互式 SQL 操作中,很少使用多个 SQL 语句来完成一项任务,特别是非查询任务,因此实际上很少使用 COMMIT 和 ROLLBACK 语句。事实上,大多数交互式 SQL 产品将“自动提交”作为默认处理方式,即在每一个 SQL 语句之后,COMMIT 语句就被自动执行。从而使得每个 SQL 语句都能完成自己的事务处理。

16.2 SQL Server 中的事务处理语句

在 SQL Server 中,除了 ANSI SQL 标注所定义的 COMMIT 和 ROLLBACK 语句外,还扩充了一些语句用于事务处理,主要有控制事务开始的 BEGIN TRANSACTION、分布式事务开始的 BEGIN DISTRIBUTED TRANSACTION、设置保存点的 SAVE TRANSACTION 等。

16.2.1 事务开始

在 SQL Server 中,通过语句 BEGIN TRANSACTION 来标记一个显式本地事务的起始点。因此,一个显式事务(后续小节将提到)必须通过 BEGIN TRANSACTION 语句来开始。

BEGIN TRANSACTION 代表一点,由连接引用的数据在该点是逻辑和物理上都一致的。如果遇到错误,在 BEGIN TRANSACTION 之后的所有数据改动都能进行回滚,以将数据返回到已知的一致状态。每个事务继续执行直到它无误地完成并且用 COMMIT TRANSACTION 对数据库做永久的改动,或者遇上错误并且用 ROLLBACK TRANSACTION 语句擦除所有改动。

BEGIN TRANSACTION 语句在 SQL Server 中可简写为 BEGIN TRAN,其语法格式如下:

```
BEGIN TRAN [ SACTION ]
[ transaction_name | @tran_name_variable [ WITH MARK [ 'description' ] ] ]
```

此外, SQL Server 中还提供了一个控制分布式事务开始的语句 BEGIN DISTRIBUTED TRANSACTION。该语句指定一个由 Microsoft 分布式事务处理协调器(MS DTC)管理的 T-SQL 分布式事务的起始。

其语句的语法格式如下:

```
BEGIN DISTRIBUTED TRAN [ SACTION ]
[ transaction_name | @tran_name_variable ]
```

其中,参数说明如下:

- transaction_name——是用户定义的事务名,用于跟踪 MS DTC 实用工具中的分布式事务。transaction_name 必须符合标识符规则,但是仅使用头 32 个字符。

- @tran_name_variable——是用户定义的一个变量名，它含有一个事务名，该事务名用于跟踪 MS DTC 实用工具中的分布式事务。必须用 char、varchar、nchar 或 nvarchar 数据类型声明该变量。

需要注意的是，执行 BEGIN DISTRIBUTED TRANSACTION 语句的服务器是事务创建人，并且控制事务的完成。当连接发出后续 COMMIT TRANSACTION 或 ROLLBACK TRANSACTION 语句时，主控服务器请求 MS DTC 在所涉及的服务器间管理分布式事务的完成。

有两个方法可将远程 SQL 服务器登记在一个分布式事务中：

- 分布式事务中已登记的连接执行一个远程存储过程调用，该调用引用一个远程服务器。
- 分布式事务中已登记的连接执行一个分布式查询，该查询引用一个远程服务器。

16.2.2 设置回滚标记

在一个事务中，如果没有设置回滚标记，即使在事务中途发生了异常错误，系统也不会自动回滚当前事务，还是会造成数据的不一致。因此，回滚标记的设置非常重要。

可以比较简单地理解为：如果中间有任何一句 SQL 出错，所有 SQL 全部回滚。特别适用于 Procedure 中间调用 Procedure，如果第一个 Procedure 执行成功，被调用的 Procedure 中间有错误，如果 SET XACT_ABORT 值为 FALSE，则出错的部分回滚，其他部分提交，当然外部 Procedure 也提交。

SQL Server 中，由语句 SET XACT_ABORT 指定当 T-SQL 语句产生运行时错误时，Microsoft SQL Server 是否自动回滚当前事务。设置回滚标记的语法格式为：

```
SET XACT_ABORT { ON | OFF }
```

其中，功能说明如下：

- 当 SET XACT_ABORT 为 ON 时，如果 T-SQL 语句产生运行时错误，整个事务将终止并回滚。
- 当 SET XACT_ABORT 为 OFF 时，只回滚产生错误的 T-SQL 语句，而事务将继续进行处理。

需要注意的是：

- 编译错误(如语法错误)不受 SET XACT_ABORT 的影响。
- 对于大多数 OLE DB 提供程序(包括 SQL Server)，隐性或显式事务中的数据修改语句必须将 XACT_ABORT 设置为 ON。
- SET XACT_ABORT 的设置是在执行或运行时设置，而不是在分析时设置。

例如，下例导致在含有其他 T-SQL 语句的事务中发生违反外键错误。在第一个语句集中产生错误，但其他语句均成功执行且事务成功提交。在第二个语句集中，SET XACT_ABORT 设置为 ON。这导致语句错误使批处理终止，并使事务回滚。

```
INSERT INTO t1 VALUES (1)
INSERT INTO t1 VALUES (3)
INSERT INTO t1 VALUES (4)
INSERT INTO t1 VALUES (6)
SET XACT_ABORT OFF
BEGIN TRAN
INSERT INTO t2 VALUES (1)
INSERT INTO t2 VALUES (2)
/* 外键错误 */
INSERT INTO t2 VALUES (3)
COMMIT TRAN
```

在该语句中，由于 INSERT INTO t2 VALUES (2)语句将产生外键错误，而此时 SET XACT_ABOR 设置为 OFF，因此，系统将给出该语句的错误信息，但成功执行其他语句，成功提交事务。

```
SET XACT_ABORT ON
BEGIN TRAN
INSERT INTO t2 VALUES (4)
INSERT INTO t2 VALUES (5)
/* 外键错误 */
INSERT INTO t2 VALUES (6)
COMMIT TRAN
```

该语句中，同样的 INSERT INTO t2 VALUES (5)语句将产生外键错误，而此时 SET XACT_ABOR 设置为 ON，因此，系统将给出该语句的错误信息，终止处理，并回滚事务。

16.2.3 设置保存点

在 SQL Server 中，用户可以在事务内设置保存点或标记。保存点定义如果有条件地取消事务的一部分，事务可以返回某一位置。如果将事务回滚到保存点，则必须继续完成事务，或者必须(通过将事务回滚到其起始点)完全取消事务。

SQL Server 中在事务内设置保存点的语句语法格式如下

```
SAVE TRAN [ SACTION ]
{ savepoint_name | @savepoint_variable }
```

其中，参数说明如下：

- savepoint_name——是指派给保存点的名称，保存点名称必须符合标识符规则，但只使用前 32 个字符。
- @savepoint_variable——是用户定义的、含有有效保存点名称的变量的名称。必须用 char、varchar、nchar 或 nvarchar 数据类型声明该变量。

需要注意的是：

- 若要取消整个事务，请使用 ROLLBACK TRANSACTION transaction_name 格式，这将撤销事务的所有语句和过程。

- 在由 BEGIN DISTRIBUTED TRANSACTION 显式启动或从本地事务升级而来的分布式事务中，不支持 SAVE TRANSACTION。
- 当事务开始时，将一直控制事务中所使用的资源直到事务完成(也就是锁定)。当将事务的一部分回滚到保存点时，将继续控制资源直到事务完成(或者回滚全部事务)。

例如，下列语句在进行插入操作设置一个保存点 A，当插入操作失败后，回滚到保存点 A。

```
BEGIN TRANSACTION
SAVE TRANSACTION A
INSERT INTO DEMO VALUES('BB','B TERM')
ROLLBACK TRANSACTION A
CREATE TABLE DEMO2(NAME VARCHAR(10),AGE INT)
INSERT INTO DEMO2(NAME,AGE) VALUES('LIS',1)
COMMIT TRANSACTION
```

16.2.4 提交事务

在 SQL Server 中，使用 COMMIT TRANSACTION 语句标志一个成功的隐式事务或用户定义事务的结束。如果参数@@TRANCOUNT 为 1，COMMIT TRANSACTION 使得自从事务开始以来所执行的所有数据修改成数据库的永久部分，释放连接占用的资源，并将@@TRANCOUNT 减少到 0。如果@@TRANCOUNT 大于 1，则 COMMIT TRANSACTION 使@@TRANCOUNT 按 1 递减。只有当事务所引用的所有数据的逻辑都正确时，发出 COMMIT TRANSACTION 命令。

SQL Server 执行事务的语句语法格式为：

```
COMMIT TRANSACTION [事务名称]
```

该语句与 ANSI SQL 的标准语句 COMMIT WORK 语句功能相同，只是 COMMIT TRANSACTION 语句可以接受用户定义的事务名称。

例如，下面语句定义了一个事务 A，它插入一条记录，并以 COMMIT TRANSACTION 命令执行。

```
BEGIN TRANSACTION A
INSERT INTO DEMO VALUES('BB','B TERM')
COMMIT TRANSACTION A
```

16.2.5 回滚事务

ANSI SQL 中，回滚事务使用的是 ROLLBACK 语句。在 SQL Server 中，回滚事务使用 ROLLBACK TRANSACTION 语句，其作用为将显式事务或隐式事务回滚到事务的起点或事务内的某个保存点。该语句的语法格式如下：

```
ROLLBACK [ TRAN [ SACTION ]
[ transaction_name | @tran_name_variable | savepoint_name | @savepoint_variable ] ]
```

其中,参数说明如下:

- transaction_name——是给 BEGIN TRANSACTION 上的事务指派的名称。transaction_name 必须符合标识符规则,但只使用事务名称的前 32 个字符。嵌套事务时,transaction_name 必须是来自最远的 BEGIN TRANSACTION 语句的名称。
- @tran_name_variable——是用户定义的、含有有效事务名称的变量的名称。必须用 char、varchar、nchar 或 nvarchar 数据类型声明该变量。
- savepoint_name——是来自 SAVE TRANSACTION 语句的 savepoint_name。savepoint_name 必须符合标识符规则。当条件回滚只影响事务的一部分时使用 savepoint_name。
- @savepoint_variable——是用户定义的、含有有效保存点名称的变量的名称。必须用 char、varchar、nchar 或 nvarchar 数据类型声明该变量。

使用 ROLLBACK TRANSACTION 语句需要注意如下事项:

- ROLLBACK TRANSACTION 清除自事务的起点或到某个保存点所做的所有数据修改。ROLLBACK 还释放由事务控制的资源。
- 不带 savepoint_name 和 transaction_name 的 ROLLBACK TRANSACTION 回滚到事务的起点。嵌套事务时,该语句将所有内层事务回滚到最远的 BEGIN TRANSACTION 语句。
- ROLLBACK TRANSACTION 语句若指 savepoint_name 则不释放任何锁。
- 在由 BEGIN DISTRIBUTED TRANSACTION 显式启动或从本地事务升级而来的分布式事务中,ROLLBACK TRANSACTION 不能引用 savepoint_name。
- 在执行 COMMIT TRANSACTION 语句后不能回滚事务。

在事务内允许有重复的保存点名称,但 ROLLBACK TRANSACTION 若使用重复的保存点名称,则只回滚到最近的使用该保存点名称的 SAVE TRANSACTION。

在存储过程中,不带 savepoint_name 和 transaction_name 的 ROLLBACK TRANSACTION 语句将所有语句回滚到最远的 BEGINTRANSACTION。在存储过程中,ROLLBACK TRANSACTION 语句使@@TRANCOUNT 在触发器完成时的值不同于调用该存储过程时的@@TRANCOUNT 值,并且生成一个信息。该信息不影响后面的处理。

如果在触发器中发出 ROLLBACK TRANSACTION,将回滚对当前事务中的那一点所做的所有数据修改,包括触发器所做的修改。触发器继续执行 ROLLBACK 语句之后的所有其余语句。如果这些语句中的任意语句修改数据,则不回滚这些修改。执行其余的语句不会激发嵌套触发器。在批处理中,不执行所有位于激发触发器的语句之后的语句。

在存储过程中,ROLLBACK TRANSACTION 语句不影响调用该过程的批处理中的后续语句;将执行批处理中的后续语句。在触发器中,ROLLBACK TRANSACTION 语句终止含有激发触发器的语句的批处理;不执行批处理中的后续语句。

ROLLBACK TRANSACTION 语句不生成显示给用户的信息。如果在存储过程或触发器中需要警告,请使用 RAISERROR 或 PRINT 语句。RAISERROR 是用于指出错误的首选语句。

此外,ROLLBACK 对游标的影响由下面三个规则定义:

- 当参数 CURSOR_CLOSE_ON_COMMIT 设置为 ON 时,ROLLBACK 关闭但不释放所有打开的游标。
- 当 CURSOR_CLOSE_ON_COMMIT 设置为 OFF 时,ROLLBACK 不影响任何打开的同 STATIC 或 INSENSITIVE 游标不影响已完全填充的异步 STATIC 游标。将关闭但不释放任何其他类型的打开的游标。对于导致终止批处理并生成内部回滚的错误,将释放在含有该错误语句的批处理内声明的所有游标。
- 不论游标的类型或 CURSOR_CLOSE_ON_COMMIT 的设置,所有游标均将被释放,其中包括在该错误批处理所调用的存储过程内声明的游标。

在 SQL Server 中,ROLLBACK TRANSACTION 权限默认授予任何有效用户。下列语句实现一个事务回滚到保存点 A。

```
BEGIN TRANSACTION
SAVE TRANSACTION A
INSERT INTO DEMO VALUES('BB','B TERM')
ROLLBACK TRANSACTION A
```

16.3 SQL Server 中的事务处理模式

SQL Server 提供两种不同的方法处理事务,它们可以基于单独连接定义。每一个连接都可以使用它们需要的事务模式来实现其需求:

- 自动提交事务。
- 显式事务。
- 隐式事务。
- 嵌套事务。

16.3.1 自动提交事务

SQL Server 将一切都作为事务处理。它不会在事务以外更改数据。因此,如果开发者没有定义事务,SQL Server 会自己定义事务。由 SQL Server 定义的事务称作自动提交事务。自动提交模式是 SQL Server 的默认模式。

例如,在课程表 COURSE 中,其 CNO 字段定义了非空约束。现在往 COURSE 表中一次性插入 3 条记录,插入语句如下:

```
INSERT INTO COURSE
VALUES('008','计算机英语',2)
INSERT INTO COURSE
VALUES(NULL,'编译原理',4)
```

```
INSERT INTO COURSE
VALUES('009','计算机网络',4)
```

在 SQL Server 的查询分析器中执行上述语句，其执行结果如图 16.3 所示。

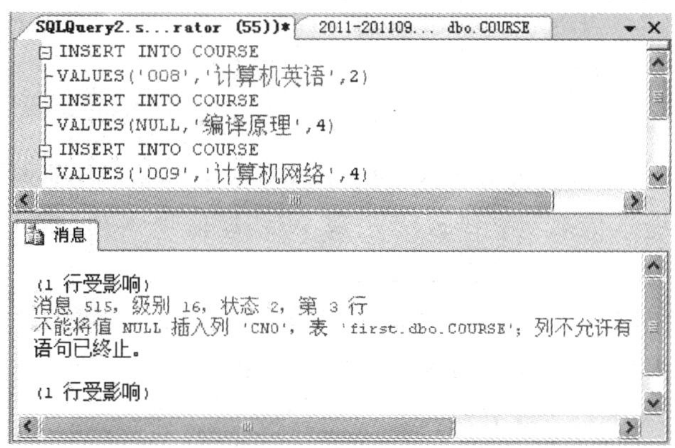

图 16.3　执行结果

可以看出，其中出现了插入错误，使用 SELECT * FROM COURSE 简单查询语句查看课程表 COURSE 的记录变化，如图 16.4 所示。

CNO	CNAME	CGRADE
001	计算机基础	2
003	数据结构	4
004	操作系统	4
006	数据库原理	4
007	软件工程	4
008	计算机英语	2
009	计算机网络	4

图 16.4　COURSE 表的记录变化

可以看出，第二条记录没有被插入，但是第一条记录和第三条记录被成功插入。SQL Server 使用自动提交事务时，每一个语句本身是一个事务。如果这个语句产生了错误，其事务会自动回滚。如果这个语句成功执行而没有产生错误，其事务会自动提交。因此，第一个和第三个语句将被提交，而第二个有错误的语句会回滚。注意，这种行为甚至会发生在这三个语句作为一批一起提交的时候。批不会定义批中的语句是否按一个事务进行处理。

16.3.2　显式事务

SQL Server 中可以定义显式事务，在显式事务中，开发者要定义一个事务在何处开始，并定义这个事务在什么时候需要提交或回滚。这通过 SQL 语句 BEGIN TRANSACTION、COMMIT TRANSACTION 和 ROLLBACK TRANSACTION 来实现。一个显式事务是独立于批的。它可以跨越多个批，或者在一个批中可以有多个显式事务。

在如上示例中，要求一次性插入 3 条记录，采用自动提交事务时其将会分别插入正确记录，而只将错误记录回滚，来看一下显式事务的操作，如下所示：

```
BEGIN TRANSACTION
INSERT INTO COURSE
VALUES('008','计算机英语',2)
INSERT INTO COURSE
VALUES(NULL,'编译原理',4)
INSERT INTO COURSE
VALUES('009','计算机网络',4)
COMMIT TRANSACTION
```

同样,在 SQL Server 的查询分析器中执行上述语句,其执行结果与图 16.3 相同。其中第二条记录的错误提示信息为:错误无法将 NULL 值插入列'CNO',表 master.dbo.COURSE;该列不允许空值。INSERT 失败。语句已终止。

同样,可以使用 SELECT * FROM COURSE 简单查询语句查看课程表 COURSE 的记录变化,可以看出,结果与在自动提交模式时的结果相同,即与图 16.4 相同。两行被插入了,违反 NULL 值约束的行则没有插入。

发生该情况是因为此处虽然定义了显式事务,但并没有回滚语句。因此,需要在事务中加入一个错误处理程序。没有错误处理程序,由于这个批没有被取消,SQL Server 将简单地在错误之后处理下一个语句。在上一个批中,SQL Server 简单地处理每一个 INSERT 语句并随后处理了 COMMIT 语句。因此,得到和的结果与在自动提交模式时一样。

为了加入一个错误处理程序,可以使用 SQL Server 中的 TRY 和 CATCH 语句块,需要注意的是,这两个语句块只在 SQL Server 2005 以上版本才被支持。改写上述语句如下:

```
BEGIN TRY
  BEGIN TRAN
     INSERT INTO table1 (i,col1,col2)
     VALUES (1,'First row','First row');
     INSERT INTO table1 (i,col1,col2)
     VALUES (2,NULL,'Second row');
     INSERT INTO table1 (i,col1,col2)
     VALUES (3,'Third row','Third row');
  COMMIT TRAN;
END TRY
BEGIN CATCH
     ROLLBACK TRAN
END CATCH;
```

执行上述语句,并没有错误信息显示,是因为错误信息被 CATCH 语句所捕获。同时,通过 SELECT * FROM COURSE 语句查看 COURSE 表的数据记录,并没有返回记录。可以看出,整个事务都回滚了。在 INSERT 语句中发生违规插入的时候,SQL Server 跳到 CATCH 语句块并回滚了事务。

此处还可以使用到前面提到的设置回滚标记 SET XACT_ABORT 语句来实现,可以将上述示例改写成如下语句:

```
SET XACT_ABORT ON
BEGIN TRANSACTION
INSERT INTO COURSE
VALUES('008','计算机英语',2)
INSERT INTO COURSE
VALUES(NULL,'编译原理',4)
INSERT INTO COURSE
VALUES('009','计算机网络',4)
COMMIT TRANSACTION
```

执行上述语句后,查询分析给出错误提示:无法将 NULL 值插入列'CNO',表'master.dbo.COURSE';该列不允许空值。INSERT 失败。通过简单查询语句 SELECT * FROM COURSE 可以看到课程表 COURSE 的数据记录如图 16.5 所示。

CNO	CNAME	CGRADE
001	计算机基础	2
003	数据结构	4
004	操作系统	4
006	数据库原理	4
007	软件工程	4

图 16.5　事务执行失败

可以看出,使用上述语句后,这 3 条记录要么同时插入到表中,要么全部取消。这就达到了维护数据一致性的目的。

16.3.3　隐式事务

当连接以隐式事务模式进行操作时,SQL Server 将在提交或回滚当前事务后自动启动新事务。无须描述事务的开始,只需提交或回滚每个事务。

在这种模式中,SQL Server 在没有事务存在的情况下会开始一个事务,但不会像在自动模式中那样自动执行 COMMIT 或 ROLLBACK 语句,但事务必须显式结束。在为连接将隐式事务模式设置为打开之后,当 SQL Server 首次执行下列任何语句时,都会自动启动一个事务:

- ALTER TABLE——修改表结构语句。
- CREATE——创建语句。
- DELETE——删除语句。
- DROP——删除结构语句。
- FETCH——获取语句。
- GRANT——授权语句。
- INSERT——插入数据语句。
- OPEN——打开语句。
- REVOKE——收回授权语句。
- SELECT——查询语句。
- TRUNCATE TABLE——清除所有数据语句。

• UPDATE——更新语句。

在执行 COMMIT 或 ROLLBACK 语句之前，该事务将一直保持有效。在第一个事务被提交或回滚之后，下次当连接执行这些语句中的任何语句时，SQL Server 都将自动启动一个新事务。SQL Server 将不断地生成一个隐式事务链，直到隐式事务模式关闭为止。

例如，下列语句实现隐式事务的创建。

```
BEGIN TRANSACTION
SAVE TRANSACTION A
INSERT INTO DEMO VALUES('BB','B TERM')
ROLLBACK TRANSACTION A
CREATE TABLE DEMO2(NAME VARCHAR(10),AGE INT)
INSERT INTO DEMO2(NAME,AGE) VALUES('LIS',1)
ROLLBACK TRANSACTION
```

在该示例中，执行到 CREATE TABLE DEMO2 语句时，SQL Server 已经隐式创建一个事务，直到事务提交或回滚。

16.3.4 嵌套事务

显式事务可以嵌套，即在显式事务中开始另一个显式事务是可能的。支持嵌套事务的最重要原因是为了允许在存储过程中使用事务而不必顾及这个事务本身是否是在另一个事务中被调用的。例如，下列语句即是一个嵌套事务。

```
BEGIN TRAN T1
---- IN THE FIRST TRANS
INSERT INTO DEMO2(NAME,AGE) VALUES('LIS',1)
--- SECOND TRANS BEGIN TRANSACTION T2
INSERT INTO DEMO VALUES('BB','B TERM')
COMMIT TRANSACTION T2
---- IN THE FIRST TRANS
INSERT INTO DEMO2(NAME,AGE) VALUES('LIS',2)
ROLLBACK TRANSACTION T1
```

使用嵌套事务时需要注意的是：

• 在一系列嵌套的事务中用一个事务名给多个事务命名对该事务没有什么影响。系统仅登记第一个(最外部的)事务名。回滚到其他任何名字(有效的保存点名除外)都会产生错误。
• 事实上，任何在回滚之前执行的语句都没有在错误发生时回滚。这语句仅当外层的事务回滚时才会进行回滚。

因此，每一个内部事务都需要提交。由于事务起始于第一个 BEGIN TRAN 并结束于最后一个 COMMIT TRAN，因此最外层的事务决定了是否完全提交内部的事务。如果最外层的事务没有被提交，其中嵌套的事务也不会被提交。

在嵌套的事务中，只有最外层的事务决定着是否提交内部事务。每一个 COMMIT TRAN 语句总是应用于最后一个执行的 BEGIN TRAN。因此，对于每一个 BEGIN TRAN，必须调用一个 COMMIT TRAN 来提交事务。ROLLBACK TRAN 语句总是属于最外层的事务，并且因此总是回滚整个事务而不论其中打开了多少嵌套事务。正因为此，管理嵌套事务很复杂。如果每一个嵌套存储过程都在自身中开始一个事务，那么嵌套事务大部分会发生在嵌套存储过程中。

16.4 Oracle 的事务处理

与 SQL Server 相似，事务是 Oracle 中进行数据库操作的基本单位，在 PL/SQL 程序中，可以使用 3 个事务处理控制命令。

16.4.1 COMMIT 命令

COMMIT 是事务提交命令。在 Oracle 数据库中，为了保证数据的一致性，在内存中将为每个客户机建立工作区，客户机对数据库进行操作处理的事务都在工作区内完成，只有在输入 commit 命令后，工作区内的修改内容才写入到数据库上，称为物理写入，这样可以保证在任意的客户机没有物理提交修改以前，别的客户机读取的后台数据库中的数据是完整的、一致的，如图 16.6 所示。

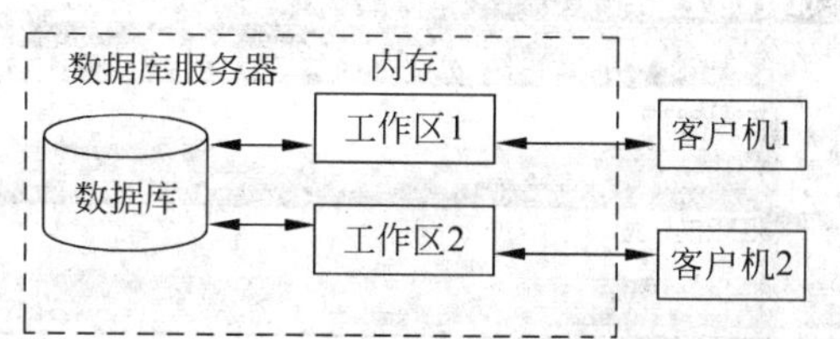

图 16.6 COMMIT 命令示意图

在“SQLPlus 工作单”中可以执行下列 PL/SQL 程序打开自动提交功能。这样每次执行 PL/SQL 程序都会自动进行事务提交。其打开与关闭的语句为：

```
SET AUTO ON|OFF
```

在“SQLPlus 工作单”界面执行打开语句，如图 16.7 所示。

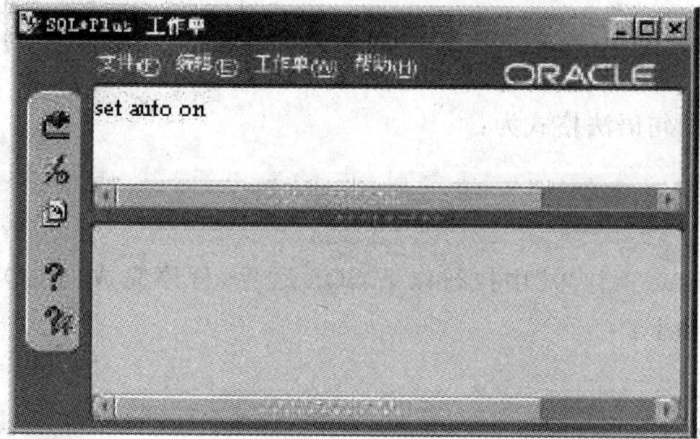

图 16.7 打开自动提交

打开自动提交功能后，每次执行 PL/SQL 程序，都会自动执行 COMMIT 语句自动提交事务。此处的 COMMIT 语句与 SQL Server 中的 COMMIT TRANSACTION 功能相同。

16.4.2 ROLLBACK 命令

ROLLBACK 是事务回滚命令，在尚未提交 COMMIT 命令之前，如果发现 DELETE、INSERT 和 UPDATE 等操作需要恢复的话，可以使用 ROLLBACK 命令回滚到上次 COMMIT 时的状态。其功能相当于 SQL Server 中的 ROLLBACK TRANSACTION 语句。

需要注意的是，在 Oracle 中执行 ROLLBACK 语句需要先关闭自动提交功能，这是由于 ROLLBACK 只能回滚没有执行 COMMIT 命令的事务。关闭自动提交执行下列语句：

```
SET AUTO OFF
```

在对数据库中某数据表中数据进行了 INSERT、UPDATE 或 DELETE 等操作后，只要还没有运行 COMMIT 语句，即可采用 ROLLBACK 语句回滚，如图 16.8 所示。

图 16.8 回滚事务

16.4.3 SAVEPOINT 命令

SAVEPOINT 是设置保存点命令。事务通常由数条命令组成，可以将每个事务划分成若干个部分进行保存，这样每次可以回滚到某个保存点，而不必回滚整个事务。语法格式如下。

创建保存点的语句语法格式为：

```
SAVEPOINT 保存点名;
```

回滚保存点的语句语法格式为：

```
ROLLBACK TO 保存点名;
```

例如，在“SQLPlus 工作单”中执行以下 SQL 程序，程序完成向 COURSE 数据表中插入一条记录。语句如下：

```
INSERT INTO COURSE
(CNO,CNAME,CGRADE)
VALUES('008','计算机英语',2)
```

插入完成后，接着执行创建保存点的命令，在该处创建一个保存点 savepoint insertpoint，其执行结果如图 16.9 所示。

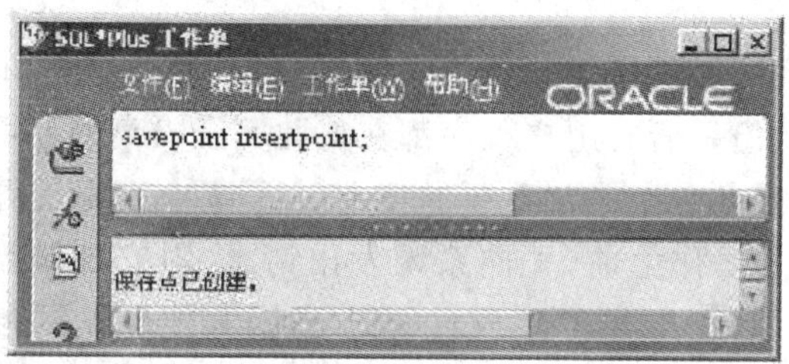

图 16.9　创建保存点

创建保存点后，用户可以在"SQLPlus 工作单"中继续执行其他的 SQL 命令，当需要恢复到 INSERT 语句后的保存点时，只需使用 rollback to insertpoint 命令即可。其执行效果如图 16.10 所示。

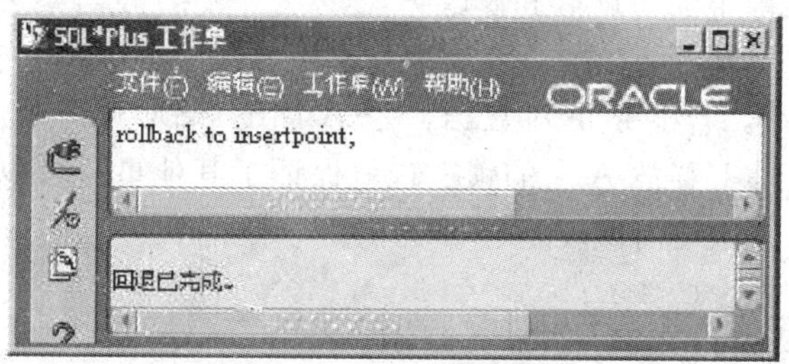

图 16.10　回滚到保存点

可以看出，Oracle 中关于事务的操作与 SQL Server 中的事务操作类似，关于更详细的操作说明读者可参阅 Oracle 的相关手册。

16.5　并发控制

数据库是一个共享资源，可以提供多个用户使用。这些用户程序可以一个一个地串行执行，每个时刻只有一个用户程序运行，执行对数据库的存取，其他用户程序必须等到这个用户程序结束以后方能对数据库存取。但是如果一个用户程序涉及大量数据的输入/输出交换，则数据库系统的大部分时间处于闲置状态。因此，为了充分利用数据库资源，发挥数据库共享资源的特点，应该允许多个用户并行地存取数据库，即数据库的并发。

16.5.1　并发的引入和解决

并发可以提高数据库的资源利用率，但是，也会产生多个用户程序并发存取同一数据的情况。若对并发操作不加控制就可能会存取和存储不正确的数据，破坏数据库的一致性，所以数据库管理系统必须提供并发控制机制。并发控制机制的好坏是衡量一个数据库管理系统性能的重要标志之一。

对于多用户系统，数据库操作的并发问题很常见，造成的错误如数据丢失、读取错误数据等。究其本质原因是数据不一致：一个进程读入内存中的数据和数据库中的"同一批"数据在某一时刻已经不一样(可能数据库中的数据被另外一个进程修改了)，但程序并不知道，于是造成各种错误。

因此，数据库管理系统提供了封锁机制来解决并发问题。它可以保证任何时候都有多个正在运行的用户程序，但是所有用户程序都在彼此完全隔离的环境中运行。

封锁是事务并发控制的一个非常重要的技术。所谓封锁，就是事务 T 在对某个数据对象，例如，在 c 插入记录等操作之前，先向系统发出请求，对它加锁。加锁后事务 T 就对数据库对象有了一定的控制，在事务 T 释放它的锁之前，其他事务不能更新此数据对象。

数据库管理通常提供了多种数据类型的封锁。一个事务对某个数据对象加锁后究竟拥有什么样的控制是由封锁类型决定的。基本的封锁类型有两种：

- 排他锁(exclusive lock，简记为 X 锁)。

排他锁又称为写锁。若事务 T 对数据对象 A 加上 X 锁，则只允许 T 读取和修改 A，其他任何事务都不能再对 A 加任何类型的锁，直到 T 释放 A 上的锁。这就保证了其他事务在 T 释放 A 上的锁之前不能再读取和修改 A。

- 共享锁(share lock，简记为 S 锁)。

共享锁又称为读锁。若事务 T 对数据对象 A 加上 S 锁，则其他事务只能再对 A 加 S 锁，而不能加 X 锁，直到 T 释放 A 上的锁。这就保证了其他事务可以读 A，但在 T 释放 A 上的 S 锁之前不能对 A 做任何修改。

16.5.2 事务的隔离级别

为了遵守事务的四个原则(即 ACID 规则：原子性、一致性、隔离性和持久性)，事务必须与其他事务相隔离。这意味着在一个事务中使用的数据必须与其他事务相隔离。为了实现这种分离，每一个事务会锁住它使用的数据以防止其他事务使用它。锁定义在需要锁定的资源上，这些资源可以是索引、数据行或者表。

数据库管理系统通过在锁资源上使用不同类型的锁来隔离事务。为了开发安全的事务，定义事务内容以及应在何种情况下回滚至关重要，定义如何以及在多长时间内在事务中保持锁定也同等重要。这由隔离级别决定。应用不同的隔离级别，数据库管理系统用户为每一个单独事务定义与其他事务的隔离程度。事务隔离级别的定义如下：

- 是否在读数据的时候使用锁。
- 读锁持续多长时间。
- 在读数据的时候使用何种类型的锁。

ANSI SQL 标准定义了以下 4 种数据库操作的隔离级别：

- 未提交读(READ UNCOMMITTED)——在读数据时不会检查或使用任何锁。因此，在这种隔离级别中可能读取到没有提交的数据。
- 提交读(READ COMMITTED)——只读取提交的数据并等待其他事务释放排他锁。读数据的共享锁在读操作完成后立即释放。
- 重复读(REPEATABLE READ)——像已提交读级别那样读数据，但会保持共享锁直到事务结束。
- 序列化(SERIALIZABLE)——工作方式类似于可重复读。但它不仅会锁定受影响的数据，还会锁定这个范围。这就阻止了新数据插入查询所涉及的范围。

上述4种隔离级别也称为隔离级别0，隔离级别1，隔离级别2和隔离级别3。在ANSI SQL标准中，其分别表示的含义如下：

- 隔离级别0与事务无关，并且不加锁，也就是说例如SELECT * FROM T1，系统扫描过和读取的每一行都不加锁。
- 隔离级别1与事务无关，只对正在取数的行加锁，取完数马上开锁，也就是说，BEGIN TRAN然后SELECT * FROM T1即使没有COMMIT，锁也会自动打开。
- 隔离级别2与事务有关，对扫描过的地方加锁。例如，SELECT * FROM T1，系统从第1行开始扫描，扫描到第5行的时候，1到5行都处于锁定状态，直到COMMIT，这些锁才解开。
- 隔离级别3与事务有关，对全表加锁。

16.6 SQL Server中的并发控制

事务和锁是并发控制的主要机制，SQL Server通过支持事务机制来管理多个事务，保证数据的一致性，并使用事务日志保证修改的完整性和可恢复性。SQL Server遵从三级封锁协议，从而有效地控制并发操作可能产生的丢失更新、读“脏”数据、不可重复读等错误。SQL Server具有多种不同粒度的锁，允许事务锁定不同的资源，并能自动使用与任务相对应的等级锁来锁定资源对象，以使锁的成本最小化。事务在前面介绍过，本节主要介绍锁的实现。

16.6.1 锁的粒度和类型

锁是为防止其他事务访问指定的资源，实现并发控制的主要手段。要加快事务的处理速度并缩短事务的等待时间，就要使事务锁定的资源最小。SQL Server为使事务锁定资源最小化提供了多粒度锁。

- 行级锁：表中的行是锁定的最小空间资源。行级锁是指事务操作过程中，锁定一行或若干行数据。
- 页和页级锁：在SQL Server中，除行外的最小数据单位是页。一个页有8KB，所有的数据、日志和索引都放在页上。为了管理方便，表中的行不能跨页存放，一行的数据必须在同一个页上。页级锁是指在事务的操作过程中，无论事务处理多少数据，每一次都锁定一页。
- 簇和簇级锁：页之上的空间管理单位是簇，一个簇有8个连续的页。簇级锁指事务占用一个簇，这个簇不能被其他事务占用。簇级锁是一种特殊类型的锁，只用在一些特殊的情况下。例如在创建数据库和表时，系统用簇级锁分配物理空间。由于系统是按照簇分配空间的，系统分配空间时使用簇级锁，可防止其他事务同时使用一个簇。
- 表级锁：表级锁是一种主要的锁。表级锁是指事务在操纵某一个表的数据时锁定了这些数据所在的整个表，其他事务不能访问该表中的数据。当事务处理的数量比较大时，一般使用表级锁。

- 数据库级锁：数据库级锁是指锁定整个数据库，防止其他任何用户或者事务对锁定的数据库进行访问。这种锁的等级最高，因为它控制整个数据库的操作。数据库级锁是一种非常特殊的锁，它只用于数据库的恢复操作。只要对数据库进行恢复操作，就需要将数据库设置为单用户模式，防止其他用户对该数据库进行各种操作。

此外，每一个锁都有一个特定的锁类型定义锁的行为。例如，如果事务希望防止其他事务更新数据但允许其他事务读取数据，那么在有些情况下可能为写操作锁住数据。在其他情况下，要求排他地锁定数据以防止其他事务对数据的任何访问。这种行为通过锁的兼容性来实现。每一种锁类型的定义都在同样的资源上与一些来自其他事务的特定锁兼容。由于一个特定的锁类型必须在 SQL Server 中授权所有数据访问操作，因此可以使用锁的兼容性来管理两个或两个以上的操作是否可以在同一时间用于同样的数据。SQL Server 中最常用的锁类型为：

- 共享锁(S)——共享锁用于为读访问锁住数据。它们会防止其他事务更改数据，但不阻止读数据。共享锁与其他共享锁相兼容，这就允许多个事务在同一个被锁的资源上拥有一个共享锁。因此，事务可以并行地读同一个数据。
- 排他锁(X)——排他锁用于每一次数据的更新。它们会阻止其他事务访问数据，因此一个排他锁与其他锁都不兼容。
- 更新锁(U)——更新锁是共享锁的一种特例。它们主要用于对 UPDATE 语句的支持。在 UPDATE 语句中，数据必须在它被更新前读取。因此，这需要一种锁类型在它读自己的数据时不阻止其他事务读数据。然而，当 SQL Server 开始更新数据的时候，它必须提升锁类型为排他锁。对于这种读操作，SQL Server 使用与共享锁兼容但与其他更新锁不兼容的更新锁。因此，其他事务在数据由于 UPDATE 语句而被读取的时候可以读取，但其他 UPDATE 语句必须等待直到更新锁被释放。
- 意向锁(I)——意向锁是前面几种锁类型的变体，包括意向共享锁、意向排他锁等。它们用于在低层次的锁上保护高层次的不接受的锁。考虑以下这种情况：一个事务在表中的行上有一个排他锁。此时不允许其他事务在整张表上获取排他锁。为了管理这种情况，会在高层次应用意向锁使其他事务知道一些资源已经在低层次上被锁定了。在这种情况下，事务会在行上保持一个排他锁，同时使用一个排他意向锁锁定页和表。

一般情况下，SQL Server 能自动提供加锁功能，不需要用户专门设置，这些功能表现在：

- 当用 SELECT 语句访问数据库时，系统能自动用共享锁访问数据；在使用 INSERT、UPDATE 和 DELETE 语句增加、修改和删除数据时，系统会自动给使用数据加排他锁。
- 系统用意向锁使锁之间的冲突最小化。意向锁建立一个锁机制的分层结构，其结构按行级锁层、页级锁层和表级锁层设置。
- 当系统修改一个页时，会自动加修改锁。修改锁与共享锁兼容，而当修改某页后，修改锁会上升为排他锁。
- 当操作涉及参照表或索引时，SQL Server 会自动提供模式锁和修改锁。

不同的DBMS提供的封锁类型、封锁协议、封锁粒度和达到的系统一致性级别不尽相同，但其依据的基本原理和技术是共同的。

SQL Server能自动使用与任务相对应的等级锁来锁定资源对象，以使锁的成本最小化。所以，用户只需要了解封锁机制的基本原理，使用中不涉及锁的操作。也可以说，SQL Server的封锁机制对用户是透明的。

16.6.2 SQL Server的隔离级别

SQL Server除了能够支持ANSI SQL标注的4种隔离级别外，其还有两种使用行版本控制来读取数据的事务级别。行版本控制允许一个事务在数据排他锁定后读取数据的最后提交版本。由于不必等待到锁释放就可进行读操作，因此查询性能得以大大增强。这两种隔离级别如下：

- 已提交读快照。它是一种提交读级别的新实现。不像一般的提交读级别，SQL Server会读取最后提交的版本并因此不必在进行读操作时等待直到锁被释放。这个级别可以替代提交读级别。
- 快照。这种隔离使用行版本来提供事务级别的读取一致性。这意味着在一个事务中，由于读一致性可以通过行版本控制实现，因此同样的数据总是可以像在可序列化级别上一样被读取而不必为防止来自其他事务的更改而被锁定。

无论定义什么隔离级别，对数据的更改总是通过排他锁来锁定并直到事务结束时才释放。很多情况下，定义正确的隔离级别并不是一个简单的决定。作为一种通用的规则，要选择在尽可能短的时间内锁住最少数据，但同时依然可以为事务提供它所需的安全程度的隔离级别。

在SQL Server中，有两种方法可以设置隔离级别：

- 设置TIMEOUT参数。

例如，下面语句实现被锁超时5秒将自动解锁。

```
Set Lock_TimeOut 5000
```

如果超时时间设置为0，那么表示立即解锁，语句如下：

```
Set Lock_TimeOut 0
```

- 使用SET TRANSACTION语句设置隔离级别。

16.6.3 SET TRANSACTION语句

SET TRANSACTION语句用于设置SQL Server中的隔离级别，其语句格式为：

```
(SET TRANSACTION ISOLATION LEVEL
{ READ COMMITTED
| READ UNCOMMITTED
| REPEATABLE READ
| SERIALIZABLE})
```

其中,参数说明如下:

- READ COMMITTED——指定在读取数据时控制共享锁以避免脏读,但数据可在事务结束前更改,从而产生不可重复读取或幻像数据。该选项是 SQL Server 的默认值,避免脏读,并使在缓冲区中的其他事务不能对已有数据进行修改。
- READ UNCOMMITTED——执行脏读或 0 级隔离锁定,这表示不发出共享锁,也不接受排他锁。当设置该选项时,可以对数据执行未提交读或脏读;在事务结束前可以更改数据内的数值,行也可以出现在数据集中或从数据集消失。该选项的作用与在事务内所有语句中的所有表上设置 NOLOCK 相同。这是 4 个隔离级别中限制最小的级别。
- REPEATABLE READ——锁定查询中使用的所有数据以防止其他用户更新数据,但是其他用户可以将新的幻像行插入数据集,且幻像行包括在当前事务的后续读取中。因为并发低于默认隔离级别,所以应只在必要时才使用该选项。
- SERIALIZABLE——在数据集上放置一个范围锁,以防止其他用户在事务完成之前更新数据集或将行插入数据集内。这是四个隔离级别中限制最大的级别。因为并发级别较低,所以应只在必要时才使用该选项。该选项的作用与在事务内所有 SELECT 语句中的所有表上设置 HOLDLOCK 相同。

可以看出,SET TRANSACTION 语句是设置事务隔离级别,其参数即为 ANSI SQL 标准中的 4 个隔离级别。

16.6.4 阻塞与死锁

在前面内容中提到,如果事务的隔离级别高、访问的资源交多,很容易导致数据阻塞,即其他事务需要的数据资源被锁住了,导致事务无法执行下去,即阻塞。

在多用户的数据库系统中,阻塞是一个大问题。最少化阻塞是事务设计中急需关注的重要问题。为了将阻塞减至最少,应该遵守以下规则:

- 事务要尽量短。
- 不要在事务之中请求用户输入。
- 在读数据的时候考虑使用行版本管理。
- 在事务中尽量访问最少量的数据。
- 尽可能地使用低的事务隔离级别。

死锁指的是会导致永久阻塞(如果不自动解决的话)的特殊阻塞场景,其发生在两个或更多的事务相互阻塞的时候。如果发生这种情况,每一个事务都在等待其他事务释放它们的锁。但是,这永远不会发生,因为其他事务也在等待。之所以称为死锁,是因为事务永远不会释放它们所占用的锁。为了防止这种情况的发生,SQL Server 会通过回滚其中一个事务并返回一个错误到连接的方式来自己解决这种问题以便让其他的事务能够完成它们的工作。

为了防止并处理死锁,应该遵守以下原则:

- 遵守最少化阻塞的规则。阻塞越少,发生死锁的机会就越少。
- 在事务中要按一致的顺序访问对象。如果在以上示例中的两个事务都按一个顺序访问表,就不会发生死锁。因此,要在数据库中定义对所有表的访问顺序。

- 在错误处理程序中检查错误 1205 并在错误发生时重新提交事务。
- 在错误处理程序中加入一个过程将错误的详细信息写入日志。

如果遵守这些规则，就有机会阻止死锁。当死锁发生时，由于事务会自动提交，因此对于用户来说是未知的，但可以通过日志来监视死锁。

16.7 Oracle 的并发控制

与 SQL Server 的并发控制相似，Oracle 的并发控制解决用户读与写不一致的问题，同样是用锁来解决。当执行 Insert、Delete、Update 等对数据的操作时，Oracle 会自动加行锁，即对改动的行加锁，事务结束时解锁。当遇到死锁时，Oracle 会检测到死锁。应该对其中一个事务进行回退，以解开死锁，正常提交。

16.7.1 Oracle 的隔离级别

Oracle 提供了 SQL 92 标准中的 READ COMMITTED 和 SERIALIZABLE 隔离级别，同时提供了非 SQL 92 标准的 READ-ONLY 级别。

- READ COMMITTED：这是 Oracle 默认的事务隔离级别。事务中的每一条语句都遵从语句级的读一致性。该级别保证不会读脏数据；但可能出现非重复读和幻像。
- Serializable 级别：简单地说，Serializable 就是使事务看起来像是一个接着一个地顺序地执行。该级别仅仅能看见在本事务开始前由其他事务提交的更改和在本事务中所做的更改，而且保证不会出现非重复读和幻像。Serializable 隔离级别提供了 READ-ONLY 事务所提供的读一致性（事务级的读一致性），同时又允许 DML 操作。
- READ-ONLY 级别：遵从事务级的读一致性，仅仅能看见在本事务开始前由其他事务提交的更改。不允许在本事务中进行 DML 操作。READ ONLY 是 SERIALIZABLE 的子集，其都避免了非重复读和幻像。区别是在 READ ONLY 中是只读；而在 SERIALIZABLE 中可以进行 DML 操作。

在 Oracle 中，没有 Read Uncommitted 及 Repeatable Read 隔离级别，这样在 Oracle 中不允许一个会话读取其他事务未提交的数据修改结果，从而避免了由于事务回滚发生的读取错误。Oracle 中的 Read Committed 和 Serializable 级别，其含义与 SQL Server 类似，但是实现方式却大不一样。

在 Oracle 中，存在所谓的回滚段或撤销段，Oracle 在修改数据记录时，会把这些记录被修改之前的结果存入回滚段或撤销段中，就是因为这种机制，Oracle 对于事务隔离级别的实现与 SQL Server 截然不同。在 Oracle 中，读取操作不会阻碍更新操作，更新操作也不会阻碍读取操作，这样在 Oracle 中的各种隔离级别下，读取操作都不会等待更新事务结束，更新操作也不会因为另一个事务中的读取操作而发生等待，这也是 Oracle 事务处理的一个优势所在。

Oracle 默认的设置是 Read Committed 隔离级别（也称为语句级别的隔离），在这种隔离级别下，如果一个事务正在对某个表进行 DML 操作，而这时另外一个会话对这个表的记录进行读取操作，则 Oracle 会去读取回滚段或撤销段中存放的更新之前的记录，而不会像 SQL Server 一样等待更新事务的结束。

在 Serializable 隔离级别(也称为事务级别的隔离)，事务中的读取操作只能读取这个事务开始之前已经提交的数据结果。如果在读取时，其他事务正在对记录进行修改，则 Oracle 就会在回滚段或撤销段中去寻找对应的原来未经更改的记录(而且是在读取操作所在的事务开始之前存放于回滚段或撤销段的记录)，这时读取操作也不会因为相应记录被更新而等待。

隔离级别定义了事务与事务之间的隔离程度。隔离级别与并发性是互为矛盾的：隔离程度越高，数据库的并发性越差；隔离程度越低，数据库的并发性越好。

16.7.2 只读事务

Oracle 支持只读事务，只读事务规定，查询到的数据以及该事务中的查询将不受发生在数据库中的任何其他事务的影响。而读写事务保证查询返回的数据与查询开始的数据一致。只读事务实现事务级读取的一致性，这种事务只能包含查询语句，而不能包含任何 DML 语句。在这种情况下，只能查询到事务开始之前提交的数据。因此，查询可以执行多次，并且每次返回的结果都相同。因此，只读事务有以下特点：

- 在事务中只允许查询。
- 其他事务可修改和查询数据。
- 在事务中，其他用户的任何修改都看不见。

设置只读事务的语法格式为：

```
SET TRANS ACTION READONLY
```

只读事务是所有事务的默认模式。对于这种模式，不用指定撤销段。另外，在事务处理期间，不能执行 INSERT、UPDATE、DELETE 或 SELECT FOR UPDATE 子句命令。

16.8 小结

本章主要介绍了数据库中事务和并发这两个概念。其中，事务是数据库的基本处理单位，它是为了保证数据的一致性和完整性，使得在事务中对数据的操作要么全做，要么全部取消。本章重点讲解了事务的开始、提交、设置保存点和回滚等内容，并介绍了 SQL Server 和 Oracle 这两种数据库对于事务的支持。并发是为了提高数据资源的利用率而引入的，但是并发常常会引起数据错误，导致脏数据，因此需要对并发进行控制。数据库中引入了锁和隔离级别的概念，来对并发事务进行控制。本章对 SQL Server 和 Oracle 这两种数据库的事务并发控制及其隔离级别做了简要介绍。

第17章 SQL游标

在数据库中，游标是一个十分重要的概念。游标提供了一种对从表中检索出的数据进行操作的灵活手段。就本质而言，游标实际上是一种能从包括多条数据记录的结果集中每次提取一条记录的机制。

17.1 游标的基本概念

数据库的游标是类似于 C 语言指针的语言结构。通常情况下，数据库执行的大多数 SQL 命令都是同时处理集合内部的所有数据。但是，有时候用户也需要对这些数据集合中的每一行进行操作。在没有游标的情况下，这种工作不得不放到数据库前端，用高级语言来实现。这将导致不必要的数据传输，从而延长执行的时间。通过使用游标，可以在服务器端有效地解决这个问题。

17.1.1 游标概述

简单地说，游标提供了一种在服务器内部处理结果集的方法，它可以识别一个数据集合内部指定的工作行，从而可以有选择地按行采取操作。

在数据库中，游标是一个十分重要的概念。游标提供了一种对从表中检索出的数据进行操作的灵活手段，就本质而言，游标实际上是一种能从包括多条数据记录的结果集中每次提取一条记录的机制。游标总是与一条 SQL 选择语句相关联。因为游标由结果集(可以是零条、一条或由相关的选择语句检索出的多条记录)和结果集中指向特定记录的游标位置组成。

当决定对结果集进行处理时，必须声明一个指向该结果集的游标。如果曾经用 C 语言写过对文件进行处理的程序，那么游标就像打开文件所得到的文件句柄一样，只要文件打开成功，该文件句柄就可代表该文件。对于游标而言，其道理是相同的。可见游标能够实现按与传统程序读取平面文件类似的方式处理来自基础表的结果集，从而把表中数据以平面文件的形式呈现给程序。

关系数据库管理系统实质是面向集合的，在 DBMS 中并没有一种描述表中单一记录的表达形式，除非使用 WHERE 子句来限制只有一条记录被选中。因此，在实际应用中必须借助于游标来进行面向单条记录的数据处理。

由此可见，游标允许应用程序对查询语句 SELECT 返回的行结果集中每一行进行相同或不同的操作，而不是一次对整个结果集进行同一种操作；它还提供对基于游标位置而对表中数据进行删除或更新的能力；而且，正是游标把作为面向集合的数据库管理系统和面向行的程序设计两者联系起来，使两个数据处理方式能够进行沟通。

17.1.2 示例数据表

为方便本章内容的讲解，本节给出数据示例表17.1。该表为学生表STUDENT，该表包含学号(SNO)、姓名(SNAME)、性别(SGENTLE)、年龄(SAGE)、出生年月(SBIRTH)和系部(SDEPT)和选修课程数目(SCNMU)六个字段。

表17.1 学生表STUDENT

SNO	SNAME	SGENTLE	SAGE	SBIRTH	SDEPT	SCNUM
990001	张三	男	20	1987-8-4	计算机	3
990002	陈林	女	19	1988-5-21	外语	0
990003	吴忠	男	21	1986-4-12	工商管理	2
990005	王冰	女	20	1987-2-16	体育	0
990012	张忠和	男	22	1985-8-28	艺术	4
990026	陈维加	女	21	1986-7-1	计算机	3
990028	李莎	女	21	1986-10-21	计算机	2

17.2 SQL Server 中的游标

一般来说，在SQL Server中使用游标有四种基本的步骤：

- 声明游标。
- 打开游标。
- 提取数据。
- 关闭游标。

下面一一介绍这几个步骤的实现。

17.2.1 声明游标

如同使用其他类型的变量一样，使用一个游标之前，首先应当声明它。游标的声明包括两个部分：游标的名称、这个游标所用到的SQL语句。

一般来说，声明游标的语法如下：

```
DECLARE 游标名 [INSENSITIVE] [SCROLL] CURSOR
FOR
SELECT 语句
[FOR READ ONLY | UPDATE [OF 列名 1,列名 2,列名 3,… ]
```

其中，参数说明如下：

游标名为声明的游标所取的名字，声明游标必须遵守SQL对标识符的命名规则。

使用 INSENSITIVE 定义的游标，把提取出来的数据放入一个在 tempdb 数据库创建的临时表里。任何通过这个游标进行的操作，都在这个临时表里进行。所以所有对基本表的改动都不会在用游标进行的操作中体现出来。如果忽略了 INSENSITIVE 关键字，那么用户对基本表所做的任何操作，都将在游标中得到体现。

使用 SCROLL 关键字定义的游标，具有包括如下所示的所有取数功能：

- FIRST——取第一行数据。
- LAST——取最后一行数据。
- PRIOR——取前一行数据。
- NEXT——取后一行数据。
- RELATIVE——按相对位置取数据。
- ABSOLUTE——按绝对位置取数据。

如果没有在声明时使用 SCROLL 关键字，那么所声明的游标只具有默认的 NEXT 功能，即向前取一条记录的功能。

READ ONLY 声明只读光标，不允许通过只读光标进行数据的更新。

UPDATE [OF 列名 1，列名 2，列名 3，…]定义在这个游标里可以更新的列。如果定义了[OF 列名 1，列名 2，列名 3，…]，那么只有列在表中的列可以被更新；如果没有定义[OF 列名 1，列名 2，列名 3，…]，那么游标里的所有列都可以被更新。

例如，下列语句声明了一个游标 STU_CUR，该游标可以在学生表 STUDENT 中所有的数据记录上进行操作，声明语句如下：

```
DECLARE STU_CUR CURSOR
  FOR
    SELECT *
    FROM STUDENT
```

又如，下列语句声明了一个只读游标 STU_CUR，该游标找出学生表 STUDENT 中所有计算机系学生的学号、姓名、年龄、性别和所属系部等字段，并对游标可以处理的结果集进行了筛选和排序，按照学号字段进行降序排列。声明语句如下：

```
DECLARE STU_CUR CURSOR
FOR
SELECT SNO, SNAME, SAGE, SGENTLE, SDEPT
FROM STUDENT
WHERE SDEPT = '计算机'
ORDER BY SNO DESC
FOR READ ONLY
```

在声明游标后，数据库管理系统并不会给出太多的提示信息，如图 17.1 所示为声明只读游标 STU_CUR 后 SQL Server 返回的信息。

需要注意的是，在游标的声明中，如同其他变量的声明一样，声明游标的这一段代码行是不执行的。因此，在程序调试中，用户不能将 DEBUG 时的断点设在这一代码行上，也不能用 IF…END IF 语句来声明两个同名的游标。

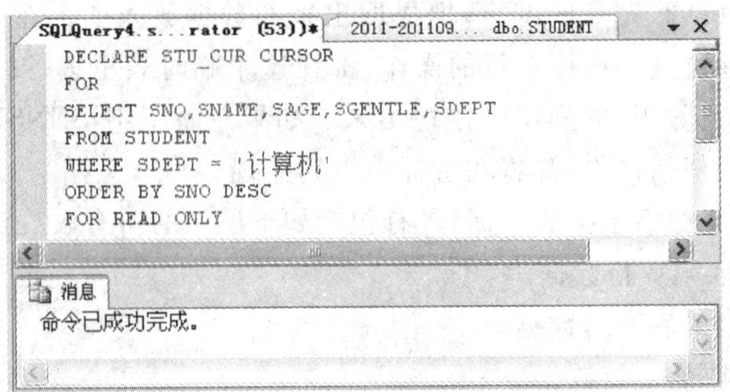

图 17.1　声明游标

17.2.2　打开游标

声明了游标后在作其他操作之前,必须打开它。打开游标的语法如下:

```
OPEN { { [GLOBAL] cursor_name } cursor_variable_name}
```

其中,各参数说明如下:

- GLOBAL——定义游标为一全局游标。
- cursor_name——为游标声明的名称。如果一个全局游标和一个局部游标都使用同一个游标名,则如果使用 GLOBAL 便表明它为全局游标,否则表明它为局部游标。
- cursor_variable_name——为游标变量。当打开一个游标后时,DBMS 首先检查声明游标的语法是否正确,如果游标声明中有变量,则将变量值代入。

在打开游标时,如果游标声明语句中使用了 INSENSITIVE 或 STATIC 保留字,则 OPEN 产生一个临时表来存放结果集;如果在结果集中任何一行数据的大小超过 DBMS 定义的最大行尺寸时,OPEN 命令将失败;如果声明游标时作用了 KEYSET 选项,则 OPEN 产生一个临时表来存放键值。所有的临时表都存在 tempdb 数据库中。

简单来说,打开游标是执行与其相关的一段 SQL 语句。例如打开上述示例声明的一个游标,只需输入以下命令:

```
OPEN STU_CUR
```

该语句在 SQL Server 的查询分析器中执行后,也没有任何返回值,如图 17.2 所示。

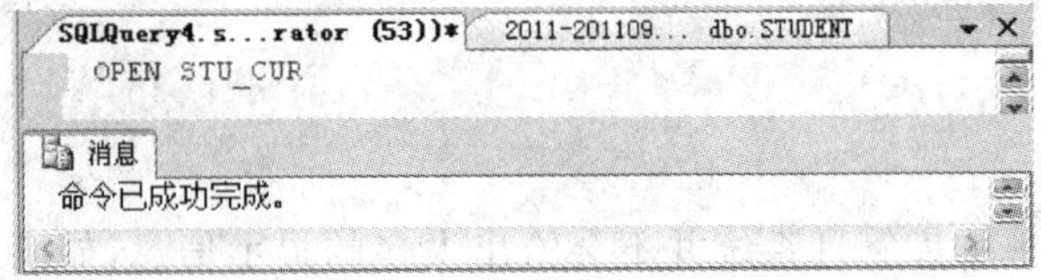

图 17.2　打开游标

由于打开游标是对数据库进行一些 SQL SELECT 的操作,其将耗费一段时间,主要取决于使用的系统性能和这条语句的复杂程度。

在 SQL Server 中,游标被成功打开之后,@@CURSOR_ROWS 全局变量将用来记录游标内数据行数。为了提高性能,MS SQL Server 允许以异步方式从基础表向 KEYSET 或静态游标读入数据,即如果 MS SQL Server 的查询优化器估计从基础表中返回给游标的数据行已经超过 sp_configure cursor threshold 参数值,则 MS SQL Server 将启动另外一个独立的线程来继续从基础表中读入符合游标定义的数据行,此时可以从游标中读取数据进行处理而不必等到所有的符合游标定义的数据行都从基础表中读入游标@@CURSOR_ROWS 变量存储的是在调用@@CURSOR_ROWS 时,游标已从基础表读入的数据行。@@CURSOR_ROWS 的返回值有以下四个,如表 17.2 所示。

表 17.2　@@CURSOR_ROWS 变量

返回值	描　述
−m	表示从基础表向游标读入数据的处理仍在进行,m 表示当前在游标中的数据行数
−1	表示该游标是一个动态游标,由于动态游标反映基础表的所有变化,因此符合游标定义的数据行经常变动,故无法确定
0	表示无符合条件的记录或游标已被关闭
n	表示从基础表读入数据已经结束,n 即为游标中已有数据记录的行数据

如果所打开的游标在声明时带有 SCROLL 或 INSENSITIVE 保留字,那么@@CURSOR_ROWS 的值为正数且为该游标的所有数据行。如果未加上这两个保留字中的一个,则@@CURSOR_ROWS 的值为−1,说明该游标内只有一条数据记录。

17.2.3 提取数据

当用 OPEN 语句打开了游标并在数据库中执行查询后,不能立即利用在查询结果集中的数据。此时必须用 FETCH 语句来取得数据。一条 FETCH 语句一次可以将一条记录放入程序员指定的变量中,FETCH 语句的语法格式如下:

```
FETCH
[[NEXT|PRIOR|FIRST|LAST
|ABSOLUTE{n|@nvar}
|RELATIVE{n|@nvar}
]
FROM
]
cursor_name
[INTO@variable[,…n]]
```

其中,各参数含义说明如下:

- NEXT——返回结果集中当前行的下一行,并增加当前行数为返回行行数。如果 FETCH NEXT 是第一次读取游标中数据,则返回结果集中的是第一行而不是第二行。
- PRIOR——返回结果集中当前行的前一行,并减少当前行数为返回行行数。如果 FETCH PRIOR 是第一次读取游标中数据,则无数据记录返回,并把游标位置设为第一行。

- FIRST——返回游标中第一行。
- LAST——返回游标中的最后一行。
- ABSOLUTE {n @nvar}——如果 n 或@nvar 为正数，则表示从游标中返回的数据行数。如果 n 或@nvar 为负数，则返回游标内从最后一行数据算起的第 n 或@nvar 行数据。若 n 或@nvar 超过游标的数据子集范畴，则@@FETCH_STARS 返回－1，在该情况下，如果 n 或@nvar 为负数，则执行 FETCH NEXT 命令会得到第一行数据，如果 n 或@nvar 为正值，执行 FETCH PRIOR 命令则会得到最后一行数据。n 或@nvar 可以是一个固定值也可以是一个 smallint、tinyint 或 int 类型的变量。
- RELATIVE{n @nvar}——若 n 或@nvar 为正数，则读取游标当前位置起向后的第 n 或@nvar 行数据；如果 n 或@nvar 为负数，则读取游标当前位置起向前的第 n 或@nvar 行数据。若 n 或@nvar 超过游标的数据子集范畴，则@@FETCH_STARS 返回－1，在该情况下，如果 n 或@nvar 为负数，则执行 FETCH NEXT 命令则会得到第一行数据；如果 n 或@nvar 为正值，执行 FETCH PRIOR 命令则会得到最后一行数据。n 或@nvar 可以是一个固定值，也可以是一个 smallint、tinyint 或 int 类型的变量。
- INTO @variable[,…n]——允许将使用 FETCH 命令读取的数据存放在多个变量中。在变量行中的每个变量必须与游标结果集中相应的列相对应，每一变量的数据类型也要与游标中数据列的数据类型相匹配。

此外，@@FETCH_STATUS 全局变量返回上次执行 FETCH 命令的状态。在每次用 FETCH 从游标中读取数据时，都应检查该变量，其取值如表 17.3 所示。

表 17.3 @@FETCH_STATUS 变量

返回值	描　述
0	FETCH 命令被成功执行
－1	FETCH 命令执行失败或者行数据超过游标数据集的范围
－2	所读取的数据已不存在

例如，在上述示例中定义的游标 STU_CUR，如果使用 OPEN STU_CUR 语句将其打开后，可以使用 FETCH 语句获取其值，如下语句：

```
FETCH NEXT
FROM STU_CUR
```

在 SQL Server 的查询分析器中执行上述语句，此时，游标中读取的内容是 STUDENT 表中计算机系学生的学号、姓名、性别、年龄和所属系部等信息，并且按降序排列。使用上述 FETCH NEXT 语句后读取的是该游标中的第一条记录，如图 17.3 所示。

事实上，FETCH 语句是游标使用的核心。使用游标，可以逐条记录地得到查询结果。已经声明并打开一个游标后，就可以将数据放入任意的变量中，在 FETCH 语句中读者可以指定游标的名称和目标变量的名称。

需要注意的是，上述提取数据的语句格式是基于 SQL Server 的，不同的数据库管理系

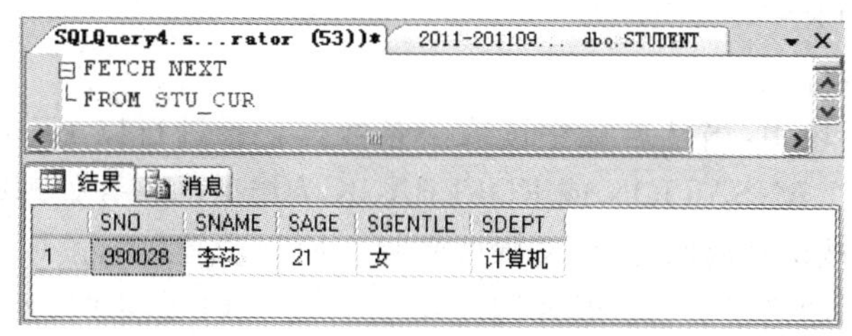

图 17.3 读取数据

统的语法可能稍有不同，读者可参考该 DBMS 的联机帮助。

此外，在使用 FETCH 命令从游标中读取数据时，应该注意以下的情况：

当使用 SQL 92 语法来声明一个游标时，没有选择 SCROLL 选项时，只能使用 FETCH NEXT 命令来从游标中读取数据，即只能从结果集第一行按顺序地每次读取一行，由于不能使用 FIRST、LAST、PRIOR，所以无法回滚读取以前的数据。如果选择了 SCROLL 选项，则可能使用所有的 FETCH 操作。

当使用 SQL Server 的扩展语法时，必须注意以下约定：

- 如果定义了 FORWARD-ONLY 或 FAST_FORWARD 选项，则只能使用 FETCH NEXT 命令；
- 如果没有定义 DYNAMIC，FORWARD_ONLY 或 FAST_FORWARD 选项，而定义了 KEYSET，STATIC 或 SCROLL 中的任何一个，则可使用所有的 FETCH 操作；
- DYNAMIC SCROLL 游标支持所有的 FETCH 选项但禁用 ABSOLUTE 选项。

17.2.4 关闭游标

在使用完游标后，需要将游标关闭，否则游标将占用一部分的内存空间。SQL Server 中提供了两种关闭游标的方法：

- 使用 CLOSE 命令关闭游标。

在处理完游标中数据之后必须关闭游标来释放数据结果集和定位于数据记录上的锁。CLOSE 语句关闭游标，但不释放游标占用的数据结构。如果准备在随后的使用中再次打开游标，则应使用 CLOSE 命令。其关闭游标的语法规则为：

```
CLOSE { { [GLOBAL] cursor_name } cursor_variable_name }
```

- 自动关闭游标。

游标可应用在存储过程、触发器等中，如果在声明游标与释放游标之间使用了事务结构，则在结束事务时游标会自动关闭。其具体的步骤如下所示：

(1) 声明一个游标。

(2) 打开游标。

(3) 读取游标。

(4) BEGIN TRANSATION。

(5) 数据处理。

(6) COMMIT TRANSATION。

(7) 回到步骤(3)。

在这样的应用环境中，当从游标中读取一条数据记录进行以 BEGIN TRANSATION 为开头，COMMIT TRANSATION 或 ROLLBACK 为结束的事务处理时，在程序开始运行后，第一行数据能够被正确返回，经由步骤(7)，程序回到步骤(3)，读取游标的下一行，此时常会发现游标未打开的错误信息。其原因就在于当一个事务结束时，不管其是以 COMMIT TRANSATION 还是以 ROLLBACK TRANSATION 结束，MS SQL Server 都会自动关闭游标，所以当继续从游标中读取数据时就会造成错误。

解决这种错误的方法就是使用 SET 命令将 CURSOR_CLOSE_ON_COMMIT 这一参数设置为 OFF 状态。其目的就是让游标在事务结束时仍继续保持打开状态，而不会被关闭。使用 SET 命令的格式为：

```
SET CURSOR_CLOSE_ON_COMMIT OFF
```

例如，在上述示例中打开并读取了数据的 STU_CUR 游标中，可以简单地使用 CLOSE 语句将其关闭，语句如下所示：

```
CLOSE STU_CUR
```

该语句在 SQL Server 的查询分析器中执行后，也没有任何返回值，如图 17.4 所示。

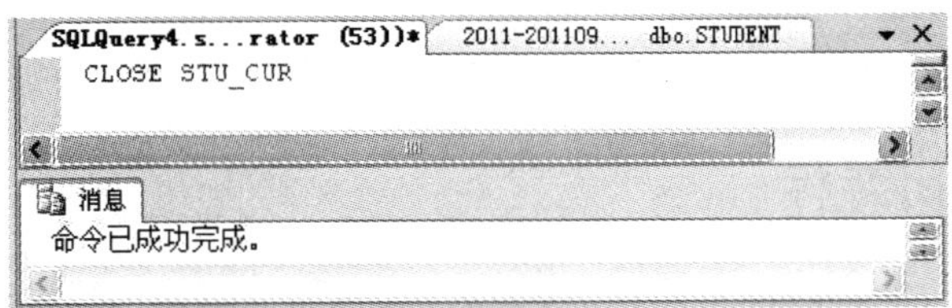

图 17.4 关闭游标

需要注意的是，在打开游标以后，SQL Server 服务器会专门为游标开辟一定的内存空间用于存放游标操作的数据结果集，同时游标的使用也会根据具体情况对某些数据进行封锁。所以，在不使用游标的时候，一定要关闭游标，以通知服务器释放游标所占用的资源。关闭游标以后，可以再次打开游标，在一个批处理中，也可以多次打开和关闭游标。

17.2.5 释放游标

在使用游标时，各种针对游标的操作或者引用游标名，或者引用指向游标的游标变量。当 CLOSE 命令关闭游标时，并没有释放游标占用的数据结构。因此常使用 DEALLOCATE 命令。通过该命令可以删除游标与游标名或游标变量之间的联系，并且释放游标占用的所有系统资源。其语法规则为：

```
DEALLOCATE { { [GLOBAL] cursor_name } @cursor_variable_name}
```

当使用 DEALLOCATE @cursor_variable_name 来删除游标时，游标变量并不会被释放，除非超过使用该游标的存储过程、触发器的范围（即游标的作用域）。

例如，如果需要释放在上述示例中定义的 STU_CUR 游标，可以采用如下语句实现：

```
DEALLOCATE STU_CUR
```

该语句在 SQL Server 的查询分析器中执行后，也没有任何返回值，如图 17.5 所示。

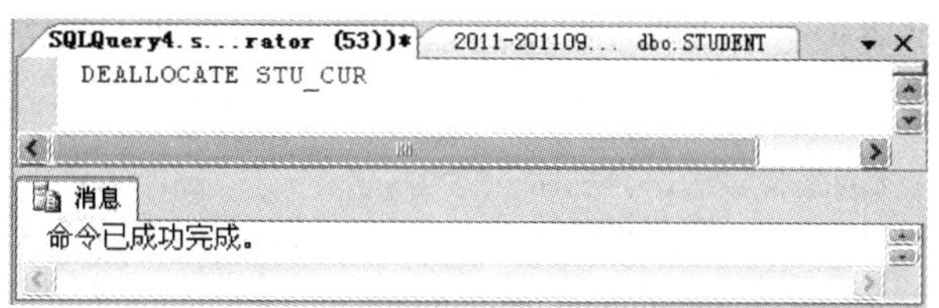

图 17.5 释放游标

当释放完游标以后，如果要重新使用这个游标必须重新执行声明游标的语句。

17.3 SQL Server 中游标的应用

上面小节介绍了 SQL Server 的游标使用步骤，分为声明、打开、提取数据和关闭游标等步骤，在该小节中将介绍游标的具体应用。

17.3.1 游标变量

游标变量就是一个特殊的变量，其使得用户可以在运行时，针对不同的查询使用该变量。同一个游标变量能指定不同的工作区。

在 SQL Server 中，可以通过声明语句来建立游标变量与游标之间的关联。声明游标变量的语句语法格式为：

```
DECLARE @<变量名> CURSOR
```

使用游标变量的方法有如下两种：

- 先声明游标和游标变量，然后用 SET 语句将游标赋给游标变量。例如，下列语句段先声明游标 STU_CUR 和游标变量 SC。在通过 SET 语句赋值。

```
DECLARE STU_CUR CURSOR
FOR
SELECT *
FROM STUDENT
-- 声明游标 STU_CUR
DECLARE @SC CURSOR
-- 声明游标变量 SC
SET @SC = STU_CUR
```

- 不声明游标，直接用 SET 语句将游标定义信息赋给游标变量。该方法不需声明游标，将上述语句改写如下：

```
DECLARE @SC CURSOR
SET @SC = CURSOR
FOR SELECT *
FROM STUDENT
```

在 SQL Server 的查询分析器中执行上述示例中的语句，其返回结果都相同，如图 17.6 所示。

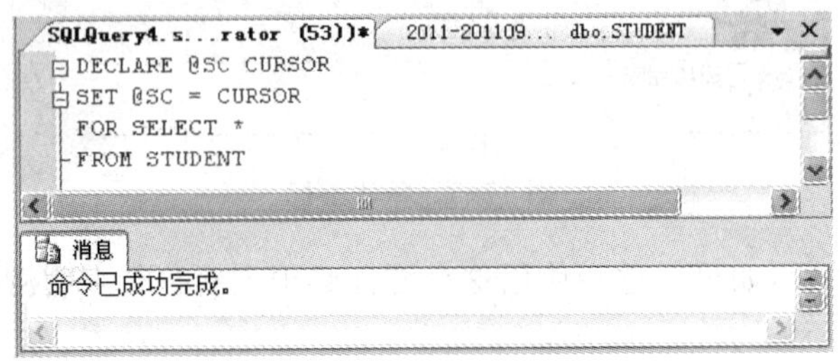

图 17.6　声明游标变量

当游标变量和游标关联后，就可用游标变量代替游标名称。例如，通过游标变量和 FETCH 语句取出学生表 STUDENT 中的第一条数据记录，实现语句为：

```
DECLARE STU_CUR CURSOR
FOR
SELECT *
FROM STUDENT
-- 声明游标 STU_CUR
DECLARE @SC CURSOR
-- 声明游标变量 SC
SET @SC = STU_CUR
OPEN @SC
-- 打开游标
FETCH NEXT
FROM @SC
-- 获取数据
CLOSE @SC
-- 关闭游标
```

在 SQL Server 的查询分析器中执行上述语句，其返回值如图 17.7 所示。

17.3.2　使用游标获取数据

前面提到了使用 FETCH 语句来提取游标中的数据，但是前面提到的 FETCH 应用都只是单独地提取出一条数据记录并操作。而在实际应用中，要取得的数据往往是多条数据记录，这就需要使用 FETCH 语句与 SQL Server 中的循环语句连用来实现。

例如，下列程序声明了一个获取所有计算机系学生信息的游标 STU_COM，通过 SQL Server 的循环语句逐条取出其所有数据记录。

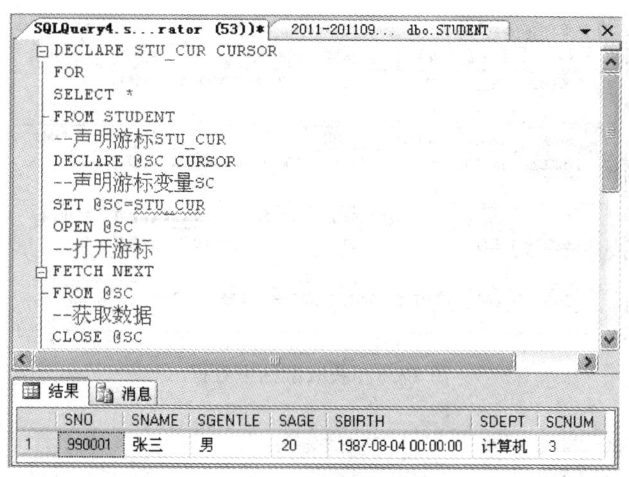

图 17.7 使用游标变量

```
DECLARE STU_COM CURSOR
FOR
SELECT *
FROM STUDENT
WHERE SDEPT = '计算机'
ORDER BY SNO
/*声明游标*/
OPEN STU_COM
/*打开游标*/
FETCH NEXT
FROM STU_COM
/*执行第一次取数操作*/
WHILE @@FETCH_STATUS = 0
/*检查@@FETCH_STATUS以确定是否还可以继续取数*/
BEGIN
FETCH NEXT
FROM STU_COM
END
CLOSE STU_COM
/*关闭游标*/
```

在查询分析器中执行上述语句，其返回值如图 17.8 所示。

上述程序中，使用了 WHILE 循环语句，当游标移动到最后一行数据的时候，继续执行取下一行数据的操作，将返回错误信息，但这个信息只在@@FETCH_STATUS 中体现，同时返回空白的数据，根据判断条件，程序现在就终止循环。

事实上，为了使得游标的使用更加灵活，还可将游标声明成滚动的，即加上 SCROLL 参数。这样就可以提取游标数据中任意的几行。例如，下列程序即声明了一个滚动游标，通过该游标来获取数据非常灵活。

	SNO	SNAME	SGENTLE	SAGE	SBIRTH	SDEPT	SCNUM
1	990001	张三	男	20	1987-08-04 00:00:00	计算机	3

	SNO	SNAME	SGENTLE	SAGE	SBIRTH	SDEPT	SCNUM
1	990026	陈维加	女	21	1986-07-01 00:00:00	计算机	3

	SNO	SNAME	SGENTLE	SAGE	SBIRTH	SDEPT	SCNUM
1	990028	李莎	女	21	1986-10-21 00:00:00	计算机	2

SNO	SNAME	SGENTLE	SAGE	SBIRTH	SDEPT	SCNUM

图 17.8 获取游标中数据

```
DECLARE STU_COM SCROLL CURSOR
FOR
SELECT *
FROM STUDENT
WHERE SDEPT = '计算机'
ORDER BY SNO
OPEN STU_COM
/* 打开游标 */
FETCH LAST
FROM STU_COM
/* 提取数据集中的最后一行 */
FETCH ABSOLUTE 2
FROM STU_COM
/* 提取数据集中的第 2 行 */
FETCH PRIOR
FROM STU_COM
/* 提取当前游标所在行的上一行 */
CLOSE STU_COM
/* 关闭游标 */
DEALLOCATE STU_COM
/* 释放游标 */
```

在查询分析器中执行上述语句,其返回值如图 17.9 所示。

	SNO	SNAME	SGENTLE	SAGE	SBIRTH	SDEPT	SCNUM
1	990028	李莎	女	21	1986-10-21 00:00:00	计算机	2

	SNO	SNAME	SGENTLE	SAGE	SBIRTH	SDEPT	SCNUM
1	990026	陈维加	女	21	1986-07-01 00:00:00	计算机	3

	SNO	SNAME	SGENTLE	SAGE	SBIRTH	SDEPT	SCNUM
1	990001	张三	男	20	1987-08-04 00:00:00	计算机	3

图 17.9 滚动游标获取数据

通过上述示例可以看到，使用含 SCROLL 参数的游标能够很灵活地取到游标中的数据记录，这在后续章节中要提到的高级 SQL 中应用非常广泛。

17.3.3 使用游标更新数据

要使用游标进行数据的修改，其前提条件是该游标必须被声明为可更新的游标。在进行游标声明时，没有带 READONLY 关键字的游标都是可更新的游标。

在游标声明过程中可以使用 SELECT 语句对多个表中的数据进行访问，因此如果声明的是可更新游标，那么可以使用该游标对多表中的数据进行修改，但是这不是一个更改数据的好办法，因为这种不规范更新数据的途径很容易造成数据的不一致。在计算机编程过程中，经常会遇到这样的情况，具有充分灵活性的语法总是难以操纵、易于出错。

使用游标更新数据的常用语法如下：

```
UPDATE table_name
{SET column_name = expression}
[, …n]
WHERE CURRENT OF cursor_name
```

其中，CURRENT OF cursor_name 表示当前游标的当前数据行。CURRENT OF 子句只能使用在进行 UPDATE 和 DELETE 操作的语句中。

例如，在学生表 STUDENT 中，将学号为 990001 的学生（第一条记录）的年龄改为 19，可以使用游标来实现。其语句如下：

```
DECLARE STU_CUR CURSOR
FOR
SELECT *
FROM STUDENT
-- 声明游标 STU_CUR
DECLARE @SC CURSOR
-- 声明游标变量 SC
SET @SC = STU_CUR
OPEN @SC
-- 打开游标
FETCH NEXT
FROM @SC
-- 获取数据
UPDATE STUDENT
SET SAGE = 19
WHERE CURRENT OF @SC
CLOSE @SC
-- 关闭游标
```

执行上述语句后，通过简单查询语句 SELECT * FROM STUDENT 可看到学生表 STUDENT 中的数据记录如图 17.10 所示。

SNO	SNAME	SGENTLE	SAGE	SBIRTH	SDEPT	SCNUM
990001	张三	男	19	1987-08-04 00:...	计算机	3
990002	陈林	女	19	1988-05-21 00:...	外语	0
990003	吴忠	男	21	1986-04-12 00:...	工商管理	2
990005	王冰	女	20	1987-02-16 00:...	体育	0
990012	张忠和	男	22	1985-08-28 00:...	艺术	4
990026	陈维加	女	21	1986-07-01 00:...	计算机	3
990028	李莎	女	21	1986-10-21 00:...	计算机	2

图 17.10 使用游标更新数据

可以看到，上述数据表中学号为 990001 的学生的 SAGE 字段已经被修改为 19。需要注意的是，上述程序只能对数据表中的第一条记录进行修改，如果需要修改其他记录，可使用 SQL Server 中的 WHILE 循环。

17.3.4 使用游标删除数据

同样，使用游标还可以进行数据的删除，语法如下：

```
DELETE
FROM table_name
WHERE CURRENT OF cursor_name
```

在使用游标进行数据的更新或删除之前，必须事先获得相应数据库对象的更新或删除的特权，这是进行这类操作的前提。

例如，在学生表 STUDENT 中，删除计算机系学生的第一条记录，也即删除 STUDENT 表中第一个计算机系的学生记录，可以使用游标来实现。实现语句如下：

```
DECLARE STU_CUR CURSOR
FOR
SELECT *
FROM STUDENT
WHERE SDEPT = '计算机'
OPEN STU_CUR
-- 打开游标
FETCH NEXT
FROM STU_CUR
-- 获取数据
DELETE
FROM STUDENT
WHERE CURRENT OF STU_CUR
-- 删除数据
CLOSE STU_CUR
-- 关闭游标
```

在查询分析器中执行上述语句，其返回结果如图 17.11 所示。

可以看到，计算机系的第一条记录被删除了，根据以上方法，可以对游标中任意一条记录做删除操作，这也是游标灵活性的一个体现。

	SNO	SNAME	SGENTLE	SAGE	SBIRTH	SDEPT	SCNUM
▶	990002	陈林	女	19	1988-05-21 00:...	外语	0
	990003	吴忠	男	21	1986-04-12 00:...	工商管理	2
	990005	王冰	女	20	1987-02-16 00:...	体育	0
	990012	张忠和	男	22	1985-08-28 00:...	艺术	4
	990026	陈维加	女	21	1986-07-01 00:...	计算机	3
	990028	李莎	女	21	1986-10-21 00:...	计算机	2

图 17.11 使用游标删除数据

17.4 Oracle 的游标

Oracle 游标是一种用于轻松的处理多行数据的机制，没有游标，Oracle 开发人员必须单独地、显式地取回并管理游标查询选择的每一条记录。游标的另一项功能是，它包含一个跟踪当前访问的记录的指针，这使程序能够一次处理多条记录。

在 Oracle 中，游标分为显式游标和隐式游标。其中，显式游标就是有明确声明的游标，显式游标的操作主要有如下几类：

- 游标的声明：与 SQL Server 中声明游标的语法格式稍有不同，Oracle 中声明游标的语句格式如下所示：

```
DECLARE cursor_name
IS
SELECT statement
```

从该声明语句中可以看出，在其中完成了下面两个目的：一是给游标命名；二是将一个查询与游标关联起来。打开游标：Oracle 中打开游标的语句格式如下：

```
OPEN cursor_name;
```

打开游标将激活查询并识别活动集，可是在执行游标取回命令之前，并没有真正取回记录。OPEN 命令还初始化了游标指针，使其指向活动集的第一条记录。游标被打开后，直到关闭之前，取回到活动集的所有数据都是静态的。换句话说，游标忽略所有在游标打开之后，对数据执行的 SQL DML 命令(INSERT、UPDATE、DELETE 和 SELECT)，因此只有在需要时才打开它，要刷新活动集，只需关闭并重新打开游标即可。

- 提取数据：FETCH 命令以每次一条记录的方式取回活动集中的记录。通常将 FETCH 命令和某种迭代处理结合起来使用，在迭代处理中，FETCH 命令每执行一次，游标前进到活动集的下一条记录。FETCH 命令的语句格式如下：

```
FETCH cursor_name INTO record_list;
```

执行 FETCH 命令后，活动集中的结果被取回到 PL/SQL 变量中，以便在 PL/SQL 块中使用。每取回一条记录，游标的指针就移向活动集的下一条记录。

- 关闭游标：Oracle 中也是用 CLOSE 语句关闭以前打开的游标，使得活动集不确定。

CLOSE 语句的格式如下：

```
CLOSE cursor_name;
```

隐式游标也可以叫做 SQL 游标。和显式的游标不同，不能对一个 SQL 游标显式的执行 OPEN，CLOSE 和 FETCH 语句。Oracle 隐式地打开 SQL 游标、处理 SQL 游标、然后再关闭该游标。Oracle 提供隐式游标的主要目的就是利用这些游标的属性来确定 SQL 语句运行的情况。

例如，下列程序声明了一个游标 C1，该游标存储了学生表 STUDENT 中所有年龄不大于 20 岁的学生姓名字段值，并按学号升序排列。通过上述的游标操作语句，将该游标中的所有数据依次取出放入变量中，并循环输出。其实现语句为：

```
DECLARE
CURSOR C1
IS
SELECT SNAME
FROM STUDENT
WHERE SAGE <= 20
ORDER BY SNO;
/* 声明游标 */
SNAME VARCHAR2(40);
/* 定义变量 */
BEGIN
OPEN C1;
/* 打开游标 */
FETCH C1 INTO SNAME;
/* 提取数据放入 SNAME 变量中 */
WHILE C1 % FOUND
LOOP
DBMS_OUTPUT.PUT_LINE(TO_CHAR(C1 % ROWCOUNT)||''||SNAME);
END LOOP;
/* 循环输出 */
END;
CLOSE C1;
/* 关闭游标 */
```

使用游标可以方便 PL/SQL 的编写，但游标也比较特殊，如游标数据只能用 FETCH 来读取，游标指针的移动在 FETCH 数据时，自动移到下一条。游标打开时，游标指针自动地指向第一条记录。另外，游标是用静态的方法打开的，也就是游标打开后，如果相关表执行 DML(DELETE，INSERT，UPDATE)操作，其操作结果是不能反映到游标中来的，只能先关闭游标，再打开游标，才可以更新游标活动集的数据。

17.5 小结

本章主要介绍了 SQL 中的一个重要对象——游标。该章对游标的作用及其使用做了简单介绍后，重点讲解了 SQL Server 中对游标的操作，主要有游标的声明、打开、读取数据和关闭操作。此外，通过游标可以对数据进行更新、删除操作，本章详细介绍了这些数据操作在 SQL Server 中游标中的实现和游标变量的具体应用，最后简单介绍了 Oracle 中游标的实现和应用。在 SQL 高级应用中，游标思想使用得较为广泛，读者应仔细理解游标的使用方法。

教学资源支持

敬爱的教师：

感谢您一直以来对清华版计算机教材的支持和爱护。为了配合本课程的教学需要，本教材配有配套的电子教案(素材)，有需求的教师请到清华大学出版社主页(http://www.tup.com.cn)上查询和下载，也可以拨打电话或发送电子邮件咨询。

如果您在使用本教材的过程中遇到了什么问题，或者有相关教材出版计划，也请您发邮件告诉我们，以便我们更好地为您服务。

我们的联系方式：

地　　址：北京海淀区双清路学研大厦 A 座 707

邮　　编：100084

电　　话：010-62770175-4604

课件下载：http://www.tup.com.cn

电子邮件：weijj@tup.tsinghua.edu.cn

作者交流论坛：http://itbook.kuaizhan.com/

教师交流 QQ 群：136490705　　微信号：itbook8　　QQ：883604

(申请加入时，请写明您的学校名称和姓名)

用微信扫一扫右边的二维码，即可关注计算机教材公众号。